力学丛书·典藏版 19

激波和高温流体动力学现象物理学

上 册

〔苏〕 Я.Б.泽尔道维奇
Ю.П.莱依捷尔 著

张 树 材 译

U0370002

科 学 出 版 社

1980

内 容 简 介

　　本书是关于物理气体动力学方面的系统理论著作。书中介绍了气体动力学基础、激波理论和辐射输运理论。对于高温高压下物质的热力学和光学性质、离解和电离等一些非平衡过程的动力论、在激波中和爆炸时所出现的与光辐射和辐射热交换有关的各种现象、激波在固体中的传播等问题，都进行了很好的研究，其中有许多地方是属于作者自己的贡献。

　　本书可供从事应用物理和新技术的物理工作者、力学工作者、工程师及相应专业的大学生、研究生阅读。

　　原书共十二章。中译本分上、下两册出版。上册包括前六章。

图书在版编目 (CIP) 数据

　　激波和高温流体动力学现象物理学. 上册／（苏）泽尔道维奇等著；张树材译. —北京：科学出版社，2016.1
　　（力学名著译丛）
　　ISBN 978-7-03-046978-6

　　I. ①激… 　II. ①泽… ②张… 　III. ①激波 ②高温—流体动力学
IV. ① O35

　　中国版本图书馆 CIP 数据核字 (2016) 第 006920 号

Я. Б. Зельдович Ю. П. Райзер
Физика ударных волн и высокотемпературных
гидродинамических явлений
Изд. «Наука», изд. второе. допол. 1966

力学名著译丛

激波和高温流体动力学现象
物理学

上 册

〔苏〕　Я. Б. 泽尔道维奇　著
　　　　Ю. П. 莱依捷尔

张树材 译

＊

科学出版社 出版
北京东黄城根北街 16 号
北京京华虎彩印刷有限公司 印刷
新华书店北京发行所发行　各地新华书店经售

＊

1980 年第一版　　　开本：850×1168　1/32
2016 年印刷　　　　印张：15
　　　　　　　　　　字数：393,000

定价：128.00元

译 者 的 话

 本书是物理气体动力学方面第一部相当完整的理论著作．作者用统一的观点、科学的方法系统地总结、归纳和整理了这一新的科学领域内的大量的理论工作和实验资料．从而对于气体动力学，激波理论，物质在高温高压下的热力学性质和光学性质、离解、电离、化学反应等一些非平衡过程的动力学（кинетика），在激波中和强爆炸时所发生的与光辐射和辐射热交换有关的各种现象，激波在固体中的传播等许多方面的问题都进行了很好的研究．书中有许多地方是属于作者自己的贡献．

 在阅读中译本时，请读者注意以下两点：

 1．本书既涉及宏观的流体"动力学"（динамика），也涉及微观的气体"动力学"（кинетика），而且两个"动力学"往往是同时进行研究的．按照我国的习惯，"динамика"和"кинетика"都应译为"动力学"．但是，为了区别这两个意义不同的名词（及其相应的形容词），在中译本中对后一个（微观的）"动力学"（及其相应的形容词）译为"动力论"．

 2．虽然在我国的统计物理学书籍中习惯于使用"配分函数"和"求配分函数"的概念，但是为了尊重原文，在中译本中仍将上述两个概念按照原文的意思分别译为"统计和"和"统计求和"，因为这从物理意义上讲乃是更为恰当的．

 在翻译过程中，曾得到许多同志的支持和帮助，谨在此向他们表示衷心的感谢．他们是：刘激扬、王佩璇、高鸿元、洪凤云等．特别要感谢承担本书校阅工作的同志们：王继海、蒲洪章、关吉利、张 钧、邹桃沅、孙晓云、杜书华、高 飞、徐华生、李维新、贾宝琳、庄峰青、沈 青．

 由于本人水平有限，译文中错误、疏漏之处在所难免，欢迎读者批评指正．

张树材

原 书 第 二 版 序 言

在第二版中，书的总体结构和大部分原文仍然保持不变．但有几个部分经过了重大的修改并补充了相当数量的新材料．在第五章增加了一部分有关在聚焦的激光束作用下气体的击穿（猛烈电离）和加热过程的内容.这乃是强大光流与物质相互作用范围内的一些极有趣的现象之一．在几年以前，即在能给出高达几十兆瓦以上的巨大脉冲功率的激光器被建造出之后不久，它就在实验上被发现了，并立即引起了很多物理学家的注意（其中也包括本书的作者，我们曾发表了几篇关于该现象理论方面的文章）．

因考虑到在激光辐射作用下的气体电离的某些问题，故在第五章中增加了几节，在这几节中我们研究了由自由电子在与中性原子碰撞时所引起的光的辐射和吸收．目前对激光所表现出的浓厚兴趣，促使我们（在第二章）写了专门的一节，用来半经典地讲解诱导发射和激光效应．

第六章的第3部分有很大的变化,在那里我们研究了电离、复合和电子激发等问题．这一部分实质上是重新写过的，并因考虑到一些新近的见解而被大大地增加了．依照这些见解，在这些过程中原子的分级电离（首先是激发，然后才是电离）和三体碰撞时原子的上部能级对电子的俘获，以及随后的由电子轰击和辐射跃迁所引起的激发原子的退激，都起着重要的作用．我们比较详细地研究了空气的电离．对激波中气体电离的一些相近问题的叙述也作了改动（在第七章）．

重新写了第八章中的几节，它们涉及到电离度变化的动力论[1]和当电离化气体向真空飞散时所发生的"淬火"效应．这一问

---

1) 本书中经常出现 кинетика 和 динамика 两个词,在翻译时我们把前者译为动力论,后者译为动力学以示区别．——译者注

题在不久以前曾因考虑到上述见解而被重新研究过.

在第十二章中,根据第一版的材料和一些新的结果,我们专门分出了一部分,论述激波在密度为指数分布的非均匀大气中的传播.书后增加了一个附录,其中汇集了一些当按照本书的论题进行实际工作时所要经常碰到的常数、原子常数间的关系、单位间的关系和一些公式.参考文献中增加了一些近年工作的索引.

以上所提到的并不是所有的而只是一些主要的变动和补充.当然,我们也对所发现的第一版中的错误和错字进行了订正.

本书所涉及到的一些物理和力学的领域,其发展是异常迅速的,并且它们的应用有了越来越新的对象(例如,气体在激光束聚焦中的击穿和加热的现象).

这些科学领域使人感到兴趣,其证明之一就是在本书(第一版)刚一问世之后不久,美国的出版社就开始把它译成英文.我们希望这次修订增补的第二版能够对在与本书的专业相近的科学和技术领域内进行工作的专家或开始进入这些领域的读者有所裨益.我们感谢那些指出本书第一版中不够确切和有印刷错误之处的同事们.

原 书 第 一 版 序 言

一些近代的技术问题，要求科学深入到物质状态的"高参数"的领域，即大能量密度、高温、高压和高速度的领域．在实践中，这样一些条件存在于强大的激波里，存在于爆炸和物体在大气中作高速超声运动的时候，并存在于强大的放电等一些现象之中．

在高温下，气体中要进行各种各样的物理和物理-化学的过程；分子振动的激发、离解、化学反应、电离、光辐射等等．这些过程要影响到气体的热力学性质，而当运动足够快和物质状态的变化足够快时，上述各种过程的动力论就要影响到运动．当温度很高时，与辐射的发射和吸收有关的各种过程以及辐射热交换将起着特别重要的作用．上面所列举的各种过程常常使我们感到兴趣，不仅仅是从它们对于气体运动在能量上有所影响这一角度，而且它们还会引起气体组分、气体电学性质的变化，还能导至气体的发光和许多光学效应的产生，等等．本书相当大的部分就是用于研究所有这些属于一个完全崭新的科学分支——"物理气体动力学"的问题．

对固体中强激波的研究有着很大的科学和实际的意义．利用激波压缩固体，达到几百万个大气压的这些最新成就，揭开了研究超高压下固体物质状态的新途径．在书中对于这些问题也给予了很大的注意．

在所叙述的这一领域内，科学的许多分支：气体动力学、激波理论、热力学与统计物理、分子物理、物理和化学动力论、物理化学、光谱学、辐射理论、天体物理基础、固体物理等是紧密地交织在一起的．这里所要研究的一些物理现象和过程，有很多具有不同的特点，它们之间并没有任何联系．由于材料是如此的多样性，所以在本书内容上就缺乏一个中心．有些章有着自己的固有特点，从而分属于完全不同的物理或力学的领域，并非所有各章之间都存在着联系．因此对于那些仅对某些问题感到兴趣的读者来说，了解相应的章节也就够了．

当研究各种极不相同的问题，甚至带有数学特性的问题时，我们总是力图借助最简单的数学工具，广泛地利用估计和半定性的分析，首先来阐明现象的物理实质．同时，我们也力图帮助那些在相应的应用物理和技术的领域内工作的物理学工作者、力学工作者和工程师，给予他们以独立地分析各种复杂的物理现象的实用工具．

出于这一目的，大多数现象的研究都给出了数值结果，关于各种量的计算和估计的公式都写成了适用于实际工作的形式，引证了许多有用的实验资料和具有参考性质的知识，如此等等．

本书具有理论书籍的特点，对于实验装置和方法的叙述被压缩到最小程度．但是对于实验结果的说明，以及它们与理论计算和估计结果的比较，却给予了应有的注意．

关于"物理气体动力学"方面的期刊文献是大量的．但是，据我们所知，无论是在苏联的还是在其他国家的文献中，还没有人企图在一本书中用统一的观点来系统地总结和说明这一新的科学领域内的材料．看来，本书是这个方面的第一个尝试．

本书是在 1960 年—1961 年期间写成的，这就决定了所应用文献的基本水平．但是，在涉及到有些问题的概念正在迅速改进的那样一些部分里，后来曾增加了一些简短的补充和征引了一些新的文献．这基本上是属于第五、第六和第七章．

现象的繁多和材料的广泛性，迫使我们限制研究的范围，而不去包括与所研究的这一领域有关的所有问题．我们没有研究流体动力学的数学方面的问题，比如象物体被超声流绕流的问题，也几乎没有提到电磁现象，更完全没有涉及到热核的聚合、等离子体在磁场中的行为以及所有那些属于磁气体和磁流体动力学以及燃烧和爆轰等问题．关于所有这些部分已经有了不少著作．

本书材料的选取，在一定程度上是比较主观的．有许多地方是用来研究作者们在自己的工作中曾经探索过的一些现象．例如，第八章和第九章就几乎完全是建立在一些原有工作的基础之上的，在很大程度上这样做的还有第七章、第十章和第十二章，部分的有第十一章．本书第一章是由其中一位作者从前写过的一本书《Теория ударных волн и введение в газодинамику》(中译本：Я. Б. 泽尔道维奇，《冲击波理论和气体动力学导论》，国防工业出版社,1962)彻底改写的结果．

　　（下略）

目　录

第一章 气体动力学的基础和
激波的经典理论

1. 非粘性和非热传导气体的连续流

§ 1. 气体动力学方程

为了把液体(和固体)压缩到可以觉察的程度，需要几十万个大气压以上的压力。因此在通常的条件下液体可以看成是不可压缩的介质。在密度变化很小时，液体流的速度要比声速小很多，后者是一个能表征连续介质的速度尺度。在密度变化不大和运动速度与声速相比为小量时，气体也可以被认为是不可压缩的，并借助不可压缩液体的流体动力学来描写它的运动。但是，与液体不同，在气体中显著的密度变化和可与声速相比的流速是比较容易达到的：这是发生在压差近于压力本身量级的时候；如果气体的初始压力为一个大气压，那么这即是发生在 $\Delta P \sim 1$ 大气压的时候。在这样一些条件下就必须要考虑物质的压缩性。气体动力学方程与不可压缩液体的流体动力学方程不同之处是，在其中要考虑物质密度发生很大变化的可能性。

具有已知热力学性质的运动气体的状态，取决于作为坐标和时间之函数的速度、密度和压力的确定。气体动力学的方程组就是用来求解这些函数的，这个方程组就是用微分形式所表述的普遍的物质的质量、冲量[1] 和能量的守恒定律。

我们不加推导地写出这些方程，其推导，例如可在 Л. Д. 朗道和 E. M. 栗弗席兹的书[1]中找到。我们略去质量力 (重力)的作

---

1) 本书中提到的"冲量"有些应理解为"动量"。——校者注

用，以及物质的粘性和热传导[1]．用 $\partial/\partial t$ 来表示属于空间某一点的对时间的偏导数，即当地导数，而用 d/dt 来表示实质导数，它表明与物质的确定的运动质点[2]相关的某一个量随着时间的变化．如果 $\mathbf{u}$ 是质点的速度矢量，而其分量为 u_x, u_y, u_z 或 u_i，其中 $i=1,2,3$，那么

$$\frac{d}{dt}=\frac{\partial}{\partial t}+(\mathbf{u}\nabla)．\tag{1.1}$$

第一个方程——连续性方程——说明了物质的质量守恒，即某个体积元内密度 ρ 的变化是由于物质流进（或流出）这个体积元所引起的：

$$\frac{\partial\rho}{\partial t}+\operatorname{div}\rho\mathbf{u}=0．\tag{1.2}$$

借助定义(1.1)，连续性方程可以写为如下形式：

$$\frac{d\rho}{dt}+\rho\operatorname{div}\mathbf{u}=0．\tag{1.3}$$

特别是在不可压缩液体的情况下，$\rho=$ 常数，连续性方程简化为：

$$\operatorname{div}\mathbf{u}=0．\tag{1.4}$$

第二个方程反映的是牛顿定律，它与不可压缩液体的运动方程没有什么差别（p 是压力）：

$$\rho\frac{d\mathbf{u}}{dt}=-\nabla p,\tag{1.5}$$

或者，用欧拉方程的形式：

$$\frac{\partial\mathbf{u}}{\partial t}+(\mathbf{u}\nabla)\mathbf{u}=-\frac{1}{\rho}\nabla p．\tag{1.6}$$

正如通过直接计算所容易验证的那样，运动方程同连续性方程一起就等价于用类似方程(1.2)的形式所写出的冲量守恒定律：

$$\frac{\partial}{\partial t}\rho u_i=-\frac{\partial\Pi_{ik}}{\partial x_k},\tag{1.7}$$

---

1) 考虑粘性和热传导的气体动力学方程，将在后面 §20 中讨论．

2) 在本书所有的地方，我们都要把"质点"理解为含有足够数量的分子或原子的物质微元．——译者注

其中 Π_{ik} 是冲量流密度张量

$$\Pi_{ik} = \rho u_i u_k + p \delta_{ik}. \tag{1.8}$$

方程(1.7)反映出一个事实,即在空间某一点冲量第 i 个分量的变化,是与冲量随同物质的流出(流进)((1.8)中的第一项)和压力所作的功(第二项)有关[1]。

第三个方程与不可压缩液体的流体动力学方程相比实质上是个新的,它等价于热力学第一定律——能量守恒定律。可以这样地来叙述它:物质某一质点的比内能[2]ε 的变化,是由周围介质对它所作的压缩功,及外源所放出的能量而引起的:

$$\frac{d\varepsilon}{dt} + p \frac{dV}{dt} = Q. \tag{1.9}$$

这里 $V = 1/\rho$ 是比容,而 Q 是在 1 秒之内由外源给予 1 克物质的能量(Q 可以是负的,如果有能量的非力学损失的话,比如辐射损失)。

借助连续性方程和运动方程,能量方程也可以写成类似于(1.2),(1.7)的形式:

$$\frac{\partial}{\partial t}\left(\rho\varepsilon + \frac{\rho u^2}{2}\right) = -\operatorname{div}\left[\rho\mathbf{u}\left(\varepsilon + \frac{u^2}{2}\right) + p\mathbf{u}\right] + \rho Q. \tag{1.10}$$

这个方程的物理意义就在于,在空间某一点单位体积内总能量的变化,是由物质运动时能量的流出(流进)、压力所作的功和外源所放出的能量而引起的。

连续性方程、运动方程和能量方程组成了一个含有五个方程的方程组(运动方程是矢量方程,它等价于三个坐标分量的方程),而这个方程组含有五个未知的坐标和时间的函数:ρ, u_x, u_y, u_z, p。外源能量 Q 认为是给定的,而内能 ε 可由密度和压力来表示,因为假定物质的热力学性质是已知的:$\varepsilon = \varepsilon(p, \rho)$。

就像通常那样,如果已知的能量不是作为压力和密度的函数,

---

1) 公式(1.7)的右端要按出现两次的脚标 $k(k=1,2,3)$ 求和,当 $i=k$ 时,$\delta_{ik}=1$,当 $i \neq k$ 时,$\delta_{ik}=0$。

2) 在本书中凡带有"比"字的量,如比容、比热、比熵等,都是按单位质量计算的。
——译者注

而是作为温度 T 和密度，或温度和压力的函数，那 么在方程组中还应加上物质的状态方程 $p=f(T,\rho)$。理想气体的状态方程具有如下形式：

$$pV=AT, \qquad\qquad p=A\rho T, \qquad (1.11)$$

其中 A 是按 1 克物质计算的气体常数[1]。

能量方程 (1.9) 具有普遍的意义，甚至当物质不是处于热力学平衡的时候也是正确的。在那种特殊的而实际上又是最重要的，即物质在热力学上达到平衡的情况下，借助热力学第二定律

$$TdS=d\varepsilon+pdV, \qquad (1.12)$$

可以将它改写为另外的形式，这里的 S 是比熵。当没有外热源时，气体动力学的第三个方程就等价于质点的熵为常数的方程，即等价于运动的绝热性条件

$$\frac{dS}{dt}=0. \qquad (1.13)$$

在比热不变的理想气体中，熵可以特别简单地由压力和密度（比容）来表示：

$$S=C_V\ln pV^\gamma+常数, \qquad (1.14)$$

此处 γ 是绝热指数，它等于定压比热和定容比热的比值 $\gamma=c_p/c_v=1+A/c_v$。在这种情况下，绝热性方程 (1.13)（或能量方程）可以直接写为联系压力和密度（压力和体积）的微分方程的形式：

$$\frac{1}{p}\frac{dp}{dt}+\gamma\frac{1}{V}\frac{dV}{dt}=0. \qquad (1.15)$$

还要给气体动力学微分方程组加上适当的初始条件和边界条件.

§2. 拉格朗日坐标

将气体动力学的量看成是空间坐标和时间的函数的方程，叫做欧拉方程，或欧拉坐标系中的方程.

在一维运动的情况下，即在平面的、柱对称的和球对称的运

---

1) $A=R/\mu$，其中 R 是普适气体常数，μ 是分子量.

动情况下,常常要用到另外一种坐标——拉格朗日坐标.与欧拉坐标不同,拉格朗日坐标不是与空间的确定点相联系,而是与确定的物质质点相联系.表示为拉格朗日坐标之函数的一些气体动力学量,说明了每一物质质点的密度、压力和速度随着时间的变化.当考察在物质中所进行的(不超出其质点范围以外的)一些内过程时,拉格朗日坐标是特别方便的,比如像化学反应,它随着时间的进程是由质点的温度和密度的变化来决定的.在许多情况下,引进拉格朗日坐标还能使用比较简单和容易的方法求出气体动力学的方程之精确解,或者比较方便地作出这些方程的数值积分.

在拉格朗日坐标中,对时间的导数就简单地等价于实质导数 $\frac{d}{dt}$. 质点可由能够将它与某个另外选定的质点相区别开的物质的质量,或它在初始时刻的坐标来标记.

在平面运动情况下,引进拉格朗日坐标是非常简单的,这时运动只依赖于一个笛卡儿坐标 x. 被考察之质点的流动的欧拉坐标用 x 表示,而某个被选定的质点的坐标用 x_1 表示(例如,可以选取靠近固壁,或靠近气体和真空交界处的质点作为选定的质点,如果在问题中这些东西存在的话).这时,在被考察质点和被选定质点之间的具有单位横截面的柱体之内的质量等于

$$m=\int_{x_1}^{x}\rho\,dx, \tag{1.16}$$

而从一个质点过渡到另一个邻近的质点时,其质量的增量为

$$dm=\rho\,dx. \tag{1.17}$$

可以取量 m 作为拉格朗日坐标.

像通常那样,如果在初始时刻气体是静止的,而它的密度又是个常数,$\rho(x,0)=\rho_0$,那么取质点的由点 x_1 处算起的初始坐标作为拉格朗日坐标是方便的;我们用 a 来表示它.这时,

$$a=\int_{x_1}^{x}\frac{\rho}{\rho_0}dx, \qquad da=\frac{\rho}{\rho_0}dx. \tag{1.18}$$

在拉格朗日坐标中,气体的平面运动方程具有简单的形式.相

对于比容 $V = 1/\rho$ 和唯一的 x 方向速度分量 u 所写出的连续性方程是

$$\frac{\partial V}{\partial t} = \frac{\partial u}{\partial m} \quad \text{或} \quad \frac{1}{V_0} \frac{\partial V}{\partial t} = \frac{\partial u}{\partial a}. \tag{1.19}$$

在这里,和在以后的方程中一样,对时间的导数是实质导数 d/dt,但最好还是把它写成偏导数 $\partial/\partial t$ 的形式,以便强调它是 在 m 和 a 等于常数时取的, 即对具有确定的拉格朗日坐标 m 或 a 的指定的质点而取的. 在拉格朗日坐标中,运动方程具有如下形式:

$$\frac{\partial u}{\partial t} = -\frac{\partial p}{\partial m} \quad \text{或} \quad \frac{\partial u}{\partial t} = -V_0 \frac{\partial p}{\partial a}. \tag{1.20}$$

至于说用(1.9)或绝热性条件(1.13)的形式(当没有外热源和耗散过程——粘性和热传导时)所写出的能量方程,它们仍保持原来的形式;只是应该用符号 $\partial/\partial t$ 来代替符号 d/dt. 在比热不变的理想气体中,绝热性条件(1.13)给出

$$pV^\gamma = f[S(m)], \tag{1.21}$$

其中函数 f 只依赖于质点 m 的熵. 在所谓等熵运动中,所有质点的熵都是相同的,且不随时间改变,$f =$ 常数,而方程 $pV^\gamma =$ 常数无论是在拉格朗日坐标中还是在欧拉坐标中都是正确的.

重要的是,在平面运动情形下方程中不显含欧拉坐标 x.当解出拉格朗日方程和求得函数 $V(m, t)$ 之后,利用求积法,积分方程(1.17),就可以过渡到气体动力学量对于欧拉坐标的依赖关系:

$$dx = V(m, t)dm, \qquad x(m, t) = \int_0^m V(m, t)dm + x_1(t). \tag{1.22}$$

在柱对称和球对称情形下,拉格朗日坐标中的气体动力学方程要比平面时的稍微复杂一些,因为现在方程中显含欧拉坐标,在方程组中要附加一个联系拉格朗日坐标和欧拉坐标的方程. 例如,在球对称情况下,拉格朗日坐标可以被规定为是封闭在对称中心附近的球体之内的质量:

$$m = \int_0^r 4\pi r^2 \rho dr, \qquad dm = 4\pi r^2 \rho dr. \tag{1.23}$$

如果在初始时刻气体的密度是个常数，那么可以取被看成是微元球层的这种"质点"[1]的初始半径 r_0 作为拉格朗日坐标：

$$\frac{4\pi r_0^3}{3}\rho_0 = \int_0^r 4\pi r^2 \rho\, dr, \qquad dr_0 = \frac{r^2}{r_0^2}\frac{\rho}{\rho_0} dr. \qquad (1.24)$$

在球形拉格朗日坐标中的连续性方程是

$$\frac{\partial V}{\partial t} = \frac{\partial}{\partial m} 4\pi r^2 u \quad \text{或} \quad \frac{1}{V_0}\frac{\partial V}{\partial t} = \frac{1}{r_0^2}\frac{\partial}{\partial r_0} r^2 u. \qquad (1.25)$$

运动方程是

$$\frac{\partial u}{\partial t} = -4\pi r^2 \frac{\partial p}{\partial m} \quad \text{或} \quad \frac{\partial u}{\partial t} = -\frac{1}{\rho_0}\frac{r^2}{r_0^2}\frac{\partial p}{\partial r_0}. \qquad (1.26)$$

能量方程或绝热性方程仍和平面的情况一样。

作为附加方程，在方程组中增加了一个微分（或积分）关系式 (1.23) 或 (1.24)，它们把 m 和 r 或 r_0 和 r 联系起来。

柱对称情况下的各个方程完全类似于球对称情况。

应该指出，在二维和三维的流动中，变换到拉格朗日坐标通常是没有好处的，因为这时方程特别复杂。

§3. 声波

声速作为小扰动传播速度被包含在气体动力学的方程之中。若物质运动时其密度和压力的变化 $\Delta\rho$ 和 Δp 与密度和压力的平均值 ρ_0 和 p_0 相比较为很小、而运动的速度与声速 c 相比较也为小量，那么在这种极限情况下，气体动力学的方程就变为声学方程，它们描述了声波的传播。

将密度和压力写成 $\rho = \rho_0 + \Delta\rho$, $p = p_0 + \Delta p$ 的形式，我们来考察作为小量的 $\Delta\rho$, Δp 及速度 u。略去二级小量，我们来改写平面情况下的欧拉连续性方程和欧拉运动方程。连续性方程给出

$$\frac{\partial \Delta\rho}{\partial t} = -\rho_0 \frac{\partial u}{\partial x}. \qquad (1.27)$$

运动方程具有如下形式：

---

1) 本书中所谓质点是指物质微元，并非一定呈点状，这里把无限薄的微元球层也叫做"质点"。——译者注

$$\rho_0 \frac{\partial u}{\partial t} = -\frac{\partial p}{\partial x} = -\left(\frac{\partial p}{\partial \rho}\right)_S \frac{\partial \Delta \rho}{\partial x}. \tag{1.28}$$

在改写后者的时候,曾注意到声波中的运动是绝热的。因此,压力的小变化与密度的小变化之间是由绝热导数来联系的:$\Delta p = (\partial p/\partial \rho)_S \Delta \rho$.就如现在我们将要看到的,这个导数就是声速的平方:

$$c^2 = \left(\frac{\partial p}{\partial \rho}\right)_S, \tag{1.29}$$

它对应于物质的未扰动状态。

将所写出的方程中的第一个对时间微分,而第二个对坐标微分,以此来消去混合导数 $\partial^2 u/\partial t \partial x$。我们便得到关于密度变化的波动方程:

$$\frac{\partial^2 \Delta \rho}{\partial t^2} = c^2 \frac{\partial^2 \Delta \rho}{\partial x^2}. \tag{1.30}$$

正比于 $\Delta \rho$ 的压力变化 $\Delta p = c^2 \Delta \rho$,以及运动速度 u 和物质的所有其他一些参量,比如温度,也都满足同样的方程[1]。型为(1.30)的波动方程可有两组解:

$$\Delta \rho = \Delta \rho(x - ct), \Delta p = \Delta p(x - ct), u = u(x - ct) \tag{1.31}$$

和

$$\Delta \rho = \Delta \rho(x + ct), \Delta p = \Delta p(x + ct), u = u(x + ct). \tag{1.32}$$

(对 c 要取正根,$c = +\sqrt{(\partial p/\partial \rho)_S}$)。

第一组所描写的是沿 x 轴的正方向传播的扰动,而第二组则是沿负方向传播的扰动。比如在第一种情况下,实际上一个指定的密度值要对应一个确定的自变量 $x - ct$ 的值,即指定的密度值是随着时间沿 x 轴的正方向以速度 c 运动。由此可见,c 是声波的传播速度。

---

1) 为了得到关于速度的波动方程,要将方程(1.30)对时间微分,并利用方程(1.27),(1.28):

$$\frac{\partial^3 \Delta \rho}{\partial t^3} = c^2 \frac{\partial^3 \Delta \rho}{\partial x^2 \partial t} = -\rho_0 \frac{\partial}{\partial x} \frac{\partial^2 u}{\partial t^2} = -c^2 \rho_0 \frac{\partial}{\partial x} \frac{\partial^2 u}{\partial x^2},$$

由此有 $\partial^2 u/\partial t^2 = c^2 \partial^2 u/\partial x^2 + f(t)$。再注意到在波前未扰动物质中 $u = 0$,我们求得 $f(t) = 0$。

考虑到 $\partial u(x \mp ct)/\partial x = \mp(1/c)\partial u(x \mp ct)/\partial t$，再注意到在波前未扰动的气体中 $u = 0$，$\Delta\rho = 0$(见注解)，借助方程(1.27)我们来求出气体的质点速度 u 与密度的或压力的变化之间的关系：

$$u = \pm\frac{c}{\rho_0}\Delta\rho = \pm\frac{\Delta p}{\rho_0 c}, \quad \Delta p = c^2\Delta\rho = \pm\rho_0 cu. \tag{1.33}$$

上面的符号是属于沿 x 的正方向行进的波的，而下面的是属于沿负方向的。

在这两种情况下，都是在物质被压缩的地方质点速度取波传播的方向，而在物质被稀疏的地方则取与波传播的方向相反的方向。

关于 $\Delta\rho$ 和 u 的波动方程的通解，是由与沿 x 轴的正方向和负方向行进的两个波相对应的两个特解相加而得到.根据式(1.31)，(1.32)，(1.33)，关于密度和速度的解可以写成下面的形式：

$$\Delta\rho = \frac{\rho_0}{c}f_1(x - ct) + \frac{\rho_0}{c}f_2(x + ct), \tag{1.34}$$

$$u = f_1(x - ct) - f_2(x + ct), \tag{1.35}$$

其中 f_1 和 f_2 是各自的自变量的任意函数，它们是由密度和速度的初始分布来决定：

$$f_1 = \frac{1}{2}\left[\frac{c}{\rho_0}\Delta\rho(x, 0) + u(x, 0)\right],$$

$$f_2 = \frac{1}{2}\left[\frac{c}{\rho_0}\Delta\rho(x, 0) - u(x, 0)\right].$$

例如，如果在初始时刻密度有一个矩形扰动，而气体又是处处不动的，那么矩形扰动就向左右两边行进，如图 1.1 所示。

如果初始时刻密度和速度的分布具有图 1.2 上所画的形式，并且 $u = \frac{c}{\rho_0}\Delta\rho$，因而 $f_2 = 0$，那么矩形脉冲只向着一个方向行进.(这样的扰动可由活塞来产生，它在初始时刻开始以常速度 u 向静止的气体中推进，而经过某一段时间之后再"突然"地停止.如果矩形脉冲的长度等于 L，那么显然活塞作用的时间 $t_1 = L/c$.)

对于声学来说，单色波是特别的重要，在这种波中所有的量都

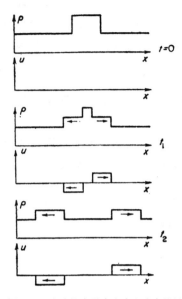

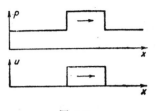

图 1.2

图 1.1 在线性声学中密度和速度的矩
形脉冲沿一个坐标的传播

是时间的周期函数，其形状为

$$f = A\cos\left(\frac{\omega}{c}x - \omega t\right),$$

或者，用复数的形式，

$$f = A\exp\left[-i\omega\left(t - \frac{x}{c}\right)\right].$$

其中 $\nu = \omega/2\pi$ 是声音的频率，而 $\lambda = c/\nu$ 是波长。所有的扰动都可以分解为傅立叶积分，即都可以表示为对不同频率的单色波求和的形式。

能被人的耳朵所感觉到的声音，其频率 ν 是从 20 到 20000 赫兹（1 秒内的振动次数），而与大气中的声速 $c = 330$ 米/秒[1] 相对应的波长是从 15 米到 1.5 厘米。

为了说明声波中各种量的数值，我们指出，对于其强度[2] 比乐队的最强奏大 10^5 倍的最强声来说，波中空气密度变化的振幅是

----

1) 在标准条件下，空气的绝热指数
$$\gamma = 1.4, \quad c = (\partial p/\partial\rho)^{\frac{1}{2}}_S = (\gamma p_0/\rho_0)^{\frac{1}{2}} = (\gamma A T_0)^{\frac{1}{2}}$$
（因为当 $S =$ 常数时，$p \sim \rho^\gamma$）。

2) 就如下面将要证明的那样，声音的能量或强度与压力或密度变化的振幅之平方成正比。声音的响度在对数标度中是以分贝耳来度量的。选择人耳刚能感觉到的平均限度作为零点。响度增加了 n 个分贝，声音的能量就增加到 $10^{n/10}$ 倍。响度从树叶的沙沙声或耳语（～10 分贝）增强至最强的管弦乐（～80 分贝）所对应的声音能量的增加为 10^7 倍。

标准密度的 0.4%；压力变化的振幅是大气压力的 0.56%；速度的振幅是声速的 0.4%，即 1.3 米/秒。空气质点位移的振幅约为 $\Delta x \approx u/2\pi\nu = (u/c) \ (\lambda/2\pi) \approx 6 \times 10^{-4} \ \lambda (\Delta x \approx 0.036$ 厘米，当 $\nu = 500$ 赫兹时）。

我们来求与沿静止气体传播的小扰动有关的能量。精确到 $\Delta\rho$ （或 Δp，或 u）的二级小项，扰动物质的比内能的增量是：

$$\varepsilon - \varepsilon_0 = \left(\frac{\partial\varepsilon}{\partial\rho}\right)_0 \Delta\rho + \frac{1}{2}\left(\frac{\partial^2\varepsilon}{\partial\rho^2}\right)_0 (\Delta\rho)^2.$$

鉴于运动的绝热性，其导数都是在熵为常数时取的。可以借助下述热力学关系把它们计算出来：$d\varepsilon = Tds - pdV = (p/\rho^2)d\rho$。我们得到

$$\varepsilon - \varepsilon_0 = \frac{p_0}{\rho_0^2}\Delta\rho + \frac{c^2}{2\rho_0^2}(\Delta\rho)^2 - \frac{p_0}{\rho_0^3}(\Delta\rho)^2.$$

在同样的精度下，1 厘米³ 中内能的增量等于

$$\begin{aligned}
\rho\varepsilon - \rho_0\varepsilon_0 &= (\rho_0 + \Delta\rho)(\varepsilon - \varepsilon_0) + \varepsilon_0\Delta\rho = \\
&= \left(\varepsilon_0 + \frac{p_0}{\rho_0}\right)\Delta\rho + \frac{c^2}{2\rho_0}(\Delta\rho)^2 = \\
&= \omega_0\Delta\rho + \frac{c^2}{2\rho_0}(\Delta\rho)^2,
\end{aligned}$$

此处 $\omega = \varepsilon + p/\rho$ 是比焓。

与扰动相关的内能密度，在一级近似下与 $\Delta\rho$ 成正比。动能密度 $\rho u^2/2 \approx \rho_0 u^2/2$ 是个二级小量。从对平面行波是正确的关系 (1.33) 看出，内能密度的二级项和动能是精确地互等，所以扰动的总的能量密度是

$$E = \omega_0\Delta\rho + \frac{c^2}{2\rho_0}(\Delta\rho)^2 + \frac{\rho_0 u^2}{2} = \omega_0\Delta\rho + \rho_0 u^2. \qquad (1.36)$$

能量的一级小项乃与由扰动而引起的全部气体的体积之变化有关。如果扰动是以那种方式产生的，它使得气体的体积在总体上保持不变，那么全部气体的扰动能量就是关于 $\Delta\rho$ 的二级小量，因为当对体积积分时，正比于 $\Delta\rho$ 的项将被消去。

例如，在那样的波包中情况就是如此，这种波包是沿充满无限

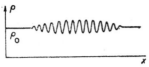

图 1.3　波包中的密度分布

大空间的气体进行传播的，且在无穷远处气体是未受扰动的(图1.3). 精确到二级项，压缩区域内的密度变化与稀疏区域内的变化相抵消.

　　这就是说，声音的能量是正比于振幅平方的二级小量[1]：

$$E_{声}=\rho_0 u^2. \tag{1.37}$$

　　如果扰动是以那种方式产生的，以致这时气体的体积改变，那么在扰动能量中要保留与 $\Delta\rho$ 的一次方成正比的项. 但是，如果扰动源恢复到自己原来的位置的话，这个正比于 $\Delta\rho$ 的基本的能量部份可以被"气体反向地交回". 这时在扰动气体中所剩下的能量只是二级小量. 用一个简单的例子来说明这种情况.

　　假定从初始时刻开始向静止气体中以常速度 u（比 声速小很多 $u\ll c$）推进一个活塞. 在时刻 t_1 时活塞"瞬时地"停止. 则沿气体要移动一个其长度为 $(c-u)t_1\approx ct_1$ 的压缩脉冲，它的能量等于推动活塞的外力所消耗的功，$put_1=(p_0+\Delta p)ut_1\approx p_0ut_1$（这种情况上面曾讨论过，现以插图1.4说明）. 在一级近似下，能量正比于波的"振幅"$u,\Delta\rho,\Delta p$ 和压缩时间（即扰动的长度）. 现在我们令气体能够恢复活塞的位置，且是那样的，在时刻 t_1 时活塞的速度 u "瞬时地"变成反号的 $(-u)$，而在时刻 $t_2=2t_1$ 时，活塞回到了原来的位置且"瞬时地"停止了运动. 现在扰动具有图1.5上所画的形式，在那里画出了 $t=0, t_1, t_2$ 和 $t>t_2$ 的各个时刻的状态. 用直接计算容易验证，在从 t_1 到 t_2 的第二个周期内气体对活塞所作的功，在一级近似下精确地等于在从零到 t_1 的第一个周期内活塞对气体所作的功. 正负两个脉冲区域的长度在一级近似下也是相同的，并皆等于 $ct_1=c(t_2-t_1)$. 于是，如果将脉冲的压缩区域和稀疏区域内的能量求和，那么一级项就被消去. 如果进行的所有计算

---

　　1) 表达式(1.37)应按时间或空间取平均：

　　$E_{声}=\rho_0\overline{u^2}(\bar u\sim\overline{\Delta\rho}\sim\overline{\Delta p}=0,$ 然而 $\overline{u^2}\sim\overline{(\Delta\rho)^2}\sim\overline{(\Delta p)^2}>0).$

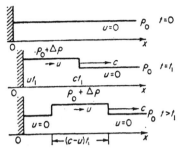

图 1.4 由向气体中推进的活塞所产生的压缩脉冲的传播

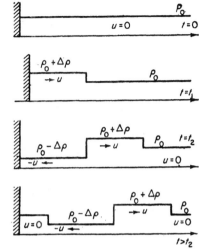

图 1.5 活塞所产生的压缩 和 稀疏脉冲的传播. 活塞开始时是 向气体中推进,然后又回到了原来的位置

都考虑了次一级近似的项[1],那么在能量中就保留了二级项,且扰动的能量密度就由普遍的公式(1.37)来表示.

§ 4. 球面声波

无吸收（即不计粘性和热传导,见 § 22）时,平 面波的振幅和能量密度不随时间减 弱. 例如, 图 1.4 和 1.5 所画的脉冲可以达到"无穷远", 而不改变自己的形状和振幅.

在球面波中情况就不再是这样. 将球对称情况下的连续性方程线性化,我们得到

$$\frac{\partial \Delta \rho}{\partial t} = -\frac{\rho_0}{r^2} \frac{\partial}{\partial r} r^2 u.$$

线性化的运动方程与式(1.28)没有差别:

$$\frac{\partial u}{\partial t} = -\frac{c^2}{\rho_0} \frac{\partial \Delta \rho}{\partial r}.$$

由此,和平面情况时一样,我们得到了关于 $\Delta \rho$ 的波动方程,它的解

---

1) 尤其值得注意的是,压缩脉冲和稀疏脉冲的长度要相差一个量 $2ut_1$（当 $t_2 - t_1 = t_1$ 时）.

描述了自中心向外发散的波,其形状是

$$\Delta\rho = \frac{f(r-ct)}{r}.\tag{1.38}$$

如果所考察的是其长度远小于 r 的短脉冲,那么可以说,由函数 $f(r-ct)$ 所给定的脉冲其形状不变,而波的振幅是与 $1/r$ 成正比地下降。这是很自然的。我们假定,由中心发出一个具有有限宽度 Δr 的脉冲。随着脉冲的传播,参与运动的物质的质量,它们大致等于 $\rho_0 4\pi r^2\Delta r$, 是正比于 r^2 地增加。单位体积内的声能正比于 $(\Delta\rho)^2$。由于能量不变,那么 $(\Delta\rho)^2 r^2=$ 常数,即强度就应按 $\Delta\rho \sim 1/r$ 下降。

球面波与平面波的差别还表现在另一个方面。将解 (1.38) 代入运动方程:

$$\frac{\partial u}{\partial t} = -\frac{c^2}{\rho_0}\left[\frac{f'(r-ct)}{r} - \frac{f(r-ct)}{r^2}\right],$$

并将所得的表达式对时间积分。我们得到关于速度的解:

$$u = \frac{c}{\rho_0}\left[\frac{f(r-ct)}{r} - \frac{\int^{r-ct} f(\xi)d\xi}{r^2}\right] =$$

$$= \frac{c}{\rho_0}\left[\Delta\rho - \frac{\varphi(r-ct)}{r^2}\right],\tag{1.39}$$

它因存在一个附加项,而不同于平面情况的公式 (1.33)。在平面波中扰动区域内的物质可以只被压缩,就象图 1.4 所示的情况中发生的那样。在球面波中这是不可能的:在压缩区域之后必然跟随一个稀疏区域。

事实上,在扰动区域之后 $\Delta\rho$ 和 u 都要变成零。在平面情况下由于有正比关系 $u \sim \Delta\rho$, 这个条件自动满足,而与脉冲的形状无关。而在球面波中,为了做到这一点,就必须要求在扰动区域之后 $\varphi(r-ct)=0$, 即要求对整个扰动区域的积分等于零:

$$\varphi(r-ct) = \int f(\xi)d\xi = \int r\Delta\rho\, dr = 0.$$

由此看出,在球面波中 $\Delta\rho$ 要改变符号,即在压缩区域之后应是稀疏区域。

波中所含物质的附加量等于 $\int \Delta \rho \cdot 4\pi r^2 dr$. 但 $\Delta \rho \sim 1/r$, 因而在压缩波中当波自中心向外发散时其附加质量是增加的。在传播过程中,压缩物质的数量越来越增加,这就引起了在密度升高波之后要出现一个密度下降的波。

在球面波中压力的变化与密度的变化成正比,这和平面的情况一样。而速度,就如从公式(1.39)所看到的,并不与 $\Delta \rho$ 或 Δp 成正比。尤其是,速度本身和密度的变化在各点都要改变符号,所以在自中心所发出的波中,其密度和速度的剖面就具有图 1.6 所画的形式。

§ 5. 特征线

在 § 3 中曾指出,如果在初始时刻 t_0 时,在密度和压力是处处相同的静止气体中的某一点 x_0 处,给出速度和压力(或密度[1])的任意小扰动,那么从这一点出发向两个方向以声速传播两个扰动波。在向右沿正 x 方向传播的波中,各种量的小改变量之间是由下述关系而联系起来:

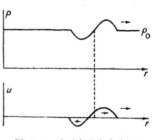

图 1.6 球面声波中密度和
速度的分布

$$\Delta_1 u = \frac{\Delta_1 p}{\rho_0 c} = \frac{c}{\rho_0} \Delta_1 \rho = f_1(x - ct) \text{[2]}.$$

在向左传播的波中:

$$\Delta_2 u = -\frac{\Delta_2 p}{\rho_0 c} = -\frac{c}{\rho_0} \Delta_2 \rho = -f_2(x + ct).$$

在初始时刻所产生的任意扰动 Δu 和 Δp, 总可以分解成两个分别

---

1) 由于流的等熵性,密度和压力的变化并非独立 而总是彼此以热力学关系 $\Delta p = c^2 \Delta \rho$ 相联系。

2) 为了符号上的一致性,我们在这里用 Δu 来代替 u。

遵从上述关系的分量：$\Delta u = \Delta_1 u + \Delta_2 u$, $\Delta p = \Delta_1 p + \Delta_2 p$，因而在一般情况下初始扰动是以两个波的形式向两个不同的方向传播的.

如果初始扰动 Δu, Δp 不是任意的,而彼此间已由上述两个关系中的一个所联系,那么扰动就是向着一个方向前进（这相当于两个函数中,有一个 f_1 或 f_2 等于零）.

如果气体不是静止的,而是整体地以常速度 u 运动,那么其图象并不改变,只不过现在波要被流所携带,所以它们的传播速度,相对于静止的观察者来说, 等于 $u+c$（向右的）和 $u-c$（"向左的"[1]). 如果将气体动力学的方程变换到新的、与气体一同以速度 u 运动的坐标系中的话,这一点很容易证实.

现在假设,在由函数 $u(x,t)$, $p(x,t)$（或 $\rho(x,t)$,见第 15 页注解 1)）所描述的任意一个平面等熵气流中,在时刻 t_0 时于点 x_0 处产生了速度和压力的任意小扰动. 当考察点 x_0 附近的小的区域和小的时间间隔（x,t 平面上的点 x_0, t_0 的小邻域）时,在一级近似下,可以略去未扰动函数 $u(x,t)$, $p(x,t)$ 的,进而也就是 $\rho(x,t)$ 和 $c(x,t)$ 的在这个邻域内的变化,而认为它们是不变的,就等于在点 x_0, t_0 处的值. 上述所有关于扰动的传播图象,也都可用到这种情况. 如果扰动 $\Delta u(x_0, t_0)$, $\Delta p(x_0, t_0)$ 是任意的,那么它们也都要分解成两个分量,其中有一个是以速度 $u_0 + c_0$ 开始向右传播,而另一个是以速度 $u_0 - c_0$ 开始"向左"传播,并且这里应将 u_0 和 c_0 理解为是这些量在点 x_0, t_0 处的当地值.

由于 u 和 c 是逐点变化的,那么在长的时间间隔内,由方程 $dx/dt = u+c$ 和 $dx/dt = u-c$ 所描写的、扰动在 x,t 平面上的传播路径将要弯曲. 小扰动就是沿着 x,t 平面上的这些线进行传播的,它们被称之为特征线. 在平面等熵气流中,就如我们所看出的,存在着两簇特征线,它们分别由下述两个方程所描写：

$$\frac{dx}{dt} = u + c,$$

---

1) 我们把"向左的"一词加上引号：因为如果 $u > c$,那么波也是向右行进的,但是显然这要比第一种情况为慢.

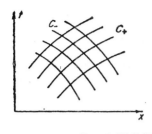
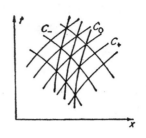

图 1.7　在等熵情况下两簇特征　　　图 1.8　在非等熵情况下三簇特征
　　　　　线的网格　　　　　　　　　　　　　线的网格

$$\frac{dx}{dt} = u - c,$$

并分别地被称之为 C_+ 和 C_- 特征线.

　　经过 x, t 平面上的每一点，都可以引出两条分属于 C_+ 和 C_- 簇的特征线. 在一般情况下特征线是弯曲的，就如图 1.7 所示的那样. 在 u, p, c, ρ 在空间和时间上都是不变的常流[1] 区域内，两簇特征线都是直线.

　　如果流不是等熵的而仅是绝热的，即气体各质点的熵虽都不随时间改变，但彼此不同，那么熵的扰动还是可能的. 由于运动的绝热性，有 $\dfrac{dS}{dt} = 0$，即任何不与其它量 (p, ρ, u) 的扰动相伴随的、熵的扰动仍被局限在质点之内，并随同质点一起沿流线而转移. 因而，在非等熵流的情况下流线也是特征线. 它们由方程 $dx/dt = u$ 来描写，并被称为 C_0 特征线.

　　在非等熵流中，通过每一点 x, t 有三条特征线，而平面 x, t 要被三簇特征线 C_+, C_-, C_0 的网格所覆盖(图 1.8).

　　到目前为止，我们讨论特征线，只是把它们作为 x, t 平面上的、小扰动沿其传播的线簇而已. 但是，这并不能包括特征线的全部意义.

　　气体动力学的方程可以变成那种形式，以致它们所包含的各种气体动力学量的导数，只是沿着特征线来取的. 就如下一节将

　　[1]　这里所说的"常流"，一般称为"均匀流"、"直匀流".——校者注

要指出的,在等熵流中沿特征线转移的不仅是小扰动,而且还有气体动力学量的一些确定的组合.

众所周知,两个变量的函数 $f(x,t)$ 可沿 x,t 平面上的确定曲线 $x=\varphi(t)$ 来对时间微分. 在给定点处函数 $f(x,t)$ 沿任意一条曲线 $x=\varphi(t)$ 对时间的导数是由曲线在该点的切线之斜率 $dx/dt=\varphi'$ 所决定,并等于

$$\left(\frac{df}{dt}\right)_\varphi=\frac{\partial f}{\partial t}+\frac{\partial f}{\partial x}\frac{dx}{dt}=\frac{\partial f}{\partial t}+\frac{\partial f}{\partial x}\varphi'.$$

我们已经熟悉了两个沿曲线微分的特殊情况:这就是对时间的偏导数 $\frac{\partial}{\partial t}$(沿着曲线 $x=$ 常数, $\varphi'=0$)和实质导数 $\frac{d}{dt}=\frac{\partial}{\partial t}+u\frac{\partial}{\partial x}$(沿质点运动的轨迹或沿流线:$dx/dt=\varphi'=u$).

将平面绝热运动的方程变成那种形式,使得它们所含有的各种气体动力学量的导数只是沿着特征线而取的. 为此,要从连续性方程

$$\frac{d\rho}{dt}+\rho\frac{\partial u}{\partial x}=0$$

中消去密度的导数,而用压力的导数来代替它. 由于密度与压力和熵的热力学关系式为 $\rho=\rho(p,S)$, 而 $dS/dt=0$, 因此我们有

$$\frac{d\rho}{dt}=\left(\frac{\partial\rho}{\partial p}\right)_S\frac{dp}{dt}+\left(\frac{\partial\rho}{\partial S}\right)_p\frac{dS}{dt}=\frac{1}{c^2}\frac{dp}{dt}.$$

将这个表达式代入连续性方程,并将方程乘以 c/ρ, 我们求得

$$\frac{1}{\rho c}\frac{\partial p}{\partial t}+\frac{u}{\rho c}\frac{\partial p}{\partial x}+c\frac{\partial u}{\partial x}=0.$$

将这个方程与运动方程

$$\frac{\partial u}{\partial t}+u\frac{\partial u}{\partial x}+\frac{1}{\rho}\frac{\partial p}{\partial x}=0$$

相加,我们得到

$$\left[\frac{\partial u}{\partial t}+(u+c)\frac{\partial u}{\partial x}\right]+\frac{1}{\rho c}\left[\frac{\partial p}{\partial t}+(u+c)\frac{\partial p}{\partial x}\right]=0.$$

从后一个方程减去前一个方程,类似地求得

$$\left[\frac{\partial u}{\partial t}+(u-c)\frac{\partial u}{\partial x}\right]-\frac{1}{\rho c}\left[\frac{\partial p}{\partial t}+(u-c)\frac{\partial p}{\partial x}\right]=0.$$

这两个方程中,第一个包含的只是沿 C_+ 特征线的导数,而第二个包含的只是沿 C_- 特征线的导数. 当注意到,绝热性方程 $\frac{dS}{dt}=0$ 可以被看成是沿 C_0 特征线的方程时,我们将气体动力学的方程写成如下的形式:

$$du+\frac{1}{\rho c}dp=0, \quad 沿 C_+: \frac{dx}{dt}=u+c, \tag{1.40}$$

$$du-\frac{1}{\rho c}dp=0, 沿 C_-: \frac{dx}{dt}=u-c, \tag{1.41}$$

$$dS=0, 沿 C_0: \frac{dx}{dt}=u. \tag{1.42}$$

在拉格朗日坐标中,特征线方程具有下述形式(见(1.18)):

$$C_+: \frac{da}{dt}=c\frac{\rho}{\rho_0}; \quad C_-: \frac{da}{dt}=-c\frac{\rho}{\rho_0}; \quad C_0: \frac{da}{dt}=0.$$

沿着特征线的方程,与方程(1.40)—(1.42)没有差别.

在球对称流中,欧拉坐标中的特征线方程和平面情况时的一样(只是坐标 x 应用半径 r 来代替). 而沿特征线 $C_\pm$ 所写出的方程,却都含有与函数本身有关但与它们的导数无关的附加项:

$$du\pm\frac{1}{\rho c}dp=\mp\frac{2uc}{r}dt, \quad 沿 C_\pm: \frac{dr}{dt}=u\pm c.$$

在许多情况下,将气体动力学的方程写成特征形式,这对于数值积分来说要比通常的形式更方便一些.

§ 6. 平面等熵流. 黎曼不变量

在等熵流中,熵在空间上和时间上都是不变的,因而一般就从方程中把它消去. 整个流是由两个函数:即由速度 $u(x,t)$ 和热力学变量 $\rho(x,t)$, $p(x,t)$ 或 $c(x,t)$ 中的某一个来描写. 后面这几个量在每一点都是通过纯粹的热力学关系而彼此 单值地联系: $\rho=\rho(p)$, $c=c(\rho)$ 或者 $p=p(\rho)$, $c=c(\rho)$; $c^2=dp/d\rho$.

微分表达式 $du + dp/\rho c$ 和 $du - dp/\rho c$ 现在是量

$$\left.\begin{array}{l} J_+ = u + \displaystyle\int \frac{dp}{\rho c} = u + \int c\, \frac{d\rho}{\rho}, \\[4mm] J_- = u - \displaystyle\int \frac{dp}{\rho c} = u - \int c\, \frac{d\rho}{\rho} \end{array}\right\} \tag{1.43}$$

的全微分,这两个量叫做黎曼不变量[1]. 借助热力学关系,积分量 $\int dp/\rho c = \int c d\rho/\rho$,原则上可由某一个热力学变量,比如说声速 c 来表示. 例如, 在比热不变的理想气体中

$$p = 常数 \times \rho^\gamma, \ c^2 = \gamma \times 常数 \times \rho^{\gamma-1}$$

和

$$J_\pm = u \pm \frac{2}{r-1} c. \tag{1.44}$$

黎曼不变量的确定可以精确到任意一个常数,在有些情况下,完全可以略去这个常数,这样更方便一些,就象在公式 (1.44) 中所做的那样.

方程 (1.40),(1.41) 证明了这样一点,在等熵流中黎曼不变量沿特征线是不变的:

$$\left.\begin{array}{l} dJ_+ = 0, \ J_+ = 常数, \ 沿\ C_+\colon \dfrac{dx}{dt} = u + c; \\[4mm] dJ_- = 0, \ J_- = 常数, \ 沿\ C_-\colon \dfrac{dx}{dt} = u - c. \end{array}\right\} \tag{1.45}$$

这种情形可以看成是对于声学波沿速度、密度和压力都为常数的气体进行传播的情况来说是正确的那些关系的推广. 后面这些关系是作为一级近似从普遍方程而得到的. 如果令 $u = u_0 + \Delta u$, $p = p_0 + \Delta p$,那么在一级近似下

$$J_\pm = u_0 + \Delta u \pm \int \frac{d\Delta p}{\rho_0 c_0} = \Delta u \pm \frac{\Delta p}{\rho_0 c_0} + 常数. \tag{1.46}$$

在一级近似下特征线方程被写为

---

1) 在非等熵流中 ρ 和 c 依赖于两个变量: p 和 S,表达式 $du \pm dp/\rho c$ 已不再是全微分. 组合 (1.43) 在这种情况下也就没有确定的意义.

$$\frac{dx}{dt} = u_0 \pm c_0, \quad x = (u_0 \pm c_0)t + 常数.$$

这样一来,沿路径 $x = (u_0 + c_0)t + 常数$,量 $\Delta u + \Delta p / \rho_0 c_0$ 是守恒的,由此看出,它可以被表示为 $x = (u_0 + c_0)t + 常数$ 这个方程中的常数之函数的形式:

$$\Delta u + \frac{\Delta p}{\rho_0 c_0} = 2f_1 [x - (u_0 + c_0)t].$$

沿路径 $x = (u_0 - c_0)t + 常数$,量

$$\Delta u - \frac{\Delta p}{\rho_0 c_0} = -2f_2 [x - (u_0 - c_0)t]$$

是守恒的.

速度和压力的变化被表示为向相反方向行进的两个波 f_1 和 f_2 叠加的形式: $\Delta u = f_1 - f_2$, $\Delta p = \rho_0 c_0 (f_1 + f_2)$,并且在它们的每一个当中,各量间是由我们已知的关系相联系:

$$\Delta_1 u = \frac{\Delta_1 p}{\rho_0 c_0} = f_1, \quad \Delta_2 u = -\frac{\Delta_2 p}{\rho_0 c_0} = -f_2.$$

黎曼不变量 J_+ 和 J_- 可以被看成是描写气体运动的新的函数,它们代替了老的变量:气体的速度 u 和一个热力学量,比如声速 c. 它们通过方程(1.43)而与变量 u 和 c 单值地联系. 将这些方程相对于 u 和 c 求解,便可以从函数 J_+, J_- 再回到函数 u 和 c. 例如,对于比热不变的理想气体,按公式(1.44)有

$$u = \frac{J_+ + J_-}{2}; \quad c = \frac{\gamma - 1}{4}(J_+ - J_-).$$

将不变量看成是独立变数 x 和 t 的函数时,特征线方程可以写成如下形式:

$$C_+: \frac{dx}{dt} = F_+(J_+, J_-); \quad C_-: \frac{dx}{dt} = F_-(J_+, J_-), \quad (1.47)$$

此处 F_+ 和 F_- 是已知函数,它们的形式只取决于物质的热力学性质.

在比热不变的理想气体中

$$F_+ = \frac{\gamma + 1}{4}J_+ + \frac{3 - \gamma}{4}J_-; \quad F_- = \frac{3 - \gamma}{4}J_+ + \frac{\gamma + 1}{4}J_-.$$

如从方程(1.45)所见到的,特征线具有携带一个黎曼不变量的常数值的性质。由于沿着一定的 C_+ 特征线 $J_+=$ 常数,所以这种特征线之斜率的变化仅由一个量——不变量 J_- 的变化来决定。同样,沿 C_- 特征线 J_- 是常数,而当从 x, t 平面上的一点过渡到另一点时,其斜率的变化也仅由不变量 J_+ 的变化来决定。

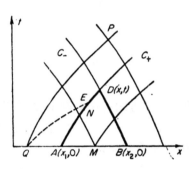

图 1.9 表明依赖区域的 x, t 图

以特征形式所写出的方程,使得气体动力学中的一些现象间的因果关系变得极为明显。我们来考察任意一个处于无限空间中的平面等熵气流。假定在初始时刻 $t=0$ 时给定气体动力学量沿坐标 x 的分布:$u(x, 0)$;$c(x, 0)$,或者等价地,给定不变量的分布:$J_+(x, 0)$;$J_-(x, 0)$。在 x, t 平面上(图1.9)存在着由 x 轴上的不同点所发出的 C_+ 和 C_- 特征线所组成的网格[1]。在任意一点 $D(x, t)$ 处(在坐标点 x 和时刻 t 时)的气体动力量的值,仅由在初始点 $A(x_1, 0)$ 和 $B(x_2, 0)$ 处的量之值所决定:

$$J_+(x, t) = J_+(x_1, 0);$$
$$J_-(x, t) = J_-(x_2, 0).$$

例如,对于比热不变的理想气体来说,当要求解关于 u 和 c 的这些方程时,可以用显式写出点 D 处的物理学变量:

$$\left.\begin{array}{l} u(x, t) = \dfrac{u_1 + u_2}{2} + \dfrac{2}{\gamma - 1} \dfrac{c_1 - c_2}{2}, \\[3mm] c(x, t) = \dfrac{c_1 + c_2}{2} + \dfrac{\gamma - 1}{2} \dfrac{u_1 - u_2}{2}, \end{array}\right\} \tag{1.48}$$

此处 u_1, c_1 是点 $A(x_1, 0)$ 处的值,而 u_2, c_2 是点 $B(x_2, 0)$ 处的值。

当然不能断言,点 D 处的气体状态只依赖于在两个初始点 A 和 B 处所给出的初值条件,因为作为由点 A 和点 B 所发出的 C_+

---

1) 当求得问题的解之后,才能画出这样的网格。

和 C_- 两条特征线的交点——D 点本身的位置是与这两条特征线的路径有关的. 而这两个路径是由在 x 轴上整个 AB 段内所给定的初始条件来决定的. 例如,C_+ 特征线 AD 在中间点 N 处的斜率(见图 1.9),不仅取决于不变量 $J_+(A)$,而且还取决于从 AB 段上的中间点 M 处携带到 N 处的不变量 $J_-(M)$ 的值.

但点 D 处的气体状态完全由在 x 轴上的 AB 段内所给定的初始条件来确定,而与这个线段之外的各量的初始值毫不相干. 比如说,如果稍微改动一下点 Q 处的初始值,那么这无论如何也不会影响到气体在点 D 处的状态,这只是因为这一变化的扰动至时刻 t 时还来不及到达坐标点 x 处. 它到达这一坐标点(沿 C_+ 特征线 QP 到达 P 点)的时间还要晚一些.

类似地,x 轴上 AB 段内的气体的初始状态,在后来的时刻只能影响到这样一些点的气体的状态, 这些点是分布在由 C_- 特征线 AP 和 C_+ 特征线 BQ 所限定的区域之内(图 1.10). 而不会影响到点 M 处的状态,因为 AB 段内初始条件的"信号"至时刻 t_M 时还来不及到达坐标点 x_M 处.

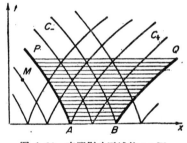

图 1.10　表明影响区域的 x,t 图

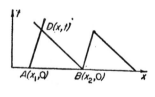

图 1.11　在小区间上特征线变直

我们强调指出,上述的关于现象间的因果关系的一些见解,只是在同簇特征线不彼此相交的条件下才有效. 例如, 如果始自 Q 点的 C_+ 特征线是沿虚线路径 QE 前进的 (见图 1.9),那么点 Q 处的气体的状态就要影响到点 D 处的状态. 但在连续流的区域内,属于同簇的特征线实际上是永远不能相交的. 相交就会导致气体动力学量的非单值性. 事实上,在两条 C_+ 特征线的交点 x,t

处，不变量 J_+ 要有两个与两条特征线相对应的不同的数值. 但是在 x,t 平面内的每一点 J_+ 和 J_- 都只能有一个值, 它们单值地与该点的气体速度和声速相联系. 就如下面所要见到的, 同簇特征线的相交要导致连续流的破坏, 及气体动力学量的间断即激波的出现.

仅当已知气体动力学问题的解之后, 才有可能在整个 x,t 平面上画出特征线. 如果解是未知的, 那么就不可能在图 1.9 上定出发自 A 和 B 的两条特征线相交之点 D 的精确位置.

但是, 当用其斜率与点 A 和点 B 处的初值 u_1,c_1; u_2,c_2 (或 $J_+(A)$, $J_-(B)$) 相适应的直线来代替真实的曲线路径 AD 和 BD 的时候 (图 1.11), 近似地求出交点的位置却是可能的. 取点 A 和点 B 彼此充分靠近, 以致用直线来代替特征线的真实路径时所引起的偏差很小, 那么交点的位置可由下面的方程求得

$$x - x_1 = (u_1 + c_1)t, \quad x - x_2 = (u_2 - c_2)t.$$

u 和 c 在交点的值由公式 (1.48) 来决定. 这样的过程, 实质上就是对方程 (1.45) 进行数值积分的最简单的程序. 用类似于 ADB 的三角形网格来覆盖 x,t 平面, 便可以从初始条件 $u(x,0)$, $c(x,0)$, 或 $J_+(x,0)$, $J_-(x,0)$ 出发, 连续地一步一步地将方程的解随着时间向前推进.

§7. 有限空间中气体的平面等熵流

我们来考察任意一个处于有限空间中的平面等熵气流. 假令气体占据着两个平面——两个活塞间的空间, 这两个活塞是按给定的规律 $x_1 = \psi_1(t)$, $x_2 = \psi_2(t)$ 在作运动, 并且在 $t=0$ 的初始时刻两个活塞的坐标分别等于 x_{10} 和 x_{20}. 在初始时刻给出速度 u 和热力学变量 c 在间隔 $x_{10} < x < x_{20}$ 内按坐标 x 的分布: $u(x,0)$, $c(x,0)$, 或者等价地, 给出不变量的分布: $J_+(x,0)$, $J_-(x,0)$.

在 x,t 平面上画出特征线的网格和活塞迹线 (图 1.12). 像 F 这一类的点——由 x 轴上 $O_1 O_2$ 间隔内的点所发出的 C_+ 和 C_- 特征线要经过它们, 和气体在无限空间中运动时的各点没有任何

差别．和那时一样，不变量 J_+ 和 J_- 的初始值要被携带到这些点．

我们来考察处在活塞线上的点，为了确切起见，就考察左边活塞迹线上的 D 点．

仅有一个不变量 J_- 是由"过去"而被携带到 D 点；它是沿着从初始间隔

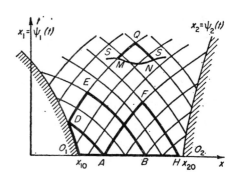

图 1.12　处在两个活塞间的平面等熵气流的特征线简图

O_1O_2 上的 A 点所发出的 C_- 特征线而被携带的，所以 $J_-(D)=J_-(A)$．第二个不变量 J_+ 不能被携带到 D 点，因为没有（来自"过去"的）C_+ 特征线到达 D 点．C_+ 特征线只能从 D 点出发（而到达"未来"），并携带走在该点所"形成的"不变量 J_+ 的值．气体在 D 点的状态由所携带来的不变量 J_- 的值和第二个量——速度 u 所决定，按照边界条件这个速度与已知的、活塞在 D 点的速度：$u_1(D)$ 相符．这对量——$J_-(D)=J_-(A)$ 和 $u=u_1(D)$，现在就代替了在气体中不与活塞相接触的那些点上的一对量——J_+ 和 J_-．第二个不变量 J_+ 在 D 点是由量 $J_-(D)$ 和 $u_1(D)$ 所构成：$J_+(D)=2u_1(D)-J_-(D)$，并被 C_+ 特征线所携带．例如，由 x 轴上初始间隔内的 B 点所发出的 C_- 特征线要来到 E 点，并带来了不变量 $J_-(B)$：$J_-(E)=J_-(B)$．而 C_+ 特征线是来自活塞迹线上的 D 点，它带来了等于 $J_+(D)$ 的不变量 J_+：$J_+(E)=J_+(D)$．气体在 E 点的状态，依赖于 $J_-(B)$，$u_1(D)$ 和 $J_-(A)$，即依赖于 A,B,D 三点的条件．而 E 点的位置则依赖于 O_1D, O_1B 两个间隔上的条件．

这就是说，在有限空间的流动中，气体在某一点的状态不仅依赖于初始条件，而且还依赖于边界条件．

一般来说，在 x,t 平面上任意一点的状态，是由在任意曲线的一段上所给出的 u 和 c 或 J_+ 和 J_- 的值所决定，而曲线的这一段应是被经过考察点的 C_+ 和 C_- 特征线所截取的. 例如, Q 点的状态是由曲线 SS 上的 MN 线段内的状态所决定 (图 1.12).

与上边的类似, 不变量 J_+ 由"过去"沿着 C_+ 特征线而被携带到右边的活塞迹线上, 而 C_- 特征线本身则是由活塞迹线上的点开始的, 并将由携带来的不变量 J_+ 和活塞的速度 u_2 的值所组成的不变量 J_- 带往"未来", 而活塞的速度 u_2 和与活塞相接触的气层的速度是一致的.

活塞上的压力单值地决定于一个被携带来的不变量和活塞的速度. 作为例子, 我们来考察左边活塞上的 D 点. 假令气体是比热不变的理想气体. 用 u_A, c_A 来表示在 A 点的气体的初始速度和初始声速, 而用 u_{1D} 来表示 D 点的活塞速度. 对于 D 点的气体速度和声速, 我们有

$$u_D = u_{1D}, \quad J_- = u_D - \frac{2}{\gamma-1}c_D = u_A - \frac{2}{\gamma-1}c_A,$$

由此

$$c_D = c_A + (u_{1D} - u_A)\frac{\gamma-1}{2},$$

或者用不变量

$$c_D = [u_{1D} - J_-(A)]\frac{\gamma-1}{2}.$$

活塞上的压力 p_D 和声速 c_D 的联系纯粹是热力学的, $p_D =$ 常数 $\cdot c_D^{2\gamma/(\gamma-1)}$.

上述考虑可使黎曼不变量具有鲜明的物理意义.

我们来进行那样的实验. 在确定的时刻 t 向点 x 处插入一个与活塞表面相平行的平面薄片. 假令在薄片的一侧——左侧, 装有压力指示器, 它能对薄片左边的气体的压力作出反应.

至时刻 t 时, 自左边到 x 点被携带到指示器上的不变量是 $J_+ = u + \int dp/\rho c = u + w(p)$, 这里 u 和 p 是未受薄片扰动之气体的速度和压力, ($w(p)$ 是压力的函数, 它只依赖于气体的热力学性质和它的熵). 在时刻 t 时气体在薄片附近受到制动而停止, 这是

因为薄片是静止的. 薄片左边的、与静止气体($u=0$)相适应的新的压力,我们用 p_1 来表示. 那时 $J_+=u+w(p)=w(p_1)$. 指示器记录了反映压力——p_1. 由于函数 w 是已知的,指示器的刻度可以做成那样的, 使得它的读数能直接给出不变量 J_+ 的 量 值. 类似地, 安装在薄片右侧的压力指示器所测得的是来自右边的不变量 J_-.

如果将一个很薄的薄片与活塞表面相垂直、而与流的速度相平行地放置,以使气体能自由地从薄片的两侧流过而不改变自己的速度,那么指示器所记录的就是未扰动流的压力 p. 若将刻度做得能直接给出量 $w(p)$,那么指示器所测量的就是不变量的组合

$$w(p)=\frac{1}{2}(J_+-J_-).$$

§ 8. 简单波

从属于小扰动——声学波沿气体传播之情况的黎曼不变量的公式(1.46)看出,如果波只是向一个方向传播,那么其中有一个不变量在空间上和时间上都保持不变. 比如,如果波是向右行进,并且 $\Delta u(x,t)=\Delta p(x,t)/\rho_0 c_0=f_1[x-(u_0+c_0)t]$,那么不变 量 J_- 保持常数值:

$$J_-=\Delta u-\frac{\Delta p}{\rho_0 c_0}+常数=常数.$$

而如果波是向左行进,那么不变量 J_+ 保持不变.

我们来说明,存在单向行波的这种可能性,并不受振幅要很小这种假设的限制,并且在一般行波的情况下,其中有一个黎曼不变量仍然保持常数. 我们首先指出, 怎样在实际上能够实现一个不变量,比如 J_- 可以保持不变的情况. 如果气体占据着无限空间,那么为此只要给出那样的初始分布 $u(x,0)$, $c(x,0)$, 它们使得在初始时刻有 $J_-(x,0)=$常数也就足够了. 由于这个常数值 J_- 是沿着由 x 轴上的所有点出发的 C_- 特征线而迁移的,那么在以后

的时刻不变量 J_- 仍然保持常数：$J_-(x,t)=$ 常数.

令气体占据着其左边被按规律 $x_1=\psi_1(t)$ 而运动的活塞所限定的半空间. 如果在初始时刻,在气体所占据的整个区域 $x>x_{10}$ (x_{10} 是活塞的初始坐标)之内 $J_-(x,0)=$ 常数,那么在以后的时刻,J_- 在整个由活塞所限定的空间 $x>x_1=\psi_1(t)$ 之内仍然保持常数.实际上,就如上节所指出的,左边的活塞只能"激发出" C_+ 特征线;而 C_- 特征线是由"过去"来到活塞迹线上的,并至此"结束其存在",所以活塞能发往"未来"的只是 J_+ 不变量,而不是 J_-.

在 x,t 平面上与气体相对应的那一整个区域(这个区域是由活塞迹线 $x_1=\psi_1(t)$ 所限定的)之内,J_- 不变量的值是由 J_- 在 x 轴上的初值所决定,即它保持常数值.

相反地,如果气体所占据的是右边被运动的活塞所限定的半空间(活塞迹线 $x_2=\psi_2(t)$, $x_{20}=\psi_2(0)$),并在初始时刻,当 $x<x_{20}$ 时,$J_+(x,0)=$ 常数,那么在 x,t 平面上的整个物理区域($x<x_2=\psi_2(t)$)之内,不变量 J_+ 保持常数.

于是,再回到所提出的问题,并为了确切起见,我们假定 $J_-(x,t)=$ 常数.

从写成式(1.47)形式的特征线方程,得出结论,此时 C_+ 特征线是一簇直线($F_+=$ 常数,因为沿着这种特征线 $J_+=$ 常数,而 $J_-=$ 常数又普遍成立).将 C_+ 特征线的方程积分之后,我们可以写出

$$x=F_+(J_+,J_-)t+\varphi(J_+), \qquad (1.49)$$

此处 $\varphi(J_+)$ 是积分常数,它可以看成是沿特征线而迁移的那个 J_+ 值的函数. 它是由问题的初始条件和边界条件来确定的. 例如,如果某一特征线是由 x 轴上的初始线段内所发出的,那么 φ 就是 x 轴上那样一点的坐标,该点是这一特征线的出发点,并在该点给定了在 φ 中作为自变量的 J_+ 的值.

公式(1.49)和对其中一个待求函数所附加的条件,

$$J_-(x,t)=\text{常数}, \qquad (1.50)$$

一起构成了所讨论情形下的气体动力学方程的通解. 它以隐式

的形式决定了另一个待求函数 $J_+(x,t)$。（提请注意，函数 F_+ 是已知的，因物质的热力学性质是已知的。）

解 (1.49),(1.50) 可以写成关于一般的气体动力学变量——气体的速度和声速之公式的形式。由方程 (1.50)

$$J_- = u - \int \frac{dp}{\rho c} = 常数$$

得出结论，声速或随便另外一个热力学变量，比如说压力，都是速度 u 的函数，并不明显地含有独立变数 x 和 t：$c=c(u)$，$p=p(u)$。

方程 (1.49) 等价于方程

$$x = [u + c(u)]t + \varphi(u), \tag{1.51}$$

此处积分常数 φ 被表示为 u 的函数。这个方程以隐式决定了 u 对 x 和 t 的依赖关系。

由方程 (1.51) 看到，给定的 u 和 $c(u)$ 的值在气体中是沿着 x 轴以常速度 $u+c(u)$ 而迁移的。换句话说，其解是个右行波：

$$u = f\{x - [u + c(u)]t\}, \quad c = g\{x - [u + c(u)]t\},$$

并且函数 f 和 g 的形式由问题的初始条件和边界条件来决定。

但是，与小振幅的行波不同，气体速度和热力学变量的不同值，是以不同的速度而迁移的，所以初始剖面 $u(x,0)$，$c(x,0)$ 要随时间而发生变形。这是由气体动力学方程的非线性所引起的。

所得到的具有行波形式的解被称之为简单波。

用类似的方法，可以得到向另一个方向行进的简单波。在它的里面不变量 J_+ 保持常数，而 C_- 特征线是些直线。在这种情况下，其通解具有如下形式：

$$J_+ = 常数, \quad x = F_-(J_+, J_-)t + \varphi_1(J_-),$$

或者

$$J_+ = u + \int \frac{dp}{\rho c} = 常数, \quad x = [u - c(u)]t + \varphi_1(u),$$

$$u = f_1\{x + [c(u) - u]t\}, \quad c = g_1\{x + [c(u) - u]t\}.$$

我们指出，简单波的解是一维等熵流动之方程的一个特殊积分．可以求出关于任意流动的这些方程的一般积分（见文献[1]）．特解并不直接包含在一般积分之内．

§9. 在有限振幅的行波中其剖面的变形．简单波的一些性质

我们利用所得到的简单波的解，来阐明声学类型的波要发生一些什么样的情况，如果不是象在§3中所做的那样，仅限于一级近似，而是从精确的气体动力学的方程出发．这里我们将不导出解析解，而是借助于几何构图来解释现象的定性特点．气体被认为是比热不变的理想气体．

令速度和声速的初始剖面 $u(x, 0)$，$c(x, 0)$ 具有图 1.13 上所画的形式，且这两个函数彼此间是那样联系的，它们使得 $J_-(x, 0) =$ 常数（我们所考察的是右行波）．根据公式(1.44)，有 $c = \dfrac{\gamma-1}{2} u + c_0$，这里不变量 J_- 的常数值是按照下述条件来选取的：在未扰动气体中 $u = 0$，$c = c_0$．由于 $p \sim c^{2\gamma/(\gamma-1)}$，$\rho \sim c^{2/(\gamma-1)}$（当 $c = c_0$，$p = p_0$，$\rho = \rho_0$ 时），所以压力和密度的剖面在定性上就完全类似于声速的剖面．

由于在初始时刻是常数的不变量 $J_-(x, t)$ 在以后所有的时刻保持不变，所以运动乃是右行简单波．C_+ 簇特征线是一些直线 $dx/dt = u + c = (\gamma+1)u/2 + c_0$．它们被画在图 1.13 上．其中从 $u = 0$ 的三个点 A_0，B_0，D_0 出发的三条彼此平行；$dx/dt = c_0$（且平行于由 x 轴上与气体未扰动区域相对应的各点所发出的 C_+ 特征线）．为了不使图 1.13 复杂化，此外只画出两条 C_+ 特征线，它们是从与初始分布 $u(x, 0)$，$c(x, 0)$ 的最小和最大值相对应的点 E_0 和 F_0 发出的．

我们来做出 u 和 c 在 t_1 时刻的剖面：$u(x, t_1)$，$c(x, t_1)$．由于 u 和 c 的常数值是沿 C_+ 特征线而迁移的，所以在点 A_1，E_1 等处的 u 和 c 的值就等于在点 A_0，E_0 等处的相应值．

完成图 1.13 所示的作图，我们便求得 t_1 时刻 u 和 c 的剖面．我们看到，和 $u = 0$，$c = c_0$ 的常流区相衔接的波"头"(D)和波

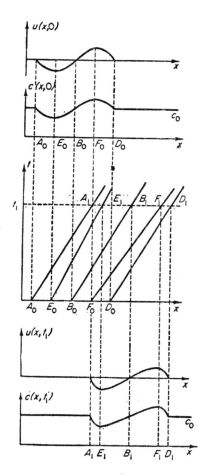

图 1.13 右行波的传播
（能够用来确定波中剖面变形的作图。上图——初始时刻的速度和声速的剖面。下图——时刻 t_1 时的变形剖面。中图—— C_+ 特征线的简图。）

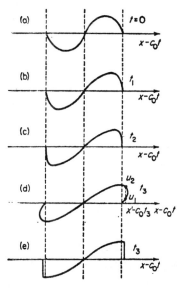

图 1.14 能够说明非线性理论中的有限振幅波的陡度和波"溢"之增长的简图
（画出了一系列时刻的速度剖面。为综合不同时刻的波，横坐标是组合 $x-c_0t$。剖面 (d) 所对应的是物理上不真实的状态。事实上，在 t_3 时刻剖面的形状为 (e)，它带有间断。）

"尾" (A) 沿 x 轴所移动的距离等于 c_0t_1（它们是沿着 x, t 平面上的特征线 D_0D_1，A_0A_1 而传播的）。u 和 c 的最大值和最小值的高度没有改变，但是最大值和最小值的相对位置却成了另外一个样子：剖面变形了。

在声学理论中，气体动力学的方程是被线性化的，这种变形不会产生；剖面是作为固定的图形而移动的。剖面的变形是由气体动力学方程的非线性所引起的．变形的物理原因就在于，波峰相对地跑得比较快，这既是因为它们在物质中传播的速度大（声速大），也是因为它们随同物质一同向前推进得比较快(气体的速度大)．相反地,波谷相对地跑得就比较慢,因为对它们来说两个速度都比较小．

随着时间的增加剖面的变形越来越严重,就如图 1.14 所表明的那样．如果形式地把解析解延续到足够长的时间，那么就要产生象图 1.14,d 上所表示的波"溢"．而这个图形在物理上是没有意义的,因为在它那里解不是单值的．例如，同一时刻在点 $x=x'$ 处就有三个速度 u 的值:$u=0,u_1$ 和 u_2．这种非单值性的产生,在数学上是与同簇特征线（C_+）的相交有关系,它们相交的趋势可以从图 1.13 上看出．当然，事实上这种波"溢"不会产生,因当剖面的前端和后端变得很陡的时候,便形成了间断——激波,如图 1.14 e 所表示的那样(关于这一点将在后面讨论)．

这就是说,在该情形下,简单波形式的解仅是在有限的时间之内，即是在产生间断的时刻之前才是正确的．只是在下述情况下解才在任何时候都有意义：波中处处都具有稀疏波的特点，即它之中不包含气体的速度、压力和密度是沿着波的传播方向而下降的部分．在图 1.13 上象这样的部分（AE 和 FD）乃是压缩波．稀疏的简单波将在下节讨论．

指出简单波的一个重要性质，并用所考察的例子来说明它．简单波的波头总是沿着特征线来传播的（在我们的例子中是沿特征线D_0D_1）．在简单波的前沿,点 D 处,量 u 和 c 本身是连续的,但它们对坐标 x 的导数却要出现间断（这是从图 1.13 上看出的,在那里 u 和 c 的剖面要经过一个折点）．量在其中是连续的但它们的导数是间断的，这种间断被称之为弱间断．弱间断可以被看成是关于气体动力学量的连续行为的小的扰动．这以图 1.15 表示，在那里画出了两个剖面，一个是平缓的，而另一个是其导数间断的．打斜线的部分可以被看成是小扰动．

但我们知道，小扰动在物质中是以声速传播的．因此弱间断

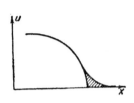

图 1.15 关于弱间断问题

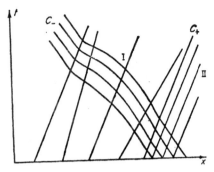

图 1.16 关于图 1.13 上所画出的波
之两簇特征线的简图

总是沿特征线来传播.

如果某个等熵流与常流区相交界,那么该流必定是简单波.相反地,只有简单波方能与常流区交界. 实际上,在常流区内 C_+ 和 C_- 特征线都是平行的直线簇,而不变量 $J_+(x,t)$ 和 $J_-(x,t)$ 都是不变的. 任一等熵流区域 I 与常流区域 II(图 1.16)相衔接的边界线乃是一根特征线,比如说是 C_+ 特征线. 当 C_- 特征线由区域 II 延伸到区域 I 时,携带来了常数值 J_-,所以在区域 I 中 $J_-(x,t)=$ 常数. 因而这个区域是右行简单波. 在图 1.16 上,针对前面所讨论的例子,即长度为一个"波长"的脉冲的情况,画出了一些特征线.

§ 10. 稀疏波

我们来考察在抽动活塞作用下气体的运动. 假定开始时具有恒定密度、压力和声速:ρ_0, p_0, c_0 的静止气体占据着 $x>0$ 的半空间,该空间的左边是由初始坐标为 $x=0$ 的不动活塞所限定. 从 $t=0$ 的时刻起活塞开始向左运动,并逐渐地以零速度加速到某一个常速度,我们用 $-U$ 来表示它. 活塞运动的规律是 $x=X(t)$. 当活塞的速度达到常数时,线 $X(t)$ 就变成直线 $X(t)=-Ut+$ 常数.

就如上节所指出的,当 $t>0$ 时气体的运动是右行简单波. 波头,即发自活塞的初始扰动,是沿着 C_+ 特征线 OA 以声速向右传

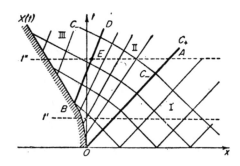

图 1.17 带有稀疏波特征线简图的 x, t 图
(该波是在自气体中抽出的 活塞作用下
产生的. 活塞开始是加速运动, 然后是常
速运动.)

播的, $x = c_0 t$ (图 1.17). 在这个插图上画出了活塞的运动 线 $X(t)$ 和 C_+ 与 C_- 簇的特征线. 在 x 轴和 C_+ 特征线 OA 之间的区域 I 中, 气体是未受扰动的; 这个区域中的特征线是直线, 其斜率为

$(dx/dt)_+ = c_0$;

$(dx/dt)_- = -c_0$.

与直线 OA 相交之后, C_-

特征线延伸到活塞迹线上, 并在那里结束其存在. 为使讨论明显起见, 将认为气体是比热不变的理想气体. 但要强调指出, 对具有其他热力学性质的气体来说, 整个运动图象在定性方面仍然有效. 在 x, t 平面上的整个物理区域内, J_- 不变量保持不变, 并等于

$$J_- = u - \frac{2}{\gamma - 1} c = - \frac{2}{\gamma - 1} c_0.$$

由此有

$$u = -\frac{2}{\gamma - 1}(c_0 - c), \quad c = c_0 + \frac{\gamma - 1}{2} u.$$

在与活塞的交界处, 气体的速度和活塞的速度 $w(t)$ 一致, 而后者是负的. 因此在活塞附近气体的声速以及压力和密度是比初始时刻要小的, 并且活塞运动得越快, 它们也就越小. C_+ 特征线是直线, 是从活塞迹线上发出的, 其斜率是

$$\left(\frac{dx}{dt}\right)_+ = u + c = c_0 + \frac{\gamma + 1}{2} u = c_0 - \frac{\gamma + 1}{2} |w|.$$

由于活塞只是加快, 并不减慢, 所以开始于活塞迹线上的一些 C_+ 特征线也只能发散, 而在任何地方都不会会聚, 就如图 1.17 所表示的那样. 由活塞迹线上活塞速度已达常数的那一段所发出来的 C_+ 特征线, 具有相同的斜率 $(dx/dt)_+ = c_0 - \frac{\gamma + 1}{2} U$, 且其走

向是彼此平行的. 例如,可令活塞的速度从时刻 t_1(活塞迹线上的 B 点) 开始成为一个严格的常数,并就 等于 $w=-U(U>0)$. 在 x,t 平面上的被限制在活塞迹线和 C_+ 特征线 BD 之间 的区域III 之内,所有的气体动力学量都是常数: $u=-U$, $c=c_0-\dfrac{\gamma-1}{2}U=c_1$[1]. 事实上,在这个区域内 $J_-=$ 常数乃是因为它总是常数(在各个区域内都是常数——译者),而 $J_+=$ 常数则是由 于在活塞迹线上气体的速度都是相同的:

$$J_+=u+\frac{2}{\gamma-1}\,c=\frac{2}{\gamma-1}c_0+2u=\frac{2}{\gamma-1}c_0-2U,$$

及这个区域内的所有 C_+ 特征线都由这 条活 塞迹 线所发 出的缘 故. 在 C_+ 特征线 OA 和 BD 及活塞迹线的 OB 段之间的区域II 内,各气体动力学量是按照简单波的解 而 依赖于 x 和 t 的. 由活 塞迹线上 OB 段内所发 出的那些 C_+ 特征线,其 时刻 越靠后的所

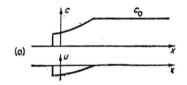 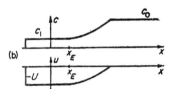

图 1.18 在活塞作用下所产生的稀疏波 (见图 1.17)中其声速和速度的剖面: (a)在活塞速度成为常速度的时刻之前, $t'<t_1$; (b) 在活塞速度成为常速度的时刻之后, $t''>t_1$.

携带的声速和气体速度的值也就越小 (按气体速度的绝对值来说 是越大).因此,在某一个与 x,t 平面上的水平直线 $t=$ 常数 $=t'$ 相 对应的确定的 $t'<t_1$ 的时刻, u 和 c 沿气体的分布便具有图 1.18, a 上所画的形式.

　密度和压力的分布定性地类似于声速的分布.

―――――――

1) 为使这些公式正确, c_1 必须是正的,这就给活塞的 最终 速度加 了一个限制: $U<[2/(\gamma-1)]c_0$. 关于 $U>\dfrac{2}{\gamma-1}c_0$ 的情况将在§11 中讨论.

气体动力学量在比较晚的 $t''>t_1$ 的时刻（x, t 平面上的 $t=$ 常数 $=t''$ 的直线上）的分布，被画在图 1.18, b 上。在这种情况下，与活塞相衔接的是 $u=-U, c=c_1$ 的常流区。区分常流区 Ⅲ 和变流区 Ⅱ 的点的坐标是 X_E，它对应于特征线 BD 上的 E 点。

给定活塞的具体运动规律，便可以用解析的形式求出问题的解。作为例子，我们假定活塞的速度是随着时间按下述规律平缓地变化：

$$w=-U\left(1-e^{-\frac{t}{\tau}}\right), \tau>0,$$

而当 $t \to \infty$ 时，它渐近地趋近于常数 $-U$。活塞的运动线由下述方程来描述：

$$X(t)=\int_0^t w dt = -U\tau\left[\frac{t}{\tau}-\left(1-e^{-\frac{t}{\tau}}\right)\right].$$

它渐近地过渡为直线 $X=-U(t-\tau)$。

为了求得未知解，让通解(1.51)满足边界条件：当 $x=X(t)$ 时，$u=w(t)$。这个条件确定了任意函数 $\varphi(u)$：

$$\varphi(w)=X(t)-[w+c(w)]t,$$

并且

$$c(w)=c_0+\frac{\gamma-1}{2}w, \quad w=w(t).$$

向这里代入 $X(t)$，并借助活塞的运动规律而用 w 来表示时间 $t=-\tau\ln\left(1+\frac{w}{U}\right)$，我们便求得函数 φ 的形式：

$$\varphi(w)=-w\tau+\tau\left(c_0+\frac{\gamma+1}{2}w+U\right)\ln\left(1+\frac{w}{U}\right).$$

在不同时刻，速度沿坐标的分布由下面的隐函数给出：

$$x=\left(c_0+\frac{\gamma+1}{2}u\right)t-u\tau+\tau\left(c_0+\frac{\gamma+1}{2}u+U\right)\ln\left(1+\frac{u}{U}\right),$$

该函数在间隔 $X(t)<x<c_0 t$ 之内是正确的。

我们重新假定，活塞的速度是在一个确定的时刻 t_1 达到严格的常数值。我们给定活塞最终速度的常数值为 $-U$，并且假定活塞的初期加速度是越来越大的，因而也就越来越快地达到了常速度($t_1 \to 0$). 活塞速度在其上发生变化的、活塞迹线上的 OB 那一段,也就变得越来越短(见图 1.17). 中间夹着变流区 II 的两条 C_+ 特征线 BD 和 OA 的两个出发点 B 和 O 这时靠得很近. 在 $t_1 = 0$ 的极限之下,B 点和 O 点重合,这相当于活塞在瞬时就达到了常速度 $w = -U$, 此时两条特征线 BD 和 OA 是从一点,即从 x, t 平面上的坐标原点 $x = 0, t = 0$ 处发出的. 充满变流区 II 的所有 C_+ 特征线也都是从原点 O 成扇形地向外发出的. 这样一来,在活塞于 $t = 0$ 的时刻就开始以常速度 $w = -U$ 运动的极限情况下,x, t 平面上的图形便具有图 1.19 上所画的形式.

所有的特征线:稀疏波波"头"线 OA、波"尾"线 OD (在它之后气体的参量取恒定的最终值)和活塞迹线都是由"中心"O 发出的. 所有分布在 C_+ 特征线 OA 和 OD 之间的 C_+ 特征线也都是由这个"中心"发出的.

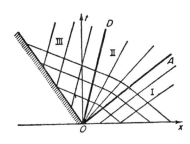

图 1.19　带有中心稀疏波之特征线简图的 x, t 图

这种波叫做中心简单波. 由于在中心简单波中,也即是在变流区 II 内,所有 C_+ 特征线都是由 $x = 0, t = 0$ 的点发出的,所以在解(1.51)——它同时也是这些特征线的方程——中的函数 $\varphi(u)$ 就应为零. 对于中心波来说,其解具有如下形式:

$$x = [u + c(u)]t. \tag{1.52}$$

这个解可形式地由上述例子取 $\tau \to 0$ 的极限而得到. 函数 φ 正比于 τ, 所以当 $\tau \to 0$ 时 $\varphi(u) \to 0$.

用显式写出比热不变的理想气体情况下的中心稀疏波的解. 热力学变量与气体速度 u 的关系,是由从不变量 J_- 为常数的条件而得到的已知的公式:

$$c = c_0 - \frac{\gamma - 1}{2} |u|, \quad u < 0 \tag{1.53}$$

来给出. 由于 $p=p_0(\rho/\rho_0)^\gamma$, $c^2=\gamma p/\rho=c_0^2(\rho/\rho_0)^{\gamma-1}$,
则

$$\rho=\rho_0\Big[1-\frac{\gamma-1}{2}\frac{|u|}{c_0}\Big]^{\frac{2}{\gamma-1}},\qquad(1.54)$$

$$p=p_0\Big[1-\frac{\gamma-1}{2}\frac{|u|}{c_0}\Big]^{\frac{2\gamma}{\gamma-1}}.\qquad(1.55)$$

为了得到这些量与 x 和 t 的关系,必须向这里代入由解 (1.52)和(1.53)得到的 $|u|$:

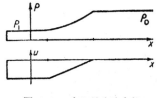

图 1.20 中心稀疏波中的
密度和速度的剖面

$$|u|=\frac{2}{\gamma+1}\Big(c_0-\frac{x}{t}\Big).\qquad(1.56)$$

在中心稀疏波中,气体的速度是按线性规律而依赖于坐标 x. 波头,在那里 $u=0$,是沿直线 $x=c_0 t$ 运动;波尾,在那里 $u=w=-U$,

是沿直线 $x=(c_1-U)t=\Big(c_0-\frac{\gamma+1}{2}U\Big)t$ 运动.

在图 1.20 上画出了密度和速度的剖面.

§11. 中心稀疏波可作为气体自模运动的一个例子

上节所讨论的气体一维平面运动,是在活塞以常速度抽动时而产生的,这种运动具有下述的特性. 所有的描述运动的气体动力学量 $u(x,t)$, $c(x,t)$, $\rho(x,t)$, $p(x,t)$ 都不是分别地依赖于坐标和时间,而只依赖于组合 x/t. 对于这些量在其中是变化的区域 II 而言,这可直接从公式 (1.53)—(1.56) 看出. 至于说常流区 I 和 III,那么它们在 x,t 平面上是被下述直线所限定: $x/t=c_0=$ 常数(区域 I);$x/t=w=$ 常数,$x/t=w+c_1=$ 常数(区域 III),这些线也是由只以组合 x/t 的形式包含 x 和 t 的方程来描写. 换言之,随着时间的增加,图 1.20 上所画的所有这些量按坐标 x 的分布,仅是在空间伸展，并不改变自己的形状，即保持与自身相似. 如果横轴的坐标不是 x，而是比值 x/t（或是无量纲量 x/c_0t，x/wt 中的一个），再来画出 u,c,ρ,p 的分布，那么我们得到的是固定的不随时间改变的图形. 那种运动，在它的里面各种气体动力学量的剖面随着时间的增加仍保持与自身相似，其改变只是由于一些量的尺度（在该情况下就是长度尺度 c_0t 或 wt）的改变所引起，则被称之为自相似运动或自模运动. 在§25 中我们将遇到更为复杂的自模运动的例子，在那里不仅长度尺度有改变，气体动力学量本身的尺度也有改变，并且自模变数 ξ 具有更为普遍的形式 $\xi=xt^\alpha$，式中 $\alpha=$常数. 上面所讨论的中心稀疏波是自模运动的一个最简单情况，在它的里面 $\alpha=-1$，$\xi=x/t$，而气体动力学量的尺度仍然保持不变：随着时间的增加它们的剖面 $u(x,t),c(x,t)$ 只是沿着横轴自我相似地伸展，而不沿着纵轴变化（u,c,ρ,p 的尺度保持不变）.

中心稀疏波具有自模特性的物理原因，可利用量纲分析来加以解释.

如果撇开粘性和热传导的耗散过程，那么气体动力学的方程，也和描述物质的热力学性质的公式一样，并不包含任何的特征长度和特征时间. 气体中仅有的长度和时间的尺度，就是分子的自由程长度和分子的自由飞行时间，且它们都和粘性系数及热传导系数有关. 但是，这两个尺度仅能用来表征发生在属于分子自由程的距离和分子自由飞行的时间之内的微观过程，而不能用来表征宏观的运动. 物质具有一个带有量纲的参量——声速，它和物质的速度同时被包含在对气体动力学流的描写之中. 这样一来，如果问题的初始条件和边界条件中不包含可作为特征的长度和时间，那么运动可以只按组合 x/t 而依赖于坐标和时间，这一组合具有速度的量纲.

上面所讨论的、在以常速度 w 自气体中抽出的活塞作用下所产生的稀疏波的问题，就恰好是这个样子的. 初始条件和边界条件中所包含的只是速度尺度：c_0 和 w（当然，还有密度尺度 ρ_0 和

压力尺度 p_0,但没有长度或时间的尺度[1])。

对于气体动力学来说,自模运动具有很大的意义．由于在这种情形下气体动力学量不是分别地依赖于坐标和时间,而只依赖于它们的确定的组合,这就使得方程组中独立变数的个数减少了一个．特别是在一维运动中,不出现两个变数 x 和 t(或 r 和 t,这是在球对称或柱对称的情况下),只出现一个独立变数(在我们的问题中是 $\xi = x/t$).描述流的方程不再是偏微分方程,而是常微分方程,从数学的观点来看,这在很大程度上使问题得到了简化．

鉴于中心简单波的自模流动在原则上的重要性,我们从气体动力学的普遍方程出发,并应用上述的关于减少独立变数个数的想法,再一次求出活塞问题的解．将气体动力学的欧拉方程变换到新的独立变数 $\xi = x/t$．如果 $f(x,t)$ 是 x 和 t 的某一个函数,且仅依赖于这两个量的组合 $\xi = x/t$,那么通过直接计算,我们得到:

$$\frac{\partial f}{\partial x} = \frac{1}{t}\,\frac{df}{d\xi},$$

$$\frac{\partial f}{\partial t} = -\frac{x}{t^2}\,\frac{df}{d\xi} = -\frac{\xi}{t}\,\frac{df}{d\xi},$$

$$\frac{df}{dt} = \frac{\partial f}{\partial t} + u\frac{\partial f}{\partial x} = \frac{u-\xi}{t}\,\frac{df}{d\xi}.$$

利用这些公式来改写平面情况下的连续性方程、运动方程和绝热性方程:

$$\left.\begin{array}{l}
\dfrac{d\rho}{dt} = -\rho\,\dfrac{\partial u}{\partial x} \rightarrow (u-\xi)\dfrac{d\rho}{d\xi} = -\rho\,\dfrac{du}{d\xi}, \\[2mm]
\rho\dfrac{du}{dt} = -\dfrac{\partial p}{\partial x} \rightarrow (u-\xi)\rho\dfrac{du}{d\xi} = -\dfrac{dp}{d\xi}, \\[2mm]
\dfrac{dS}{dt} = 0 \rightarrow (u-\xi)\dfrac{dS}{d\xi} = 0.
\end{array}\right\} \quad (1.57)$$

---

1) 如果活塞的速度不是常数,而与时间有关,那么立刻就会出现时间尺度或长度尺度．这时稀疏波问题就不再是自模的:在数学上这是从公式(1.51)得出的结论:如果 $\varphi(u) \neq 0$,那么 u 是分别地依赖于 x 和 t．但是,如果活塞的速度是随着时间的增加而逐渐地达到常数,就象上节所讨论的例子那样,那么真实解要渐近地趋近于自模解．当 $t \gg \tau(t/\tau \to \infty)$ 时,函数 $\varphi(u) \sim \tau$ 在解中可被略去．在物理上这相当于,当 $t \gg \tau$ 时,参数 τ 与问题的特征时间 t 相比较变得很小,而它的作用也就越来越不重要．关于真实解渐近地趋于自模解的详情,请参阅第十章和第十二章．

就如所预料到的那样,量 x 和 t 的本身从方程中消去了.所写出的方程,首先就容许一组不必证明的平常解 $u=$ 常数,$p=$ 常数,$\rho=$ 常数,$S=$ 常数,这相当于均匀气体的整体运动. 为了得到非平常解,我们从头两个方程中消去 $du/d\xi$,且注意到,第三个方程给出了 $S=$ 常数[1],即自模运动是等熵的.

用密度的导数来代替 (1.57) 中的第二个方程内的压力导数,$dp/d\xi=(dp/d\rho)(d\rho/d\xi)=c^2 d\rho/d\xi$ (由于运动是等熵的,$dp/d\rho=(\partial p/\partial\rho)_s=c^2$),我们得到

$$\left[(u-\xi)^2-c^2\right]\frac{d\rho}{d\xi}=0,$$

由此得

$$u-\xi=\pm c, \quad \xi=\frac{x}{t}=u\mp c. \tag{1.58}$$

将这个关系代入 (1.57) 的方程,求得

$$du\pm c\frac{d\rho}{\rho}=du\pm\frac{dp}{\rho c}=0,$$

或者

$$J_{\pm}=u\pm\int\frac{dp}{\rho c}=常数. \tag{1.59}$$

这样一来,我们就回到了上一节已经求得的关于中心稀疏波问题的解. 对右行波,公式 (1.58),(1.59) 应取下边的符号,对左行波,则应取上边的符号.

和以前一样,所有的流动图象都可由解 (1.58),(1.59) 和也是满足自模方程的平常解 $u=$ 常数,$c=$ 常数所构成. 同时应那样地来组合这些解,要求在活塞上满足边界条件 $u=w$.

讲一讲稀疏波的一些特性. 其解的特点表明,为了使得它是正确的,完全不必要求气体从活塞起延伸到无穷远处. 在沿未扰动气体向右以声速 c_0 行进的稀疏波头尚未到达气体的右边界 $x=x_1>0$ 时, 即在时刻 $t_1=x_1/c_0$ 之前, 边界的存在对于运动没

---

1) 若假定不是 $dS/d\rho=0$,而是 $(u-\xi)=0$,便与 (1.57) 的第一个方程相矛盾.

有任何的影响[1]．因此,所得到的解总是可以用来描述在抽动活塞时气体运动的初期阶段,那怕气体所占据的是有限的区域也是如此．

我们来仔细研究一个确定的气体质点的情况,它的初始坐标是 x_0．在时刻 $t = t_0 = x_0/c_0$ 之前,那时稀疏波波头还没有到达它那里,质点是静止的．然后,它开始以加速度向左运动,且同时要有膨胀．当它的密度已经下降到最终值 ρ_1,而速度也等于活塞速度 w 的时候,就不会再加速和膨胀,而质点开始以常速度 w 运动．在图 1.21 上画出了一些质点在 x, t 平面上的轨迹线．在稀疏区域 II 内,这些轨迹线的方程不难得到,只要积分流线方程 $\frac{dx}{dt} = u = \frac{2}{\gamma - 1}\left(c_0 - \frac{x}{t}\right)$,并利用初始条件当 $t = t_0 = \frac{x_0}{c_0}$ 时,$x = x_0$ 即可．

现在来看一看,如果要转到其活塞速度的绝对值 $|w|$ 是一个比一个大的一些运动上,将要发生什么样的情况．从公式(1.53)—(1.56)看出,$|w|$ 越大,则气体在终态的声速、密度、压力 ($c_1 = c(w)$, $\rho_1 = \rho(w)$ 等等)和温度($T \sim \sqrt{c}$)也就越小．最后,在某一个 $|w|_m = \frac{2}{\gamma - 1}c_0$ 的活塞速度之下,终值 c_1, ρ_1, p_1 都要变为零．如果活塞运动得还要快,那么在形式上解(1.53)—(1.56)便是没有意义的,因为当 $|u| > |w|_m$ 时,c_1 是负的,而 ρ_1 和 p_1 都是复数．

实际上这意味着,当 $|w| > |w|_m$ 的时候,在活塞和气体的左边界之间形成了一个真空的区域．这时流动是以那种方式进行的,仿佛在 $t = 0$ 的初始时刻活塞根本就是"躲开"的,而气体是流向真空的．此时气体要一直膨胀到密度、压力和温度(声速)都为零,而它的边界则以下述速度向左运动

$$u = -\frac{2}{\gamma - 1}c_0, \quad |u|_{max} = \frac{2}{\gamma - 1}c_0. \quad (1.60)$$

在图 1.22 上画出了向着真空的非定常流动时的速度和密度

―――――――――――

1) 请回忆一下在 §6 中关于影响区域的讨论．

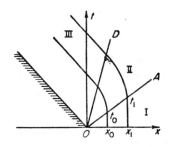

图 1.21 中心稀疏波中的质点在 x, t 图上的轨迹；OA——波头，OD——波尾

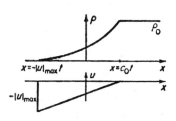

图 1.22 气体向真空作平面非定常流动时的密度和速度的剖面

的剖面. 例如，对于常温下的空气来说，$\gamma=7/5$，而 $|u|_{max}=5c_0$. 这个量比由一个大的贮存器而流向真空的定常流的速度要大一倍，因那时伯努利方程 $h+u^2/2=h_0=c_0^2/(\gamma-1)$ 是正确的，并且当 $\gamma=1.4$ 时，$u_{max}=\sqrt{\dfrac{2}{\gamma-1}}c_0\approx2.2\,c_0$（此处我们用 h 来表示比焓，$h=\varepsilon+p/\rho$）. 在定常流动下，质点所具有的每克 $u_{max}^2/2$ 的动能，仅是来源于它的初始热函（即是焓——译者）h_0. 当向真空作非定常流动时，质点的动能要大于它的初始热函 h_0（当 $\gamma=1.4$ 时要大四倍）.

附加动能的获得，是由于邻近质点的热量的丢失所致；而等于稀疏波所席卷之区域内的动能和内能之和的总能量，自然是守恒的，并等于这个区域内的初始内能.

与平面情况类似，也可以考察球对称或柱对称的稀疏波，如果"球面"或"柱面"的活塞在 $t=0$ 的初始时刻开始从占据着 $r>r_0$ 或 $r<r_0$ 之空间的气体中抽出的话. 这时也要形成稀疏波，它的波头也是以声速 c_0 沿着未扰动气体前进. 但是在这些情况下，在活塞和稀疏波尾之间不再存在一个常流区域. 要注意，与平面的情况不同，球形和柱形的稀疏波不是自模的；在问题中有长度的特征尺度——活塞的初始半径 r_0.

§ 12. 不可能存在中心压缩波

乍看起来，似乎以常速度运动的活塞问题的解应该是同样地适用于两种情况：不管活塞是从气体中抽出还是向气体中推进，即不管它产生的是稀疏波还是压缩波.这两种运动都是自模的，即它们的解都可由与常流区相对应的平常解和与中心简单波相对应的非平常解所构成.我们试图从形式上来建立自模压缩波的连续解，如果在初始时刻活塞就开始以常速度 $w > 0$ 向气体中推进的话，就会产生这种波（气体处于活塞的右边）.波"头"在气体中以声速 c_0 沿 x, t 平面上的直线 $x = c_0 t$ 前进.其 $u = w$，而 $c = c_1$ 的常流区与活塞相衔接，并且两个常流区（根据前几节所使用的符号是 I 和 III）被中心简单波区域 II 所隔开，而在后者当中 $J_- = u - \dfrac{2}{\gamma - 1} c =$ 常数 $= -\dfrac{2}{\gamma - 1} c_0$. 由此得到，$c_1 = c_0 + \dfrac{\gamma - 1}{2} w$，所以波"尾"是沿着直线 $x = (w + c_1)t = \left(\dfrac{\gamma + 1}{2} w + c_0\right) t$ 前进.在区域 II 之内速度沿坐标 x 的分布，是由与式（1.56）相类似的解来描写：

$$u = \frac{2}{\gamma - 1}\left(\frac{x}{t} - c_0\right).$$

得到的结果是，波"尾"比波"头"传播得快：$\dfrac{\gamma + 1}{2} w + c_0 > c_0$，其速度和密度的剖面则具有图 1.23 上所画的形式.

这个图形在物理上是没有意义的，解在区域 II 中是非单值的.但所得到的解乃是由气体动力学的方程所能求得的唯一的连续解.因而，在这种情况下连续解是不存在的.从历史上讲，这一困难就是建立气体动力学方程之间断解的，即建立激波理论的出发点之一.

我们指出，如果活塞不是一开始就以常速度向气体中推进，而是逐渐地由静止状态被加速到常速度，那么可以求得简单的（但已不是中心的）压缩波的连续解，它所描述的是运动的初期阶段.这

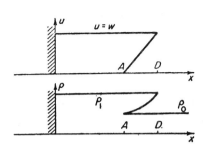

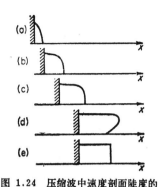

图 1.23 与自模(中心)压缩波的连续解
相对应的速度和密度的剖面
(A——波头。D——波尾,解是非单值的,
在物理上没有意义。)

图 1.24 压缩波中速度剖面陡度的
逐渐增加,该波是在加速活塞 作用
下而传播的
((d)对应于物理上没有意义的、带
有波"溢"的连续解 (e)表示的是波
"溢"出现时刻之后、带有间 断 的
实际剖面。)

时的情形完全类似于在非小振幅的声波中所发生的情形(见§9)。
C_+ 簇的特征线(如果活塞处于气体的左边)相互靠近并趋于相交,
压缩波剖面的陡度随着时间的增加而增长(如图1.24所示),而在
某一时刻则要出现波"溢",产生了与§9和本节中所叙述过的情形
相类似的解的非单值性。事实上,这意味着产生了间 断——激
波。

2. 激 波

§13. 气体动力学中激波概念的引入

我们来考察密度 ρ_0 和压力 p_0 都不变的、其左边又 为 平 面活
塞所限定的静止气体,并假定在初始时刻活塞开始以常速度压缩
气体,这个速度现在用 u 来表示。

如上一节曾指出的那样,求这一问题的连续解将要导出物理
上没有意义的结果。由于问题是自模的(不包含任何长度的和时间
的特征尺度),仅有的能够满足气体动力学方程的两个解,就是所

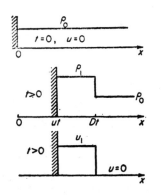

图 1.25 激波中密度和速度的剖面（该波是在活塞作用下产生的，活塞从初始时刻开始向气体中以常速度运动。上面的图形为原有状态。）

有的量 u,ρ,p 都为常数的平常解和中心简单波类型的解. 这样一来，能够造出满足问题的边界条件（即在未扰动的气体中 $u=0$，$p=p_0$，$\rho=\rho_0$；在与活塞相衔接的气体区域内气体的速度要等于活塞的速度）的解的一个唯一的可能性，就是抛弃物理上没有意义的区域Ⅱ，并直接将两个常流区Ⅰ和Ⅲ连接起来，而假定气体动力学量在连接点上有间断，就如图 1.25 上所表明的那样.

一般来说，作为非粘性和非热传导气体的动力学方程之基础的质量、冲量和能量守恒定律，并未预先规定气体动力学量必须要有连续性. 这些定律在以前之所以用微分方程形式表述，只是因为从一开始就假定了流是连续的. 但是，这些定律也可以应用到气体动力学量有间断的区域. 从数学的观点来看，间断可以被看成是气体动力学量的梯度为很大的一种极限情况，那时这些量在其中发生有限变化的那样一个层的厚度要趋近于零. 既然在非粘性和非热传导气体的动力学中，即在我们撇开物质的分子结构的条件下，不存在任何的特征长度，所以不管多么薄的过渡层，其存在的可能性都不会受到限制，而在极限之下这些层就要缩小为间断. 这些间断就是激波.

从普遍的质量、冲量和能量的守恒定律出发（遵守这些定律是不应怀疑的），我们来求出一些未知量：压缩区域中的气体密度 ρ_1 和压力 p_1 以及间断沿未扰动物质的传播速度 D. 未扰动气体的参量 ρ_0,p_0 和与气体速度一致的活塞速度 u，被认为是已知的. 至时刻 t 时，在截面为 1厘米^2 的柱体内运动所席捲的气体质量等于 $\rho_0 Dt$. 这些质量所占据的体积是 $(D-u)t$，即压缩气体的密度 ρ_1 要满足条件：

$$\rho_1(D-u)t = \rho_0 Dt.$$

质量 $\rho_0 Dt$ 具有 $\rho_0 Dt \cdot u$ 的动量，按照牛顿定律这些动量要等于压力之合力的冲量。作用在压缩气体上的合力，等于来自活塞方面的和来自未扰动物质方面的压力之差，即

$$\rho_0 Dut = (p_1 - p_0)t.$$

最后，压缩气体的内能和动能之和的增加，要等于推动活塞的外力所作的功 $p_1 ut$：

$$\rho_0 Dt\left(\varepsilon_1 - \varepsilon_0 + \frac{u^2}{2}\right) = p_1 ut.$$

从这些等式中约去时间 t，便得到了包含三个代数方程的方程组，它通过已知的量 u, ρ_0, p_0 确定了三个未知量 p_1, ρ_1, D（当然，热力学关系 $\varepsilon(p, \rho)$，被认为是已知的）。

将这些方程进行一番改造，以便使等式的右边只出现属于间断前之区域的各量，而在左边则只含间断后的气体的参量。为此我们指出，如果 D 是间断沿未扰动气体传播的速度，那么 $u_0 = -D$ 就是未扰动气体流进间断的速度，而 $D-u$ 是间断相对于它后面的运动气体的传播速度，即 $u_1 = -(D-u)$ 是气体流出间断的速度。将这些表达式代入方程，我们写出质量守恒定律：

$$\rho_1 u_1 = \rho_0 u_0. \tag{1.61}$$

借助(1.61)，冲量守恒定律变为如下形式：

$$p_1 + \rho_1 u_1^2 = p_0 + \rho_0 u_0^2. \tag{1.62}$$

利用方程(1.61)和(1.62)，能量守恒定律变为

$$\varepsilon_1 + \frac{p_1}{\rho_1} + \frac{u_1^2}{2} = \varepsilon_0 + \frac{p_0}{\rho_0} + \frac{u_0^2}{2}. \tag{1.63}$$

引进比焓 $w = \varepsilon + p/\rho$，可以把它写成另一种形式：

$$w_1 + \frac{u_1^2}{2} = w_0 + \frac{u_0^2}{2}. \tag{1.64}$$

所得到的这些方程以极普遍的形式描述了间断面上各气体动力学量之间的关系。当然，这是指气体沿着垂直于间断表面的方向而流向间断的情况。

特别好的是,这些方程并不包含任何关于物质性质的假设,而仅是普遍的质量、冲量和能量守恒定律的表达式.

在间断静止的坐标系中（即在与间断同时运动的坐标系中——译者）来考察间断的时候,可以直接导出方程(1.61)—(1.63). 由于间断是特别薄的, 在它的内部不发生质量、冲量和能量的堆积. 因而来自未扰动气体方面的这些量的流就等于在间断的另一个方面所流出去的流. 如果密度为 ρ_0 速度为 u_0 的气体,是与其表面相垂直地流向间断,那么质量流是 $\rho_0 u_0$; 它就等于从间断的另一方面于 1 秒钟内经 1 厘米^2 所流出去的质量, 即 $\rho_1 u_1$. 这样,我们就得到了方程(1.61). 于 1 秒钟内经 1 厘米^2 所流进的质量 $\rho_0 u_0$, 所具有的动量为 $\rho_0 u_0 \cdot u_0$. 经过间断时其动量的增加 $\rho_1 u_1^2 - \rho_0 u_0^2$ 就等于压力的合力在 1 秒钟内的冲量 $p_0 - p_1$, 或者完全等价地, 间断面两边的冲量流 $p + \rho u^2$ 是彼此相等的（量 $p + \rho u^2$ 是平面运动时的冲量流密度,这一点可由公式(1.7),(1.8)看出). 这样,就得到了方程(1.62).

在 1 秒内流经 1 厘米^2 间断表面的气体,其总能量（内能和动能)的增加 $\rho_0 u_0 \left[\left(\varepsilon_1 + \dfrac{u_1^2}{2} \right) - \left(\varepsilon_0 + \dfrac{u_0^2}{2} \right) \right]$, 等于压力的合力在 1 秒内对 1 厘米^2 表面所作的功. 这个功就等于 $p_0 u_0 - p_1 u_1$. 为了说明后面这个量的来源,我们设想有那样一个管子,气体沿它自右向左地流动,并要经过位于中间某处的一个间断(图1.26). 在

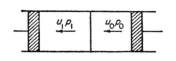

图 1.26 解释功的表达式如何推导的实验

管子的右端和左端都装有活塞,它们分别以速度 u_0 和 u_1 那样地运动,要求使得间断面是处于静止的. 在右端的活塞上所施加的压力为 p_0,该活塞迫使气体沿管子流动,它于 1 秒钟内在 1 厘米^2 表面上所作的功为 $p_0 u_0$. 气体对左端活塞所作的功为 $p_1 u_1$(活塞对气体"所作的"是负功 $-p_1 u_1$). 这样一来,对气体所作的总功就等于 $p_0 u_0 - p_1 u_1$. 令它等于气体能量的增加,就得到了方程(1.63).

该方程还可以作另一种解释：间断两边的总能流 $\rho u\left(\varepsilon+\dfrac{u^2}{2}+\dfrac{p}{\rho}\right)$ 是彼此相等的，能流的这一表达式可由写成(1.10)形式的能量方程得到.

说明间断面两边的质量流、冲量流和能量流是相等的这些关系(1.61)—(1.63)，形式上可由也是这些定律之表达式的微分方程(1.2),(1.7),(1.10)得出. 针对平面的情况，我们写出这些微分方程：

$$\left.\begin{array}{l}\dfrac{\partial\rho}{\partial t}=-\dfrac{\partial}{\partial x}(\rho u),\\[2mm]\dfrac{\partial}{\partial t}(\rho u)=-\dfrac{\partial}{\partial x}(p+\rho u^2),\\[2mm]\dfrac{\partial}{\partial t}\left(\rho\varepsilon+\dfrac{\rho u^2}{2}\right)=-\dfrac{\partial}{\partial x}\left[\rho u\left(\varepsilon+\dfrac{u^2}{2}+\dfrac{p}{\rho}\right)\right].\end{array}\right\}\quad(1.65)$$

首先在形式上把间断看成是所有各量的梯度都是很大的某一个薄层，并将方程沿这一薄层从 x_0 积分到 x_1. 例如：

$$\int_{x_0}^{x_1}\frac{\partial}{\partial t}(\rho u)\,dx=-\int_{x_0}^{x_1}\frac{\partial}{\partial x}(p+\rho u^2)\,dx.$$

然后,再取极限,令层的厚度 x_1-x_0 趋近于零. 左边的正比于 $x_1-x_0\to0$ 的积分就被消去(这相当于在间断中没有质量、冲量和能量的堆积). 而右边的积分便给出了间断两边的各相应量的流之差，即我们又回到了方程(1.61)—(1.63).

应当强调指出，后面所作的关于激波间断上的关系(1.61)—(1.63)的推导只具有形式上的特点. 它只是表明，处于微分方程中散度符号之下的质量流、冲量流和能量流的表达式是非常普遍的，与流是否连续无关. 如果认为间断不是个数学表面，而是某个具有有限厚度的薄层，在这一层中气体动力学量的变化虽很激烈但是连续的，那么不能将没有考虑粘性和热传导的方程(1.65)应用到这一层. 下面我们会看到，气体的熵在间断的两边是不同的，然而在微分方程(1.65)中却置有熵为常数(运动具有绝热性)的条件. 我们要注意，激波间断上的能量关系(1.64)与定常流的伯努

利积分

$$w + \frac{u^2}{2} = 常数$$

仅是外表上相似,后者只是沿流线才是正确的。

§ 14. 激波的绝热曲线

联系间断两边气体之参量的方程(1.61)—(1.63),是由关于六个量:$u_0, \rho_0, p_0, u_1, \rho_1, p_1$ 的三个代数方程所组成的方程组(物质的热力学性质,即函数 $\varepsilon(p, \rho)$ 或 $w(p, \rho)$ 被假定为已知的)。当已知间断前的气体的热力学参量 ρ_0, p_0,并给定某一个能够表征激波之振幅的量,例如,波阵面之后的压力 p_1,或产生这个波的"活塞"的速度 $|u| = u_0 - u_1$ 后,便可以计算出所有的其余未知量。我们写出几个由守恒定律(1.61)—(1.63)所得到的普遍关系。代替密度,我们引进比容 $V_0 = 1/\rho_0$,$V_1 = 1/\rho_1$。由方程(1.61)得到

$$\frac{V_0}{V_1} = \frac{u_0}{u_1}. \tag{1.66}$$

从头两个方程(1.61)—(1.62)中先消去一个速度,然后再消去另一个速度,我们求得

$$u_0^2 = V_0^2 \frac{p_1 - p_0}{V_0 - V_1}, \tag{1.67}$$

$$u_1^2 = V_1^2 \frac{p_1 - p_0}{V_0 - V_1}. \tag{1.68}$$

如果激波是在静止气体中由活塞的运动而产生的,那么对于压缩气体相对于未扰动气体的运动速度——它等于"活塞"的速度,我们得到公式

$$|u| = u_0 - u_1 = \sqrt{(p_1 - p_0)(V_0 - V_1)}. \tag{1.69}$$

在间断于其中是静止的坐标系中,我们给出一个关于间断两边的气体动能之差的有用公式:

$$\frac{1}{2}(u_0^2 - u_1^2) = \frac{1}{2}(p_1 - p_0)(V_0 + V_1). \tag{1.70}$$

将关于速度平方的表达式(1.67),(1.68)代入能量方程(1.63),我

们就会得到联系间断两边的压力和比容的关系式:

$$\varepsilon_1(p_1, V_1) - \varepsilon_0(p_0, V_0) = \frac{1}{2}(p_1 + p_0)(V_0 - V_1). \quad (1.71)$$

用比焓按公式 $w = \varepsilon + pV$ 来代替比内能,可将这个公式改写成另外的形式:

$$w_1 - w_0 = \frac{1}{2}(p_1 - p_0)(V_0 + V_1). \quad (1.72)$$

与物质被绝热压缩时用来联系初态的和终态的压力与体积的关系相类似,表达式(1.71)或(1.72)被称之为激波绝热曲线或雨贡尼奥绝热曲线.

激波绝热曲线是这样一个函数

$$p_1 = H(V_1, p_0, V_0), \quad (1.73)$$

它在许多具体情况下,即当热力学关系 $\varepsilon = \varepsilon(p, V)$ 是由简单的公式所表达时,可用显式求得.

激波绝热曲线与普通的绝热曲线(比热不变的理想气体的泊松绝热曲线)有着本质上的差别.虽然后者是个单参量的曲线簇 $p = p(V, S)$,这里只有熵的值 S 是个参量,但雨贡尼奥绝热曲线却要依赖于两个参量:初始状态的压力 p_0 和体积 V_0.为了画出所有的曲线 $p = p(V, S)$,只要历尽一系列的熵值 S 就够了.而为了画出所有的曲线 $H(V, p_0, V_0)$,则必须要作出与所有可能的 p_0 和 V_0 相对应的曲线,这些曲线的数目是"∞^2".

§ 15. 比热不变的理想气体中的激波

在比热不变的理想气体的情况下,激波的一些公式具有特别简单的形式.以此为例来说明激波中各种量变化的所有基本规律,那是很方便的.在激波绝热曲线方程(1.71)或(1.72)中代入下列关系:

$$\varepsilon = c_V T = \frac{1}{\gamma - 1} pV; \quad w = c_p T = \frac{\gamma}{\gamma - 1} pV. \quad (1.74)$$

这就给出了以显式求得激波绝热曲线方程的可能性:

$$\frac{p_1}{p_0} = \frac{(\gamma+1)V_0 - (\gamma-1)V_1}{(\gamma+1)V_1 - (\gamma-1)V_0}. \tag{1.75}$$

对于体积比，我们得到公式：

$$\frac{V_1}{V_0} = \frac{(\gamma-1)p_1 + (\gamma+1)p_0}{(\gamma+1)p_1 + (\gamma-1)p_0}. \tag{1.76}$$

温度比等于

$$\frac{T_1}{T_0} = \frac{p_1 V_1}{p_0 V_0}. \tag{1.77}$$

借助于(1.76)，按公式(1.67)和(1.68)速度可由压力和初始体积来表示：

$$u_0^2 = \frac{V_0}{2}\left[(\gamma-1)p_0 + (\gamma+1)p_1\right], \tag{1.78}$$

$$u_1^2 = \frac{V_0}{2}\frac{\left[(\gamma+1)p_0 + (\gamma-1)p_1\right]^2}{\left[(\gamma-1)p_0 + (\gamma+1)p_1\right]}. \tag{1.79}$$

以比热不变的理想气体为例，我们来阐明激波的一些规律。激波绝热曲线在 p, V 平面上是经过初态点 p_0, V_0 的曲线.

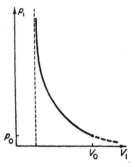

图 1.27　激波绝热曲线

在图 1.27 上画出了这条曲线. 在原则上可将公式(1.75)推广到比初始压力还小的压力 $p_1 < p_0$. 就如下面在 §17 中我们将要看到的那样，曲线的这一部份所对应的是物理上并不存在的状态. 因此这一部份在图 1.27 上是用虚线画出的. 由公式(1.76)看出，在激波的振幅为很大，其阵面之后的压力比初始压力大很多的这种情况下，气体的密度随着振幅的增大并非无限制地增大，而是趋近于一个确定的数值. 激波中的这一极限压缩只依赖于绝热指数，并等于

$$\frac{\rho_1}{\rho_0} = \frac{V_0}{V_1} = \frac{\gamma+1}{\gamma-1}. \tag{1.80}$$

对于 $\gamma = 5/3$ 的单原子气体来说，其极限压缩等于 4. 在振动

没有激发的假定之下，对于双原子气体来说，$\gamma=7/5$，而极限压缩就等于6；如果认为振动已经激发，则 $\gamma=9/7$，而极限压缩等于8. 实际上，在高温高压之下气体的比热和绝热指数都已不是常数，因为在气体中已产生了分子的离解和原子的电离. 考虑到这些过程的激波绝热曲线，将在第三章中进行讨论. 但是，就是在这种情况下，其压缩的大小也总是有限的，一般不会超过 11—13. 在给定的大压力比之下，比热越大和绝热指数越小，则激波中气体的压缩也就越强.

由于在压力 p_1 为很大时密度随着压力的增大而增加得很慢，所以压缩气体的温度就与压力成正比地增加（见公式（1.77），当 $V_1 \approx$ 常数时）. 在 $p_1/p_0 \gg 1$ 和 $V_1/V_0 \approx (\gamma-1)/(\gamma+1)$ 这种强波的极限之下，有

$$\frac{T_1}{T_0} = \frac{\gamma-1}{\gamma+1} \frac{p_1}{p_0}. \tag{1.81}$$

在 $p_1/p_0 \to \infty$ 的极限之下，速度与压力的平方根成正比地增加. 就如从公式（1.67）和（1.68）所看到的，当 $p_1 \gg p_0$ 时，有

$$u_0 = \sqrt{\frac{\gamma+1}{2} p_1 V_0}, \quad u_1 = \sqrt{\frac{(\gamma-1)^2}{2(\gamma+1)} p_1 V_0}. \tag{1.82}$$

将间断两边的气体速度与相应的声速相比，可以得到很重要的结果. 在比热不变的理想气体中

$$c^2 = \left(\frac{\partial p}{\partial \rho}\right)_S = \gamma \frac{p}{\rho} = \gamma p V.$$

相对于间断的气体速度与声速之比为

$$\left(\frac{u_0}{c_0}\right)^2 = \frac{(\gamma-1)+(\gamma+1)\dfrac{p_1}{p_0}}{2\gamma}, \tag{1.83}$$

$$\left(\frac{u_1}{c_1}\right)^2 = \frac{(\gamma-1)+(\gamma+1)\dfrac{p_0}{p_1}}{2\gamma}. \tag{1.84}$$

在小振幅激波的极限情况下，那时间断两边的压力是彼此接近的，$p_1 \approx p_0$，$(p_1-p_0)/p_0 \ll 1$，依照公式（1.76），气体的压缩也是

很小的：$V_1 \approx V_0$；而两边的声速也是彼此接近的 $c_1 \approx c_0$。从公式 (1.83) 和 (1.84) 看出，在这种情形下 $u_0 \approx c_0 \approx c_1 \approx u_1$。但 u_0 是间断沿未扰动气体传播的速度。这就是说，弱激波在气体中是以很接近于声速的速度前进的，即实际上与声学的压缩波没有什么差别。这并不奇怪，因为当 p_1 和 p_0 的差别很小时，我们所遇到的是小扰动。

其次，从公式 (1.83) 和 (1.84) 看出，在气体被压缩的激波里 ($V_1 < V_0$, $p_1 > p_0$)，气体是以超声的速度 $u_0 > c_0$ 流入间断，而以亚声的速度 $u_1 < c_1$ 从它的里面流出(当 $p_1 > p_0$ 时，$V_1 < V_0$, $\rho_1 > \rho_0$ 的这种结论是由普遍公式 (1.67)，(1.68) 得到的)。可以用另外一种说法：激波沿未扰动气体是以超声速传播的，而沿它之后的压缩气体则是以亚声速传播的。激波的振幅越大，即比值 p_1/p_0 越大，波阵面的速度 u_0 与未扰动气体中的声速 c_0 相比较也就越大。而比值 u_1/c_1 在 $p_1 \gg p_0$ 的强波极限之下，则要趋近于一个常数值，$u_1/c_1 \to \sqrt{(\gamma-1)/2\gamma} < 1$。

讨论一下，当气体被激波压缩时，它的熵有什么变化。比热不变的理想气体的熵，在精确到一个常数的情况下等于 $S = c_V \ln p V^\gamma$。利用公式 (1.76)，激波阵面两边的熵差可表示为如下形式：

$$S_1 - S_0 = c_V \ln \frac{p_1 V_1^\gamma}{p_0 V_0^\gamma} = c_V \ln \left\{ \frac{p_1}{p_0} \left[\frac{(\gamma-1)\dfrac{p_1}{p_0} + (\gamma+1)}{(\gamma+1)\dfrac{p_1}{p_0} + (\gamma-1)} \right]^\gamma \right\}.$$

$$(1.85)$$

在弱波 ($p_1 \approx p_0$) 的极限情形下，花括号中的表达式近于 1，而 $S_1 \approx S_0$。当激波的振幅增大时，即当比值 p_1/p_0 从 1 开始增加时，就如容易验证的那样，花括号中的表达式单调地增加，当 $p_1/p_0 \to \infty$ 时，它趋向于无限大。这就是说，受激波压缩的气体其熵是增加的，且激波的振幅越大，它增加得也就越厉害。熵的增加表明，在激波中所进行的过程乃是与物质的粘性和热传导的存在有关的、不可逆的耗散过程。不计这些过程的理论，自然不能用来描述激波压缩本身的机制，也不能用来描写气体在其中发生了从初态到终态过渡的那个薄的、但实际上是有限的一个层的结构。正是因为这一点，在不计粘性和热传导的理论中，激波间断被看成是具有零厚度的数学表面。如上面曾指出的那样，在这样的理论中，没有可以作为间断厚度之尺度的特征长度。当考虑到气体的分子结构，即考虑到粘性和热传导的过程时，这样的尺度就会出现。这就是分子的自由程，它正比于粘性系数和热传导系数，并且实际上它就是间断真实厚度的一个量度。

但重要的是，在激波压缩中熵之增量的本身完全不依赖于耗散的机制，而是唯一地由质量、冲量和能量的守恒定律所决定。与耗散机制有关的，只是间断的宽度，即受激波压缩之气体的被不可逆加热的速度。例如，一杯热水必然要冷却到完全确定的室温，而这一点和它与周围介质进行热交换的机制毫不相干，因后者只能决定其冷却的速度。

与耗散机制有关的，是过渡层中各种气体动力学量的梯度，而不是这些量在终态和初态之间的跃变（差值——译者），这些跃变仅由各守恒定律所决定。例如，如果 $\Delta p = p_1 - p_0$ 是激波中压力的跃变，而 Δx 是过渡层的宽度，那么当粘性系数和热传导系数改变的时候，Δx 和 $dp/dx \sim \Delta p/\Delta x$ 都要改变，但乘积 $\Delta x \dfrac{dp}{dx} \approx \Delta p$ 保持不变。在粘性系数和热传导系数趋近于零的极限之下，$\Delta x \to 0$，而 $\dfrac{dp}{dx} \sim \dfrac{1}{\Delta x} \to \infty$，各种量的梯度都要成为无限大，这所对应的便是间断。

不计粘性和热传导的气体动力学的微分方程，只是容许有存在间断的可能性，但不能以连续的方式描写出从初态到终态的过渡，因为在这种方程中自动地添加了与能量方程等价的、过程的绝热性条件 $dS/dt = 0$。微分方程中包含有四个守恒定律：质量、冲量、能量和熵的守恒定律，其实在间断中所能满足的只是它们当中的三个，即熵守恒定律应该除外。

关于激波阵面的厚度问题,只有当考虑物质的分子结构,即当对激波压缩的过程进行"微观"考察时,才能解决,我们在下面§23再回头来讨论它. 现在,我们仅从质量、冲量和能量守恒定律出发,继续对激波压缩的现象进行"宏观的"叙述.

§16. 激波压缩规律性的几何解释

为了更好地了解激波理论的各种规律性和激波绝热曲线的性质,在 p, V 图上进行几何作图是很有好处的. 在 p, V 平面上经过物质的初态 p_0, V_0 的点 A 画出激波绝热曲线 HH(图1.28). 我们将认为,这条曲线的特点是与比热不变的理想气体的激波绝热曲线相类似,即曲线处处都是向下凸的: 其二级导数 d^2p/dV^2 在每一点都是正的. 为了明显起见,我们将用具体的计算来说明某些原理,且这种计算是以比热不变的理想气体为例来进行的. 但是可以证明,其规律性是普遍的,就是对于具有其他热力学性质的一些物质来说也是正确的. 对于这些物质的性质所要附加的唯一条件,就是要求激波绝热曲线在所有的点都是向下凸的. 设物质经激波压缩后,由状态 $A(p_0, V_0)$ 过渡到状态 $B(p_1, V_1)$, 后一个状态是由激波绝热曲线上的 B 点来表示.

按照公式(1.67),激波沿未扰动物质传播的速度是由下式给出:

$$D^2 = u_0^2 = V_0^2 \frac{p_1 - p_0}{V_0 - V_1}.$$

在几何上,这个速度是由从初态到终态所引直线 AB 的斜率所确定($(p_1 - p_0)/(V_0 - V_1)$ 等于直线倾角的正切). 由图1.28看出,终态的压力越高(激波越强),直线的斜率就越大,波速也就越大. (为了图示,在图1.28上画出了两条直线,AB 和 AC).

我们来看一看,激波绝热曲线在 A 点的初始斜率是由什么来确定的. 借助于比热不变的理想气体的公式(1.75),来计算导数 dp_1/dV_1:

$$\frac{dp_1}{dV_1} = -\frac{(\gamma-1)p_0}{(\gamma+1)V_1-(\gamma-1)V_0} -$$
$$- \frac{p_0[(\gamma+1)V_0-(\gamma-1)V_1](\gamma+1)}{[(\gamma+1)V_1-(\gamma-1)V_0]^2}.$$

取 A 点的导数，即是令 $V_1=V_0$，我们得到 $(dp_1/dV_1)_0 = -rp_0/V_0$。但这个量不是别的，恰是通过 A 点的泊松绝热曲线 $p\sim V^{-\gamma}$ 的斜率: $(\partial p/\partial V)_S = -\gamma p/V$。这就是说，在 A 点激波绝热曲线与通过该点的泊松绝热曲线是相切的。与气体的初始熵值 $S_0 = S(p_0, V_0)$ 相对应的普通绝热曲线 PP，也被画在图1.28上。在初态点两条绝热曲线的 相 切，可用关于激波速度的普遍公式

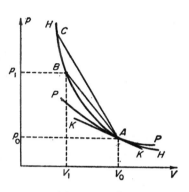

图 1.28 p, V图
(HH——雨贡尼奥绝热曲线, PP——泊松绝热曲线, KK——两条绝热曲线在初态点 $A(V_0, p_0)$ 处的公切线.)

(1.67) 来加以说明。在 $(p_1-p_0)/p_0 \to 0$ 的弱波极限之下，激波与声波没有差别，熵的改变量趋近于零，而波速 D 就等于声速:

$$D^2 = V_0^2 \frac{p_1-p_0}{V_0-V_1} \to -V_0^2 \left(\frac{\Delta p}{\Delta V}\right)_S \to c_0^2.$$

一般来说，直线 AB 的斜率总要大于绝热曲线在 A 点之切线的斜率，所以总是有 $D=u_0 > c_0$。

激波绝热曲线的初始斜率是由初态的声速来决定的。对于任意物质的普遍情况，这将在§18中进行严格地证明。根据比热不变的理想气体的一些公式所进行的直接计算，可以证实，在 A 点雨贡尼奥绝热曲线和泊松绝热曲线不仅其一级导数相符，而且它们的二级导数也是相符的，即在 A 点所发生的是二级相切。这一情况也是普遍的(见§18)。

雨贡尼奥绝热曲线处处高于从初始点所引出的普 通 绝 热 曲

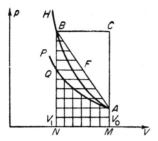

图 1.29 关于激波中能量
之增加的几何解释
(H——激波绝热曲线, P——
泊松绝热曲线.)

线, 就如图 1.28 所示的那样. 事实上, 当从体积 V_0 经激波压缩到体积 $V_1 < V_0$ 时, 熵是增加的, 而当绝热压缩时, 熵则保持不变. 但在同样体积下, 熵越大压力就越高.

当从状态 A 经激波压缩到状态 B 时, 比内能的增加 $\varepsilon_1 - \varepsilon_0$, 就如从关于激波绝热曲线的表达式 (1.71) 所看出的那样, 它在数值上等于梯形 $MABN$ 的面积, 该面积在图 1.29 上画有水平的细线.

如果气体是从状态 A 绝热地被压缩到同样的体积 V_1(到状态 Q), 那么为此所必须作的功在数值上是等于图形 $MAQN$ 的面积, 该图形的上边被普通绝热曲线 P 所限定, 且图形上画有垂直的细线. 这块面积就给出了气体内能的增加

$$\varepsilon' - \varepsilon_0 = -\int_{V_0}^{V_1} p dV$$

(积分是当 $S = S_0$ 时进行的). 为了使气体到达终态 B, 还必须对它在定体积 V_1 下进行加热, 供给它的热量在数值上就等于画有水平细线和垂直细线的两块面积之差, 即等于图形 ABQ 的面积. 这块面积就确定了激波压缩时气体熵的增加. 它等于

$$\varepsilon_1 - \varepsilon' = \int_{S_0}^{S_1} T dS = \bar{T}(S_1 - S_0),$$

此间 $\bar{T}$ 是直线段 QB 上(当 $V = V_1 = $ 常数时)的某个平均温度.

在初始气体于其中是静止的坐标系中, 在压缩之后气体所获得的动能(按 1 克计算), 根据普遍公式(1.69)等于

$$\frac{u^2}{2} = \frac{(u_0 - u_1)^2}{2} = \frac{1}{2}(p_1 - p_0)(V_0 - V_1).$$

这个能量在数值上就等于图 1.29 上的三角形 ABC 的面积. 若将该三角形加到其面积等于 $\varepsilon_1 - \varepsilon_0$ 的梯形 $MABN$ 上, 就得到了矩形 $MCBN$.

这个矩形的面积 $p_1(V_0-V_1)$，就是"活塞"给予 1 克原先为静止的气体的总能量。在 $p_1 \gg p_0$ 的强激波中，它要对半地分给内能和动能的增量；面积 $MABN \approx$ 面积 ABC：

$$\varepsilon_1 - \varepsilon_0 \approx \frac{u^2}{2} \approx \frac{1}{2}p_1(V_1-V_0).$$

在 p, V 图上我们来分析终态时的气体的速度和声速间的关系（图 1.30）。过与初态 A 相对应的绝热曲线 H_A 之上的 B 点，画出一条新的绝热曲线 H_B，对于它来说点 B 便是初态。从绝热曲线方程具有交换脚标"0"和"1"的对称性得到，如果 $p_1 = H\ (V_1, p_0, V_0)$，那么 $p_0 = H(V_0, p_1, V_1)$。换句话说，形式上向比初始值还小的

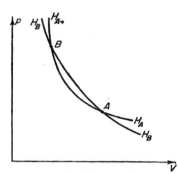

图 1.30 说明激波中气体速度和声速间关系的 P, V 图

压力方向延长了的绝热曲线 H_B，要与绝热曲线 H_A 相交于 A 点。绝热曲线 H_A 和 H_B 的相互位置就如图 1.30 所表示的那样，这一点很容易以比热不变的理想气体为例来加以证实[1]。波相对于压缩气体传播的速度由公式(1.68)来决定：

$$u_1^2 = V_1^2 \frac{p_1-p_0}{V_0-V_1}.$$

在点 B 处压缩气体中的声速平方等于

$$c_1^2 = -V_1^2\left(\frac{\partial p}{\partial V}\right)_S.$$

前一个量是正比于直线 BA 之倾角的正切，而后一个量则正

---

1) 在压力较 p_B 为高时，绝热曲线 H_B 要在 H_A 的左边，这一点可按下述办法以加以解释。如果点 B 对应于从状态 A 起由很强的激波对气体所进行的压缩，那么绝热曲线 H_A 在 $p > p_B$ 时的走向就近乎垂直，这是因为受到其体积等于 $[(\gamma-1)/(\gamma+1)]V_A$ 的极限压缩的限制。可是，当让第二个激波沿处于状态 B 的气体通过时，我们却又可把它一直压缩到下述的体积

$$[(\gamma-1)/(\gamma+1)]V_B = [(\gamma-1)/(\gamma+1)]^2 V_A.$$

比于激波绝热曲线 H_B 在 B 点的切线之倾角的正切（激波绝热曲线 H_B 和过 B 点的泊松绝热曲线是彼此相切的）. 直线 BA 和绝热曲线 H_B 的相互位置刚好适应于 $u_1 < c_1$.

在§14 的末尾曾经指出，与泊松绝热曲线不同，雨贡尼奥绝热曲线依赖于两个参量. 因此，从某一个给定的初态出发，用几个激波依次来压缩气体，和用一个激波来压缩气体，想要达到相同的终态，则是不可能的.

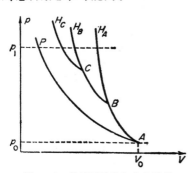

例如，如果沿单原子气体通过一个强激波，则气体要被压缩到 1/4，而如果是一个接一个地通过两个强波，当终态压力仍维持不变时，最后气体要被压缩到 1/16.

可是，当把（普通）绝热过程分为随便几个步骤时，所要达到的却是同样的密度，如果终态压力是一定的话.

这种情形由图 1.31 上的 p, V 图所表示，在那里画出了泊松绝热曲线和几条雨贡尼奥

图 1.31　关于用单次和多次激波压缩及绝热压缩将气体压缩到同样压力 p_1 的问题
（H_A, H_B, H_C——三条激波绝热曲线，它们的初态点分别是 A, B, C.
P——泊松绝热曲线.）

绝热曲线，它们对应于几个激波对气体的依次压缩.

§17. 在具有正常热力学性质的物质中不可能存在稀疏的激波

在§15 中针对比热不变的理想气体的情况，曾写出了计算与激波有关的各种量的公式. 从这些公式直接得出结论，在物质受压缩的激波中，下面的一些不等式是成立的：

$$p_1 > p_0, \rho_1 > \rho_0, V_1 < V_0, u_0 > c_0, u_1 < c_1, S_1 > S_0. \quad (1.86)$$

在物质被压缩和它的压力增高的同时，熵也是增加的；波沿未扰动气体是以超声速传播的，而沿它之后的压缩气体则是以亚声速传播的. 这种体系被简略地画在图 1.32, a 上. 现在将激波绝

热曲线的表达式 (1.75) 推广到小于初始值的压力，我们假定存在着那样一些间断，在它们之中所发生的不是气体的压缩而是稀疏：$V_1 > V_0$，$p_1 < p_0$。曾经用来求得联系间断两边的速度、密度和压力之公式的质量、冲量和能量的守恒定律，对于这些间断之存在的可能性并没有任何的限制。从公式 (1.83)—(1.84) 看出，在这

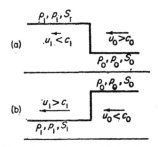

图 1.32 压缩激波 (*a*) 和稀疏激波 (*b*) 的简图
（气体自右向左流进间断.）

种情形下 $u_0 < c_0$，而 $u_1 > c_1$。熵在间断中跃变之公式 (1.85) 表明，此时气体的熵是减小的（当 $p_1 < p_0$ 时，花括号中的表达式小于1）。

这样，我们就得到了一个稀疏的激波体系，在它之中下述的不等式同时成立：

$$p_1 < p_0, \rho_1 < \rho_0, V_1 > V_0, u_0 < c_0, u_1 > c_1, S_1 < S_0. \qquad (1.87)$$

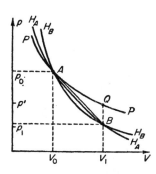

图 1.33 关于"稀疏激波"中的各不等式的几何解释（H_A——激波绝热曲线，P——经过初态点 A 的泊松绝热曲线，H_B——由终态点 B 画出的激波绝热曲线.）

这一体系被简略地画在图 1.32，*b* 上。

与 §16 中所说的类似，这些不等式的几何解释，被表示在图 1.33 上。直线 AB 的斜率小于激波绝热曲线 H_A 在初态点 A 处的切线之斜率（$u_0 < c_0$），而大于经终态点 B 所画出的第二条激波绝热曲线 H_B 在点 B 处的切线之斜率（$u_1 > c_1$）。

经 A 点所画出的泊松绝热曲线 P，在区域 $p_1 < p_0$ 的范围内全处在激波绝热曲线 H_A 的上方。这就说

明在稀疏的激波中熵是减小的．当绝热地稀疏到同样的体积V_1时，压力p'要高于终态的压力p_1．为了使得由Q过渡到B，气体必须在定体积下冷却，即它的熵必须减少．

但根据热力学第二定律，仅依靠一些内部过程，而没有热量的向外散失，物质的熵是不可能减少的．由此得出结论，稀疏波不可能以间断的形式进行传播，在质量、冲量和能量守恒定律所允许存在的两种体系中，熵要增加这一要求只能选择其中的一种——压缩的激波．这一原理具有非常普遍的意义，在所谓柴莫坡列(Цемплен)的理论中它是很著名的．在下一节将要指出，在弱强度的波中，在二级导数是正的，即$(\partial^2 p/\partial V^2)_s > 0$的条件之下，(1.86)或(1.87)中的所有不等式是同时满足的，完全与物质的具体热力学性质无关．对于非小振幅的波和任意物质而言，这个原理是可以证明的．对物质的性质所要附加的唯一条件，就是要求激波绝热曲线在所有的点都是向下凸的：$(\partial^2 p/\partial V^2)_H > 0$，就像在比热不变的理想气体中所具有的那样．绝大多数的真实物质都恰好具有这样的性质，所以不可能存在稀疏的激波这一断言就具有极其普遍的意义(关于某些例外在以后讨论)．

稀疏的激波之所以不可能存在，还可以用下述的方法解释，这种波沿未扰动气体是以亚声速$u_0 < c_0$传播的．这意味着，如果在某个时刻产生了与图1.32，b上所示的情形相似的状态，那么发自密度和压力跃变上的扰动就要以声速c_0向右行进，并要赶上"激波"；经过一些时间之后稀疏就要遍及"间断"之前的气体．而间断本身也就直接遭到破坏．换言之，稀疏激波在力学上是不稳定的．相反地，压缩的激波沿未扰动气体是以超声速$u_0 > c_0$传播的；在这种波阵面之后的状态，怎么也不会影响到波前气体的状态，从而间断保持稳定．压缩的激波相对于压缩气体是以亚声速$u_1 < c_1$传播的，因此激波阵面之后的气体动力学的体系就会影响到波的振幅．

譬如说，如果加热或压缩阵面之后的气体，那么激波就要加强，而相反地，如果在激波阵面之后将气体冷却或使它稀疏，那么带有稀疏的扰动就会赶上激波，并使它削弱．

在稀疏的激波中情况是相反的：由于它相对于稀疏气体是以超声速传播的，它不会受到在它之后所发生的任何过程的影响，它是"不可操纵的"．

非常重要的是，激波在力学上的稳定性条件和熵增加的热力学条件是一致的．只是当波沿未扰动物质是以超声速传播的时候，力学上的稳定性才能存在，否则激波所引起的扰动就要以声速侵入初始气体，超过激波，并因之使得很窄的波阵面遭到破坏．这时，熵增加的条件也和体现现象之因果关系的条件相一致．正是在熵增加的情况下，压缩的激波相对于经受变化的气体才是以亚声速传播的，即那样一些外因，比如向气体中推进的活塞，有可能引起激波的出现，并继续对它的传播起着作用．

这就是说，在具有正常热力学性质的物质中，即当 $(\partial^2 p / \partial V^2)_S > 0$ 的时候，与熵增加的条件相适应的压缩激波在力学上是稳定的，并能够受到外界因素的作用．无论从热力学的观点，还是从稳定性的观点来看，稀疏的激波都是不可能产生的：一旦产生的陡峻的稀疏阵面，随着时间的增加终将被洗刷掉．

在本节的最后，我们列出一个表，用它来说明实现各种体系的可能性：

	压　缩　波	稀　疏　波
间　断	可能的；熵是增加的；力学上稳定	不可能的；熵是减小的；力学上不稳定
平缓分布	不可能的；阵面的陡度无限制地增加，并要变为"波溢"	可能的；分布随着时间的增加变得越来越平缓

§ 18. 弱强度激波

我们来考察弱强度激波，在这种波中所有的气体动力学参量的跃变都可以看成是小量．现在姑且先不对物质的热力学性质作任何的假设，而只是从几个守恒定律出发来讨论问题．

当考察作为熵和比容之函数的内能时，我们用级数展开的形式写出激波中能量的增量，这个级数是按独立变量在初态点附近的小增量而展开的：

$$\varepsilon_1 - \varepsilon_0 = \left(\frac{\partial \varepsilon}{\partial S}\right)_V (S_1 - S_0) + \left(\frac{\partial \varepsilon}{\partial V}\right)_S (V_1 - V_0) +$$
$$+ \frac{1}{2}\left(\frac{\partial^2 \varepsilon}{\partial V^2}\right)_S (V_1 - V_0)^2 + \frac{1}{6}\left(\frac{\partial^3 \varepsilon}{\partial V^3}\right)_S (V_1 - V_0)^3.$$

这个展开式中所有的导数都是在初态点 S_0, V_0 处取的. 就如我们马上所要看到的那样，熵在波中的增量 $S_1 - S_0$ 是个三级小量，如果是把增量 $V_1 - V_0$ 看作是一级小量的话. 因此，当把内能的展开式限制到三级小量的时候， 便可以略去 与$(S_1 - S_0)(V_1 - V_0)$, $(S_1 - S_0)^2$ 等成正比的各项. 根据热力学的恒等式 $d\varepsilon = TdS - pdV$, 有

$$\left(\frac{\partial \varepsilon}{\partial S}\right)_V = T, \qquad \left(\frac{\partial \varepsilon}{\partial V}\right)_S = -p.$$

因而

$$\varepsilon_1 - \varepsilon_0 = T_0(S_1 - S_0) - p_0(V_1 - V_0) -$$
$$- \frac{1}{2}\left(\frac{\partial p}{\partial V}\right)_S (V_1 - V_0)^2 - \frac{1}{6}\left(\frac{\partial^2 p}{\partial V^2}\right)_S (V_1 - V_0)^3.$$

将这个表达式代入雨贡尼奥绝热曲线方程(1.71)，并将后者右端的压力 p_1 展开. 由于等式的左端可以展开至三级小量，所以在压力的展式中只限制到关于差 $V_1 - V_0$ 的二级小项，并略去含有熵的增量的项也就够了，因为熵的增量在右端所能给出的项是与 $(S_1 - S_0)(V_1 - V_0)$ 成正比的， 它与 $(V_1 - V_0)^3$ 相比是更高一级的小量：

$$p_1 = p_0 + \left(\frac{\partial p}{\partial V}\right)_S (V_1 - V_0) + \frac{1}{2}\left(\frac{\partial^2 p}{\partial V^2}\right)_S (V_1 - V_0)^2.$$

将这些级数代入雨贡尼奥绝热曲线方程并进行简化，我们便得到熵的增量与比容增量间的关系：

$$T_0(S_1 - S_0) = \frac{1}{12}\left(\frac{\partial^2 p}{\partial V^2}\right)_S (V_0 - V_1)^3. \tag{1.88}$$

如果从被写成不出现内能而出现焓的(1.72)形式的雨贡尼奥绝热曲线方程出发，用类似的方法可以得到

$$T_0(S_1-S_0)=\frac{1}{12}\left(\frac{\partial^2 V}{\partial p^2}\right)_S (p_1-p_0)^3. \tag{1.89}$$

这两个公式的等价性很容易证明，只要将展开式$(p_1-p_0)=(\partial p/\partial V)_S(V_1-V_0)$代入公式(1.89)，并再注意到下面的等式即可

$$\frac{\partial^2 V}{\partial p^2}=\frac{\partial}{\partial p}\frac{\partial V}{\partial p}=\frac{\partial}{\partial p}\left(\frac{1}{\partial p/\partial V}\right)=\frac{\partial}{\partial V}\left(\frac{1}{\partial p/\partial V}\right)\frac{1}{\partial p/\partial V}=$$

$$=-\left(\frac{\partial p}{\partial V}\right)^{-3}\left(\frac{\partial^2 p}{\partial V^2}\right).$$

公式(1.88)和(1.89)表明，在弱强度激波中，熵的增量是关于用来表征波之振幅的增量p_1-p_0或V_0-V_1的三级小量。

从公式(1.88)和(1.89)看出，激波中熵增量的符号取决于二级导数$(\partial^2 p/\partial V^2)_S$或$(\partial^2 V/\partial p^2)_S$的符号。如果物质的绝热压缩性$-(\partial V/\partial p)_S$是随着压力的增加而减小的，即$(\partial^2 V/\partial p^2)_S>0$和$(\partial^2 p/\partial V^2)_S>0$，则普通绝热曲线在$p$，$V$平面上是由向下凸的曲线所构成(就象在比热不变的理想气体中那样)。在这种情况下，在$p_1>p_0,V_1<V_0$的压缩激波中熵是增加的($S_1>S_0$)，而在稀疏的激波中它是减小的。而如果$(\partial^2 V/\partial p^2)_S<0$，$(\partial^2 p/\partial V^2)_S<0$，情形刚好相反：熵在$p_1<p_0,V_1>V_0$的稀疏激波中是增加的，而在压缩的激波中它是减小的。由于对绝大多数的真实物质来说都是$(\partial^2 V/\partial p^2)_S>0$，那么从熵不可能减小的条件，就得出了稀疏的激波不可能存在的结论。这一原理在前面曾简单地阐述过，并以比热不变的理想气体为具体例子进行过验证。

我们写出压力$p=p(S,V)$的在初态点S_0,V_0附近的直至V_1-V_0的三级小项和S_1-S_0的一级小项的展开式：

$$p_1-p_0=\left(\frac{\partial p}{\partial V}\right)_S (V_1-V_0)+\frac{1}{2}\left(\frac{\partial^2 p}{\partial V^2}\right)_S (V_1-V_0)^2+$$

$$+\frac{1}{6}\left(\frac{\partial^3 p}{\partial V^3}\right)_S (V_1-V_0)^3+\left(\frac{\partial p}{\partial S}\right)_V (S_1-S_0).$$

我们用这个展式来描写通过点 S_0, V_0 的激波绝热曲线和普通绝热曲线的开始部份。两条绝热曲线的关于 V_1-V_0 的一级小项和二级小项是彼此相同的，即激波绝热曲线和普通绝热曲线在原点有公共的切线和公共的曲率中心（所发生的是二级相切）。两条绝热曲线的三级小项是彼此不同的。展式右端的第三项，对两条绝热曲线来说是公用的。可是后面的一项，即第四项，在普通绝热曲线中则被消去，因为 $S_1-S_0=0(S=$ 常数$)$，而在激波绝热曲线中，根据(1.88)它等于

$$\left(\frac{\partial p}{\partial S}\right)_V (S_1-S_0)=-\frac{1}{12T_0}\left(\frac{\partial p}{\partial S}\right)_V \left(\frac{\partial^2 p}{\partial V^2}\right)_S (V_1-V_0)^3.$$

对于所有正常的物质来说，在定体积下（在定体积下加热时），压力随着熵的增加是增加的，即 $(\partial p/\partial S)_V > 0$；而 $(\partial^2 p/\partial V^2)_S$ 也是正的。因而，当 $V_1 > V_0$ 时后一项是负的，而当 $V_1 < V_0$ 时它是正的；当 $V_1 > V_0$ 时激波绝热曲线在普通绝热曲线之下，而当 $V_1 < V_0$ 时则在普通绝热曲线之上。这就是说，在初态点两条绝热曲线所发生的是二级相切的相交。

在图 1.34 上表明了激波绝热曲线 H 和普通绝热曲线 P 的相互位置。为了明显起见，我们指出，线段 CD 是关于 V_0-V_1 的一级小量，DE 是二级小量，而 EF 则是三级小量。

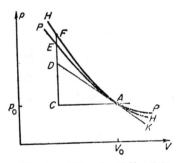

图 1.34 激波绝热曲线 H 和普通绝热曲线 P 的相互位置 (DK——绝热曲线在初态点 A 处的切线。在弱强度激波中，线段 CD——一级小量，DE——二级小量，EF——三级小量。)

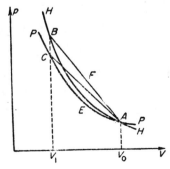

图 1.35 关于激波中熵增加的几何解释

回过头来对激波中熵的增量进行几何解释（图 1.35）. 就 如在 §16 中曾经指出的那样，量 $\overline{T}\Delta S$ 是由图形 $AFBCEA$ 的面积来表示的. 用直线 AC 将它分为两个部分：弓形 $ACEA$ 和三角形 ABC. 三角形 ABC 的面积等于底 BC 和高 (V_0-V_1) 的乘积的二分之一. 在所有量的变化不大的情况下，即在弱强度的激波中，线段 BC 等于 $\left(\dfrac{\partial p}{\partial S}\right)_V \Delta S$, 即

$$\overline{T}\Delta S = F_{弓形} + \frac{1}{2}\left(\frac{\partial p}{\partial S}\right)_V (V_0-V_1)\Delta S,$$

此处 $F_{弓形}$ 是弓形 $ACEA$ 的面积. 由此得到

$$\Delta S = \frac{F_{弓形}}{\overline{T}-\alpha}, \quad 式中 \ \alpha = \frac{1}{2}\left(\frac{\partial p}{\partial S}\right)_V (V_0-V_1).$$

当体积变化很小的时候，$\alpha \to 0$, 而 $\overline{T}\Delta S \to F_{弓形}$, 即三角形面积所引起的修正量是很小的. 实际上，它与弓形的面积相比是更高一级的小量，而后者则具有 $\overline{T}\Delta S$ 的量级. 写出弓形面积的表达式，

$$\overline{T}\Delta S = \frac{p_0+p'}{2}(V_0-V_1) - \int_{V_1}^{V_0}(pdV)_{S=S_0},$$

并向此代入弱波的展开式，正如所预料的那样，我们又回到了公式 (1.88).

这样，从几何构图上看出，ΔS 的符号依赖于弓形面积的符号，即与割线 AC 是高于还是低于普通绝热曲线有关系，或完全同样地，是与绝热曲线向下凸还是向上凸有关系.

将速度 u_0, u_1 与声速 c_0, c_1 相比较. 就如我们所知道的，比值 u_0/c_0 是由直线 AB 的斜率（见图 1.28）和泊松绝热曲线在 A 点的切线之斜率的比值所确定. 比值 u_1/c_1 是由直线 AB 的斜率和经过点 B 所画出的泊松绝热曲线的切线之斜率的比值所确定. 写出所有三条直线之斜率的表达式：

$$\frac{p_1-p_0}{V_1-V_0} = \left(\frac{\partial p}{\partial V}\right)_{S_0} + \frac{1}{2}\left(\frac{\partial^2 p}{\partial V^2}\right)_{S_0}(V_1-V_0) \quad ——直线 \ AB,$$

$$\left(\frac{\partial p}{\partial V}\right)_{S_A} = \left(\frac{\partial p}{\partial V}\right)_{S_0} \text{——绝热曲线在 } A \text{ 点的切线,}$$

$$\left(\frac{\partial p}{\partial V}\right)_{S_B} = \left(\frac{\partial p}{\partial V}\right)_{S_0} + \left(\frac{\partial^2 p}{\partial V^2}\right)_{S_0}(V_1-V_0) \text{——绝 热 曲线 在 } B$$

$$\text{点的切线.}$$

最后一个公式是根据那样一个事实而得到的,绝热曲线 $S_1 =$ 常数直到关于 V_1-V_0 的三级小项之前是与绝热曲线 $S_0=$ 常数平行的. 注意到

$$\left(\frac{\partial p}{\partial V}\right)_{S_0} < 0, \quad \left(\frac{\partial^2 p}{\partial V^2}\right)_{S_0} > 0, \quad V_1-V_0 < 0,$$

就会看出,直线 AB 的走向比点 A 处的切线要陡,但与点 B 处的切线相比又不算陡,因此 $u_0 > c_0, u_1 < c_1$. 这可直接由图 1.30 看出.

熵增加的条件和间断在力学上的稳定条件 $u_0 > c_0$ 之间存在着内在的联系. 这两个条件都直接由那样一个事实导出,即当体积从 A 点开始减小时,绝热曲线的走向是越来越陡的.

这样,从对具有任意热力学性质之物质中的弱强度激波的讨论中,我们就得到了守恒定律所能给出的全部结果,这些结果在前面曾以比热不变的理想气体为特例加以证实过. 这时我们所需要的唯一条件,就是要求二级导数 $(\partial^2 p/\partial V^2)_S$ 要是正的.

§ 19. 具有反常热力学性质的物质中的激波

现在我们设想物质具有那样的反常的热 力学性质,它使得二级导数 $(\partial^2 p/\partial V^2)_S$ 在绝热曲线的某一段内竟然是负的. 对于这种物质来说,其普通绝热曲线在相应的压 力和体积的 范围内是向上凸的,就如图 1.36 所示的那样.

由上一节的讨论得出,当压力变化不大时,雨贡尼奥绝热曲线和泊松绝热曲线几乎重合(精确到关于 V_1-V_0 或 p_1-p_0 的 三级小量).

在这种情况下,其上面 被 泊松 绝热曲线 所限定的图形 $APBMNA$ 的面积就要大于 其上面 被 割线 AEB 所限定的

梯形 $AEBMNA$ 的面积，即在压缩的激波中熵是减小的（这可从公式(1.88)看出）。同时，由于割线的斜率小于 A 点切线的斜率，则激波沿未扰动气体传播的速度要小于声速，而又因割线 AEB 的斜率大于 B 点切线的斜率，则间断之后的速度乃是超声速的。

相反地，在稀疏的激波中熵是增加的（见公式 (1.88)）。从割线 AC 的斜率和 A 点、C 点之切线的斜率间所进行的比较看出，间断之前的速度是超声的，而间断之后的则是亚声的。

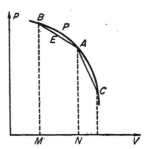

图 1.36 具有反常性质的物质中的泊松绝热曲线和关于压缩激波与稀疏激波之对比关系的几何解释

这样一来，在具有反常性质的物质中，熵增加的条件与力学上的稳定性条件 $u_0 > c_1$ 以及所允许的在外界因素和波的传播之间所存在的因果关系的条件 $u_1 < c_1$ 就又相互一致起来了。在反常的物质中不可能产生压缩的激波，但却能产生稀疏的激波。在这种物质中，由活塞的运动所引起的压缩是以那种波的形式传播的，这种波与通常气体中的稀疏波一样是逐渐加宽的。激波间断根本不会产生，运动乃是绝热的。然而稀疏波则是以一个陡的阵面的形式传播的，该阵面不再随着时间的增加而加宽，它的厚度是由粘性和热传导的量值来确定。

在通常的条件下，所有的物质——气体、固体和液体——都具有正常的性质；它们的绝热压缩性随着压力的增加而减小。物质的反常行为在液体-气体的临界点附近有可能碰到。实际上，还在临界点之前很远气体的等温线就有了拐折（在临界点拐折成水平的）。对于其绝热指数接近于 1 的分子比热足够大的物质来说，其绝热曲线和等温线的差别很小，并可以预料，在双相状态的区域之外绝热曲线也具有拐折，即存在着二级导数为反常符号的区域，就象图 1.37 所显示的那样，该图取自 Я.Б.泽尔道维奇的书[2]。

在这个图形上曲线 I 所围成的区域是双相系区域，而曲线 II

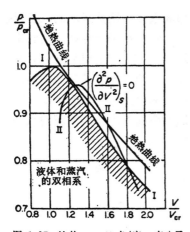

图 1.37 比热 $c_V = 40$ 卡/度·克分子
的范德瓦斯气体中的具有反
常凸性的绝热曲线
（打有斜线的区域是双相系。曲线II所
限定的是绝热曲线具有反常凸性 的 那
些状态的区域。在曲线II之下
$(\partial^2 p/\partial V^2)_s < 0.$）

则是绝热曲线之拐点 $(\partial^2 p/\partial V^2)_s = 0$ 的几何位置。它划出了 $(\partial^2 p/\partial V^2)_s < 0$ 的区域。在图 1.37 上还画出一条具有反常性质的绝热曲线。这些曲线都是利用范德瓦斯模型的状态方程，并针对比热 $c_V = 40$ 卡/度·克分子的情况而计算出来的。熵的增量和涉及气体速度与声速的一些不等式在符号方面的关系，要与熵增加的条件和力学上的稳定性条件必须一致这一点相对应，这种关系只是在下述情况下才会违背，即如果在所考察的压力变化范围内 $\partial^2 p/\partial V^2$ 存在着两个符号，因而泊松绝热曲线与割 线存在着两个以上的交点的话。这时可能产生那样的复杂体系，在这种体系中间断和 与 它 相 接的、已被冲毁的波同时存在。

还有一种物质具有反常行为的情况，我们将在第十一章来讨论它，这种情况下的反常是与固体处在由 激波所达到 的 高压之下而发生的多态化转变（相变）有关系。到时我们将讨论上面所说的复杂体系。

3. 气体动力学中的粘性和热传导

§ 20. 气体一维运动方程

一些耗散过程——粘性（内摩擦）和热传导——与物质存在着分子结构有关系。它们引起了附加的对冲量和能量的非流体动力学的输运，并导致了运动的非绝热性和热力学上不可 逆的从机械能到热量的转变．粘性和热传导只是在流体动力学量存在很大梯度的时候才会显现出来，例如，这样的梯度是存在于物体绕流时的边界层中，或激波的阵面之内．在本书中我们之所以对粘性和热传导感兴趣，是基于它们对气体中激波之阵面的内部结构有所影响这一点．当研究这种结构时，可认为流只依赖于一个坐标 x（流是平面的），因为激波阵面的厚度总是比它表面的曲率半径要小很多．所以我们将不涉及对粘性液体（气体）的普遍运动方程的推导，因这种推导是可以找

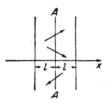

图 1.38 说明分子输运冲量的公式如何推导的示意图

到的，比如在 Л.Д. 朗道和 Е.М. 栗弗席兹的书[1]中就可以找到；而只是说明如何才能得到关于一维平面情况下的方程．

我们写出平面情况下的非粘性气体的冲量守恒方程(1.7)，这时所有的量都只依赖于一个坐标 x，而速度也只有一个 x 分量 u，

$$\frac{\partial}{\partial t}(\rho u) = -\frac{\partial \Pi_{xx}}{\partial x}, \quad \Pi_{xx} = p + \rho u^2.$$

现在我们注意到，气体是由一些彼此相碰撞的分子所组成的．设想一个与 x 轴相垂直的具有单位横截面的面积．当经受最后一次碰撞之后，各自在一定的方向上飞行着的分子，是从这块面积的两边来穿过它的．在最后一次碰撞之后，分子就要飞出其厚度近于分子平均自由程 l 的、处于该面积两边的两个气层（图 1.38）．如果 n 是 1 厘米³ 中的分子数，而 $\bar{v}$ 是它们的平均热运动速度，那么在 1 秒之内自左向右大约有 $n\bar{v}$ 个分子穿过这块面积．它们当中的每一个在穿过该面积时都携带了流体动力学的冲量 mu，此间 m 是分子的质量，即自左向右的流体动力学的冲量流密度在数量级上是等于 $n\bar{v}\cdot mu$．类似地，自右向左的流体动力学的冲量流大约是等于 $n\bar{v}m(u+\Delta u)$，此处 Δu 是当从左边的一层过渡到右边的一层时流体动力学速度的增量：$\Delta u \approx \frac{\partial u}{\partial x}l$．与分子输运相关的动量的 x 分量在 x 方向上的流密度，应等于自左向右的和自

右向左的两个流的差值，即等于 $-m\bar{v}ml\dfrac{\partial u}{\partial x}$. 这个量就对应着由内摩擦所引起的附加的冲量输运，应把它加到冲量流密度 $\Pi_{xx}=p+\rho u^2$ 之上.

对三维运动的研究所进行的比较严格的讨论表明，在所写出的表达式中应引进一个接近于 1 的数值系数. 也就是，在平面情况下考虑粘性的冲量守恒方程应具有下面的形式：

$$\frac{\partial}{\partial t}(\rho u)=-\frac{\partial \Pi_{xx}}{\partial x}, \quad \Pi_{xx}=p+\rho u^2-\sigma',$$

$$\sigma'=\frac{4}{3}\,\eta\,\frac{\partial u}{\partial x}, \tag{1.90}$$

此处 η 是粘性系数，对于气体来说（当不存在弛豫过程的时候，见下面），它在数量级上是等于

$$\eta \sim n\bar{v}ml=\rho\bar{v}l.$$

量 σ' 是粘性应力张量的 xx 分量. 它在冲量流公式中的出现，就等价于产生了一个由内摩擦力所引起的附加"压力". 借助于连续性方程，很容易从方程(1.90)过渡到运动方程：

$$\rho\frac{du}{dt}=-\frac{\partial}{\partial x}(p-\sigma'), \tag{1.91}$$

$\dfrac{\partial \sigma'}{\partial x}$ 是按 1 厘米³气体而计算的内摩擦力.

当存在着耗散过程的时候，能量方程中要出现附加项. 附加能流与附加的"粘性"压力有关. 在公式(1.10)里处于散度符号下的能流密度表达式中需要添加一个与 pu 相类似的量 $-\sigma'u$. 此外，在这个表达式中还应引进由热传导机制所输运的能流：

$$J=-\varkappa\frac{\partial T}{\partial x}, \tag{1.92}$$

此处 $\varkappa$ 是热传导系数. 用和求粘性冲量流时相同的办法，不难求得表达式(1.92). 那时就会发现，原来气体中的热传导系数在数量级上就等于 $\varkappa \sim \rho c_p \bar{v}l$.

当考虑到两个耗散项时，对平面情况所写出的能量方程

(1.10)就变成如下的形式：

$$\frac{\partial}{\partial t}\left(\rho\varepsilon+\frac{\rho u^2}{2}\right)=-\frac{\partial}{\partial x}\Big[\rho u\left(\varepsilon+\frac{u^2}{2}\right)+$$

$$+pu-\sigma'u+J\Big].\qquad(1.93)$$

借助于连续性方程、运动方程和热力学的恒等式 $TdS=d\varepsilon+pdV$ 来改写这个方程，我们就会得到关于 物质之质点的 熵的变化速度的方程：

$$\rho T\frac{dS}{dt}=\sigma'\frac{\partial u}{\partial x}-\frac{\partial J}{\partial x}=\frac{4}{3}\eta\left(\frac{\partial u}{\partial x}\right)^2+\frac{\partial}{\partial x}\left(\varkappa\frac{\partial T}{\partial x}\right).$$

$$(1.94)$$

这个方程右端的第一项，是在 1 厘米³中在 1 秒 内由于粘性所耗散的机械能．它总是正的，因为 $\eta>0$ 和 $(\partial u/\partial x)^2>0$；因而，内摩擦力使得每一局部物质的熵都是增加的．第二项所对应的是由热传导所引起的物质的加热或冷却．它既可以是正的，也可以是负的，因为热传导会使得热量从比较热的区域汲到不太热的区域．但是全部物质的熵由于热传导的存在在总体上却只能是增加的．可以证明这一点，如果将方程(1.94)除以 T，并按全部体积进行积分的话．占据着由平面 x_1 和 x_2 所限定的体积之物质其由热传导所引起的熵的改变量，是等于

$$\int_{x_1}^{x_2}\frac{1}{T}\frac{\partial}{\partial x}\left(\varkappa\frac{\partial T}{\partial x}\right)dx=\frac{1}{T}\varkappa\frac{\partial T}{\partial x}\Big|_{x_1}^{x_2}+\int_{x_1}^{x_2}\frac{\varkappa}{T^2}\left(\frac{\partial T}{\partial x}\right)^2dx.$$

如果物质在边界 x_1 和 x_2 上是不导热的，那么在边界上就没有热流，而在等式右端保留的只是第二项，它总是正的 $(\varkappa>0)$．

考虑到粘性和热传导时所写出的气体动力学方程，可以用来判断在什么样的条件下这些耗散过程才起着重要的作用．

将运动方程中的惯性力和粘性力作一比较．如果 U 是运动的速度尺度，而 d 是运动所席卷之区域的特征线度，那么时间尺度就近似于 d/U，而惯性项 $\rho du/dt$ 就近似于 $\rho U^2/d$．方程中 的粘性项 $\frac{\partial}{\partial x}\left(\frac{4}{3}\eta\frac{\partial u}{\partial x}\right)$ 近似于 $\eta U/d^2$，而它与惯性项的比值则近似于

$$\frac{1}{\mathrm{Re}} = \frac{\eta}{\rho U d} = \frac{\nu}{U d} \sim \frac{l}{d}\frac{c}{U}.$$

这个比值的倒数叫作雷诺数($\nu = \eta/\rho \sim l\bar{v} \sim lc$ 是 运 动粘性系数,$c \sim \bar{v}$ 是声速)。用类似的方法,来比较由热传导所进行的热量输运和能量的机械输运,我们求得它们的比值近似于

$$\frac{1}{\mathrm{Pe}} = \frac{\varkappa}{\rho c_p U d} \sim \frac{\chi}{U d} \sim \frac{l}{d}\frac{c}{U},$$

此处 Pe 是皮克勒数,在气体中它近似于雷诺数,因为分子的导温系数 $\chi = \varkappa/\rho c_p$ 近似于运动粘性系数 ν(例如,在标准条件下的空气中,$\nu \approx \chi \approx 0.15$ 厘米²/秒)。

由此可见,当 $\mathrm{Re} \approx \mathrm{Pe} \gg 1$ 时,粘性和热传导是可以 忽略的。如果所考察的是其速度小于声速或与声速相比拟的运动,那么为了做到这一点,系统的线度就应比分子的自 由程要大很多,$d/l \gg 1$。这种条件,就如我们所要看到的,在激波阵面之内是 尤其不能满足的,因为它的厚度可与分子的自由程相比拟。所以在激 波阵面之内这些耗散过程是很重要的。正是它们才引起了激波中熵的增加。

§ 21. 关于第二粘性系数的说明

在写出气体动力学方程和运用物质的压力与物质的其他一些热力学特征量间的热力学关系时,暗中假定了,用以决定运动气体之作用力的压力 p 与统计压力 $p_{统}$ 没有差别,后 者本来 是在静止的气体中于同样的条件(即同样的气体组分、气体密度、气体内能和温度)之下测得的。压力是个标量,它不依赖于坐标 系的选择,也不依赖于运动速度的和速度梯度的方向。要求压力具有标量性和它对于坐标变换的不变性,这样一种假设要比只根据物质的热力学状态所作的假设更为普遍。 一般来说,压力可以依赖于一个标量——速度的散度。在梯度不大的情况下,当限定取展开式的头几项的时候,和推导粘性力时一样,可以写出普遍的表达式:

$$p = p_{\text{统}} - \xi \operatorname{div} \mathbf{u}, \qquad (1.95)$$

此时，系数 ξ 表征了作用于物质的力与标量 $\operatorname{div}\mathbf{u}$ 之间的关系。系数 ξ 叫作第二粘性系数。与它不同，系数 η，即第一粘性系数所表征的是与速度的和速度梯度的方向相关的力。气体中的第一粘性系数是与分子的平动热运动有关系的。如果建立统计压力的时间近似于分子自由飞行的时间 l/c，那么 ξ 和 η 就具有同样的量级。在平面的情况下，第一粘性和第二粘性这两项是同时结合在一起的。但是在某些情况下，ξ 有着异常大的数值。根据连续性方程 $\operatorname{div}\mathbf{u} = -\dfrac{1}{\rho}\dfrac{d\rho}{dt}$，即系数 ξ 表述了压力与密度变化速度之间的关系。

当物质中存在着内部的、缓慢激发的自由度（例如，分子的振动）和物质状态变化迅速的时候，压力来不及"跟踪"密度的变化，因而偏离于热力学上的平衡值。这种效应的影响可以借助第二粘性系数来描述（见文献[1]），并且内部自由度越难激发，压力的变化与密度的及物质内部状态的变化之间的"不一致性"就越大，第二粘性也就越大。在特别快的过程中，那时这种"不一致性"（与热力学平衡的偏差）是特别大的，线性关系(1.95)有可能变得不够充分，而要在气体动力学的方程中以显式引进对弛豫过程——内部自由度激发之动力论 (кинетика) 的描述。在第六、七、八章中，当讨论弛豫过程和它们对于激波阵面的结构以及对于超声波的吸收有什么影响的时候，我们再来熟悉这些现象。

§ 22．关于声音吸收的说明

作为粘性和热传导对流体动力学的运动有所影响的例子，我们来考察顾及这些现象的声波传播过程。

粘性和热传导的存在，引起了声波能量的耗散，使它不可逆地变成热量，也即是导致了声音的吸收和它的强度的削弱。可以用公式求得声音的吸收系数，如果是以型如 $\exp[i(kx - wt)]$ 的平面简谐波的形式求得了顾及粘性和热传导的一维线性化的气体动力学方程的解的话,其中 k 是波矢量. 这时对 k 来说,得到的是一个复数值,它的实部给出了波长,而虚部则是吸收系数: $k=k_1+ik_2$; $\exp[i(kx-wt)]=e^{-k_2 x}e^{i(k_1 x-wt)}$. 可以根据一些物理上的原由,对吸收系数作一估计. 按照公式(1.94),在 1 厘米³ 中 1 秒之内所耗散的能量,由对应于粘性和热传导的两个部份所组成. 在波长为 λ 的声波里,这两个量大致是 $\eta u^2/\lambda^2$ 和 $\varkappa\Delta T/\lambda^2$. 这里 u 是速度振幅,而 ΔT 则是波中温度变化的振幅(后者与 u^2 成正比). 1 厘米³ 中的声能是 $\rho_0 u^2$. 在 1 秒内所吸收的那部分能量是由两项相加所组成. 与粘性有关的项,大致是 $(\eta u^2/\lambda^2)/\rho_0 u^2\sim\eta/\rho_0\lambda^2\sim\eta w^2/c^2\rho_0$. 但在一秒内声音通过的距离为 c,所以单位长度上的吸收系数近似地是 $\gamma_1\sim\eta w^2/c^3\rho_0$. 而与热传导有关的单位长度上的吸收系数则近似地是 $\gamma_2\sim\dfrac{\varkappa}{c_p}\dfrac{w^2}{c^3\rho_0}$(在气体情况下这是容易理解的,如果考虑到,由于运动粘性系数 $\nu=\eta/\rho$ 和导温系数 $\chi=\varkappa/\rho c_p$ 近似相等从而有 $\varkappa/c_p\approx\eta$ 的话,在气体中 $\gamma_1\approx\gamma_2$). 在声音的吸收是很小的时候,这些表达式是正确的,那时在近于波长的距离内其振幅的削弱是很小的,即 $\gamma\lambda\ll1(\gamma=\gamma_1+\gamma_2)$. 在气体中这个条件意味着

$$\gamma\lambda\sim\frac{\eta w^2\lambda}{c^3\rho_0}\sim\frac{\nu}{\lambda^2}\frac{\lambda}{c}\sim\frac{l}{\lambda}\frac{\bar{v}}{c}\sim\frac{l}{\lambda}\ll1,$$

即吸收系数的表达式对于比分子自由程大很多的波长来说是正确的,而这种情形实际上总是存在的.

在内部自由度被缓慢激发的物质中(当第二粘性很大的时候),要产生附加的异常大的吸收,以及声音的色散(声速对频率的依赖). 这个问题将在第八章中讨论.

§23. 弱强度激波之阵面的结构和宽度

我们来考察激波中那样一个薄层的内部结构和宽度,这一薄层就是所谓的激波阵面,在它之中气体发生了从初态到终态的变化. 在这一层里物质要被强烈地压缩,它的压力和速度也要发生

变化,且就象只根据质量、冲量和能量守恒定律所进行的计算表明的那样,其熵也是增加的。熵的增加表明,在过渡层中发生了机械能的耗散,它不可逆地转变成了热量。因此,为了弄清激波压缩是怎样进行的,就必然要讨论耗散过程——粘性和热传导。

我们将在激波阵面处于静止的坐标系中来考察具有粘性和热传导的气体的平面一维流动。波阵面的宽度与整个气体动力学过程在总体上的特征长度相比较,比如说,与激波阵面到推动气体产生激波的活塞之间的距离相比较,那是很小的。

如果活塞是以变速运动,而激波的振幅也随着时间改变,就是在这种情况下,在波阵面通过的距离近于自身宽度 Δx 的那样一个短的时间 Δt 之内,该波的振幅实际上也是保持不变的。所以在某个与气体动力学过程的总的时间尺度相比较为小,但与 Δt 相比较为大的时间间隔内,气体动力学量在波阵面

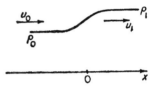

图 1.39 关于激波阵面结构的示意图

中分布的总的图形是以"固定"的形式作为整体在气体中进行传播的。换句话说,在波阵面处于静止的坐标系中,气流在每一确定的时刻都可以被看成是定常的。

针对平面定常的情况,我们写出顾及到粘性和热传导的连续性方程、冲量方程和熵的方程。由于过程是定常的,对时间的偏导数 $\partial/\partial t$ 可以略去,而对坐标的偏导数 $\partial/\partial x$ 可用全导数 d/dx 来代替:

$$\frac{d}{dx}(\rho u)=0,$$

$$\frac{d}{dx}\left(p+\rho u^2-\frac{4}{3}\eta\frac{du}{dx}\right)=0, \left.\begin{array}{c}\\\\\\\\\\\\\end{array}\right\} \quad (1.96)$$

$$\rho u T\frac{dS}{dx}=\frac{4}{3}\eta\left(\frac{du}{dx}\right)^2+\frac{d}{dx}\left(\varkappa\frac{dT}{dx}\right).$$

借助热力学第二定律 $TdS=dw-Vdp$ 和连续性方程及冲量

方程,熵方程可以写成能量方程的形式:

$$\frac{d}{dx}\left[\rho u\left(w+\frac{u^2}{2}\right)-\frac{4}{3}\eta u\frac{du}{dx}-\varkappa\frac{dT}{dx}\right]=0.\qquad(1.97)$$

使这些方程的解满足这样一些边界条件,按照这些条件,在波阵面之前当 $x=-\infty$ 时,和在波阵面之后当 $x=+\infty$ 时,所有量的梯度都应消失,而这些量的本身则取自己的初值和终值,我们和以前一样照例给这些值加上脚标"0"和脚标"1"(图 1.39)。

质量、冲量和能量方程之方程组的第一次积分立刻就可以得到:

$$\rho u=\rho_0 u_0,\qquad(1.98)$$

$$p+\rho u^2-\frac{4}{3}\eta\frac{du}{dx}=p_0+\rho_0 u_0^2,\qquad(1.99)$$

$$\rho u\left(w+\frac{u^2}{2}\right)-\frac{4}{3}\eta u\frac{du}{dx}-\varkappa\frac{dT}{dx}=\rho_0 u_0\left(w_0+\frac{u_0^2}{2}\right).$$
$$\qquad(1.100)$$

在这里,积分常数是通过各量的初值来表示的,而 p, ρ, T, u 皆被视为是流动坐标 x 的函数[1]。

从方程(1.99)看出,由于存在着粘性,即存在着含有 du/dx 的项,在波阵面里各量沿 x 的分布应该是连续的(在相反的情况下,梯度 du/dx 就要变成无穷大,这与各量本身的有限性是不相符合的)。

为了更好地了解粘性和热传导这两种过程中每一个的作用,我们首先来讨论两个特殊情况下的波阵面的结构:1)没有粘性,而只单独存在热传导;2)只单独存在粘性,而没有热传导。这里我们不打算求出方程的精确解(这一问题将放在专门用来研究激波阵面结构的第七章去讨论)。这里仅限于对现象的定性图象进行解释和对波阵面的宽度作出估计。

---

1) 当 $x=+\infty$ 时,$du/dx=0$,$dT/dx=0$,$p=p_1$,$\rho=\rho_1$,$u=u_1$,则我们又回到了间断上的质量、冲量和能量的守恒定律(1.61),(1.62),(1 64)。

① 有热传导，而没有粘性：$\eta = 0$。

这种情况的好处就在于，冲量方程(1.99)具有如下形式：

$$p + \rho u^2 = p_0 + \rho_0 u_0^2,$$

它类似于那个将一些量的终值和初值联系起来的公式[1]。但现在这个方程描写了波阵面中所有的中间状态。借助于连续性方程(1.98)，我们得到

$$p = p_0 + \rho_0 u_0^2 \Big(1 - \frac{V}{V_0} \Big).$$

$$(1.101)$$

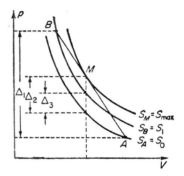

图 1.40　用于不计粘性之激波阵面结构问题的 p, V 图 (波中的状态沿直线 AB 变化。间隔 Δ_1, Δ_2, Δ_3 是关于波的振幅的一级、二级和三级小量。)

由此可见，描述激波阵面内部的气体状态的点，在 p, V 平面上从初态点 A 到达终态点 B 是沿直线 AB 进行的，关于这条直线在研究激波绝热曲线时已多次谈到。

通过初态和终态点在 p, V 平面上画出泊松绝热曲线(图1.40，图上没有画出雨贡尼奥绝热曲线)。如果在平面上画出一系列具有不同熵值的泊松绝热曲线，那么我们就会看到，它们当中有一条与直线 AB 在某一点 M 相切，就如图 1.40 所示的那样。在这一点熵沿直线 AB 取最大值 ($S_0 < S_1 < S_M$)。由方程 (1.98) 和 (1.101)得到，气体速度 u 在切点 M 精确地等于当地声速(在点 M 处，$u = c$；我们提醒一下，在点 A 处 $u_0 > c_0$，而在点 B 处 $u_1 < c_1$)。

根据 $S = S_{max}$ 的泊松绝热曲线要与直线 AB 相切的这一条件，我们来求出熵的最大值 S_{max}。就如我们现在所要见到的，量 $S_{max} - S_0$ 正比于 $(V_1 - V_0)^2$ 或 $(p_1 - p_0)^2$，所以当把绝热曲线簇

---

1) 即公式(1.62)。——译者注

$p(V, S)$ 的和直线的方程写成关于 A 点附近的级数展开式时，要略去三级小项（在这样的近似下绝热曲线 S_0 和 S_1 是相符的；见 §18）。绝热曲线方程具有如下形式：

$$p - p_0 = \left(\frac{\partial p}{\partial V}\right)_{S_A} (V - V_0) + \frac{1}{2}\left(\frac{\partial^2 p}{\partial V^2}\right)_{S_A} (V - V_0)^2 +$$
$$+ \left(\frac{\partial p}{\partial S}\right)_{V_A} (S - S_0).$$

直线方程：

$$p - p_0 = \frac{p_1 - p_0}{V_1 - V_0}(V - V_0) =$$
$$= \left(\frac{\partial p}{\partial V}\right)_{S_A} (V - V_0) + \frac{1}{2}\left(\frac{\partial^2 p}{\partial V^2}\right)_{S_A} (V_1 - V_0)(V - V_0).$$

相切的条件由等式 $\left(\frac{\partial p}{\partial V}\right)_{\text{绝热}} = \left(\frac{\partial p}{\partial V}\right)_{\text{直线}}$ 来表示，它给出了决定切点 M 处的体积 V_M 的方程。

计算表明，点 M 恰好处于 A 点和 B 点的中间：$V_M - V_0 = \frac{1}{2}(V_1 - V_0)$。将这个表达式代入直线方程，便求得点 M 处的压力，然后再将所求得的压力 p_M 和体积 V_M 的值代入绝热曲线方程，并将后者对熵求解，我们便得到点 M 处的熵：

$$S_M - S_0 = S_{\max} - S_0 = \frac{1}{8}\frac{(\partial^2 p/\partial V^2)_{S_A}}{(\partial p/\partial V)_{V_A}}(V_1 - V_0)^2.$$

由此可见，当只单独考虑热传导的时候，在激波阵面内部熵的最大改变量是关于振幅 $V_0 - V_1$ 或 $p_1 - p_0$ 的二级小量，它不同于熵的总跃变 $S_1 - S_0$，因后者乃是关于振幅的三级小量。从几何上理解这点是很清楚的：在 p, V 平面上直线 AB 与 $S = S_0$ 的泊松绝热曲线的最大偏离是和 $(V_1 - V_0)^2$ 或 $(p_1 - p_0)^2$ 成正比的。比如，在同样体积 V_M 之下，点 M 和绝热曲线 S_A（或 S_B）之间的压力差等于

$$p_M(V_M) - p_{S_A}(V_M) = \frac{1}{2}\left(\frac{\partial^2 p}{\partial V^2}\right)_{S_A}(V_M - V_0)(V_1 - V_M) =$$
$$= \frac{1}{8}\left(\frac{\partial^2 p}{\partial V^2}\right)_{S_A}(V_1 - V_0)^2 \qquad (1.102)$$

（而在同一体积 V_M 之下，绝热曲线 S_B 和 S_A 上的两点间的压力差则是三级小量）。

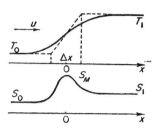

图 1.41 在不计粘性的弱激波阵面中温度和熵的分布
（Δx——波阵面的有效宽度.)

在波阵面内部存在着熵的最大值证明了这样一点，温度剖面 $T(x)$ 在熵取最大值之点具有拐折，因此在只有热传导的弱激波中温度和熵的分布是由图 1.41 上所画的曲线来描绘。这是从熵方程(1.97)得到的，该方程在没有粘性的情况下具有如下的形式：

$$\rho u T \frac{dS}{dx} = \frac{d}{dx}\,\varkappa\,\frac{dT}{dx} = \varkappa\frac{d^2T}{dx^2} \qquad (1.103)$$

（在弱波中温度变化很小，因此热传导系数可以视为常数）。熵之最大值的存在与热传导能把热量从高温区域汲至低温区域这一点有关。因此，流进波内的气体，开始由于热传导而被加热（伴随有熵的增加），而后便是冷却（伴随有熵的减小）。当然，到最后与初值相比，熵还是增加的。这被画在图 1.41 上；以速度 $u(x)$ 沿 x 轴向前推进乃对应于那种情况，即我们所注视的是确定的气体质点的状态随着时间的变化。

现在我们来估计波阵面的宽度。为此，将方程(1.103)除以 T，并将它沿 x 从初态 $A(x = -\infty$；在那里 $dT/dx = 0$)积分到波中任意一点 x（这时利用了 $\rho u = \rho_0 u_0 =$ 常数)：

$$\rho_0 u_0(S - S_0) = \varkappa\int_{-\infty}^{x}\frac{1}{T}\frac{d^2T}{dx^2}\,dx = \varkappa\left\{\frac{1}{T}\frac{dT}{dx} + \right.$$
$$\left. + \int_{T_0}^{T}\frac{dT}{dx}\frac{1}{T^2}dT\right\}. \qquad (1.104)$$

将这个方程应用到终态点 $B(x = +\infty$；在那里 $dT/dx = 0$)。

这时,花括号中的第一项被消去,而

$$\rho_0 u_0 (S_1 - S_0) \approx \varkappa \int_{T_0}^{T_1} \frac{1}{T^2} \frac{dT}{dx} dT.$$

当只存在热传导的时候,激波阵面的有效宽度 Δx 是由下面的等式所确定

$$\frac{T_1 - T_0}{\Delta x} = \left| \frac{dT}{dx} \right|_{\max},$$

它的几何意义由图 1.41 上看得很明显.

为了估计积分,令 $dT/dx \sim (T_1 - T_0)/\Delta x$, 我们求得

$$\rho_0 u_0 (S_1 - S_0) \sim \varkappa \frac{1}{T_0^2} \frac{(T_1 - T_0)^2}{\Delta x}.$$

用压力跃变来表示温度跃变,我们得到:

$$T_1 - T_0 = \left(\frac{\partial T}{\partial p} \right)_S (p_1 - p_0) = \frac{V_0}{c_p} (p_1 - p_0),$$

这里 c_p 是定压比热;利用关于熵跃变的公式 (1.89),并注意到关于气体的这些近似等式 $\left(\frac{\partial^2 V}{\partial p^2} \right)_S \sim \frac{V_0}{p_0^2}$, $\varkappa \sim \rho_0 c_p l c_0$, 以及 $u_0 \approx c_0$, 我们从 (1.104) 得到对波阵面宽度的估计:

$$\Delta x \sim l \frac{p_0}{p_1 - p_0}. \tag{1.105}$$

波阵面的宽度反比于波的振幅,并且它的尺度就是分子的自由程 l.

根据方程 (1.104) 可以估计出熵的最大增量. 在 $dS/dx = 0$, 即熵取最大值之点上,梯度 dT/dx 为最大. 这时 (1.104) 的花括号中起主要作用的是第一项,它正比于 $\Delta T/\Delta x \sim \Delta p/\Delta x \sim (\Delta p)^2$, 而第二项则正比于 $(\Delta T)^2/\Delta x \sim (\Delta p)^3$. 由此可见 $S_{\max} - S_0 \sim (\Delta p)^2$, 虽然 $S_1 - S_0 \sim (\Delta p)^3$.

研究只考虑热传导的激波阵面的内部结构时,仅能断定一点:在波中温度是以连续方式变化的. 至于说其它的量:密度、速度、压力,那么一般来说,它们可能还会出现间断. 实际上,对不计粘性的激波结构所进行的考察表明,当振幅足够大的时候,要想使所

有的量在波中都为连续的分布,那是不可能的. 这样一个困难,还是瑞利发现的(关于这一点,详见第七章§3). 它表明对波中的物质实行不可逆的激波压缩时,粘性起着带有原则性的作用.

现在来讨论第二种特殊情况.

② 有粘性,而没有热传导,$\varkappa=0$.

这时应该保留普遍的冲量方程(1.99). 在 p, V 平面上,描述波中状态的点,由 A 点到达 B 点已经不再沿着直线 AB,而是沿着某一条曲线进行的,后者在图 1.42 上用虚线画出.

由不计热传导的熵方程

$$\rho u T \frac{dS}{dx} = \frac{4}{3} \eta \left(\frac{du}{dx} \right)^2 \tag{1.106}$$

得到,在波中熵是单调地由初始 $S_0 = S_A$ 增加到终值 $S_1 = S_B$,因此,虚线整个地被封闭在泊松绝热曲线 S_0 和 S_1 之间(见图 1.42).

由于绝热曲线都是向下凸的$((\partial^2 p/\partial V^2)_s > 0)$,所以虚线整个地处于直线 AB 之下[1].

由 A 点变到 B 点所沿循的这条曲线,其方程是

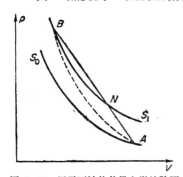

图 1.42　用于不计热传导之激波阵面
结构问题的 p, V 图
(波中的状态沿虚线 AB 变化.)

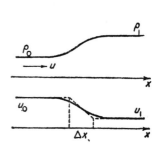

图 1.43　在激波阵面中密度和速度的
剖面;Δx——波的有效宽度

---

1) 事实上,绝热曲线 S_1 和 S_0 之间的铅直距离与 $S_1 - S_0 \sim (p_1 - p_0)^3$ 成正比,虽然点 A 和点 B 之间的铅直距离是 $p_1 - p_0$. 因此直线段 AN(虚线在原则上可以从其上方通过)与直线的主要部分 NB 相比乃是一个小量.

$$p = p_0 + \rho_0 u_0^2 \left(1 - \frac{V}{V_0}\right) + \frac{4}{3} \eta \frac{du}{dx}. \qquad (1.107)$$

由于该曲线整个地处于直线之下，故在波内所有的点都有 $du/dx < 0$. 如果 x 轴是指向气体运动的方向，那么 $u > 0$，即气体在波中只能被制动，因而，也是单调地被压缩。这样一来，对顾及粘性的激波阵面结构所进行的考察便导致了这样一点：当 $(\partial^2 p/\partial V^2)_S > 0$ 时，在激波中气体只能被压缩。波中速度的和密度的剖面所具有的形式被画在图 1.43 上。

波阵面的有效宽度 Δx，是由和前边的等式相类似的等式

$$\frac{u_0 - u_1}{\Delta x} = \left|\frac{du}{dx}\right|_{max} \qquad^{1)} \qquad (1.108)$$

来确定。它的几何意义是明显的。

按照公式 (1.107)，梯度的最大绝对值 $|du/dx|_{max}$ 是由直线 AB 和虚线之间的，即和泊松绝热曲线 S_0 或 S_1 之间的在铅直方向上的最大偏离所确定。这个偏离，就如我们已经知道的，它对应于线段 AB 的中点，并由公式 (1.102) 给出。这样一来，

$$\frac{4}{3} \eta \left|\frac{du}{dx}\right|_{max} = \frac{1}{8} \left(\frac{\partial^2 p}{\partial V^2}\right)_{S_A} (V_1 - V_0)^2.$$

将这个关于 $|du/dx|_{max}$ 的表达式代入 (1.108)，再注意到 $\eta = \rho_0 v \sim \rho_0 l \bar{v} \sim \rho_0 l c_0$ (v 是运动粘性系数)，以及

$$u_0 - u_1 = \sqrt{(p_1 - p_0)(V_0 - V_1)} \sim \sqrt{(p_1 - p_0)^2 \left|\frac{\partial V}{\partial p}\right|} \sim$$

$$\sim \frac{p_1 - p_0}{p_0} c_0, \qquad \left(\frac{\partial^2 p}{\partial V^2}\right)_S \sim \frac{p_0}{V_0^2},$$

我们便回到关于波阵面宽度的公式 (1.105)：

$$\Delta x \sim l \frac{V_0}{V_0 - V_1} \approx l \frac{p_0}{p_1 - p_0}.$$

借助于熵方程 (1.106)，并采用和第一种情况相类似的作法，也可以对波阵面的宽度进行估计：

---

1) 按照普兰德特的说法，Δx 有时就叫作波阵面的宽度。

$$\rho_0 u_0 T_0 \frac{S_1 - S_0}{\Delta x} \sim \eta \frac{(u_0 - u_1)^2}{\Delta x^2}.$$

将熵跃变的表达式(1.89)代到这里,并进行简单的变换,就可以得到先前的关于 Δx 的公式. 在求得只考虑粘性的连续解时,任何与只考虑热传导时相类似的困难都不会产生. 正如已经指出的,这种情况有着深刻的物理基础,并且它证明了在实现激波压缩时粘性确实起着带有原则性的作用. 也就是说粘性是那样一种机制, 由于它的存在才使得撞到间断上的气流有一部份动能不可逆地转变成了热量, 即它使得气体分子的定向运动的能量由于分子冲量的散射而转变成了紊乱运动的能量. 热传导在这方面所起的作用是间接的,因为它所能引起的只是分子紊乱运动的能量从一个地方到另一个地方的输运,而不直接影响定向的运动.

如果我们所考察的是普通气体中的一些振幅不是太大的激波,因在这种气体中两个输运系数——运动粘性系数 ν 和导温系数 χ——是大致相同的,并皆由同样的分子自由程 l 所确定 ($\nu \approx \chi \sim lc$),那么我们仍旧可以得到关于波阵面宽度的公式(1.105). 只要对既考虑粘性又考虑热传导的普遍的熵方程(1.98)进行一番考察的话,这一点很容易确信.

公式(1.105)表明,当波中压力的跃变近于波阵面之前的压力本身的量值的时候,波阵面的宽度就近于分子的自由程. 当波的振幅继续增大时,如果还是利用同样的公式,则其宽度就要小于自由程. 当然,这个结果是没有物理意义的. 如果气体动力学量在近于分子自由程的距离上发生强烈的变化,那么对于粘性和热传导所进行的流体动力学考察就失效了,因为这种考察的基础就是要假设梯度是较小的. 当然,无论多么强烈的激波,其宽度都不会小于分子的自由程,根据气体动力论 (кинетическое) 方程所进行的考察证实了这一点(见第七章).

在某些条件下,强激波的阵面可以大大加宽,以至达到要用很多个自由程来计量的距离,并可以将它划分为平缓变化和剧烈变化的两个不同的区域. 尤其是,这种情形要发生在其分子的某些自由度被缓慢激发的气体中，或是发生在波中有可逆的化学反应进行的时候。这些问题，以及在比较详细地研究激波阵面的内部结构时所产生的其他一系列问题，都将放在第七章去进行仔细的研究。

4. 某 些 问 题

§ 24. 任意间断的传播

激波阵面两边的气体动力学量并非是无关的。它们是由确定的、用来表述质量、冲量和能量守恒定律的一些关系相联系。同时，间断，即具有正常热力学性质的物质中的压缩激波，在物质中是无流散地以某种稳定的形式进行传播的。

然而，问题的那种提法是可以的，就是在初始时刻在气体中存在一个间断面，在它的两边气体动力学量彼此间没有任何的联系，而完全是任意的。这样一些间断被称之为任意间断。

举几个能够说明任意间断是如何产生的实际的例子。设想一个由薄的隔膜（活门）所分开的管子。管子中充满了气体，并且其密度、压力，一般来说还有气体的种类，在活门的右边是一样的，而在其左边则是另一样。假定在某一时刻，将活门迅速地撤去。在这个时刻，在活门原来所处的地方，两个区域、两种其密度和压力根本是任意给定的静止气体，就要发生接触。如果两种气体的压力是不同的，那么当活门撤离之后，在压力差的作用下气体就要运动起来。第二个例子，假定，沿充满气体的管子，从两端注入具有任意给定振幅的两个激波。在两个波于管中某一点相碰的时刻，便产生了一个表面，它将具有任意压力、速度和温度的两部分气体分开（在这个例子中，所可能有的密度差要受到一定的限制；比如说，如果两个波都是很强的，那么它们之中的密度就是相同的，并且都等于极限值）。在波相碰之后，气体的运动便要发生某种变化。第三个例子，就是我们为适应激波理论的需要，所曾经考察过的、在一开始就以常速度向气体中推进的活塞作用下所产生的气体的运动问题．在这种情况下，激波是在一开始就直接在活塞上形成，并在气体中以常速度进行传播．当然，实际上具有一定质量的活塞不可能立即就获得最终的速度，而是在施于它之上的力的作用下逐渐加速才达到的．并且激波也不是立刻就形成的，而是在远离活塞的地方才形成的．

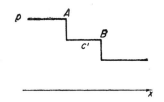

图 1.44 由两个小的压缩跃变所组成的接连系统中的压力剖面

（波 A 沿着处于它之前的气体是以大于这种气体中的声速 c' 的速度前进．波 B 沿着处于它之后的气体是以小于 c' 的亚声速前进．因此跃变 A 终究会赶上跃变 B．）

可以用一条阶梯形的曲线来代替活塞速度随时间变化的平缓规律 $U(t)$，那时是把时间分成一些不大的间隔，并认为在每一个这样的时间间隔内活塞的速度都是不变的，而当这种间隔的时间一过它就以跃变的方式改变一个不甚大的量．这时活塞的运动曲线在 x, t 平面上是由折线所绘成，而折线又是由一些小的直线段所组成的．在每一个不大的、活塞的速度于其中是不变的时间间隔内，活塞都要向前方发出一个扰动——压缩波，即弱激波．这个波在气体中是以刚刚超过声速的速度前进的，而由活塞速度的前一次跃变所产生的前一个弱激波，相对于它之后的运动气体则是以刚刚小于声速的速度进行传播的，就如图 1.44 所示的那样．因而，每一个后来的激波都要赶上前一个激波，而它们所携带的压缩就要累积起来．如果在 x, t 平面上从活塞的运动曲线出发画出一些特征线，那么它们就要相交（图 1.45）．可以给出那样的、活塞的加速规律，它使得这些弱激波在同一时刻和同一地点彼此赶上．这时，所有这些小的压缩脉冲就要叠加成一个大的跃变（所有的特征线相交于一点）．

在这种跃变——间断中，气体的状态从未受扰动变到终态，几乎是绝热的．事实上，如果我们把要达到压力 p 的、对初始气体的全部压缩分为 n 个阶段，即 n 个其压力跃变为 $\Delta p = (p - p_0)/n$

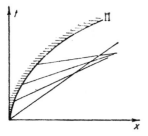

图 1.45 在用加速活塞压
缩气体时其特征线的相交.
Π——活塞迹线

的弱激波，那么它们每一个的熵的
增量 ΔS 都正比于 $(\Delta p)^3 \sim 1/n^3$, 而
当 n 个波叠加之后熵的总增量则正
比于 $n\Delta S \sim 1/n^2 \to 0$, 当 $n \to \infty$ 时.
这就是说，在由于叠加所产生的间
断之两边的气体其状态是由泊松绝
热曲线来联系的．可是在激波中,
间断两边的状态彼此间不是由泊松
绝热曲线，而是由雨贡尼奥绝热曲

线来联系的．因而，（在现在这种）间断两边的各量并不满足各守
恒定律，间断也是任意的．

概括上面几个例子所表述的情况，我们提出一个理想化的课
题，用它来探求那种含有任意间断的气体运动．假定在初始时刻
$t=0$ 时,在 $x=0$ 的平面上所有的量：压力、密度、速度、温度都出
现间断．在间断的两边所有这些量都是常数．气体的种类在两边
也可以是不同的．相对于间断面而言，气体的参量仍可以认为是
常数的距离越大，则我们所得到的解的正确性在时间上也就维持
得越久（这个问题曾首先由 H. E. 柯钦(文献[3])所解决）.

由于在问题的条件中并不包含特征长度和特征时间，所以应
寻求只依赖于比值 x/t 的运动．在§11 中曾经指出，自模平面气
流只能由两种类型的解来描述：中心简单稀疏波和所有气体动力
学量皆为常数的运动——两者都是可能的.此外,还可以出现间断
——激波．

这样一来,所寻求的运动应由三个元素所构成：稀疏波、常流
区和激波间断．这些可能运动的组合要受到这样一个限制，即在
一个方向上不能有多于一个以上的波在行进（无论是那一个——
稀疏波或激波都是一样).

事实上,激波沿未扰动的气体是以超声速传播的,沿被它所压
缩的气体是以亚声速传播的．而稀疏波沿着气体则总是以声速前
进的．例如,如果一激波沿气体向右行进,那么跟随在它之后的在

同一个方向上的稀疏波，更不要说激波，经过一段时间之后就必然要赶上它。但由于自模性，两个波是由同一地点 $x=0$ 和同一时刻 $t=0$ 出发的。因而就好象一个波在一开始就已经赶上了另一个波，并且它们两个是以统一的形式进行传播的。同样道理，用第二个波来跟随一个稀疏波也是不可能的。因第二个波若是激波，它便能赶上稀疏波；而若是稀疏波，则它应在第一个波之后的一个确定的距离上运动，但由于自模性这一距离要等于零，因而在这两种情况下两个波之间的差别都要被消除。

于是，所寻求的解只能是由两个自初始间断起向两个相反方向传播的波——两个激波或两个稀疏波或一个激波一个稀疏波——的任一组合的形式所构成，且这两个波要被常流区域所隔开。一般来说，这样的常流区域有两个。它们被一个能把原在初始时刻处于任意间断两边的气体加以区分的平面所隔开。既然在理想液体的流体动力学中不去注意分子的扩散，那么两种气体间的相互渗透便不存在，而它们之间的边界仍将保持，并随同气体一起在空间作某种运动。显然，在单独一种气体的情况下，也不会引起什么原则上的差别（我们可以设想，在初始间断某一边的气体分子都是"着色"的）。两种气体间的这种平面边界，可被称之为接触边界或接触间断，它具有一些特殊的性质。十分显然，接触间断两边的气体的压力和速度是彼此相等的。否则，就要在它的附近产生运动，而它两边的气体区域也就不再是常流区域。然而接触间断两边的气体的密度、温度和熵，鉴于其初值的任意性还可以是任意的。在压力和速度相等的时候，这些量的不同无论如何都

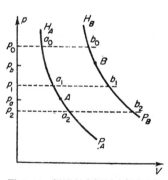

图 1.46 说明任意间断分解之不
同情况的 p, V 图
（点 A 和点 B 描写了气体 A 和气体 B 的初态；$H_A A$ 和 $H_B B$ ——激波绝热曲线；$A P_A$ 和 $B P_B$ ——气体 A 和气体 B 的泊松绝热曲线。）

不会引起气体的相对运动（当然，预先就假定了没有扩散和热传导，关于它们的影响，稍后一后我们再回过头来讨论）。

接触间断相对于气体来说是静止的，它也不发出能够影响到在它的两边行进的波（激波和稀疏波）的各种扰动。

我们列举出在任意间断形成之后所可能有的气体的运动，就像有人说过的那样，间断可被分解为由稀疏波和激波来构成的各种不同的组合。刚好可以有三种典型情况：1) 在间断的两边传播的都是激波，2) 在一边行进的是激波，而在另一边则是稀疏波，3) 在两边行进的都是稀疏波。

我们比较仔细地来分析这些情况。为此应用 p, V 图是方便的（图 1.46）。首先，我们在图上标定出两种气体的初始状态。点 A 代表间断左边气体的初态，点 B 代表间断右边气体的初态。为了确切起见，令 A 点的压力 p_a 小于 B 点的压力 p_b。经过这两个点，向上画出两条雨贡尼奥绝热曲线，它们描写了气体在激波中所受的压缩；而向下画出两条泊松绝热曲线，气体在稀疏波中就是沿着后两者而膨胀的。在间断分解之后，在受波作用过的区域之内，两种气体的压力达到了平衡。

（1）令这个新的压力 p_0 大于初始压力 p_a 和 p_b。在这种（第一种）情形下，自任意间断（或自接触表面）向右和向左行进的都是压缩的激波（图 1.47，a）。在这两个波之后的处于状态 a_0 和 b_0 的两种气体具有同一的压力 p_0 和同一的速度。处于状态 a_0 的气体相对于处于状态 A 的初始气体是向左运动，而处于状态 b_0 的气体相对于状态 B 的气体则是向右运动。既然气体 a_0 和气体 b_0 是以同一的速度运动，这就必须要求气体 A 和气体 B 在初始时刻是彼此面对面地运动。当这两种以很大的速度彼此迎面运动的气体发生碰撞的时候，就要形成两个激波（回想一下第二个例子）。其碰撞的速度愈小，则在激波中所能得到的压力 p_0 也就愈低。

（2）在某个小的碰撞速度之下，就要产生那样一个新的体系，在这一体系中压力 p_1 仍大于压力 p_a，但小于压力 p_b。在这种（第二种）情形下，在间断分解之后沿气体 A 传播的是一个激波，而沿

气体 B 传播的则是一个稀疏波（图 1.47, b). 尤其是, 当两种气体 A 和 B 的初始速度相同且都等于零的时候, 即当在初始时刻在静止的气体中（就象那个带有活门的例子一样）存在压力间断的时候, 就要产生这样的体系. 这时物质是向着压力下降的方向开始运动. 这种情形有着重要的实际应用. 激波管就是根据这一原理而建造的, 在实验室中用这种管可以获得能把研究气体 A 加热到很高温度的强激波. 激波管是由一个薄的壁（隔膜）所分开. 在管子中于隔膜的一边装入低压的研究气体 A, 而在另一边——所谓高压室内, 则压入工作气体 B. 在隔膜被粉碎之后, 气体 B 向低压室方向膨胀, 并向气体 A 中发出一个强激波. 在图 1.47, b 上画出了所产生的体系, 关于它我们将在第四章当研究激波管的工作时再来详细地讨论. 要适当地选择气体 A 和气体 B 以及压力的落差, 力求获得尽可能强的激波和把研究气体加热到极高的温度. 实现第一种体系——两个激波相碰, 乃是获得更高温度的方法之一. 第一种体系的一个特殊情形, 就是激波被激波管的底面所反射, 在实验室中也用这一方法来获得高温. 激波被固壁的反射实际上是两个气流相碰的一个特殊情况. 如果两个完全一样的气流彼此相碰, 那么在碰撞之后其接触间断就呈静止, 即情形是那样的, 好象代替接触间断而存在一个不动的固壁一样. 激波的相碰以及它们被固壁所反射的问题, 也将在第四章进行讨论.

（3）如果分解之后压力 p_2 小于 p_a 和 p_b, 我们便得到两个向右和向左沿两种气体行进的稀疏波. 如果在初始时刻气体 A 和气体 B 自间断起向两个相反的方向以足够大的速度运动, 那么就会出现这样的体系, 我们已把它画在图 1.47, c 上.

如果在初始时刻气体 A 和气体 B 彼此相对运动的速度非常之大, 而刚好大过气体 A 和气体 B 流向真空的最大速度之和 $\dfrac{2c_a}{\gamma_a-1}+\dfrac{2c_b}{\gamma_b-1}$ 的话, 那么在两种气体之间就要形成一个 $p=0$ 的真空. 式中 c_a 和 c_b 是气体 A 和气体 B 的初始声速, 而 γ_a 和 γ_b 则是它们的绝热指数（见§11, 公式(1.60)). 这一体系可被看成是

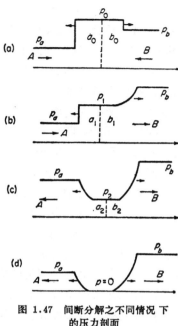

图 1.47　间断分解之不同情况下
的压力剖面
（带有字母 A 和字母 B 的大箭头表
示气体 A 和气体 B 在间断分解前
的初始速度. 而小箭头则表明波
沿气体的传播方向（在空间的传播
方向在某些情况下可以与此不同）.）

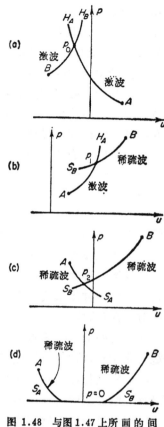

图 1.48　与图 1.47 上所画的间
断分解的几种不同情况相对应的
p, u 图
（曲线 H——以 p, u 为变量的激波
绝热曲线; 曲线 S——以 p, u 为变
量的泊松绝热曲线.）

第三种情形的极限, 它被画在
图 1.47, d 上.

　　当具体进行与任意间断的
分解有关的一些计算时, 除了
p, V 图而外, 所谓 p, u 图也是
很方便的, 在这种图上用两个轴分别标出压力 p 和气体在实验室
坐标系中的速度 u. 气体的激波绝热曲线 $p_H(V)$, 可被视为波阵
面之后的压力对气体速度的跃变, 即对压缩气体相对于未扰动气
体的运动速度的依赖形式. 类似地, 在稀疏波中根据一个黎曼不
变量为常数的条件压力也是单值地与速度相联系（见 §10,11）.

在间断分解的问题中，p, u 图之所以方便乃与下面这一点有关：在终态两种气体的压力和速度是相同的，也即它们的终态在 p, u 图上是由同一个点来描写的。

针对图 1.47，a—d 上所画出的间断分解的几种情况，在图 1.48，a—d 上画出了其相应的 p, u 图。

阐明了在任意间断分解时所产生的运动之特性之后，便可以验证原来的这一假设：运动只依赖于组合 x/t。在 §11 中考察稀疏波的时候，这一假设是根据那样一点，稀疏波的宽度——在不计耗散过程的问题中它是长度尺度——随着时间按 $x \sim ct$ 而增大。而粘性和热传导的作用乃正比于 l/x，它们要随着时间而减小，在 $x \gg l$ 的宏观流动中它们更是小得微乎其微。因而，气体中的唯一的带有长度量纲的不变尺度——分子自由程，也就消失了。

在带有激波的流动中，粘性和热传导将长度尺度 l 带进了方程，实际上只是在波阵面的这一薄层之内起作用，而该薄层的宽度就近于 l。接触间断的宽度也是很小的。它的毁坏乃是由于分子扩散和热传导两个过程所引起的。这两个过程所造成的间断宽度约为 $\Delta x \sim \sqrt{\chi t} \sim \sqrt{Dt}$，此间 D 是扩散系数，它近似于导温系数，$D \sim \chi \sim lc$。

经过时间 t 之后，激波和稀疏波所通过的距离约为 $x \sim ct$，所以 $\Delta x \sim \sqrt{lx}$。这就是说，受耗散力作用之区域的线度与运动所席捲的整个区域的线度之比，对于激波来说约为 l/x，而对于接触间断来说则 $\sim \sqrt{l/x}$。在 $x \gg l$ 的宏观流动中，这两个量都是很小的。我们再回到在本节的开头所列举的第三个例子，来看一看在由一些压缩波的叠加所形成的间断分解的时候要产生什么样的体系，而这些压缩波如前所说，是由加速的活塞所产生的。在各独立波汇集到一起的时刻，在间断的一边是未受扰动的气体 A，而在另一边则是实际上受到绝热压缩的处于状态 B 的气体。可以证明，当经过数目很多的激波依次压缩之后气体所获得的运动速度要小于由一个能达到同样压力的激波一次压缩时所获得的速度。由此得到，其间断的分解乃类似于情形 2)。沿压缩气体朝着活塞方面行进一个稀疏波,而沿未扰动气体则行进一个激波.其压力 p 要小于在活塞上的压力 p_b.但是,由于在激波中熵是增加的,这个比较低的压力却对应着比较高的温度,所以与由一些弱波的累加所致使的近乎绝热的这种加热相比,**激波中的气体是更被加热了的**.在图 1.49 上画出了当活塞压缩空气时由于波的叠加所形成的间断分解之后的 p 和 T 的分布,活塞的速度是逐渐地达到了 $4.44\,c_0 = 1500$ 米/秒的,因此活塞上的压力达到了 $p_b = 50\,p_a = 50$ 大气压.图中的坐标和时间是从叠加的地点和时间开始算起的.

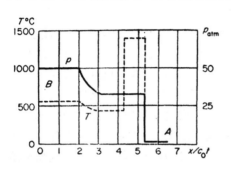

图 1.49 由一系列的压缩波碰撞到一起
后所形成的间断的传播
(所形成的激波中的温度要比由一些小
的压缩波的累加所能达到的最高温度高
很多,而压力则要低很多,这是因为朝着
压缩波要行进一个稀疏波.压力的剖面
用实线画出,温度的剖面用虚线画出.)

所考察的这种情况,对于形成爆震理论来说是有很大意义的.因为所得到的结果说明了,火焰——当它象活塞那样作用于气体时——如何通过逐渐的压缩而在距离火焰(活塞)很远的地方会引起激波的出现.只要逐渐地把气体压缩到不太高的温度(在图中是 630℃),便可以在叠加的时刻在相当远的距离上把气体急剧地加热到 1450℃,从而实现其"远距离的点火".

看来,在许多情况下在气体中产生爆震的机制就是这样的.

§ 25. 均匀大气中的强爆炸

理想化的、均匀大气中的强爆炸问题,是所谓自模的这类气体运动中的一个典型的例子.在这类运动中,各种气体动力学量随着时间是以下述方式变化的:它们沿着坐标的分布始终保持着与自身相似.

关于强爆炸的自模问题曾由 Л. И. 谢道夫所提出并加以解

决．Л. И. 谢道夫以巧妙的方法，利用能量积分，成功地求得了自模运动方程的精确解析解（文献[4,5]）．К. П. 斯坦扭柯维奇（在学位论文中，见文献[15]）和泰勒（文献[6]）也曾讨论过该问题，他们也建立和研究了方程，但并未得到方程的解析解．

我们只限于介绍这一问题的提法及其解的最终结果，因为以后在第八章和第九章中当研究伴随着空气中的强爆炸而产生的一些物理-化学的和光学的现象的时候，我们是需要它们的．

假定在被认为是理想的比热不变的其密度为 ρ_0 的气体中，在一个不甚大的体积内在一个短的时间间隔内释放出一个很大的能量 E．那么从释放能量的地方起就要沿气体传播一个激波．我们来考察过程的这样一个阶段，至这一阶段时激波所通过的距离已大大超过释放能量的那个区域的线度，而运动所包含的气体的质量也大于爆炸产物的质量．这时能量的释放在很大的精度上可以被认为是点状的和瞬时的．

同时我们还认为，过程的这一阶段也不是太靠后，所以激波离开能源也不是特别的远，而它的振幅还是如此之高，以致与激波中的压力相比还可以略去气体的初始压力 p_0．这就等价于，与爆炸的能量 E 相比运动所包含的气体其初始内能可以忽略，而与气体的速度和波阵面的速度相比初始声速 c_0 也可以忽略．

气体的运动取决于两个带有量纲的参量：爆炸能量 E 和初始密度 ρ_0．由这两个参量不可能组成带有长度或时间量纲的尺度．因而，运动是自模的，即它只依赖于坐标 r（到爆炸中心的距离）和时间 t 的某个确定的组合．与 §11 中所考察的自模运动不同，在问题中并不存在特征速度．初始声速 c_0 不能用来表征过程；因为在初始压力 p_0 被认为是等于零的这种近似下，声速 c_0 也是等于零的[1]．因此，与自模的稀疏波不同（见 §11），其自模变数

---

1) 这一条件实际上就规定了问题的解所适用的范围．当对解的精度有一定要求的时候，我们要将所得到的波阵面中的压力 p_1 和波的传播速度 D 与真实的量值 p_0,c_0 进行比较，从而求出近似 $p_1 \gg p_0$ 变得过份粗糙的那种时刻．应该指出，事实上忽略初始压力的正确条件还要稍微严格一些，即是：$p_1 \gg [(\gamma+1)/(\gamma-1)]p_0$．这是从公式 (1.76) 看出的：在这一条件下激波中的压缩就等于极限值 $(\gamma+1)/(\gamma-1)$．

不再是量 r/t.

在该情况下，唯一的含有长度和时间的量纲组合乃是 E/ρ_0：$[E/\rho_0]=$ 厘米^{5}秒$^{-2}$. 故应取下述的无量纲量作为自模变数：

$$\xi=r\left(\frac{\rho_0}{Et^2}\right)^{\frac{1}{5}}. \tag{1.109}$$

激波的阵面对应于独立变数的确定值 ξ_0；波阵面的运动规律 $R(t)$ 由下面的公式来描写，

$$R=\xi_0\left(\frac{E}{\rho_0}\right)^{\frac{1}{5}}t^{\frac{2}{5}}. \tag{1.110}$$

激波的传播速度等于：

$$D=\frac{dR}{dt}=\frac{2}{5}\frac{R}{t}=\xi_0\frac{2}{5}\left(\frac{E}{\rho_0}\right)^{\frac{1}{5}}t^{-\frac{3}{5}}=$$
$$=\frac{2}{5}\xi_0^{\frac{5}{2}}\left(\frac{E}{\rho_0}\right)^{\frac{1}{2}}R^{-\frac{3}{2}}.$$

波阵面上的各个参量借助于强激波的极限公式而由波阵面的速度来表示：

$$\rho_1=\rho_0\frac{\gamma+1}{\gamma-1},\quad p_1=\frac{2}{\gamma+1}\rho_0D^2,\quad u_1=\frac{2}{\gamma+1}D. \tag{1.111}$$

波阵面上的密度保持不变，并就等于自己的极限值. 而压力要按下述规律随着时间而减小

$$p_1\sim\rho_0D^2\sim\rho_0\left(\frac{E}{\rho_0}\right)^{\frac{2}{5}}t^{-\frac{6}{5}}\sim\frac{E}{R^3}. \tag{1.112}$$

很容易解释强爆炸波传播规律的物理意义. 至时刻 t 时波到达的半径为 R，所包含的气体体积是 $4\pi R^3/3$，而所包含的质量 $M=\rho_0 4\pi R^3/3$. 压力正比于单位体积的平均能量，即 $p\sim E/R^3$. 波阵面的速度和气体的速度正比于 $D\sim u\sim\sqrt{p/\rho}\sim\sqrt{E/\rho_0R^3}$. 将方程 $dR/dt=D$ 积分，我们便求得波阵面的半径与时间的关系 $R\sim(E/\rho_0)^{\frac{1}{5}}t^{\frac{2}{5}}$（精确到数值系数 ξ_0）.

公式 (1.112) 显示了从一种爆炸能量过渡到另外一种爆炸能量时的相似规律. 波阵面上的压力在正比于 $E^{\frac{1}{3}}$ 的距离上或者在正比于 $E^{\frac{1}{3}}$ 的时刻皆具有确定的量值.

气体的压力、密度和速度沿半径的分布是由它们与一个无量纲变数 ξ 的关系来确定，该变数可以表示为 $\xi = \xi_0 \, r/R$。鉴于运动是自模的，其分布的形状不随时间改变，而量 p, ρ, u 的尺度则完全和这些量在激波阵面上的量值一样地依赖于时间。换句话说，其解可呈下面的形式：

$$p = p_1(t) \, \tilde{p}(\xi), \quad u = u_1(t) \, \tilde{u}(\xi), \quad \rho = \rho_1 \tilde{\rho}(\xi),$$

这里 $p_1(t), u_1(t), \rho_1$ 是激波阵面上的压力、速度和密度，它们是按照公式 (1.111) 和公式 (1.112) 所表述的规律而依赖于时间，而 $\tilde{p}(\xi), \tilde{u}(\xi), \tilde{\rho}(\xi)$ 则是新的无量纲函数。

将这些表达式代入针对球对称的情况而写出的气体动力学方程，并借助关系 (1.109)，就象在 §11 中所做的那样，将对于 r 和 t 的微分变成对于 ξ 的微分，我们便得到一个由关于三个未知函数 $\tilde{p}, \tilde{u}, \tilde{\rho}$ 的三个一阶常微分方程所组成的方程组。这个方程组的解应在波阵面上满足如下的条件：当 $\xi = \xi_0$ 时，$\tilde{p} = \tilde{u} = \tilde{\rho} = 1$。

这里我们不来叙述求解的过程，也不列出最终的公式，因为它们是可以在 Л. И. 谢道夫(文献[5])和 Л. Д. 朗道与 Е. М. 栗弗席兹(文献[1])的书中找到的。我们只是指出，在解中所包含的唯一的无量纲参数 ξ_0 是由下述的能量守恒条件来决定：

$$E = \int_0^R 4 \pi r^2 \rho \, dr \left(\varepsilon + \frac{u^2}{2} \right), \tag{1.113}$$

如果是将所求得解代到它的里面的话。和整个解一样，这个参数也与绝热指数 γ 有关。

在实际的空气中绝热指数并不是个常数，因在高温下进行着离解和电离的过程(关于这一点，请见第三章)，所以它要依赖于温度和密度。但是总可以近似地选取绝热指数的某一个等效的数值，而认为它是个常数，以此来达到用理想化的强爆炸问题的解来描述真实过程的目的。对于空气来说，可以取 γ 的值大致地等于 1.2—1.3。在图 1.50 上画出了相对量 $p/p_1, \rho/\rho_1, u/u_1, T/T_1$ 在 $\gamma = 1.23$ 时沿相对坐标 r/R 的分布(实际上，在图上标出的不是 T/T_1，而是 $0.1 \, T/T_1$)，此时参数 $\xi_0 = 0.930$。

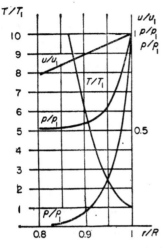

图 1.50 在 $\gamma=1.23$ 的气体中进行强的点爆炸时的压力、密度、速度和温度的剖面

具有特点的是，在强爆炸中气体的密度自激波的阵面向着球心非常急剧地下降．实际上，原来均匀地充满半径为 R 之球体的所有的气体质量，现在都集中到靠近波阵面表面的一个薄层之内．在波阵面的附近，自波阵面移向球心时，压力要减小为 $\frac{1}{2}\sim\frac{1}{3}$，然后则几乎在整个球体都保持常数．自波阵面到球心其温度是增加的，起初并不太快，因那时压力正在减小，尔后在压力为常数的区域则增加得很快．温度向着球心的增加与那样一点有关：处于球心附近的质点，它们是曾被很强的激波所加热过的，并因而具有

很大的熵值．当绝热膨胀到同一压力时，质点的熵值越大，也就是它们越靠近于球心，则其温度也就越高．在向球心靠近时，密度的急剧减小乃与温度的增加有关（因压力保持不变）．

在不太靠近波阵面的区域之内压力沿半径保持不变，利用这一条件可以求得各气体动力学量在 $r\to 0$ 时的渐近分布．从运动方程出发，利用条件 $p(r)=$ 常数，$\dfrac{\partial p}{\partial r}=0$，则得到 $\dfrac{\partial u}{\partial t}+u\dfrac{\partial u}{\partial r}=0$,

即 $u=\dfrac{r}{t}$.

为了求得密度的渐近规律，我们要变换到拉格朗日坐标（见 §2）．对于某一确定的气体质点，我们将用它的初始半径 r_0 来标记它（要把"质点"理解成是其体积为 $4\pi r_0^2 dr_0$ 的微元球层）．在激波的阵面经过该质点的时刻，它之中的压力乃正比于 $p_1\sim R^{-3}=r_0^{-3}$．从这一时刻开始质点 r_0 绝热地膨胀，所以在时刻 t 时它的密度等于：

$$\rho(r_0, t) = \rho_1 \left[\frac{p(r_0, t)}{p_1(r_0)} \right]^{\frac{1}{\gamma}} .$$

但在该时刻 t，所有那些处在球心附近的"球腔"之内的质点其压力都是相同的，且正比于 $p_c(t) \sim t^{-6/5}$。因此在拉格朗日坐标中密度的渐近规律就是 $\rho \sim r_0^{3/\gamma} t^{-6/5\gamma}$。借助于定义 (1.24)：$\rho r^2 dr = \rho_0 r_0^2 dr_0$，再将其变换到欧拉坐标。往这里代入关于密度的函数并进行积分，便得到该质点的欧拉半径与时间的关系：$r \sim r_0^{(\gamma-1)/\gamma} \cdot t^{2/5\gamma}$。借助于函数 $\rho(r_0, t)$ 从这一表示中消去 r_0，就得到了所要寻求的渐近规律：

$$\rho \sim r^{\frac{3}{\gamma-1}} \, t^{-\frac{6}{5(\gamma-1)}}, \qquad 当 \ r \to 0 \ 时。$$

温度的渐近规律是：

$$T \sim \frac{p_c}{\rho} \sim r^{-\frac{3}{\gamma-1}} \, t^{\frac{6}{5} \frac{(2-\gamma)}{(\gamma-1)}}, \qquad 当 \ r \to 0 \ 时。$$

§ 26. 强爆炸的近似研究

关于强爆炸过程的一些基本规律可用 Г. Г. 切尔内(文献[7])所提出的简单近似法加以确定.

我们假设，被爆炸波所席卷的气体其所有的质量都集中于波阵面附近的一个薄层之内，而在这一层内密度是常数，且就等于波阵面上的密度 $\rho_1 = \frac{\gamma+1}{\gamma-1} \rho_0$。层的厚度 Δr 由质量守恒的条件来确定：

$$4\pi R^2 \Delta r \rho_1 = \frac{4\pi R^3}{3} \rho_0; \quad \Delta r = \frac{R}{3} \frac{\rho_0}{\rho_1} = \frac{R}{3} \frac{\gamma-1}{\gamma+1}.$$

例如，当 $\gamma = 1.3$ 时，$\Delta r / R = 0.0435$.

由于层是很薄的，所以它之中的速度近乎不变，并就等于波阵面上的气体速度 u_1。我们近似地假定，层中的密度为无限大，而层的厚度相应地为无限小；但质量为有限，并就等于原来处在半径为 R 的球体之内的质量 M：$M = \rho_0 4\pi R^3 / 3$. 层内侧所受的压力

我们用 p_c 来表示. 并令它等于波阵面上压力的 α 部分, $p_c = \alpha p_1$.

对质量 M, 我们写出牛顿第二定律:

$$\frac{d}{dt} M u_1 = 4\pi R^2 p_c = 4\pi R^2 \alpha p_1.$$

质量 $M = 4\pi R^3 \rho_0 / 3$ 本身与时间有关, 因而要对时间 微分的不是速度, 而是动量 $M u_1$. 因为 p_c 是作用在 1 厘米² 表面上的力, 所以由内侧就有 $4\pi R^2 p_c$ 的力作用到质量上; 又因气体的 初始压力已被忽略, 所以由外侧而作用的力就等于零. 按照公式 (1.111) 用波阵面的速度 $D = dR/dt$ 来表示 u_1 和 p_1, 我们便得到

$$\frac{1}{3} \frac{d}{dt} R^3 D = \alpha D^2 R^2.$$

注意到

$$\frac{d}{dt} = \frac{d}{dR} \cdot \frac{dR}{dt} = D \frac{d}{dR}$$

并将方程积分, 则求得

$$D = a R^{-3(1-\alpha)},$$

此间 a 是积分常数. 为了确定量 a 和 α, 我们要利用能量守恒定律. 气体的动能等于 $E_{动} = M u_1^2 / 2$. 而内能是被包含在由我们的无限薄层所围成的 "球腔" 之中, 该 "腔" 中的压力就等于压力 p_c (实际上这意味着, 并不是严格地所有的质量都集中在薄层之内, 而在腔中 仍有少量的物质). 内能等于 $E_T = \frac{1}{\gamma - 1} \frac{4\pi R^3}{3} p_c$. 这样一来,

$$E = \frac{1}{\gamma - 1} \frac{4\pi R^3}{3} p_c + M \frac{u_1^2}{2}.$$

再次用 D 来表示 $p_c = \alpha p_1$ 和 u_1, 并代入 D 值, 我们就得到

$$E = \frac{4\pi}{3} \rho_0 a^2 \left[\frac{2\alpha}{\gamma^2 - 1} + \frac{2}{(\gamma + 1)^2} \right] R^{3 - 6(1-\alpha)}.$$

由于爆炸的能量 E 是个常数, 所以变数 R 的 幂指数就 应该等于零. 这就给出了 $\alpha = \frac{1}{2}$. 所得到的方程确定了常数 a,

$$a = \left[\frac{3}{4\pi} \frac{(\gamma-1)(\gamma+1)^2}{(3\gamma-1)} \right]^{\frac{1}{2}} \left(\frac{E}{\rho_0} \right)^{\frac{1}{2}}.$$

从 $\alpha = \frac{1}{2}$ 的公式 $D \sim R^{-3(1-\alpha)}$ 和公式 (1.111)，就得出我们已知的几个规律：

$$D \sim R^{-\frac{3}{2}}, \ p_1 \sim R^{-3}, \ u_1 \sim R^{-\frac{3}{2}}, \ R \sim t^{\frac{2}{5}}.$$

借助 a 的表达式我们来求出规律 $R \sim t^{\frac{2}{5}}$ 中的比例系数：

$$R = \left(\frac{5}{2} a \right)^{\frac{2}{5}} t^{\frac{2}{5}} = \left[\frac{75}{16\pi} \frac{(\gamma-1)(\gamma+1)^2}{(3\gamma-1)} \right]^{\frac{1}{5}} \left(\frac{E}{\rho_0} \right)^{\frac{1}{5}} t^{\frac{2}{5}}$$

$$= \xi_0 \left(\frac{E}{\rho_0} \right)^{\frac{1}{5}} t^{\frac{2}{5}}.$$

将所得近似解与精确解作一比较。在近似解中爆心的压力等于波阵面上压力的一半，并和绝热指数无关。在精确解中，当 $\gamma = 1.4$ 时，$p_c = 0.35 \ p_1$；当 $\gamma = 1.2$ 时，$p_c = 0.41 \ p_1$。激波的传播规律 (1.110) 中的数值系数 ξ_0，在近似解中当 $\gamma = 1.4$ 时，$\xi_0 = 1.014$；当 $\gamma = 1.2$ 时，$\xi_0 = 0.89$。在精确解中在同样的两个 γ 值之下，分别是 $\xi_0 = 1.033$ 和 0.89。

由此看来，近似解给出了不坏的结果。

按照上述精神进行近似的这些想法，曾被 A. C. 康帕捏茨(文献[13])用来近似地研究非均匀大气中的强爆炸。关于这一点，请见第十二章第 5 部份。

§27. 关于考虑反压的点爆炸的说明

在爆炸波传播的后期阶段，即当激波阵面上的压力已变得与气体的初始压力相比拟时（确切一些，是当 p_1 已变得近于 $[(\gamma+1)/(\gamma-1)]p_0$ 的量级时；见 95 页中的脚注），关于强爆炸问题的自模解已失效了。

在这一阶段，过程已不再是自模的，因为在问题中出现了长度和时间的特征尺度，而它们可由爆炸的总能量 E 和气体的初始参量来组成．作为长度尺度的乃是那样一个球的半径 $r_0 = (E/\rho_0)^{1/3}$，该球中的初始能量与爆炸能量相比拟．而作为时间尺度要取那样一个时间 $t_0 = r_0/c_0$，它是声音通过上述的距离所需要的时间，这里 $c_0 = (\gamma p_0/\rho_0)^{1/2}$．例如，在标准密度的空气中（$\rho_0 = 1.25 \times 10^{-3}$ 克/厘米^3，$p_0 = 1$ 大气压，$c_0 = 330$ 米/秒），当爆炸能量 $E = 10^{21}$ 尔格——这大致相当于爆炸 20000 顿的三硝基甲苯所放出的能量——时，这两个尺度分别是 $r_0 = 1$ 千米，$t_0 = 3$ 秒．

关于考虑反压的点爆炸的激波传播问题的解，曾在一系列的著作 [8—10] 中通过对气体动力学的偏微分方程进行数值积分的方法而得到．其所有的计算结果和各种气体动力学量在不同时刻的分布的详细图表，都可以在上述的著作以及 Л. И. 谢道夫的书的第四版（文献[5]）中找到．

在此我们仅限于就过程的定性特点作些说明．

激波的振幅随着时间变得越来越小，而波阵面上的压力也渐渐地接近于气体的初始压力——大气压力．相应地，气体在波阵面中的压缩要减小；波阵面的传播速度也要减小，且渐渐地接近于声音的速度 c_0．传播规律 $R \sim t^{2/5}$ 也就逐渐地转变为规律 $R = c_0 t$．当爆炸波中心区域内的压力变得近于大气压力的时候，在这一区域内气体的膨胀要停止，气体也停止了运动．气体运动的区域要向前移动到靠近于激波的阵面，而激波本身则要逐渐地变为声学类型的球面波．在这种波的压缩区域之后应是一个稀疏的区域，而在稀疏区域之后空气便达到了自己的终态．对于远离球心的那些层来说，通过它们的激波乃是很弱的，因此它们的终态与初态的差别甚小．在某个靠后的时刻 t，其压力、速度和密度沿半径的分布则具有图 1.51 上所画出的形式．如果在距爆炸中心为一定距离的地点，来仔细观察压力随时间的变化，那么就会得到在图 1.52 上所画出的图形．在激波的阵面到达该点的时刻 t_1 时，压力跃变式地增加，尔后便是减小，并下降到低于大气压力（压力呈正负两相），再后则又恢复到初始的压力．

就如已经说过的，在距爆炸中心距离很大的地方，气体的终态几乎与初态没有什么差别．而在距离很小的地方，处于终态的气

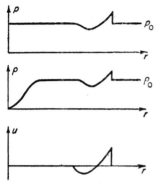

图 1.51 在激波已变为弱波的爆炸的后期阶段，其压力、密度和速度的剖面

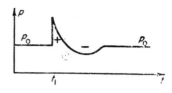

图 1.52 在与爆炸中心距离很远的一确定点上，其压力与时间的关系

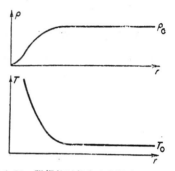

图 1.53 强爆炸时的密度和温度的($t \to \infty$ 时的)最终分布(假设过程是绝热的)

体是被强烈地稀疏和被高度加热了的. 这一点与此有关, 就是经过处于球心附近的那些质点的激波乃是很强的, 而这些质点的熵就都大大地超过了它们的初始值.

在球心附近的最终密度和温度沿半径的渐近分布, 可由在强激波阵面中被加热了的质点要绝热地膨胀到大气压力这一条件来求得. 重复在§25的最后所进行的计算, 但因现在已没有p_c与t的关系, 从而假定$p_c = p_0 = $ 常数, 于是我们便求得了当$r \to 0$时沿半径的渐近分布, $\rho \sim r^{3/(\gamma-1)}$, $T \sim r^{-3/(\gamma-1)}$, 它们与强爆炸问题的结果完全一样.

在图 1.53 上画出了最终分布$\rho(r)$和$T(r)$. 在加热区域内集中了爆炸能量的相当大的一部份, 它大约占总能量的百分之几十(其比数与γ有关). 这部分能量曾被用来对气体进行不可逆的加热, 而这种加热乃与激波压缩过程的不可逆性有关. 其余的能量则随同激波一起前进, 并向空间散失. 关于"滞留"在中心区域内的能量之未来的前途, 将放到第九章中去讨论(在这一区域内,空气由于光辐射而要冷却）.

爆炸波传播的后期阶段曾为很多的作者从理论上和实验上加以研究. 波在大距离上传播的一些极限规律曾被 Л. Д. 朗道（文献 [11]）所求得. 关于波阵面上的压力与其到爆炸中心距离之间的关系有一个 M. A. 沙道夫斯基的经验公式（文献 [12]），它具有很大的实际意义. 我们指出，在激波传播的后期阶段，那时 $p_1 - p_0 \lesssim p_0$，相似规律 $p_1 = f(E^{1/3}/R)$ 仍然是正确的.

§ 28. 气体球向真空的绝热飞散

再来介绍一个气体动力学的问题，这就是我们在以后（第八章中）将要碰到的气体向真空飞散的问题.

设想一个气体球，它在初始时刻占据着半径为 R_0 的球体. 为了确切起见，令气体在初始时刻是静止的，并以密度 ρ_0 均匀地充满了球体（气体的总质量 $M = \rho_0 4\pi R_0^3/3$）. 气体的初始压力也被认为是常数，且就等于 p_0，所以气体的总能量是 $E = \dfrac{1}{\gamma-1} p_0 \times$

$\times \dfrac{4\pi R_0^3}{3}$（假定气体是比热不变的理想气体）. 在时刻 $t = 0$ 时将限制气体的薄膜去掉，则气体便开始毫无阻碍地向真空膨胀.

在薄膜被撤离之后，便发生了间断的分解，这时沿气体向着中心要传播一个稀疏波. 而处在球体最外部的气层则要以最大的流动速度 $u_{\max} = \dfrac{2}{\gamma-1} c_0$ 向着真空膨胀. 当稀疏波到达中心的时候，运动——飞散——便席捲了所有的物质. 在绝热飞散的过程中，由于气体要膨胀作功，物质将被驱散，而它们的初始内能 E 则要逐渐地转变为径向运动的动能. 可以证明（文献 [15]），在等熵飞散的时候（我们的问题是等熵的，因为在初始时刻压力和密度沿半径都是常数，故所有质点的熵都是相同的），发自球体内部区域的扰动不能到达最外面的边界，所以该边界的运动速度是恒定的，

$u_{\max} = \dfrac{2}{\gamma-1} c_0$. 而气体球边界的运动规律则是 $R = \dfrac{2}{\gamma-1} c_0 t + R_0$.

要求得所提出问题的精确解析解那是不可能的，因问题并非是自模的，从而必须解一个偏微分方程组，而这一点只是在很稀少的情况下才有可能作出解析解。关于问题不是自模的这一点，不难使人信服，只要指出在问题中存在一个长度的特征尺度——球的初始半径 R_0 就够了。

但是这一问题具有那样的特性，随着时间的推移运动将渐渐地变为自模的。事实上，在 $R \gg R_0$ 的大力膨胀阶段，长度的初始参量 R_0 的作用变得越来越不重要，因为长度尺度 R_0 与流的特征尺度——气体球的实际半径 R 相比已变得很小。随着时间的推移，气体的运动仿佛"忘记"了初始半径 R_0。但运动毕竟没有完全"忘记"初始条件，这就表现在运动在本质上是非自模的，而该点正是所考察之过程的一个基础。

我们来考察当 $t \to \infty$ 时解的渐近行为。

作用在单位质量气体上的力，这时趋近于零。其实，这个力 $-\frac{1}{\rho} \frac{\partial p}{\partial r}$ 在数量级上等于 $-\frac{p}{\rho R}$，其中 p 和 ρ 是压力和密度在时刻 t 时按质量所取的某种平均值。但平均压力 p 正比于全部气体的热能和它们的体积之比 $p \sim E_{热}/R^3$，并在所有的情况下都要小于 E/R^3。平均密度 $\rho \sim 1/R^3$，因而在所有的情况下这个力趋近于零都不会比 $1/R$ 还慢。事实上，当 $R \to \infty$ 时力的减小比 $1/R$ 还要快，因为在绝热膨胀时热能部份是要减小的：$E_{热} \sim M\varepsilon \sim M\frac{p}{\rho} \sim \rho^{\gamma-1} \sim R^{-3(\gamma-1)}$。由此得 $p \sim E_{热}/R^3 \sim R^{-3\gamma}$，而力则按 $R^{-3\gamma+2} = R^{-1-3(\gamma-1)}$ 而减小。在 $t \to \infty$，$R \to \infty$ 的极限之下，运动方程具有如下的渐近形式：

$$\frac{du}{dt} = \frac{\partial u}{\partial t} + u \frac{\partial u}{\partial r} = -\frac{1}{\rho} \frac{\partial p}{\partial r} \sim \frac{1}{R^{1+3(\gamma-1)}} \to 0, \quad (1.114)$$

即所有质点的速度都趋近于常数值，并且 $u = r/t$。

当 $t \to \infty$ 时飞散便具有惯性的特点。

这可直接从气体的总能量 E 的守恒条件而得到。总能量由热能和动能相加而构成，但在膨胀时热能部份要渐渐地趋近于零，因而,动能就要趋近于 E,而平均的气体的质量速度就渐渐地趋近于恒定的极限值 $u_\infty = \sqrt{2E/M}$,它与边界速度之间存在一个确定的数值比例:

$$u_{max} = \frac{2}{\gamma-1} c_0 = \frac{2}{\gamma-1} \sqrt{\gamma \frac{p_0}{\rho_0}} = \frac{2}{\gamma-1} \sqrt{\gamma(\gamma-1)\varepsilon_0} =$$

$$= \sqrt{\frac{4\gamma}{\gamma-1} \frac{E}{M}} = \sqrt{\frac{2\gamma}{\gamma-1}} u_\infty$$

(例如,在单原子气体中 $\gamma = 5/3$,而 $u_{max} = 2.9\, u_\infty$). 将速度的渐近解 $u = r/t$ 代入连续性方程,我们可以相信下面的密度函数是满足它的:

$$\rho = \frac{f\left(\dfrac{r}{t}\right)}{t^3}, \tag{1.115}$$

此间 f 是 r/t 的完全任意的函数. 由于球的边界的半径等于 $R = u_{max}t$,这个公式可被改写为下面的形式:

$$\rho = \frac{\varphi(r/R)}{R^3}.$$

密度沿半径的渐近分布不随时间改变,它只是随着 R 的增大而扩展,且总是与自身相似的、自模的. 实际上,如果在气体中没有任何力的作用,且每个质点都是以恒定的速度作惯性飞行,那么质量的任何重新分布都不会发生,而密度的剖面也就始终保持不变.

但是,问题具有内在的非自模性,这表现在密度的这一渐近分布不可能由渐近运动的一些方程而求得,因这些方程允许有任意的分布.

密度的分布是在气体中尚存在着压力作用的早期阶段形成的. 到了气体强烈膨胀的时候,它仿佛已被"冻结"了. 密度的分布乃依赖于初始条件,且只能根据问题的完全解方可求得.

就如已经指出的,不可能以解析的形式求得这一问题的适合

初始条件 $\rho_0(r)=$ 常数，$p_0(r)=$ 常数，$u=0$ 的精确解。但，可以作出其近似解。这只要从类似的平面问题——其质量为有限、其初始分布为常数的气层向真空飞散的平面问题——出发就可以做到，因为这后一问题是可解的。这一近似解被列在 K. П. 斯坦扭可维奇的书[15]中；它具有如下形式：

$$\rho=\frac{A}{R^3}\left(1-\frac{r^2}{R^2}\right)^\alpha,\ \alpha=\frac{3-\gamma}{2(\gamma-1)},\ R=u_{max}t,$$ 并且解仅是对于整数值 $\alpha=0,1,2,3,\cdots$ 才是正确的，每个 α 的值分别对应于下列绝热指数值 $\gamma=3,5/3,7/5,9/7\cdots$。

常数 A 可由质量守恒条件来确定，如果是将密度函数按气体球的全部体积来进行积分的话。其相应的公式被列在文献[15]中。

§ 29. 气体球向真空飞散的自模运动

气体球向真空飞散的问题存在着这样一类解，在这类解中所有的气体动力学量的分布都是严格自模的，即它们从一开始就以半径 r 与边界半径 R 之比的形式而依赖于 r，此外不再包含任何其他的与 r 的关系。并不是量沿半径的任何初始分布都可以导致这类解，而只是那些满足一定关系的分布才有可能。

上述这类解的特点就在于速度沿半径的分布是线性的（这些解曾被 Л. И. 谢道夫所研究（文献[5]））：

$$u=rF(t)=\dot{R}\frac{r}{R}, \tag{1.116}$$

此间时间函数 $F(t)$ 是通过气体球的边界速度 $\dot{R}=dR/dt$ 来表示的。将这一公式代入运动方程，我们便得到关系：

$$\frac{\partial p}{\partial r}=-\rho r(\dot{F}+F^2), \tag{1.117}$$

在整个过程的进程中，包括初始时刻在内，p 和 ρ 沿半径的分布都应满足这一关系。只有在这种条件下其解才属于我们所要考察的那一类.

我们来考察这类解的两个具体例子.

（1）令密度在整个体积内为常数，而与半径无关，

$$\rho = f(t) = \frac{M}{4\pi R^3/3}. \tag{1.118}$$

容易验证，以(1.118)，(1.116)的形式给出的密度和速度的函数在任意的关系 $R(t)$ 之下都能自动地满足连续性方程．将式(1.118)代入式(1.117)，并进行积分，我们便得到压力沿半径的抛物线的分布：

$$p = p_0(t)\left(1 - \frac{r^2}{R^2}\right), \tag{1.119}$$

为了满足条件(1.117)它在一开始就应该给定．就如所看出的，问题并不是等熵的，因为所有质点的密度都是相同的，而压力却是不同的．将 p 和 ρ 代入熵方程，就得出两个未知函数——球心压力 $p_0(t)$ 和气体球半径 $R(t)$ 之间的关系：

$$p_0(t) = A\rho^\gamma = A\left(\frac{3M}{4\pi}\right)^\gamma \frac{1}{R^{3\gamma}}, \tag{1.120}$$

其中 A 是常数，它依赖于球心的初始熵值．最后，将式(1.118)，(1.119)，(1.120)代入运动方程(1.117)，我们便得到一个关于气体球边界的运动规律 $R(t)$ 的二阶微分方程．利用初始条件 $t=0$，$R=R_0$，$\dot{R}=\dot{R}_0$，将这个方程解出，我们就求得了问题的完全解．尤其是，可以认为气体在初始时刻是静止的：$\dot{R}_0=0$．

如果所感兴趣的是 $t \to \infty$ 时的渐近情况，那么立刻就可以令 $\dot{R}=$ 常数 $=u_1$，其中 u_1 是气体球边界的极限速度（当 $t \to \infty$ 时，微分方程的解自然会给出 $\dot{R} \to$ 常数）．借助 ρ 和 u 的径向分布，量 u_1 可根据能量守恒条件来计算，这要注意到当 $t \to \infty$ 时所有的能量都要转变成动能．这样我们得到：

$$u_1 = \sqrt{\frac{5}{3}}\sqrt{\frac{2E}{M}} = \sqrt{\frac{5}{3}}u_\infty, \tag{1.121}$$

其中，和从前一样，u_∞ 仍被定义为是速度的平方按质量平均后的平方根，$u_\infty = \sqrt{\overline{u^2}} = \sqrt{2E/M}$．

（2）令所有质点的熵都是相同的（等熵运动），即 $S(r,t)=$ 常数，$p/\rho^\gamma=A=$ 常数（A 是熵常数）。将 $p=A\rho^\gamma$ 代入关系式（1.117），便导出下述的压力和密度的剖面：

$$\rho=\rho_c\Big(1-\frac{r^2}{R^2}\Big)^{\frac{1}{\gamma-1}}, \qquad (1.122)$$

$$p=A\rho_c^\gamma\Big(1-\frac{r^2}{R^2}\Big)^{\frac{\gamma}{\gamma-1}}, \qquad (1.123)$$

当然，它们应该从一开始就是给定的。

球心的密度 ρ_c 可以那样来确定，就是将密度沿体积进行积分并令所得积分等于气体的总质量：这就和平常一样，给出了 $\rho_c\sim M/R^3$，其中只差一个依赖于 γ 的数值比例系数。在将式（1.122），（1.123）代入关系式（1.117）之后，便会导出一个关于 $R(t)$ 的二阶方程。而边界速度的极限值 u_1 可由下述的能量守恒条件来得到：

$$E=\int_0^R \frac{\rho u^2}{2}4\pi r^2 dr,$$

如果是按公式（1.122）将 ρ 和 $u=u_1 r/R$ 代入这一积分中的话。

这就给出了 u_1 与 $u_\infty=\sqrt{2E/M}$ 之间的关系，且其比例系数也依赖于 γ。上述两个比例系数是通过两个定积分来表示的，而这两个定积分要借助 Γ 函数来计算。

列举一些数值结果。当 $\gamma=5/3$ 时，$\rho_c=3.4\,\bar\rho$，$u_1=1.64\,u_\infty$；当 $\gamma=4/3$ 时，$\rho_c=6.6\,\bar\rho$，$u_1=1.92\,u_\infty$，其中 $\bar\rho=M/(4\pi R^3/3)$ 是按体积平均后的密度。在 $t\to\infty$ 的极限之下，$R\approx u_1 t$[1]。

我们顺便提一下 B. C. 依木辛尼柯的文献[16]，在他的工作中曾研究了气体向真空的等温飞散问题，以及 И. B. 聂母奇诺夫的

1）在工作[17]中报道了气体球向真空等熵飞散之 问题的 气体 动力 学方程在相同初始条件（当 $t=0$ 时，球中的气体是静止的，气体的密度和压力沿半径保持不变）下和 $\gamma=\frac{5}{3}$ 时的一些数值解的结果。可惜的是，在工作中没有列出密度的渐近剖面，但给出了图形 $\rho_c(t)$。从那里看出，随着时间的推移关系要趋向于 $\rho_c\sim 1/t^3$，并且这一极限规律中的系数总要比正文中所写出的自模解中的系数大 22%。

文献[18]，在此工作中他研究了逐渐释放能量的气体向真空的飞散．我们还要提一下 И. B. 聂母奇诺夫的另一项工作[19]，这一工作研究了三轴椭球体向真空飞散的问题．

第二章 介质中的热辐射和辐射热交换

§ 1. 引言和基本概念

直到不久以前，对近于几万和几十万或者几百万度高温感兴趣的还主要是天体物理学家．作为了解在星体上所发生的各种过程和解释所观察到的星体发光现象的必要基础，曾经建立和发展了辐射输运和辐射热交换的理论．在相当大的范围内，这些理论也被应用到另外一些为今天的物理学家和工程技术人员所碰到的高温课题中．在本章中，我们将介绍热辐射和能量之辐射输运的基本理论及受热物体发光的理论，并建立描写强辐射条件下物质的流体动力学运动方程．在对这些问题的叙述中，当我们谈到对于天体物理并不怎么重要，甚至在这一领域内根本不存在的一些因素的时候，我们是针对"地面"上的应用而言的[1]．

我们来提一提热辐射理论中的一些基本原理和基本定义．辐射是由电磁场的振动频率 ν 或波长 λ 来表征的，后者是通过光速 c 和频率相联系的：$\lambda = c/\nu$．在以后，我们将总是讨论折射系数很接近于 1 的介质，所以要把 c 理解为是真空中的光速，它等于 $c = 3 \times 10^{10}$ 厘米/秒．从量子力学的观点来看，辐射被视为某种粒子的即光子或光量子的集合．光子的能量是通过普朗克常数 $h = 6.62 \times 10^{-27}$ 尔格·秒和等价场的频率相联系的．通常，量子的能量 $h\nu$ [2] 是以电子伏特来计量的．一电子伏特就是一个电子通过 1 伏特的电势差所获得的能量；1 电子伏特（1 电子伏）等于

---

1) 在 B·A. 阿姆巴尔秋曼等[1]、A. 乌周里德[2]和 Э·P. 姆斯切里[3]的书中，可以比较详细地了解到有关辐射输运理论的各种问题和它在天体物理中的应用．

2) 在量子理论中，通常利用"圆频" $\omega = 2\pi\nu$ 来代替频率 ν，相应地，则利用的普朗克常数 $\hbar = \dfrac{h}{2\pi}$．在本书中我们将使用量 ν 和 h，和在辐射输运理论中及天体物理中的用法一样．

1.6×10^{-12} 尔格. 常常也用电子伏特来计量温度. 1 电子伏特的温度 T, 就对应于 $kT = 1.6 \times 10^{-12}$ 尔格的能量:

$$T_{电子伏} = \frac{kT^\circ}{1.6 \times 10^{-12}} = \frac{T^\circ}{11600},$$

即 1 电子伏的温度等于 $11600^\circ K$. 这里 $k = 1.38 \times 10^{-16}$ 尔格/度, 是玻耳兹曼常数.

在频率(波长)的电磁标度中, 或按人们说的在辐射谱中, 通常可以划分出一些分界不很明确的谱段, 它们都具有自己的一定的名称: 无线电波、红外线、可见光、紫外线、伦琴射线和 γ 量子. 这种划分是历史上形成的, 并没有什么严格的物理根据. 有些介于谱段之间的频率就难以划归到这一或那一个谱段里. 唯一的例外, 只是多少比较确定一点的可见光谱部分: $\lambda \sim 7500 - 4000$ Å, $h\nu \sim 1.7 - 3.13$ 电子伏. 在热辐射的理论中可以证明, 在辐射和物质处于热力学平衡的状态中, 能量的频率分布的极大值是出现在那样一个频率 ν 处, 该频率由公式 $h\nu = 2.82 kT$ 与温度相联系[1]. 可以说, 对于温度为 $T = h\nu/2.82 k$ 的物体而言, 这一频率 ν 是最有特征的. 所以, 若将频率的和温度的范围进行比较, 立刻就会得到这样的概念, 什么样的温度是给定谱段所特有的. 可见光是温度近于 $7000 - 13000^\circ K$ 的物体所特有的.

电磁场或者光量子不仅仅具有能量, 而且还具有冲量. 量子 $h\nu$ 的冲量按其绝对值等于 $h\nu/c$. 量子的运动方向与场的能流矢量, 即波印亨矢量的方向相合.

充满空间的辐射场, 是通过辐射强度按频率、在空间内、并按辐射能之输运方向的分布来描写的. 如果把辐射说成是粒子即光量子的集合, 那么场就可以用与其他粒子的分布函数完全类似的量子的分布函数来描写. 令 $f(\nu, \mathbf{r}, \boldsymbol{\Omega}, t)d\nu \, d\mathbf{r} \, d\boldsymbol{\Omega}$ 是频率间隔 ν 到 $\nu + d\nu$ 之间的、在时刻 t 时处于点 $\mathbf{r}$ 附近的体积元 $d\mathbf{r}$[2] 之内

---

[1] 参阅 Л. Д. 朗道、Е. М. 栗弗席兹, 统计物理学, 人民教育出版社, 1964 年, 第 216 页. ——译者注

[2] 体积元 $d\mathbf{r}$ 的线性线度, 假定比波长 λ 大很多.

的、其运动方向在单位矢量 $\boldsymbol{\Omega}$ 附近的立体角元 $d\boldsymbol{\Omega}$ 之内的光量子数. 函数 f 叫做分布函数.

每一个量子都具有能量 $h\nu$, 并且以光速 c 运动, 所以量

$$I_\nu(\mathbf{r}, \boldsymbol{\Omega}, t)d\nu\ d\boldsymbol{\Omega} = h\nu c f(\nu, \mathbf{r}, \boldsymbol{\Omega}, t)d\nu d\boldsymbol{\Omega}$$

就是 1 秒内从 1 平方厘米面积上流过的在频率间隔 $d\nu$ 之内的辐射能量——这块面积位于点 $\mathbf{r}$ 处且垂直于矢量 $\boldsymbol{\Omega}$ 周围的立体角元 $d\boldsymbol{\Omega}$ 之中的能量传播方向. I_ν 叫做辐射的谱强度. 给定函数 I_ν 或 f 就完全确定了辐射场. 在时刻 t, 在点 $\mathbf{r}$ 处的 1 厘米³ 之空间内的、在单位频率间隔中所包含的频率为 ν 的辐射能量, 或辐射的谱密度, 等于

$$U_\nu(\mathbf{r}, t) = h\nu \int_{(4\pi)} f\, d\boldsymbol{\Omega} = \frac{1}{c} \int_{(4\pi)} I_\nu\, d\boldsymbol{\Omega}. \qquad (2.1)$$

设想一个其法线方向为 $\mathbf{n}$ 的单位面积. 量子从左向右和从右向左地穿过它. 在 1 秒内在间隔 $d\nu$ 内从左向右通过这块面积的辐射能量等于 $h\nu c \int_{(2\pi)} f\cos\theta d\boldsymbol{\Omega}$, 这里 θ 是量子运动方向 $\boldsymbol{\Omega}$

和法线 $\mathbf{n}$ 之间的夹角; 积分是沿以所述面积为底的右半球进行的 (图 2.1). 沿左半球的积分就等于从右向左通过的能量. 自左向右的和自右向左的两个单向能流之差就给出了通过所述面积的总的谱能流. 由于 $\cos\theta$ 在左右两个半球有不同的符号, 所以通过其法线为 $\mathbf{n}$ 的单位面积的谱能流就等于

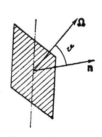

图 2.1 关于辐射能
流公式的推导

$$S_\nu(\mathbf{r}, t, \mathbf{n}) = h\nu c \int_{(4\pi)} f\cos\theta d\boldsymbol{\Omega} = \int_{(4\pi)} I_\nu \cos\theta d\boldsymbol{\Omega}, \qquad (2.2)$$

这里的积分是按全部立体角进行的.

能流是一个矢量. 所写出的表达式 (2.2) 是能流矢量在方向 $\mathbf{n}$ 上的投影. 谱能流矢量本身则等于

$$\mathbf{S}_\nu = \int I_\nu \mathbf{\Omega} \, d\mathbf{\Omega}, \qquad (2.3)$$

这里 $\mathbf{\Omega}$ 是量子运动方向的单位矢量.

当辐射的角分布是各向同性的时候,分布函数 f 和强度 I_ν 都不依赖于方向 $\mathbf{\Omega}$,辐射密度就等于

$$U_\nu = 4\pi h \nu f = \frac{4\pi}{c} I_\nu, \qquad (2.4)$$

而能流为零: $\mathbf{S}_\nu = 0$,且在任何方向上的投影也都等于零(因为在每一个方向上所输运的能量都等于在其相反方向上所输运的能量).

将辐射的谱强度、谱密度、谱能流对所有频谱积分,就得到总强度、总密度和总能流:

$$I = \int_0^\infty I_\nu d\nu, \quad U = \int_0^\infty U_\nu d\nu, \quad \mathbf{S} = \int \mathbf{S}_\nu d\nu. \qquad (2.5)$$

现在我们引进关于物质的光学特性的概念[1].

1 厘米^3 的物质在 1 秒内所自动地(自发地)辐射出的在单位频率间隔之内的频率 ν 的 能 量叫做谱发射本领或辐射系数 J_ν. 一般来说,气体的发光在所有的方向上都是相同的,各向同性的. 这是因为原子、分子等在空间的取向和运动乃是紊乱的. 因而在某一个方向上的立体角 $d\mathbf{\Omega}$ 之内所辐射出的能量就简单地等于 $j_\nu d\mathbf{\Omega} = J_\nu d\mathbf{\Omega}/4\pi$($j_\nu$ 是按单位立体角计算的).

有时发射本领不是按单位体积而是按单位质量来定义的. 显然,为了得到相应的量,就应该用物质的密度 ρ 来除 J_ν 或 j_ν.

如果光束通过物质,那么它在自己的路程上将被减弱. 减弱的发生既是由于量子被吸收,也是由于它们被散射,即偏离了原来的方向. 平行光束在距离元 dx 上的相对减弱与该距离元成正比,即

$$dI_\nu = -\mu_\nu I_\nu dx. \qquad (2.6)$$

当通过从点 0 到点 x 的距离 x 之后,光束的强 度 是 按下述

---

1) 在此和以后,当使用"光"、"光量子"和"光学"性质这些术语的时候,我们并不像日常生活中那样,仅限于谱的可见光部分,而是将这些术语应用到任何频率.

指数规律而减小的,

$$I_{\nu} = I_{\nu 0} \exp\left[-\int_0^x \mu_{\nu} dx\right]. \tag{2.7}$$

衰减系数 μ_{ν} 是由吸收系数 $\varkappa_{\nu a}^{1)}$ 和散射系数 $\varkappa_{\nu s}$ 相加组成的. 它们的倒数为光的自由程; 总的自由程 为 $l_{\nu} = 1/\mu_{\nu}$, 吸 收 自由程 为 $l_{\nu a} = 1/\varkappa_{\nu a}$, 散射自由程 为 $l_{\nu s} = 1/\varkappa_{\nu s} (l_{\nu} = (l_{\nu a}^{-1} + l_{\nu s}^{-1})^{-1})$. 这些自由程表征了在相应过程中光束在单位距离上的衰减程度. 当这些系数不是按单位距离而是按单位质量来定义时, 称之为质量系数. 质量系数分别等于 μ_{ν}/ρ, $\varkappa_{\nu a}/\rho$, $\varkappa_{\nu s}/\rho$.

自由程是那样一个平均的距离, 即 量子通过它之后就要被吸收、散射等等. 但是量子是以速度 c 在飞行, 因而对于给定过程而言量子的平均"寿命"就等于自由程被光速来除, 即等于 l/c. 例如, 如果在距离元 dx 上量子有 $dx/l_{\nu a}$ 的部分被吸收, 那么在时间 dt 内就有 $cdt/l_{\nu a}$ 的部分被吸收.

光束的衰减是由衰减系数和路程的乘积来表征的. 无量纲量

$$\tau_{\nu} = \int_0^x \mu_{\nu} dx, \quad d\tau_{\nu} = \mu_{\nu} dx \tag{2.8}$$

叫做 x 层对于频率为 ν 的光而言的光学厚度. 经过单位光学厚度, 光束要衰减为原来的 $1/e$. 在散射可被忽略的情况下, 光学厚度是

$$\tau_{\nu} = \int_0^x \varkappa_{\nu a} dx, \quad d\tau_{\nu} = \varkappa_{\nu a} dx. \tag{2.9}$$

§2. 气体中光的发射、吸收和散射的机制

当原子系统(原子、分子、离子、电子-离子等离子体)中的电子从一个能量状态跃迁到另外一个能量状态时, 就要发射和吸收光量子. 在吸收量子时, 就要发生对原子、分子等的激发. 为了能发射量子, 就必须预先激发原子; 原子失去激发能, 就把它转交给所发射的量子. 被激发原子的数目越多, 也就是温度越高, 则发射本领也就越大.

---

1) 目前, 我们先抛开强迫发射的过程, 这种过程以后要谈到, 这里 $\varkappa_{\nu a}$ 系指真正的吸收系数.

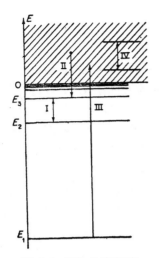

图 2.2 质子-电子系统的
能级简图

$E_1 = -13.5$ 电子伏——氢
原子的基态, E_2, E_3——主
量子数 $n = 2, 3$ 的两个能级.
$E = 0$ 对应于不连续谱和连
续谱之间的分界线. 箭头表
明可能的跃迁类型: I——
束缚-束缚跃迁, II——电
子被质子俘获, III——原子
电离, IV——自由-自由跃进.

在图 2.2 上画出了最简单的原
子系统的能级图. 这一系统是由一
个质子和一个电子组成的, 当它们
处于束缚态时, 便 形 成 氢 原子.
如通常一样, 取电子的 自 由 状态
和束缚状态之间的分界 线 作 为 能
量零点, 因而束缚态的能量就是 负
的. 在束缚态中电子只能处于一些
确定的、不连续的能级上. 质子-电
子系统的基态能量 是 $E_1 = -13.5$
电子伏, 按绝对值它等于氢原子的
电离势. 在具有正能量的自由状态
(电离了的氢原子)中, 电子可以具
有任意能量, 因而其能谱是 连 续
的.

在定性的关系上, 复杂原子系
统的能谱和简单系统的能谱没有什
么差别.

就象在天体物理中通常所做的
那样, 可按原子系统的初态的和终
态的能谱是连续还是不连续的特点将所有的电子跃迁分为三类:
束缚-束缚跃迁、束缚-自由跃迁和自由-自由跃迁(所有这些可能
的跃迁在图 2.2 上均用箭头表示).

原子、分子、离子中的电子, 从一个不连续能级到另外一个不
连续能级的跃迁属于束缚-束缚跃迁. 由于 电 子 在束缚态中的能
级是不连续的, 所以在这种跃迁 时所发射和吸收的是线状谱. 在
分子中, 在电子跃迁的同时还要发生振动和转动状态的改变, 这时
得到带状谱[1].

---

1) 在分子中有时会发生仅与振动和转动状态的改变 相 关 而无电子状态之改变的
跃迁. 这时所发射或吸收的是处于光谱的红外部分的能量很小 的 量子, 当温度近于几
千度以上时, 它们的作用是无关紧要的.

在束缚-自由的跃迁中，由于吸收了量子，电子所获得的能量超过了它在原子、分子、离子中的结合能，因而成为自由电子，这就产生了光致电离．与结合能相比较，剩余的量子能量就变成了自由电子的动能．相反的跃迁——在电离气体中自由电子被离子俘获（光复合）——就导致量子的发射．由于自由电子可以具有任意的（正的）能量，束缚-自由跃迁便给出了连续的吸收谱和发射谱．

应该指出，并不是任何量子都可以在处于一确定状态的原子中引起光电效应．量子的能量应该超过在这一状态中的电子的结合能才成．但是，任何一个，甚至是很小的量子，都可以从被相当充分激发的原子中击出电子，这是因为随着激发的增强，电子被束缚的程度越来越弱．

在电离气体（等离子体）中，在离子电场中飞行的自由电子可以发射量子，而不耗尽自己的所有动能，并仍然处于自由状态；或者吸收量子，而得到附加的动能．这种自由-自由的跃迁，常常被称为轫致跃迁，因为在发射的时候，电子在离子场中受到轫致作用，并将自己的一部分能量消耗于辐射．轫致过程所给出的也是连续的发射谱和吸收谱．

当电子在中性原子场中飞行的时候，轫致过程也可能发生．与离子场不同，中性原子场随着距离的增大而迅速地减弱，因而为了产生光的发射或吸收过程，就必须要求电子和原子非常紧密地靠近．有中性原子参加的轫致过程的几率要比有离子参加的轫致过程的几率小很多．

束缚-束缚的和束缚-自由的吸收系数正比于 1 厘米³ 气体中的吸收原子的数目 N．对一个原子而言的吸收系数的量值，只决定于原子的性质、它的激发程度和量子的频率，即它是原子本身的一种特性．该量 $x_{\nu a}/N = \sigma_\nu$ 有厘米² 的量纲（$x_{\nu a}$ 的量纲——1/厘米，N 的量纲——1/厘米³），称为有效吸收截面．通过下面的讨论很容易了解它的物理意义．设有频率为 ν 的截面为 1 厘米² 的平行光束通过吸收气体．可以设想吸收是以这种方式进行的：

每个原子仿佛就是一个与光束方向相垂直的不透明的小圆盘,打到其上的量子都被它挡住(吸收)了.

如果每一个圆盘的面积等于 σ_ν, 而 1 厘米^3 中的圆盘——原子的数目是 N, 那么分布在面积为 1 厘米^2 厚度为 dx 的气体层内的所有圆盘的总面积就等于 1 厘米$^2 N\sigma_\nu\,dx$. 将 dx 取得如此之小, 以致在这一层中圆盘并不互相重叠. 显然, 当光通过这一气体层时, 有部分量子要被"挡住", 其所占的份额就等于不透明的面积 $N\sigma_\nu dx$ 厘米^2 与总面积——1 厘米^2 的比值, 即

$$dI_\nu = -I_\nu N\sigma_\nu dx.$$

回忆吸收系数的定义 (见公式(2.6)), 我们便得到 $\varkappa_\nu = N\sigma_\nu$, 即有效截面 σ_ν 就好象是 (对频率 ν)"不透明"的圆盘的面积, 而每个圆盘就相当于一个吸收原子. 同样地, 也可以谈到原子或其他粒子对于量子散射的有效截面.

束缚-束缚跃迁, 是由具有在一个非常窄的范围之内严格确定的能量 $h\nu$ 的一些量子所引起的. 这一能量应该对应于原子的两个能级间的能量差. 因而把这种吸收称之为选择吸收. 对于这些被"选择"的量子来说, 一些"孤立"原子的吸收有效截面是非常之大的. 对可见光的量子来说, 在线的中心(在选择吸收的窄小间隔的中点), 它们约为 10^{-9} 厘米^2 [1]. 这样一些截面所对应的量子自由程是很小的. 例如, 当密度 $N\sim 10^{19}$ 厘米$^{-3}$(接近于大气的密度)时, 自由程大约为 $l = 1/\varkappa = 1/N\sigma \sim 10^{-10}$ 厘米.

束缚-自由之吸收的, 即光电效应的有效截面是非常小的, 大约为 10^{-17}—10^{-20} 厘米^2 ($l\sim 10^{-2}$—10 厘米, 当 $N\sim 10^{19}$ 厘米$^{-3}$ 的时候). 当然, 这些量只适用于一般能够从原子中击出电子的那样一些量子, 即它们的能量皆大于电子的结合能.

至于自由-自由跃迁, 那么为了吸收量子, 就必须要求在吸

---

1) 在具有自然宽度的线的中心, 吸收的有效截面近于 λ^2, 其中 λ 是量子的波长. 在波长的标度中, 线的自然宽度在可见光谱内约为 $10^{-4}\text{Å} = 10^{-12}$ 厘米 (1 埃 (Å) 等于 10^{-8} 厘米). 一般在气体中线的宽度要大于自然宽度, 而线中心的截面也就相应地要小于 λ^2. 关于这一点请详见第五章 §9.

收的瞬间电子紧靠近离子飞过去——与离子相"碰撞"(自由电子并不能吸收量子,它只能将其散射)。因此,轫致吸收系数既与 1 厘米^{3}中的离子数成正比,也与其中的电子数成正比:$\varkappa_{\text{轫}} \sim N_+ N_e$。只是在相对的意义下,才能谈到离子的有效截面 $\sigma_{\text{轫}} = \varkappa_{\text{轫}}/N_+ \sim N_e$,因为这一截面是与自由电子的密度成正比的。但是,人们发现,在不完全电离的情况下,轫致吸收系数仅正比于气体密度的一次方,因为乘积 $N_+ N_e$ 的本身与气体的密度成正比。对于那些在给定温度下数量最多的量子来说,其轫致吸收系数大致要比束缚-自由的吸收系数小一个数量级。

在完全电离的情况下,此时气体中只存在原子核和电子(而束缚-自由的吸收根本不存在),轫致吸收系数与气体密度的平方成正比。

散射量子的主要是自由电子[1](如果量子的能量与电子在原子中的结合能相比是很大的,那么这种电子也可以看成是"自由的")。

其能量比电子的固有能量 $m_e c^2 = 500$ 电子伏小很多的、仅在可测的温度之下才会遇到的那些能量不算太大的量子,它们在散射时并不改变能量。其散射的有效截面是由电子的经典半径 r_0 来决定的,并等于

$$\sigma_S = \frac{8}{3} \pi r_0^2 = 6.65 \times 10^{-25} \text{厘米}^2$$

(这就是所谓的汤姆逊散射截面)。

这个截面是很小的,当电子密度 $N_e \sim 10^{19}$ 厘米^3 的时候,它所对应的散射自由程 $l_S \sim 10^5$ 厘米。有一些高能量子,对于它们来说原子和分子中的所有电子都可以看成是自由电子。在估计这种量子的散射自由程时,应将 N_e 了解为是所有原子中所含有的电子的总数。例如,在标准密度 $N_{\text{分子}} = 2.67 \times 10^{19}$ 厘米$^{-3}$ 的空气中,

---

[1] 我们指出,存在着共振散射的效应,在这种散射中束缚电子吸收量子而跃迁到束缚的激发状态,然后又在任意一个方向上将量子放出。在线的中心,共振散射的有效截面也和吸收截面一样,近于 λ^2。

电子的总数大约大到这个量的 14.4 倍。其散射自由程等于37米。应当指出，兆电子伏特的高能量子的有效截面与汤姆逊截面是不同的。

在不完全电离的气体中，在连续谱内量子的散射自由程总是比量子的吸收自由程要大很多。只是在完全电离且非常稀薄的气体中，散射才是重要的，因此时与 N^2 成正比的轫致吸收变得很小。

在"地球"的条件下，光的散射和吸收相比较实际上总是可以忽略的[1]。因此在以后我们将略去量 x_ν, l_ν 的脚标"a"，它们就代表吸收系数和吸收的自由程。

至此，我们结束对辐射与物质相互作用机制的一般性叙述。对这些问题的详细阐述将放到第五章。在这里，我们在任何地方都不需要吸收系数的具体表达式。

§3. 平衡辐射和绝对黑体

想象一个在恒温 T 下处于热力学平衡状态的无限大介质。在定常条件下，辐射场也是平衡的。辐射的热力学平衡的特征是 1 厘米^3 的物质在 1 秒内所发射的在给定频率间隔 $d\nu$ 之内和给定方向范围 $d\Omega$ 之内的量子数或辐射能量，要精确地等于物质在同样的间隔 $d\nu, d\Omega$ 之内所吸收的量子数或所吸收的辐射能。平衡辐射场是各向同性的，既不依赖于方向，也不依赖于介质的具体性质，而是频率和温度的普适函数。

平衡辐射密度的谱函数 $U_{\nu p}$，在量子理论发展之前就为普朗克所引进。借助"光子气体"所遵从的量子统计法，可以极其自然地得到它(例如，见文献[4])。在 1 厘米^3 中频率为 ν 的平衡辐射能量，分给单位频率间隔的等于

$$U_{\nu p} = \frac{8\pi h\nu^3}{c^3} \frac{1}{e^{\frac{h\nu}{kT}} - 1}. \tag{2.10}$$

由于各向同性，平衡辐射的谱强度就等于

---

1) 在天体物理的条件下，甚至有时散射会大于吸收。

$$I_{\nu p} = \frac{cU_{\nu p}}{4\pi} = \frac{2h\nu^3}{c^2}\frac{1}{e^{\frac{h\nu}{kT}}-1}^{1)} . \qquad (2.11)$$

由普朗克函数(2.10)所给出的平衡辐射能量按频率的分布画在图2.3上. 这个分布的最大值位于量子能量 $h\nu_{max}=2.822 \times kT$ 处. 当温度增高时, 其最大值向高频方向移动. 在 $h\nu \ll kT$ 的低频区域内, 普朗克公式就化为经典的瑞利-琼斯公式:

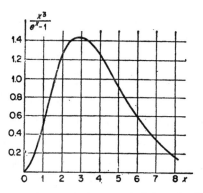

图 2.3 普朗克函数 $x^3(e^x-1)^{-1}$, 其中 $x=h\nu/kT$

$$U_{\nu p} = \frac{8\pi kT}{c^3}\nu^2; \quad h\nu \ll kT. \qquad (2.12)$$

在 $h\nu \gg kT$ 的高频区域内, 便得到维恩公式:

$$U_{\nu p} = \frac{8\pi h\nu^3}{c^3}e^{-\frac{h\nu}{kT}}, \; h\nu \gg kT. \qquad (2.13)$$

沿频率从 0 到 ∞ 积分谱密度(2.10), 就得到平衡辐射的总密度. 这一计算给出了众所周知的表达式:

$$U_p = \int_0^\infty U_{\nu p}d\nu = \frac{4\sigma T^4}{c}, \qquad (2.14)$$

式中 $\sigma=2\pi^5k^4/15h^3c^2=5.67\times10^{-5}$ 尔格/厘米^2·秒·度^{4}是斯提芬-玻耳兹曼常数 ($U_p=7.57\times10^{-15}T^4$ 尔格/厘米^3).

平衡辐射的总密度与温度的四次方成正比, 这一点可直接由热力学第二定律和经典电动力学中的下述原理而得到. 该原理的

---

1) 在天体物理学的文献中, 常常代替 $I_{\nu p}$ 而使用符号 B_ν.

内容是，各向同性的辐射场的压力等于能量密度的三分之一：$p_\nu=U_p/3$。将这一表达式代入普遍的热力学关系$TdS=d\varepsilon+pdV$[1)]，其中要把比内能理解为辐射密度和比容的乘积$\varepsilon=U_pV$，再注意dS是全微分，便得到$U_p=$常数T^4。顺便说一下，关系$p_\nu=U_p/3$说明了这样一点：从热力学的观点来看平衡辐射可以被视为其绝热指数$\gamma=4/3$的理想气体。

由于平衡辐射场是各向同性的，物体中任何一点的辐射能流都等于零。这意味着，如果在物体中想象地画出一个平表面，那么自右向左和自左向右通过这一表面的两个单向辐射能流，在绝对值上完全相等，而方向相反。将平衡强度的表达式（2.11）代入公式（2.2），并且不对全部立体角而只对半球积分，我们就会得到单向的能流，即在1秒内（比如说自左向右）通过单位面积的辐射能量。单向的谱能流等于

$$S_{\nu p}=\frac{cU_{\nu p}}{4}=\frac{2\pi h\nu^3}{c^2}\frac{1}{e^{\frac{h\nu}{kT}}-1}.\tag{2.15}$$

按谱积分的单向能流是

$$S_p=\int_0^\infty S_{\nu p}d\nu=\frac{cU_p}{4}=\sigma T^4.\tag{2.16}$$

设想一个具有恒温T的物体，在它的内部有一个被平衡辐射充满的空腔。在1秒内由空腔输出到1厘米^{2}的物质表面上的辐射能流是$S_{\nu p}$。一般来说，这个能流要部分地被腔壁所反射，部分地进入物体的内部，并被物质所吸收（我们假定它不能完全穿透物体，即物体是无限大的）。用R_ν表示反射系数，用A_ν表示物质的吸收本领，$A_\nu=1-R_\nu$。从空腔进入物体内部的并在物质中被吸收的辐射能量等于$S_{\nu p}\cdot A_\nu$。鉴于平衡性，1秒内从1厘米^{2}的物体表面上也要向空腔方面发射出同样数量的辐射能量J_ν'，即$J_\nu'=S_{\nu p}\cdot A_\nu$。吸收本领、反射系数和表面的发射能力都是物体和物质状态的特性，但是关系：

---

1) 这里S是辐射的熵。

$$\frac{J'_\nu}{A_\nu} = S_{\nu p} = \frac{2\pi h \nu^3}{c^2} \frac{1}{e^{h\nu/kT} - 1} \qquad (2.17)$$

并不依赖于物体的具体性质，而是频率和温度的普适函数。这个原理叫做基尔霍夫定律。

把落到它上面的辐射全部吸收之物体，叫做绝对黑体。对于绝对黑体，根据定义有，$R_\nu = 0$，$A_\nu = 1$。由公式 (2.17) 得到，从它的表面上所输出的谱能流等于 $S_{\nu p}$，按谱积分的能流是 $S_p = \sigma T^4$。

我们来考察具有恒温 T 的无限大的连续介质，在它的里面辐射与物质处于平衡，并且再次用一个假想的平面将它分开。通过平面的两个单向能流都等于 $S_{\nu p}$。自左向右穿过平面的量子是"产生"在平面的左方，而自右向左行进的量子是"产生"在平面的右方。想象地从平面的一方，比如说右方，将物质拿开，并同时假定左方物质的温度没有改变。此外，还假定介质和其右方的真空一样，其折射系数也等于 1，即分界面并不反射光。当从右方"拿掉"物质之后，根本就没有来自真空方面的量子，显然，来自物质方面的自左向右的量子流并没有什么变化，仍和从前一样还等于 $S_{\nu p}$。这就是说，被折射系数为 1 的、具有恒温 T 的物质所充满的平面半空间，自其表面输出辐射能流 $S_{\nu p}$，即它和温度为 T 的绝对黑体一样地辐射。

§4. 强迫发射

我们来考察处于辐射场 I_ν 中的物质内的光的吸收和发射的平衡。在 1 秒中于 1 厘米³ 内所吸收的频率间隔 $d\nu$ 方向间隔 $d\Omega$ 之内的辐射能量等于

$$I_\nu d\nu \, d\Omega \varkappa_\nu = 1 \text{ 秒 } 1 \text{ 厘米}^3 \text{内的吸收}. \qquad (2.18)$$

1 厘米³ 的物质在 1 秒内所自动地（自发地）发射出的同样间隔 $d\nu d\Omega$ 之内的辐射能量等于

$$j_\nu d\nu d\Omega = 1 \text{ 秒 } 1 \text{ 厘米}^3 \text{内的自发发射}.$$

自动发射的大小（辐射系数 j_ν）只取决于物质的性质和它的状态：原子的种类和与原子的激发程度有关的温度等等，而完全不

依赖于在空间是否有辐射存在. 但是, 物质所发射的全部辐射还不仅限于这些.

存在着所谓的强迫或诱导发射. 给定频率和给定方向的量子, 其强迫发射的几率是正比于在空间给定点所具有的属于同样频率和同样方向的辐射强度. 已出现的量子似乎能够促进已激发的原子系统中的一些跃迁, 这些跃迁伴随着同样类型的量子的发射. 量子理论证明, 发射给定的量子的总几率正比于量 $1+n$, 其中 n 是下述相格中的具有确定偏振方向的光子数, 该相格与已被发射出来的量子所要落入的相格是同一个. 这个数是 $n = c^2 I_\nu / 2 h\nu^3$ [1]. 这就是说, 在 1 秒中 1 厘米^3 内所发射的间隔 $d\nu d\Omega$ 内的总的辐射能量等于

$$j_\nu d\nu d\Omega \left(1 + \frac{c^2}{2 h\nu^3} I_\nu\right) = 1 \text{ 秒 } 1 \text{ 厘米}^3 \text{ 内的总发射.} \quad (2.19)$$

括号中的第一项对应于自发发射, 而第二项则对应于强迫发射.

在热力学平衡的状态中, 给定频率和方向的量子的发射和吸收要完全互相抵消, 因此表达式 (2.18) 和 (2.19) 应该相等, 并且辐射强度 I_ν 此时要用平衡值 $I_{\nu p}$ 来代替.

注意到平衡辐射强度的公式 (2.11) 便可求得, 任何物质的发射本领和它的吸收系数之比乃是频率和温度的普适函数:

$$\frac{j_\nu}{\varkappa_\nu} = \frac{I_{\nu p}}{1 + \frac{c^2}{2 h\nu^3} I_{\nu p}} = \frac{2 h\nu^3}{c^2} e^{\frac{-h\nu}{kT}}. \quad (2.20)$$

这个关系式也是基尔霍夫定律的一种形式.

将公式 (2.20) 改写为如下形式是方便的:

$$j_\nu = I_{\nu p} \varkappa_\nu (1 - e^{\frac{-h\nu}{kT}}). \quad (2.21)$$

---

[1] 与其中含有 $f d\nu d\Omega d\mathbf{r}$ 个量子的元间隔 $d\nu d\Omega d\mathbf{r}$ 相对应的相体积元是 $d\mathbf{p} d\mathbf{r}$, 这里 $d\mathbf{p}$ 是冲量空间中的体积元. 由于量子的冲量等于 $\mathbf{p} = h\nu\Omega/c$, 所以 $d\mathbf{p} = p^2 dp d\Omega = h^3 \nu^2 d\nu d\Omega/c^3$. 相空间体积元 $d\mathbf{p} d\mathbf{r}$ 中的相格数等于 $d\mathbf{p} d\mathbf{r}/h^3$, 因而每一个相格中的光子数就等于 $f d\nu d\Omega d\mathbf{r} h^3/d\mathbf{p} d\mathbf{r} = c^3 f/\nu^2 = c^2 I_\nu/h\nu^3$. 具有确定偏振方向的光子等于这个数的一半, 即 $c^2 I_\nu/2 h\nu^3$.

在所有方向上的发射本领等于

$$J_\nu = 4\pi j_\nu = cU_{\nu p}\varkappa_\nu\left(1-e^{\frac{-h\nu}{kT}}\right). \qquad (2.22)$$

基尔霍夫定律是细致平衡普遍原理的适用于光的发射和吸收过程的一种表述形式．如果已知物质的吸收系数，它可以用来计算物质的发射本领（反之亦然）．

强迫发射过程的存在，即激发原子中某种跃迁的存在（这种跃迁的几率依赖于在原子加光子系统之终态中已有的"粒子"即光子的数目），乃是有光子（遵从玻色量子统计的"粒子"）参加的过程的一个特征．正是由于这种过程的存在，才使得光子气体的分布函数不同于遵从玻耳兹曼经典统计的气体的分布函数．在后者之中，能量为 ε 的粒子的数目乃正比于 $e^{-\varepsilon/kT}$，而不像对于光子（$\varepsilon = h\nu$）那样正比于 $(e^{\varepsilon/kT}-1)^{-1}$．

为了说明这种情形，我们来考察一个最简单的情况：原子只有两个能级 ε_1 和 $\varepsilon_2(\varepsilon_2 > \varepsilon_1)$，从高能级状态到低能级状态的跃迁伴随着发射量子 $h\nu = \varepsilon_2 - \varepsilon_1$，而从低能级状态到高能级状态的跃迁则要吸收量子 $h\nu$．吸收几率即 $\varkappa_\nu$ 正比于低能级状态中的原子数，而该数根据玻耳兹曼定律正比于 $e^{-\varepsilon_1/kT}$．自发发射的几率 j_ν 正比于高能级状态中的原子数，即 $e^{-\varepsilon_2/kT}$．

我们假设不存在强迫发射．这时在平衡态中，量子 $h\nu$ 的自发发射次数就等于吸收的次数，即代替公式(2.20)或(2.21)下列等式成立

$$\frac{j_\nu}{\varkappa_\nu} = I_{\nu p}, \qquad j_\nu = I_{\nu p}\varkappa_\nu, \qquad (2.23)$$

但是 $j_\nu \sim e^{-\varepsilon_2/kT}$，$\varkappa_\nu \sim e^{-\varepsilon_1/kT}$，因而

$$\frac{j_\nu}{\varkappa_\nu} = I_{\nu p} = 常数 \cdot e^{-\frac{\varepsilon_2-\varepsilon_1}{kT}} = 常数 \cdot e^{\frac{h\nu}{kT}}.$$

换言之，对于平衡辐射强度，或同样地，对于量子分布函数，就象对"普通"粒子那样，我们也得到了玻耳兹曼定律．实际上，玻耳兹曼定律只是对维恩区域内的高能量子 $h\nu \gg kT$ 才是正确的．

只有考虑到强迫发射过程时，对于量子的发射和吸收之平衡

的讨论，才能导出关于光子分布函数的普朗克公式．在我们的例子中，原子具有两个能级，此时我们得到

$$\frac{j_\nu}{\varkappa_\nu}=\frac{I_{\nu p}}{1+\dfrac{c^2 I_{\nu p}}{2\,h\nu^3}}=常数\cdot e^{-\frac{\varepsilon_2-\varepsilon_1}{kT}}=常数\cdot e^{-\frac{h\nu}{kT}},$$

由此得到关于强度 $I_{\nu p}$ 的普朗克公式 $\left(当常数=\dfrac{2\,h\nu^3}{c^2}时\right)$．

从所进行过的讨论得到，在平衡条件下强迫发射的作用与自发发射的作用相比较，当 $h\nu/kT\to\infty$ 时，即在谱的维恩区域内，前者是趋近于零的．这可直接从公式（2.19）看出，因为当考虑到在平衡情况下取极限 $h\nu/kT\to\infty$ 时，有

$$I_\nu=I_{\nu p}\sim e^{-\frac{h\nu}{kT}}\to 0.$$

相反地，在 $h\nu\ll kT$ 的谱的瑞利-琼斯区域内，强迫发射的相对作用是很大的；在公式（2.19）中，

$$1+\frac{c^2}{2h\nu^3}I_{\nu p}=1+\frac{1}{e^{\frac{h\nu}{kT}}-1}\approx 1+\frac{kT}{h\nu},$$

因此强迫发射几率与自发发射几率的比值等于 $kT/h\nu\gg 1$．

应该指出，在辐射场不平衡的情况下，上述关于自发发射和强迫发射的相对作用的意见一般来说是不正确的，这是因为强迫发射正比于实际的辐射强度，而后者在不平衡的情况下可以是任意的．

§ 4a．经典理论和量子理论中的强迫辐射及激光效应

强迫辐射的现象近几年来引起了很大的注意，因为它是量子放大器和激光器作用的基础．为了解释这种现象的物理意义，我们来简略地谈谈关于它的经典的见解．众所周知，在经典理论中辐射着的原子被想象为是一个弹性的束缚电子——简谐振子．设在振子上作用一个强迫力——光波的电场，并且光波的频率与振子的固有频率相等．如果在初始时刻振子是静止的，那么在场的作

用之下振子就开始作共振的振动,其振幅按 $\sim t$ 而增长,而能量则按 $\sim t^2$ 而增长。但如果在初始时刻振子就具有一定的能量,那么具有共振频率的作用力可以将振子振动得更厉害,或者相反地,可以将它的振动制止,从而使振子失去能量。究竟如何,这取决于振动和变化的力的位相关系。同时,我们要强调,为了从振子方面夺取能量,力也必须具有共振特性,就象为了使振子振动时那样。

在这个实质上是经典的、从振子方面共振地夺取能量的现象中,就包含了理解诱导辐射的基础、

具有能量的被以相应位相移到光波场中的振子将要放出自己的能量,以此来增强所经过的光波;这样的振子将增大相干波的能量。用经典的语言可以说,振子的电场 E_s 被加到波场 E_0 上。振子的场是以相应的方式按角度分布的。但能流正比于场的平方。因此在波所经过的方向上振子的能流正比于 $E_s E_0$,并且 E_0 越大能流亦越大。这个结果对应于:诱导辐射的强度要随着引起辐射之波的强度的增大而增加。

但这一经典图象是有缺陷的,它导至了不正确的公式形式。在经典理论中,具有任意位相的振子的集合,平均地来看总是所吸收的能量要大于其诱导发射的能量。

只有对问题进行量子力学的研究才能得出正确的结果。我们现在来看有关在简谐振子上的作用的量子的解释。那一点是非常重要的,就是简谐振子的能级彼此相距的距离一样(都等于 $h\nu$,这里 ν 是固有频率)。

处于第 n 个能级的振子在共振力的作用下既可以跃迁到第 $(n+1)$ 个能级又可以到第 $(n-1)$ 个能级。

此时,伴有能量吸收的向上边第 $(n+1)$ 个状态的跃迁,其几率要大于伴有能量放出的向下边第 $(n-1)$ 个状态的跃迁之几率。就如从量子力学所知道的,这两种跃迁几率的比值等于 $(n+1)/n$。这意味着,简谐振子的集合平均来说是吸收光的。

对于激光作用,即为了使得诱导辐射占优势,起决定作用的是振子的非简谐性,也就是要破坏能级的等距离性,此时相邻能级间

的能量距离就变成不一样的了．如果能级间的距离不同，那么就存在着这样的频率，它对于 $n \to n-1$ 的跃迁来说是共振的，而对于 $n \to n+1$ 的跃迁来说不是共振的．这时很显然，处于第 n 个状态的振子在频率为 ν 的光的作用下只能放出能量．

这是那样一种情景，当能级被倒占（占据的是第 n 个能级而不是第 $(n-1)$ 个能级）的时候，就要产生能量输出，或者波的负吸收，即产生激光振荡的条件[1]．

由具有两个能级的原子（这些原子间没有相互作用，例如处于红宝石晶格中的铬原子）所组成的 N 个原子的集合，也可以被看成是一个具有等距离能级的系统：能量 $E_n = nh\nu$，其中 n 是激发原子数．

与那种其能量状态的谱在上边不受限制（其统计权重对所有的状态都是相同的）的振子不同，在这里谱不仅要在下边受到限制 $(n=0, E_n=0)$，而且还要在上边受到限制：$E_{\max}=Nh\nu$．

不同的 n 的统计权重也不同，统计权重的最大值是在 $n=N/2$ 时的中点上达到．

这就可以解释如下事实，在这种系统中当 $n < N/2$ 时，吸收占有优势；而当 $n > N/2$ 时，则诱导辐射占有优势[2]．

就如在本节的开头所说的，诱导辐射这一概念本身具有十分明显的经典的意义．正像所预料的那样，诱导辐射可以完全由牛顿方程和麦克斯韦方程所描写：难怪在描写低频区域谱密度的瑞利-琼斯公式（2.12）中不包含普朗克常数，但要知道在对瑞利-琼斯公式进行量子推导的时候却必须要考虑到诱导辐射．

1）有趣的是，当我们考察电子在磁场中辐射的时候，要遇到非简谐性的作用问题．在非相对论近似下，电子是以不变的频率旋转．这符合于那样一点，电子在磁场中横向运动能量的量子能级是等距离的．

在这种近似下，不管在磁场中（电子）按能量如何分布，都不可能引起负的吸收系数和相干光的振荡．

当考虑到相对论的修正时，就会确立与等距离性的偏差，同时也就有可能出现电子的那样一些分布——这些分布能够引起振荡．

2）我们指出文献[9]，在那里根据半经典的观念研究了激光效应，和文献[10]，在后者当中将量子观点和半经典的观点进行了比较．

在促使物理学家去注意诱导辐射现象的激光被发现之后，人们看到用吸收和诱导辐射这样的术语来描写一系列的过程是很方便的。

一个极好的例子就是电子在驻光波中的散射。这一现象曾被 П. Л. 卡皮采和 П. A. M. 狄拉克（文献[11]）早在 30 多年以前就预言过。单色光波被镜面反射之后就会在空间形成周期分布的区域，有的地方电场弱（波节），有的地方电场强（波腹）。而电子要按一定的"布拉格"角度散射，就像电子在晶体格子的周期场中被散射一样。这一效应只是在最近由于利用了激光所发出的强大的单色光脉冲才被观察到（文献[12]）。电子被驻波场的散射，可用新的术语——"诱导的康普顿效应"进行定量的描写。

事实上，康普顿效应就是量子 γ 和电子 e 相互作用的过程：

$$\gamma + e = \gamma' + e'.$$

当给定散射前的量子和电子的能量和冲量的数值时，守恒定律容许散射后的量子 γ' 和电子 e' 有任意的方向（在惯心系中）。这样一来，在康普顿效应的一般条件下所得到的乃是电子按方向的统计分布。现在我们转到电子在驻波中的散射。驻波是入射波 γ_1 和反射波 γ_2 的叠加。这意味着可以进行下述的康普顿散射：

$$\gamma_1 + e = e' + \gamma_3,$$
$$\gamma_2 + e = e'' + \gamma_4.$$

但是当光流十分强大时，根据诱导辐射的定律就会出现辐射与已有的量子相同的量子的可能性，即有可能进行下述过程：

$$\gamma_1 + e = e_{12} + \gamma_2,$$
$$\gamma_2 + e = e_{21} + \gamma_1,$$

它们自然地被叫做诱导的康普顿效应。由于给定了（散射前后）两种量子的方向和频率，即它们的能量和冲量，那么这就完全确定了电子方向的改变。而电子的能量显然是不变的。此外，从守恒定律得到，只是当入射电子具有一定冲量的时候，这种过程才是可能的。这样一来，从诱导康普顿效应这一概念出发，可以异常鲜明地得到关于绕射散射的全部规律性。

在这一例子中，存在着一个重要的普遍的原则：周期外力对于系统的全部作用在量子力学的术语中应必须看成是系统吸收和诱导发射其相应的能量量子这两种过程的综合．这也与那些可以把外力看成是经典的问题有关：在这类问题中我们可以忽略系统对于力的反作用(在上述例子中，就是可以忽略电子对于驻波场的作用)．但是，当对力作经典理解的时候，它对量子系统的作用就应当或者可能被看成是吸收和发射了量子[1]．力的经典性意味着，其频率由外力所确定的量子的诱导辐射，远大于在频率、方向或偏振上都不同的任何其它量子的自发辐射．

当存在周期外力作用的时候，系统的哈密顿已不可能再认为与时间无关，但它具有周期性 $H(t) = H(t + nT)$，这意味着应存在这样一些解，它们在作用力的每一个周期结束之后又变为和原来的解一样，只是要乘上一个位相因子

$$\psi_k(t+T) = a_k\psi(t), \quad |a_k| = 1, \quad a_k = e^{i\alpha k}.$$

我们引进准能量(квазиэнергия) ε_k 这一概念：

$$\alpha_k = 2\pi\varepsilon_k T/h,$$

$$\psi_k(t + nT) = e^{i2\pi\varepsilon_k nT/h}\psi(t).$$

准能量这一概念与能量的关系，就像在空间周期格子中电子的准冲量(квазиимпульс)与固有意义下的电子的冲量之间的关系一样．

这样一来，对于处在周期外力作用之下的系统，我们可以发展一种严格的理论．且根据上面所说，这种理论同时也是关于吸收和诱导发射现象的理论．

应用诱导辐射概念的第二个例子是简谐振子理论．

人们熟知，当从状态 A 跃迁到状态 B 时所辐射出的谱线之宽度就等于这两个状态的宽度 Γ_A 和 Γ_B 的和．将此应用到振子，对于这些振子来说，从第 n 个状态到第 $(n-1)$ 个状态跃迁的矩阵元

---

1) 我们指出 Л. В. 凯勒戴斯的文献[13]，在那里曾利用了电子在经典光波场中的精确波函数．

乃正比于 $\sqrt{n}$，我们求得 $\Gamma_n = kn$，$\Gamma_{n-1} = k(n-1)$. 由此得到结论，当从第 n 个状态跃迁到第 $(n-1)$ 个状态时所发射出的谱线的宽度正比于 $(2n-1)$。然而在经典理论中由简谐振子所发射的线的宽度与它的振幅无关。其辐射强度正比于振幅的平方[1]，因此振子的能量按指数减小：$E \sim e^{-\gamma t}$，它的振动振幅也按指数减小：$x = a_0 e^{-\gamma t/2} \times \cos 2\pi\nu t$. 将这个表达式用傅立叶积分展开，就得到了关于线的洛伦兹公式（见第五章）

$$|b(\nu)|^2 \sim \frac{1}{(\nu - \nu_0)^2 + (\gamma_0/4\pi)^2},$$

线的宽度与振幅无关. 对于大量子数的情况来说，这种经典理论的和量子理论的结论在表面上不一致的矛盾，早在三十年代初期就被威斯柯夫、魏格纳，以及泡利所发觉（见文献[14]）。文献[14]指出，这一矛盾与简谐振子的特殊性质——它的能级的等距离性有关，也即是与任意一对相邻能级之间发生跃迁时所辐射出的频率是严格相等的这一点有关。在文献[14]中考察了三个状态 A，B，C，它们接连发射出两个量子 $A \xrightarrow{h\nu_1} B \xrightarrow{h\nu_2} C$。如果没有等距离性：$E_A - E_B \neq E_B - E_C$，那么 $\nu_1 \neq \nu_2$，而对线 ν_1 就得到通常的答案：它的宽度正比于 $\Gamma_A + \Gamma_B$.

但是，在等距离的情况下（例如，如果 C 是简谐振子的最低零能级，B 是它的第一激发能级，A 是它的第二激发能级）事情就要复杂一些，发射两个在频率上没有差别的量子还可以按另一个途径进行：

$$A \xrightarrow{h\nu_2} B \xrightarrow{h\nu_1} C.$$

为了计算发射两个量子的整个过程的几率，就必须将两个途径上的振幅相加；同时线的宽度和形状也都要改变。按照现代的术语可以这样说，当不区别量子的序号（第一、第二）时，$A \to B$ 跃迁时

---

1) 因此，辐射一个能量量子所需要的时间就反比于振子本身的能量；根据矩阵元的大小所得出的关于辐射几率的结论是没有疑义的.

所发射出的量子引起 $B \rightarrow C$ 跃迁时的诱导辐射[1]。 处于大量子数状态的简谐振子发射出量子的级联（каскад квантов）；并且其状态的平均序数 n 越大，则与自发辐射相比较，诱导辐射的作用也就越大。这里所说的辐射不是由外部辐射所引起的，而是由振子的自身辐射所引起的。

只有对考虑到诱导辐射的整个级联过程进行研究，才会导至与经典理论相符的结果。

在每一个确定的时刻振子的状态都是由很多个激发能级叠加而成的。同样重要的是，在诱导跃迁时，我们在相继的能级之间所得到的是一定的位相关系，系统的状态不可能由不同能级的一些单个的几率所给出。这是很自然的：在经典的图象中电子是定域性的。很显然，为了描写定域性的电子就需要取一定数目的本征函数来进行叠加（定域性越精确，所需要的数目也就越大），而且这种叠加必须要按照一定的位相关系来进行。这种情况难道只是关于严格的简谐振子这种理想化情况的一个数学逻辑上的奇谈怪论吗？使用关于不连续的量子跳跃的习惯概念的标准又是什么呢？之所以可以讨论不连续的能级本身，那是因为与自发辐射有关的能级宽度 Γ_n 小于能级间的距离，即小于跃迁频率

$$\Gamma_n < \nu_{n,\,n-1} = \frac{E_n - E_{n-1}}{h}.$$

而当不计诱导辐射时，使用一般的关于宽度概念的标准将有另外的形式——宽度应小于频率之差：

$$\Gamma_n < \nu_{n,\,n-1} - \nu_{n-1,\,n-2} = \frac{E_n - 2 E_{n-1} + E_{n-2}}{h}.$$

如能在实验上观察到在分子的高振动能级上的"内"诱导辐射效应，那将是很有意义的。

上述几个例子证明，诱导辐射的概念可以帮助我们重新解释许多事实和矛盾；这一概念是量子力学解释中的一个不可分割的

---

1) 这一观点由下述事实所证实，依照文献［14］当在一个方向上发射两个量子的时候光谱要改变。

部分．

§5. 辐射输运方程

我们来建立具有一定频率之量子的分布函数的动力论（кине-
тическое）方程．由于这个函数与辐射强度仅差一个常数因子
$h\nu c$，所以可直接写成关于辐射强度的方程．而这种形式的动力论
方程，通常就叫做辐射输运方程．

我们所关心的是在确定方向 $\boldsymbol{\Omega}$ 上的单位立体角内传播的、单
位频率间隔内频率为 ν 的辐射．我们来考察在空间给定点处的底
面积为 $d\sigma$、高为 ds 的小圆筒内的辐射的平衡．在这里方向 $\boldsymbol{\Omega}$ 与
这一小圆筒的母线相合并垂直于它的底面(图 2.4)．在 dt 时间内
从左底面流进来的辐射是 $I_\nu(\boldsymbol{\Omega}, \mathbf{r}, t)d\sigma dt$．在同样的时间 dt
之内，从右底面流出的辐射是 $(I_\nu + dI_\nu)d\sigma dt$．

辐射强度 I_ν 是坐标和时间的
函数．光束从左底面传到右底面时
其强度的增量是由两部分组成的：
在光通过路程 ds 所需要的时间内的
当地增量和在给定时刻从坐标 s 过
渡到坐标 $s + ds$ 所引起的增量：

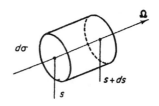

图 2.4　关于辐射输运方程的推导

$$dI_\nu = \frac{\partial I_\nu}{\partial t}\frac{ds}{c} + \frac{\partial I_\nu}{\partial s}ds.$$

光束强度的变化，是由上述圆筒内具有所讨论性质的光的发
射和吸收造成的（根据§2末尾所说的意见，我们略去了光的散
射）．在 dt 时间内，在圆筒内所发射的辐射按公式(2.19)等于

$$j_\nu\left(1 + \frac{c^2}{2h\nu^3}I_\nu\right)d\sigma ds dt.$$

在同样的时间内，在那里吸收的辐射是 $\varkappa_\nu I_\nu d\sigma ds dt$．使上述有关
结果相等，并用微分乘积 $d\sigma ds dt$ 来除所得的表达式，我们便得到

方程:

$$\frac{1}{c}\left(\frac{\partial I_\nu}{\partial t} + c\boldsymbol{\Omega}\nabla I_\nu\right) = j_\nu\left(1 + \frac{c^2}{2h\nu^3}I_\nu\right) - \varkappa_\nu I_\nu. \quad (2.24)$$

这里我们用等价的矢量表达式 $\boldsymbol{\Omega}\nabla I_\nu$ 代替了左端中沿方向的偏导 $\partial I_\nu/\partial s$。

左端括号中的组合就是强度对于时间的"实质"导数,即给定量子波包的强度对于时间的导数(与流体动力学中的 运 动 方 程 (1.6)比较)。

将对应于吸收和强迫发射的两项归并到一起,我们来改写方程(2.24)的右端。因为这两项都正比于坐标和时间的未知函数,即辐射强度。这时,在强迫发射项的 I_ν 之前的因子中,把辐射系数 j_ν 用它的借助吸收系数表达的式(2.21)来代替,并向式(2.21)中再代入平衡辐射强度的公式(2.11),则方程(2.24)的右端具有如下形式:

$$j_\nu - \varkappa_\nu(1 - e^{-\frac{h\nu}{kT}})I_\nu. \quad (2.25)$$

由此看出,强迫发射可以解释为是吸收系数的某些减 少; 仿佛有部分量子被吸收了之后,马上又重新以同样的频率、在同样的方向上被发射出来,并且这种"再次发射"的几率是等于 $e^{-\frac{h\nu}{kT}}$. 在物理上这种"再次发射"的行为是无论如何都不会表现出来的,而一般可以把它们从讨论中消去,如果认为吸收系数是一个稍微小一点的量的话:

$$\varkappa_\nu' = \varkappa_\nu(1 - e^{-\frac{h\nu}{kT}}). \quad (2.26)$$

可以这样地来想像辐射与物质的相互作用:仿佛只存在自发发射和用为表达强迫发射而修正过的系数 $\varkappa_\nu'$ 所描写的有效吸收。

在新的解释中,基尔霍夫定律(2.21)具有形式:

$$j_\nu = \varkappa_\nu' I_{\nu p}, \quad \varkappa_\nu' = \varkappa_\nu(1 - e^{-\frac{h\nu}{kT}}). \quad (2.27)$$

将这个表达式代入输运方程(2.24)的右端,将方程写成如下的最终形式:

$$\frac{1}{c}\frac{\partial I_\nu}{\partial t} + \mathbf{\Omega}\nabla I_\nu = \varkappa'_\nu(I_{\nu p} - I_\nu). \tag{2.28}$$

我们按所有的方向 $\mathbf{\Omega}$（按立体角）来积分方程(2.28)。回忆辐射密度和辐射能流的定义(2.1),(2.2),我们得到

$$\frac{\partial U_\nu}{\partial t} + \operatorname{div}\mathbf{S}_\nu = c\varkappa'_\nu(U_{\nu p} - U_\nu). \tag{2.29}$$

这个方程可以看成是具有一定频率之辐射的连续性方程。它反映了辐射能的守恒定律，并完全类似于流体动力学中以"散度"形式所写出的能量方程(1.10)。

辐射输运方程(2.28)是作为坐标、时间和方向之函数的辐射强度 $I_\nu(\mathbf{r}, t, \mathbf{\Omega})$ 的偏微分方程，它描写非平衡辐射场。一般来说，在物质本身中建立热力学的平衡是很快的。因此在空间的每一点，在每一时刻，物质都可以被认为是热力学平衡的。这时，物质的状态是由两个参量，比如温度和密度来表征的。辐射输运方程中包含有依赖于物质的种类和状态的量：依赖于物质的性质、它的温度和密度的吸收系数 $\varkappa'_\nu$，以及只是温度之函数的平衡辐射强度 $I_{\nu p}$。

尤其是，方程(2.28)还描述辐射与物质随着时间建立平衡的过程。

设想一块具有常密度的、原来是冷的无限大介质，因而也没有辐射。设在 $t=0$ 的开始时刻，物质被"瞬时地"加热到恒温 T，尔后这个温度在时间上保持不变。我们看一看，辐射强度随着时间如何变化。很显然，在这种情况下空间梯度是等于零的，$\varkappa'_\nu =$ 常数，$I_{\nu p} =$ 常数。在这种情况下，方程(2.28)的解具有如下形式

$$I_\nu(t) = I_{\nu p}(1 - e^{-c\varkappa'_\nu t}), \tag{2.30}$$

即辐射强度渐近地趋于平衡辐射强度，并且建立辐射与物质的平衡所需要的弛豫时间等于 $t_p = 1/c\varkappa'_\nu = l'_\nu/c = l_\nu/(1 - e^{-\frac{k\nu}{kT}})c$。例如，当 $l_\nu = 1$ 厘米时，在普朗克谱的最大值 $h\nu = 2.8\,kT$ 处，$t_p = 3 \times 10^{-11}$秒。

§ 6. 辐射强度的积分表示式

把只依赖于物质状态的量 $I_{\nu p}(T)$，$\varkappa'_{\nu}(T, \rho)$ 看成是坐标和时间的已知的函数，我们来求出辐射输运方程的形式解. 为了简单，首先来考察定常的情形，这时温度分布和密度分布以及辐射场都与时间无关. 我们想知道物体的点 $\mathbf{r}$ 处的传播方向为 $\mathit{\Omega}$ 的辐射（图2.5）.

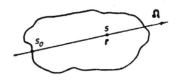

图 2.5 说明公式(2.32)之积分限的简图

我们通过该点沿所指的方向画出一条射线，并用 s 来表示沿着射线的坐标. 注意到，输运方程(2.28)左端的微分表达式是关于给定量子波包的辐射强度沿它们传播方向的全导数，我们把方程改写为

$$\frac{dI_{\nu}}{ds} + \varkappa'_{\nu}I_{\nu} = \varkappa'_{\nu}I_{\nu p}. \tag{2.31}$$

这个方程可以看成是关于辐射强度沿着射线的线性常微分方程. 它的解是：

$$I_{\nu}(s) = \int_{s_0}^{s} \varkappa'_{\nu}I_{\nu p}\exp\left[-\int_{s'}^{s}\varkappa'_{\nu}ds''\right]ds' +$$
$$+ I_{\nu_0}\exp\left[-\int_{s_0}^{s}\varkappa'_{\nu}ds''\right]. \tag{2.32}$$

这里 $I_{\nu}(s)$，即是辐射强度 $I_{\nu}(\mathbf{r}, \mathit{\Omega})$，它被看作是沿着射线方向的坐标 s 的函数. 沿着射线的积分，一般来说要从"$-\infty$"开始，而实际上只是从物体的边界 s_0 开始（如图 2.5 所示）. I_{ν_0} 表示积分常数.

解释一下所得解的物理意义.

在单位时间内通过射线上 s 点处的单位横截面的（按单位立体角计算的）辐射，是由在顺着射线方向的具有单位截面的柱体内所产生的全部量子所组成的. 在点 s' 附近的射线间隔 ds' 内所产生的辐射是 $j_{\nu}ds' = \varkappa'_{\nu}I_{\nu p}ds'$，这些辐射是沿着射线方向 $\mathit{\Omega}$ 在单位立体角内传播的. 能从点 s' 到达点 s 的仅仅是这些辐射的

$\exp\left[-\int_{s'}^{s}\varkappa'_{\nu}ds''\right]$ 部分；其余的部分都在沿途被吸收了．总的强度是由在所有元间隔ds'内产生的量子所组成，即等于沿射线的积分．如果辐射体具有有限的线度，那么积分实际上应从物体的边界s_0积到点s处．如此便得到了(2.32)中的第一项．第二项是来自某种外源的、在边界s_0处进入物体的外来辐射．积分常数I_{ν_0}是这种进入物体之辐射的强度．因子$\exp\left[-\int_{s_0}^{s}\varkappa'_{\nu}ds''\right]$则计算了它在路程上从点$s_0$到点$s$处因吸收所引起的衰减．吸收系数$\varkappa'_{\nu}$和平衡辐射强度$I_{\nu p}$与射线上的各点有关，这是由于它们与物质的温度和密度有关，而后两者是以某种方式沿射线分布的．如果这些函数是已知的，那么求物体中任意一点的辐射强度，如从公式(2.32)所看出的，就简单地化为求积的问题，即沿着射线的积分问题．

把解(2.32)推广到温度和密度从而$I_{\nu p}$和$\varkappa'_{\nu}$以及待求的强度I_{ν}都是与时间有关的非定常情况．显然，至时刻t时由点s'到达点s处的量子是在比较早的$t-\dfrac{s-s'}{c}$的时刻产生的．同样地，它们在自己的路程上，也要按照在通过点s''的时刻$t-\dfrac{s-s''}{c}$时的吸收系数的值被点s''处的物质所吸收．因而输运方程的非定常解可以写成如下形式：

$$I_{\nu}(s,t)=\int_{s_0}^{s}(\varkappa'_{\nu}I_{\nu p})_{s',t-\frac{s-s'}{c}}\cdot\exp\left[-\int_{s'}^{s}(\varkappa'_{\nu})_{s'',t-\frac{s-s''}{c}}\cdot ds''\right]ds'$$

$$+(I_{\nu_0})_{s_0,t-\frac{s-s_0}{c}}\cdot\exp\left[-\int_{s_0}^{s}(\varkappa'_{\nu})_{s'',t-\frac{s-s''}{c}}\cdot ds''\right],\quad(2.33)$$

并且边界坐标s_0本身的值是在$t-\dfrac{s-s_0}{c}$的时刻取的．用直接代入法不难验证，解(2.33)实际上满足非定常的输运方程．从公式(2.32)或(2.33)看出，在强吸收的介质中，远处的源对于某点之强度的贡献是随着其距离的增加而按指数下降．能够到达 s 点的只是那些量子，它们都是在与该点的距离不大于几个辐射自由程的，或更确切地说，光学距离不大于几个单位的小区域内产生的．如果吸收系数沿射线保持不变，这一断言就变得特别明显．此时指数因子有下述形式：

$$\exp\left[-\int_{s'}^{s}\varkappa_{\nu}'ds''\right]=\exp[-\varkappa_{\nu}'(s-s')]=\exp\left[-\frac{s-s'}{l_{\nu}'}\right];$$
$$l_{\nu}'=\frac{1}{\varkappa_{\nu}'}.$$

原则上，只是温度急剧变化的情况才有可能成为例外，那时在远离某点时其发射本领 $j_{\nu}=\varkappa_{\nu}'I_{\nu p}$ 的增加要大于当通过的距离的增加而引起的沿途吸收．但实际上，这种情况几乎在任何时候都不可能出现，因而对于积分(2.32)，(2.33)的主要贡献是由考察点附近的、其大小约为几个（两个到三个）辐射自由程的射线线段所给出的．但光是在极短的时间 l_{ν}'/c 内通过这样的距离，通常这个时间比物质状态(温度和密度)发生显著变化所需要的特征时间要短的多；例如当自由程 $l_{\nu}'=3$ 厘米时，时间 $l_{\nu}'/c\approx10^{-10}$ 秒．它比在一般的流体动力学流中所要碰到的特征时间短得多．这与物质的速度一般要比光的速度小很多这一点有关．

所指出的现象是极为重要的．它表明，实际上在所有的情况下，辐射场在每一时刻都可以被看成是与发射源和吸收源的瞬时分布，也就是与物质的温度和密度的瞬时分布相适应的准定常态．

因而在辐射输运方程中可以略去强度对时间的导数，而把时间看成参数．物质的温度和密度，即 $I_{\nu p}$ 和 $\varkappa_{\nu}'$ 则与这一参数有关．今后，我们总是从这种简化了的输运方程：

$$\Omega_{\nabla}I_{\nu}=\varkappa_{\nu}'(I_{\nu p}-I_{\nu}) \tag{2.34}$$

或从它的(2.32)形式的解出发来讨论问题．

§ 7. 平面层辐射

一般地说，辐射输运和辐射热交换要影响到物质的状态，影响到它的运动或者影响到定常状态中的温度分布．这种影响与下述事实有关，当发射和吸收光时，物质要损耗或是得到能量，要冷却或是被加热．在一般情况下，物质的状态要用流体动力学的方程来描写，在有辐射热交换时，这些方程应该加以推广，以便考虑到辐射与物质的相互作用．由于辐射输运本身依赖于物质的状态，即它的温度和密度，那么在普遍情况下，描写物质和辐射的方程组要由以相应的方式推广了的流体动力学方程和辐射输运方程所组成．

但是在很多情况下，辐射对于物质状态的"反"影响是不大的，或者可用某种近似的方法来加以考虑．例如，当温度足够低的时候，辐射热交换或物体用于辐射的能耗都是很小的．这时物质的状态实际上不依赖于辐射，求解辐射场的问题和描述物质状态的问题便可以分开处理．比如说，用流体动力学的方程来描述物质的状态，而在每一个时刻都可以根据已知的温度和密度的分布以及已知的吸收系数来求出辐射场．

和通常一样，在这种情况下，实际的兴趣并不在于要确定介质中的整个辐射场(因为，反正它不影响介质的状态)，而是在于求出从物体表面出来的辐射，即所关心的是受热物体的发光、它的表面亮度、辐射谱、能流的角分布等问题．

如果已知物质的光学性质，即已知作为频率、温度和密度之函数的吸收系数 $x_{\nu}^{\prime}$[1]，以及物体中的温度和密度的分布，那么对于所有这些问题的回答全都包括在关于强度的积分公式(2.32)之中．

当我们关心从物体表面出来的辐射时，不失一般性，可以从物体表面向内来计算沿射线 s 的坐标，并把沿射线的积分扩展到无穷远：

$$I_{\nu}(\boldsymbol{\Omega}) = \int_{0}^{\infty} I_{\nu p}[T(s)] e^{-\int_{0}^{s} x_{\nu}^{\prime} ds^{\prime}} x_{\nu}^{\prime}(s) ds. \qquad (2.35)$$

如果物体是有限的，那么在它的边界之外吸收系数等于零，与此相应的积分区间也就没有了．如果物体是有限的，但是从外边

_____

1) 要提示一下，我们这里 所要考察的仅是折射系数等于 1 的介质，气体都是这样的．

从"后面"有辐射流入它的内部，那么当把沿射线的积分扩展到无穷远时，我们也就把这些"外部"光源包括到积分之中了。

考察几个简单的、具有实际意义的例子．设物体占据 $x>0$ 的半无限空间，并以一个平面表面为界．物体的温度保持不变，而吸收系数可以以任意的方式逐点变化（但是应该使得物体的光学厚度 $\int_0^\infty x_\nu' dx$ 是无限大）．

在这种情况下，物体表面的辐射强度就 等 于 $I_{\nu p}(T)$，这是因为

$$I_\nu(\Omega) = \int_0^\infty I_{\nu p} e^{-z} dz = I_{\nu p}; \quad dz = x_\nu' ds, \quad z = \int_0^s x_\nu' ds.$$

物体就像温度为 T 的绝对黑体一样地辐射．

强度 I_ν 是 1 秒内在单位立体角内穿过垂直于量子运动 方向的单位面积的辐射能量[1]．对于黑体辐射来说，它不依赖于角度．在 1 秒内在 1 厘米^2 的表面沿与法线成 θ 角之方向出来的、按单位立体角计算的辐射能量（我们称该量为物体的发射本领 i_ν）[2] 等于

$$i_\nu = I_\nu(\theta) \cos \theta. \tag{2.36}$$

对于黑体辐射

$$i_\nu = I_{\nu p} \cos \theta. \tag{2.37}$$

我们来考察一个具有恒温 T 和常吸收系数 x_ν' 的、厚度 d 为有限的平面层的辐射．

与法线成 θ 角之方向上的、表面附近的辐射强度（图2.6）等于

$$I_\nu(\theta) = \int_0^{d/\cos\theta} I_{\nu p} e^{-\frac{x_\nu' x}{\cos\theta}} x_\nu' \frac{dx}{\cos\theta}$$

$$= \int_0^{x_\nu' d/\cos\theta} I_{\nu p} e^{-\frac{\tau_\nu}{\cos\theta}} \frac{d\tau_\nu}{\cos\theta}$$

————————————
1) I_ν 的量纲是能量/厘米^2·秒·单位立体角·频率＝尔格/厘米^2·单位立体角．
2) 不应该把它和介质的发射本领 j_ν 或 J_ν 混为一谈．

$$= I_{\nu p}(1 - e^{-\frac{\varkappa'_\nu d}{\cos\theta}}) = I_{\nu p}(1 - e^{-\frac{\tau_\nu}{\cos\theta}}), \qquad (2.38)$$

这里 $\tau_\nu = \int_0^d \varkappa'_\nu dx$ 是层在表面之法线方向上的光学厚度.

从公式 (2.38) 看出, 有限厚度层的辐射强度总是小于平衡辐射强度. 其谱和普朗克谱 $I_{\nu p}(T)$ 相差一个因子 $1 - e^{-\tau_\nu/\cos\theta}$. 由于吸收系数与频率有关, 这一因子也依赖于频率. 只是当 $d \to \infty$ 时, 它才趋近于 1. 在表面之法线方向上, 其强度与普朗克值的差

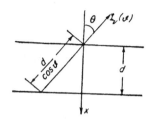

图 2.6 关于平面层辐射问题的简图

别表现得最为明显, 因在这个方向上含有光源之射线的距离最短 (等于 d). 在与法线成大角度, 即 $\theta \to \frac{\pi}{2}$, $\cos\theta \to 0$ 的时候, 谱趋近于普朗克谱. 依层的厚度 d 而定, 谱与普朗克谱的极大偏差应出现在层为光学薄的范围内, 即应出现在 $\varkappa'_\nu d/\cos\theta \ll 1$ 的那些角度之下.

在这种情况下, 将指数展开, 精确到二级小量项, 我们求得:

$$I_\nu = I_{\nu p} \frac{\varkappa'_\nu d}{\cos\theta} \ll I_{\nu p}. \qquad (2.39)$$

表面附近的辐射强度与 $1/\cos\theta$ 成正比, 而层的发射本领这时却不依赖于角度

$$i_\nu = I_\nu \cos\theta = I_{\nu p} \varkappa'_\nu d, \quad \text{当} \ \cos\theta \gg \tau_\nu \ \text{时}. \qquad (2.40)$$

应该指出, 层为"光学薄的"这一概念与角度有关; 总可以找到如此之大的一些角度, $\theta \approx \pi/2$, $\cos\theta \ll 1$, 对这些方向来说层将是"光学厚的", 因而 $\tau_\nu \ll 1$ 的层在大角度 $\theta \approx \pi/2$ 之下也完全和黑体一样地辐射. 在一些小角度之下, 那时 $\tau_\nu/\cos\theta \ll 1$, 层是光学薄的, 它和体积辐射体一样地发射; 产生于任意一点的量子, 实际上沿途不被吸收地从层内跑到外面来. 在层内没有"自身吸收", 每一体积元对于从表面出来的辐射都有同样的贡献. 这就是"体积辐射体"这一术语的来由. 光学厚的物体是"从表面"向外辐

射的,因为产生于内部的一些量子不能从物体跑出,沿途都被吸收了.

在很多情况下,关心的不是某一角度上的辐射强度,而是从物体表面出来的辐射能流,即在 1 秒内从 1 厘米^2 的物体表面出来的所有方向上的辐射能量. 把这个量叫做表面的亮度(谱亮度或积分亮度).

显然,表面的谱亮度等于

$$S_\nu = \int_{沿半球} \cos\theta I_\nu(\boldsymbol{\Omega}) d\boldsymbol{\Omega}, \qquad (2.41)$$

这里 $I_\nu(\boldsymbol{\Omega})$ 由公式(2.35)给出, θ 是辐射传播方向和表面法线间夹角.

我们来求出平面层的表面亮度,这时我们将认为温度和吸收系数是变化的,但只依赖于坐标 x(见图 2.6). 在公式(2.35)中用 $dx/\cos\theta$ 来代替 ds,并引进光学厚度

$$d\tau_\nu' = \varkappa_\nu' dx, \quad \tau_\nu' = \int_0^x \varkappa_\nu' dx. \qquad (2.42)$$

这时

$$I_\nu(\theta) = \int_0^\infty I_{\nu p} e^{-\frac{\tau_\nu'}{\cos\theta}} \frac{d\tau_\nu'}{\cos\theta}, \quad \frac{\pi}{2} > \theta > 0. \qquad (2.43)$$

将这个表达式代入(2.41),并按角度积分($d\boldsymbol{\Omega} = 2\pi \sin\theta d\theta$)

$$S_\nu = 2\pi \int_0^{\pi/2} \cos\theta \sin\theta d\theta \int_0^\infty I_{\nu p} e^{-\frac{\tau_\nu'}{\cos\theta}} \frac{d\tau_\nu'}{\cos\theta} =$$

$$= 2\pi \int_\nu^\infty I_{\nu p} d\tau_\nu' \int_0^1 d(\cos\theta) e^{-\frac{\tau_\nu'}{\cos\theta}}.$$

引进变数 $w = 1/\cos\theta$,并且注意到已表格化的函数——积分指数的定义,

$$E_n(z) = \int_1^\infty e^{-zw} \frac{dw}{w^n}, n = 1, 2, \cdots, \qquad (2.44)$$

以及按公式 $I_{\nu p} = c U_{\nu p}/4\pi$ 用辐射的平衡密度来代替平衡强度,我们得到

$$S_\nu = \frac{c}{2} \int_0^\infty U_{\nu p} [T(\tau_\nu')] E_2(\tau_\nu') d\tau_\nu', \qquad (2.45)$$

或者，对于其光学厚度 $\tau_\nu = \int_0^d \varkappa_\nu' dx$ 为有限的层来说，

$$S_\nu = \frac{c}{2} \int_0^{\tau_\nu} U_{\nu p} E_2(\tau_\nu') d\tau_\nu. \qquad (2.46)$$

利用已知的积分指数的性质

$$\int_0^\infty E_2(Z) dZ = \frac{1}{2},$$

对于恒温半无限的物体，我们得到

$$S_\nu = \frac{cU_{\nu p}}{4} = S_{\nu p}. \qquad (2.47)$$

正如所预料的那样，表面的谱亮度就等于绝对黑体的亮度。

厚度有限温度恒定这种层的表面亮度等于

$$S_\nu = \frac{cU_{\nu p}}{2} \int_0^{\tau_\nu} E_2(\tau_\nu') d\tau_\nu' = \frac{cU_{\nu p}}{4} [1 - 2E_3(\tau_\nu)]$$

$$= S_{\nu p} [1 - 2E_3(\tau_\nu)]. \qquad (2.48)$$

它总是小于具有同样温度的绝对黑体的亮度，并且当 $\tau_\nu \to \infty$ 时它趋近于后者。

对于光学薄的层而言

$$\tau_\nu \ll 1, \quad E_2(\tau_\nu') \approx E_2(0) = 1,$$

$$2E_3(\tau_\nu) \approx 1 - 2\tau_\nu \qquad (2.49)$$

和

$$S_\nu = \frac{cU_{\nu p}}{2} \tau_\nu = S_{\nu p} \cdot 2\tau_\nu, \quad 2\tau_\nu \ll 1. \qquad (2.50)$$

§8. 非均匀受热物体之表面的等效温度或亮度温度

非均匀受热物体之表面的谱亮度用等效温度或亮度温度 $T_{\nu 等效}$ 来描述是非常方便的。要将后者理解为是那样一个绝对黑体的温度，这一黑体自表面所输出的同一谱段内的辐射能流恰恰与所讨论的客体所输出的完全一样。

比较公式(2.46)与(2.47)，我们便得到在平面层的情况下确

定等效温度的表达式：

$$U_{\nu p}(T_{\nu 等效})=2\int_0^{\tau_\nu} U_{\nu p}[T(\tau_\nu')]E_2(\tau_\nu')d\tau_\nu', \qquad (2.51)$$

或者，代进关于 $U_{\nu p}$ 的普朗克函数

$$\frac{1}{e^{\frac{h\nu}{kT_{\nu 等效}}}-1}=2\int_0^{\tau_\nu}\frac{1}{e^{\frac{h\nu}{kT}}-1}E_2(\tau_\nu')d\tau_\nu'. \qquad (2.52)$$

等效温度与频率有关。只是在绝对黑体的情况下，它对于所有的频率才是相同的，并且就等于物质的温度。

可以引进物体的按谱积分之辐射的等效温度，按照定义

$$S=\sigma T_{等效}^4. \qquad (2.53)$$

这里 S 是从物体表面出来的积分能流。显然，积分辐射的等效温度是关于谱等效温度的某一个平均值。

我们看一看，物体的辐射谱与吸收系数的频率关系有着什么样的联系。

我们来考察一个光学厚的物体；并假令其表面的曲率半径与辐射自由程相比较是很大的，因此物体可以被看成是平面的。令其温度朝着表面方面逐渐下降，就象图 2.7 所画的那样。

从表面出来的频率为 ν 的辐射能流是由按源的积分(2.45)决定。由于用以考虑自身吸收的积分指数随 τ_ν' 的增加而迅速地下降，所以积分中的主要贡献是由靠近表面的其厚度近于自由程 l_ν' 的一层所给出(其光学厚度 τ_ν' 近于一个单位)。换言之，自物体表面出来的量子，基本上是产生在靠近表面的光学厚度近于一个单位(确切地说，是 2—3 个单位)的一层内。这一层可以称之为辐射层。产生在比较深的一些内层的量子，在它们从物体出来之前实际上就已经完全被吸收了。等效温度，就象由公式(2.52)所得到的，乃等于辐射层内的某一平均温度。

从表面出来的具有那些频率的量子，对这些频率 来 说 吸 收较强而自由程较小，乃是由比较靠近表面的受热较少的一些层中辐射出来的。相反地，吸收较弱的一些频率则是由较深的受热较多的一些层中发射出来的。这样一来，如果物质的温度是朝着表

面方面逐渐下降的（就如通常
所发生的那样），那么强吸收
之频率的等效温度要低于弱
吸收之频率的等效温度。这种
情况已简略地画在图2.7上，
在那里用箭头指出了辐射不同
频率之量子的"地点"。这些
"地点"距表面的距离大致等于
各相应量子的自由程。

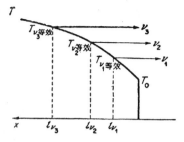

图 2.7 其温度朝着表面方面下
降之物体的辐射问题

非均匀受热物体的辐射谱不同于普朗克谱，并且当吸收系数
与频率及温度的关系愈强、在表面附近约为量子自由程的距离上
温度的变化愈陡，则这种差别亦就越大。

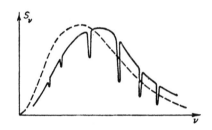

图 2.8 其温度朝着表面方面降低之 物
体的辐射谱简图

（对于低频的吸收比对于高频的吸收要强。
虚线表示与辐射的平均等效温度相适应的
普朗克谱。在谱中选择吸收线是向下剪开
的。线中心的能流实际上就等于与物体的
表面温度相适应的普朗克能流。）

在图2.8中简略地画
出了其温度朝着表面方面
逐渐下降、其吸收系数与
频率有倒逆关系的物体的
辐射谱，所谓倒逆关系就
是对于低频的吸收要大于
对于高频的吸收。

在连续谱上画出了几
条与原子中或离子中的束
缚-束缚跃迁相对应的不
连续谱线。这些线的吸收
系数总是很大的，要比连
续谱中的大得多。因而这些线的等效温度实际上精确地与物体表
面本身的温度相符（在物体的辐射谱中这些线是向下"剪开"的）。

为了比较，在图2.8中用虚线画出了与积分等效温度相对应
的普朗克谱，所谓积分等效温度乃是关于谱等效温度的某一个平
均值。按照积分等效温度本身的定义，由实线和虚线所围成的两
块面积严格相等。

在第五章我们将会看到，连续吸收系数在高温下不再是频率的光滑函数，而要产生一些跳跃．相应地在物体的辐射谱中也要产生一些跳跃．（这在图 2.8 上没有表现出来，该图表示 $\varkappa'_\nu$ 与 ν 的光滑关系．）

在对受热物体的发光进行光学测量的时候，常常要用到颜色温度的概念．把那种绝对黑体的温度叫做颜色温度，它所给出的在两个不同谱段内（比如说在红谱段和蓝谱段内）的亮度的比值就等于实验上所测量的结果．利用等效温度和颜色温度的定义，很容易写出它们之间的关系．设频率 ν_1 和 ν_2 的亮度温度分别是 T_1 和 T_2，而颜色温度是 T_{12}．为简单起见，再设两条线 ν_1 和 ν_2 都处于谱的维恩区域，即 $h\nu_1/kT_1 \gg 1$，$h\nu_2/kT_2 \gg 1$，我们得到

$$S_{\nu_1} \sim \nu_1^3 e^{-\frac{h\nu_1}{kT_1}}, \quad S_{\nu_2} \sim \nu_2^3 e^{-\frac{h\nu_2}{kT_2}};$$

$$\frac{S_{\nu_1}}{S_{\nu_2}} = \frac{\nu_1^3}{\nu_2^3} e^{-\left(\frac{h\nu_1}{kT_1} - \frac{h\nu_2}{kT_2}\right)} = \frac{\nu_1^3}{\nu_2^3} e^{-\left(\frac{h\nu_1 - h\nu_2}{kT_{12}}\right)},$$

由此

$$\frac{\nu_1 - \nu_2}{T_{12}} = \frac{\nu_1}{T_1} - \frac{\nu_2}{T_2}. \tag{2.54}$$

如果物体的温度在靠近表面的整个基本谱的辐射层内，多少是不变的，那么颜色温度往往要比亮度温度更接近于物体的真实温度；这一情形在以光学方法对物体的温度进行高温测量时常被应用．

我们指出，在吸收系数 $\varkappa'_\nu$ 与频率无关（$\varkappa'_\nu \equiv \varkappa'$）的"灰体"的非均匀受热的情形下，各种频率的等效温度同样还要依赖于频率．仅是对于处在 $h\nu/kT \ll 1$ 的瑞利-琼斯区域内的低能量子来说，频率才从公式（2.52）中消去，所有这些频率的等效温度才是相同的．

§ 9. 考虑辐射热交换时物质的运动

前面已经指出，如果已知物质的状态，即已知介质中温度和密

度的分布,如何求出物体中的辐射场或自物体表面出来的辐射.我们来看一看,当辐射输运及辐射与物质的相互作用对介质(气体)的状态和运动有着重要影响的时候,如何来表述同时决定物质和辐射场的状态及运动的问题. 这时总是假定物质的运动是非相对论的,即认为物质的速度要比光速小很多.

如果温度不是特别的高,而气体的密度也不是特别的小,那么辐射的能量密度和压力与物质的能量和压力相比较便小得可以忽略. 作为估计,我们来比较平衡辐射密度 $U_p = \dfrac{4\sigma T^4}{c}$ 与单原子气体的单位体积内的热能 $E = \dfrac{3}{2}nkT$ (n——1 厘米³ 中的粒子数).

例如,当 $n = 2.67 \times 10^{19}$/厘米³ 时,这相当于标准密度空气中的分子数,两种能量在温度为 $900000°K$ 时才相等. 实际上要在更高的温度之下,辐射能才可与物质的能量相比较,因为在加热时原子要被电离,这首先就导致 1 厘米³ 中的粒子数的增加,其次在热能中要加上用于电离的能量[1]. 这样,在具有标准密度的实际空气中,只是在温度近于 $2700000°K$ 时,辐射能才可以与物质的内能相比较. 在非常稀薄的空气中,在较低的温度下平衡辐射的能量就可以与物质的能量相比较 (粗糙地说,两种能量相等时的温度与 $n^{1/3}$ 成正比). 但是在这种情况下,在进行能量比较时应该特别注意,因为在很稀薄的气体中辐射的自由程很大,如果气体范围的线度再不够大,则辐射密度可能要比平衡值小很多 (关于这一点,请见后面).

在辐射的和物质的压力之间,也存在着大体上和能量间相同的关系. 事实上,辐射压力 (当辐射场是各向同性的时候) $p_v = U/3$,而物质的压力 $p = (\gamma - 1)E$,并且在高温下绝热指数 γ 通常是取从 5/3 到 ～1.15 之间的值,这要看气体的主要成份、温度和密度如何而定.

---

1) 关于高温气体的热力学函数,请见第三章.

这样一来，在温度不是特别高和物质的密度不是特别小的情况下，辐射的能量密度和压力实际上对于物质的能量平衡及其气体动力学的运动并无影响．辐射对于气体的能量平衡及其运动的影响表现在另一个方面：由辐射所引起的受热物体的能耗以及一般地说介质中的辐射热交换有可能成为重要的．这些效应常常是在很低的温度下起作用，尽管那时辐射的能量和压力显然是很小的．

上述现象的原因就在于，在通常条件下物质的运动速度 u 与光速 c 有很大的差别，$u \ll c$．由于速度上的差别，甚至就是在辐射的能量密度比物质的能量密度小很多的时候，物质的能流和辐射的能流仍可相互比较．例如，在所有的量子都沿着一个方向运动的极端情况下，辐射能流等于 $S = Uc$；而物质的能流则近于 Eu，即甚至在 $U \ll E$ 的情况下由于 $c \gg u$ 而 Uc 也有可能近于和大于 Eu．就是在下述比较实际的情况下，辐射能流和物质能流往往也是可以比较的，那时辐射场在某种程度上是各向同性的，并且等于两个单向能流之差的总能流 S 也比它在辐射场极明显表现出各向异性时所具有的极限值 Uc 小得多．

就如现在将要指出的，由于与辐射的相互作用所引起的物质的能量损失，或者相反地，能量的增加，乃取决于辐射能流的散度，因此比较辐射能流与物质能流，便可以说明介质中辐射热交换所起的作用．

我们来求单位体积的物质在 1 秒内损失给辐射的能量 q．它是物质所发射的能量和物质所吸收的辐射能量之差．

在 1 秒内 1 厘米³ 中频率为 ν（单位频率间隔内）和方向为 Ω（单位立体角内）的这种辐射的发射和吸收之间的差值，已置于辐射输运方程（2.28）的右端．为了求得 1 厘米³ 的物质在 1 秒内的总的能量损失 q，就必须将这个量对所有的立体角和所有的频率积分，即

$$q = \int_0^\infty d\nu \int d\Omega \kappa_\nu' (I_{\nu p} - I_\nu) = c \int_0^\infty d\nu \kappa_\nu' (U_{\nu p} - U). \quad (2.55)$$

括号中的第一项对应于自发发射，而第二项则对应于扣除了"再次发射"的吸收．

利用辐射的连续性方程(2.29)，并根据以前所作的关于辐射输运是准定常的这一说明，可以从方程中去掉对时间的导数，我们便求得，总的能量损失就等于辐射之积分能流的散度

$$q = \int_0^\infty \mathrm{div}\,\mathbf{S}_\nu \, d\nu = \mathrm{div}\,\mathbf{S}. \qquad (2.56)$$

如果物质的发射大于吸收，它散失给辐射能量（它因辐射致冷），且 $q > 0$；如果吸收的能量大于发射的能量，则物质被辐射加热，且"能量损失"为负，$q < 0$（即所增加的能量等于 $-q$，乃是正的）．

在考虑辐射热交换但忽略辐射的能量和压力的情况下，我们来建立气体动力学方程．

第一个方程——连续性方程——保持不变．因忽略了辐射压力，所以运动方程也不改变．只是在能量方程中应该加上对于辐射的能量损失这一项（我们忽略了辐射的能量密度及辐射压力所作的功）．能量方程(1.10)写为[1]

$$\frac{\partial}{\partial t}\left(\rho\varepsilon + \frac{\rho u^2}{2}\right) = -\mathrm{div}\left[\rho\mathbf{u}\left(\varepsilon + \frac{p}{\rho} + \frac{u^2}{2}\right)\right] - q, \qquad (2.57)$$

或者，用能流 $\mathbf{S}$ 的散度来代替 q，

$$\frac{\partial}{\partial t}\left(\rho\varepsilon + \frac{\rho u^2}{2}\right) = -\mathrm{div}\left[\rho\mathbf{u}\left(\varepsilon + \frac{p}{\rho} + \frac{u^2}{2}\right) + \mathbf{S}\right]. \qquad (2.58)$$

这就是说，在总的流体动力学的能流上又附加了一个辐射能流．如果将能量的气体动力学方程改写成熵方程的形式（见第一章§1)，则得到

$$\rho T \frac{d\Sigma}{dt} = -q = \mathrm{div}\,\mathbf{S}, \qquad (2.59)$$

这里 Σ 是物质的比熵．

在辐射热交换对物质的能量平衡有着重要影响的条件下，要

―――――――――――

[1] 我们假定，除辐射热交换而外，没有任何其它能源以及任何其他不可逆的过程．

求出辐射场和介质中的温度分布，在数学上会遇到困难．用以描述辐射场的、沿坐标微分的输运方程(2.34)，乃是对在一确定的方向上传播的辐射之谱强度而建立的．而在能量的平衡方程(2.57)中，却含有 q 或 S，它们是既要对谱也要对方向积分的量．

这样一来，输运方程和能量方程所组成的方程组便具有积分微分的特点，并且积分又是两重的：既要对谱积分，也要对角度积分．

在数学上，简化积分微分方程组，是通过对谱分布和角分布进行近似描写的办法，以此来消除方程组的"积分性"．谱分布对于能量平衡的影响，是由于吸收系数与频率有关而引起的．只当吸收系数 $\varkappa'_\nu$ 与频率无关 $\varkappa'_\nu \equiv \varkappa'$ 时，才能够从讨论中消去谱的特性．在这种"灰体物质"的情况下，对频率积分之后的输运方程(2.34)，可用对谱积分了的强度 $I = \int_0^\infty I_\nu d\nu$ 直接写出：

$$\boldsymbol{\Omega}\nabla I = \varkappa'(I_p - I), \qquad (2.60)$$

而在物质的能量损失的公式(2.55)中，也可以进行对谱的积分：

$$q = \varkappa' \int (I_p - I) d\boldsymbol{\Omega} = c\varkappa'(U_p - U). \qquad (2.61)$$

一般地来说，在高温气体中吸收系数总是和频率有着很强的关系，而"灰体物质"的概念是个相当理想化的概念．它可以用来解释现象的某些与辐射的谱分布无关的规律性，在这方面它是很有用处的．但是，在以后所要谈到的一些重要的极限情况下，以适当方式引进按频率平均的吸收系数 $\varkappa'$，也可以从讨论中消除辐射的频率特性，并导出公式(2.60)，(2.61)，这样做也符合于事物的本质．

关于辐射场角分布的近似描写问题，将在下面两节讨论．

§10. 扩 散 近 似

物质对辐射的能量损失 q，就象从公式(2.55)，(2.56)所看出的，并不明显地依赖于辐射的角分布，而只是取决于按方向积分的量；辐射密度或能流. 如果代替与方向有关的辐射强度的输运方程，能够建立某些另外的、按方向积分的量——**辐射密度和辐射能流**——直接满足的方程，那么在考察辐射对物质的**状态和运动**有什么影响的时候，辐射角分布的问题便根本不存在. 已经有了一个这样的方程；这就是精确的连续性方程 (2.29)，它在准定常的情形下是

$$\text{div } \mathbf{S}_\nu = c\varkappa_\nu'(U_{\nu p}-U_\nu). \qquad (2.62)$$

用来联系辐射能流和辐射密度的、并能使方程组封闭的第二个关系，只能近似地得到. 方程 (2.62) 是通过将输运方程按角度积分的办法而得到的. 现在将输运方程 (2.34) 乘以方向单位矢量 $\boldsymbol{\Omega}$，并重新按角度积分. 注意到与方向无关的 $\varkappa_\nu' I_{\nu p}$ 项之积分等于零，再注意到能流的定义 (2.3)，我们得到

$$\int \boldsymbol{\Omega} \cdot \boldsymbol{\Omega} \nabla I_\nu \cdot d\Omega = -\varkappa_\nu' \mathbf{S}_\nu. \qquad (2.63)$$

在各向同性的辐射场中，能流 $\mathbf{S}_\nu = \int \boldsymbol{\Omega} I_\nu d\Omega$ 等于零. 当强度 I_ν 与角度无关的时候，等式左端的积分很容易计算[1]：

$$\int \boldsymbol{\Omega} \cdot \boldsymbol{\Omega} \nabla I_\nu \cdot d\Omega = \frac{1}{3}\int \nabla I_\nu d\Omega = \frac{c}{3}\nabla U_\nu. \qquad (2.64)$$

这个表达式等于零就证明了，辐射场的各向同性与其**密度**在空间中不变有关. 如果辐射是各向异性的，那么**能流**和积分 (2.63) 就不等于零. 但是在弱各向异性的情况下，当假定与角度弱相关的强度是个常数时，在一级近似下积分仍可呈 (2.64) 的形式. 这就给出了一个能流与辐射密度间的近似关系：

$$\mathbf{S}_\nu = -\frac{l_\nu' c}{3}\nabla U_\nu, \qquad (2.65)$$

式中 $l_\nu' = 1/\varkappa_\nu'$ 是辐射吸收的自由程 (已用强迫发射修正过的).

---

1) 用坐标表示式 $\Omega_k \, \partial/\partial x_k$ 代替矢量算符 $\boldsymbol{\Omega}\nabla$，并注意按出现两次的脚标求和，我们来求矢量积分第 i 个分量

$$\int \Omega_i \Omega_k \frac{\partial I_\nu}{\partial x_k} d\Omega = \frac{\partial I_\nu}{\partial x_k}\int \Omega_i \Omega_k d\Omega = \frac{\partial I_\nu}{\partial x_k}\cdot\frac{4\pi}{3}\delta_{ik} = \frac{4\pi}{3}\frac{\partial I_\nu}{\partial x_i} = \frac{c}{3}\frac{\partial U_\nu}{\partial x_i},$$

因为 $\int I_\nu d\Omega = 4\pi I_\nu = cU_\nu$，由此得到 (2.64).

如果将等式(2.65)的两端除以量子的能量 $h\nu$，便会得到某一频率之量子的流 $\mathbf{J}_\nu$ 与它们的密度 N_ν 之间的关系，而这就是粒子扩散过程的通常关系：

$$\mathbf{J}_\nu = -D_\nu \nabla N_\nu, \quad D_\nu = \frac{l'_\nu c}{3}.$$

量子的"扩散"系数 D_ν 类似于原子或分子的扩散系数；c 是量子的"运动"速度，l'_ν 是它们的自由程。

但是在原子扩散和量子"扩散"之间有着本质的差别。原子在碰撞时并不消失，而只改变自己的运动方向（在散射是各向同性的情况下，这种改变是以任意的方式进行的）；出现在扩散系数中的自由程乃是关于碰撞的自由程。而量子，在它通过平均距离 l'_ν 之后就被物质所吸收，并且在物质处于热力学平衡的条件下，由于同原子、电子等的碰撞，它的能量要按照统计平衡的规律在物质中进行分布。在吸收地点，还要发射出频率不同的具有任意方向的新的量子。当研究具有某一频率之量子的"扩散"过程的时候，我们仅从新产生的量子中选出了那些具有同样频率的量子。过程是那样进行的，仿佛量子先是飞行、被吸收，尔后又重新"产生"，且在产生之后又以相同的几率出现在各种方向上，这就对应于在原子碰撞时所产生的各向同性的散射过程[1]。

和原子扩散时一样，辐射密度的梯度要小，乃是可以应用扩散近似的一个条件。辐射密度在大约为辐射自由程 l'_ν 的距离上其变化应该很小。在小梯度的情况下，辐射场几乎是各向同性的，而这一条件就是推导扩散方程 (2.65) 的基础。事实上，到达某一点的量子，基本上是来自其线度为自由程数量级的区域之内。如果这一区域内的辐射密度近乎不变，那么从各个方向上都同样会有量子来到该点，这便导出了在这一区域内辐射场是各向同性的这

---

1) 若考察顾及量子散射的辐射输运，那么在弱各向异性的情况下仍然会得到型如 (2.65) 的扩散关系，只不过其中要出现与总的衰减系数相适应的自由程，而总的衰减系数就等于吸收系数与散射系数之和。如果散射是各向异性的，那么这就和原子扩散时一样，代替散射系数要出现输运系数（транспортный коэффициент）$\varkappa_S(1-\overline{\cos\theta})$，此间 $\overline{\cos\theta}$ 是散射角的平均余弦。

一结论.

在介质与真空的交界附近，在大约为自由程的距离上密度的变化是很大的，量子角分布的各向异性也是极其明显的——量子主要是从物体飞向真空，因为它们不能从真空飞入物体. 所以在与真空的交界附近,扩散近似会引起显著的误差.

在物体是光学厚的情况下,密度的梯度很小,扩散近似是正确的. 如果 x 是辐射密度在其上发生显著变化的特征尺度（x 近于物体的线度）,那么扩散能流在数量级上等于

$$\mathbf{S}_v = -\frac{l_v' c}{3}\nabla U_v, \sim \frac{l_v'}{x}cU_v.$$

物体的光学厚度 x/l_v' 越大，辐射密度在自由程内的变化就越小 $\left(\text{这种变化大约为 } l_v'\nabla U_v, \sim \frac{l_v'}{x}U_v,\right)$，能流 S_v 与量 $U_v c$ 相比较也就越小，而扩散近似也就越精确.

如果物体的光学厚度大约为 1 , 则 $l_v'/x \sim 1, S_v \sim cU_v$.

在 $l_v'/x > 1$ 的光学薄的物体的情况下，根据扩散公式所估计出的能流应比 cU_v 为大. 实际上这是不可能的，这只不过证明了对于光学薄的物体扩散公式不能应用.

能流 S_v 在任何时候都不能大于 cU_v. 等式 $S_v = cU_v$ 对应于所有的量子都严格地在一个方向上飞行的情况，即它所对应的是极其明显的各向异性的情况. 有的时候把量 cU_v 称之为动力论(кинетический)能流. 能流与动力论能流之比 S_v/cU_v,在扩散近似的范围内它近似于物体光学厚度的倒数 l_v'/x, 乃是辐射场之各向异性程度的一个度量: 在完全各向同性的情况下 $S_v/cU_v = 0$, 如果所有的量子都在一个方向上飞行，则 $S_v/cU_v = 1$. 比值 S_v/cU_v 总是被限制在 $0 < \frac{S_v}{cU_v} < 1$ 的范围内. 在给定的辐射密度之下,能流与辐射角分布的各向异性程度之间的关系,可用关于强度的极图来简单地加以说明(图 2.9).

所有图形的面积都是相等的且对应着辐射密度，而箭头的长

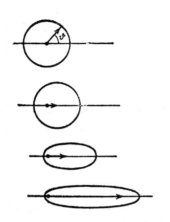

图 2.9 关于辐射强度角分布 的
极图, 几个图形代表了不
同的各向异性程度

(给定的角度 θ 下的强度之大小由
自中心所画出的向径的长度 来 代
表. 而轴向上的箭头之长度 则 表
示能流的大小. 在所有的情况 下
辐射密度相等, 在图上表示为所有
图形的面积相等.)

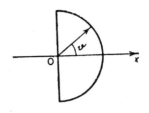

图 2.10 关于物体与真空交界
$x=0$ 处的辐射强度之分 布 的极图
(真空在右, 介质在左.)

度对应能流. 不同密度的辐射场可以产生同样的能流. 在能流一定时, 密度越大, S_ν/cU_ν 就越小, 辐射场也就越更应该是各向同性的.

扩散近似 方程 (2.62), (2.65), 乃是由关于坐标的两个未知函数——辐射密度和辐射能流的两个微分方程所组成的方程组. 在具有不同光学性质(不同"扩散系数")的介质之间的界面上, 必须要给方程组加上边界条件. 根据辐射强度的连续性条件, 可以推出边界上密度和能流是连续的. 在扩散 近 似 方程 (2.65)中其密度的间断就会引起能流的无限性, 而能流的间断则证明辐射有所堆集, 即证明辐射是不定常的[见方程(2.29)].

介质与真空交界的情况需要特别地加以研究. 由于没有来自真空的量子, 在与真空相接的边界处辐射场的各向异性是非常显著的(所有的量子都只能飞向真空方面), 严格地讲, 扩散近似在此是不能应用的. 但根据下述设想, 在边界上可以写出近似 的 条件. 我们假定在朝着真空方面的半球内, 发自物体表面的辐射, 按角度的分布是各向同性的 (这对于光学厚的物体来说与实际的偏差不很大);而在另一个半球内强度则等于零;即没有来自真空的量子(相应的极图画在图 2.10 上). 这时, 在与真空的交界处得到

$$S_\nu = \frac{cU_\nu}{2}, \qquad (2.66)$$

并且能流是指向表面的外法线方向. 所出现的因子 1/2 乃是量子运动的方向角的平均余弦, 当然这是在量子于半球内的分布为各向同性的时候取的. 事实上,

$$S_\nu = \int_{\text{沿半球}} \Omega I_\nu d\Omega ; S_\nu = \int_0^{\pi/2} \cos\theta I_\nu(\theta) 2\pi \sin\theta d\theta$$

$$= 2\pi I_\nu \cdot \frac{1}{2} = \pi I_\nu,$$

但是

$$cU_\nu = \int_{\text{沿半球}} I_\nu d\Omega = \int_0^{\pi/2} 2\pi \sin\theta d\theta I_\nu = 2\pi I_\nu,$$

由此便得到公式 (2.66).

公式 (2.66) 形式上可由扩散近似的关系导出. 不难验证, 关于强度的下述表示式能导致扩散方程 (2.62), (2.65):

$$I_\nu(\Omega) = \frac{cU_\nu}{4\pi}\left[1 + \frac{3\Omega S_\nu}{cU_\nu}\right] = \frac{cU_\nu}{4\pi}\left[1 + 3\cos\theta \frac{S_\nu}{cU_\nu}\right],$$

此间 θ 是矢量 Ω 和能流 S_ν 之间的夹角. 假定 x 轴指向能流的方向, 我们来计算 x 轴正负方向上的两个单向能流. 得到

$$S_{\nu+} = \frac{cU_\nu}{4} + \frac{S_\nu}{2}, \quad S_{\nu-} = -\frac{cU_\nu}{4} + \frac{S_\nu}{2} \qquad (2.67)$$

(我们看出, 就象应有的那样, $S_\nu = S_{\nu+} + S_{\nu-}$). 将这些公式应用到物体和真空的交界处 ($x$ 轴指向真空), 并假定来自真空的单向能流 $S_{\nu-} = 0$, 我们便得到 $S_\nu = S_{\nu+} = \frac{cU_\nu}{2}$, 即公式 (2.66). 公式 (2.67) 比强度的表示式更为有效. 这一点不难证实, 只要将关于强度的公式推广到边界上的点就会看出.

例如, 在 x 轴的负方向上, $\cos\pi = -1$, $I_\nu = -\frac{cU_\nu}{8} < 0$, 而这在物理上是没有意义的. 全部的问题就在于, 强度的扩散公式仅

适用于弱各向异性的情况，那时括号中的第二项要比 1 小很多．

§ 11. "向前-向后"近似

再考察一种研究辐射角分布的近似方法，在平面的辐射输运问题中有时要用到它．这一方法就是著名的斯瓦尔切里德(Шварцшильд)近似或"向前-向后"近似．将所有那些向 x 轴的正方向运动的、其角度 θ 从 0 到 $\pi/2$ 的（"向前的"）量子划为一群，而将向相反方向运动的（"向后的"）、其角度 θ 从 $\pi/2$ 到 π 的量子划为另外一群（图 2.11）．我们将近似地认为在每一个半球中角分布都是各向同性的，并用 I_1 和 I_2 来表示"向前"和"向后"方向上的强度（为了简单起见略去了频率的脚标 ν）．

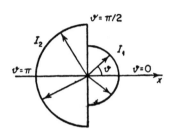

图 2.11 在"向前-向后"近似中关于辐射强度分布的极图．在该情况下，能流指向左边

此时，辐射密度和辐射能流分别等于

$$U=\frac{1}{c}\int I\, d\,\Omega=\frac{2\pi}{c}\int_0^{\pi/2} I_1\sin\theta d\theta+\frac{2\pi}{c}\int_{\pi/2}^{\pi} I_2\sin\theta d\theta=$$

$$=\frac{2\pi}{c}(I_1+I_2). \qquad (2.68)$$

$$S=\int\cos\theta I\, d\,\Omega=2\pi\int_0^{\pi/2} I_1\cos\theta\sin\theta d\theta+$$

$$+2\pi\int_{\pi/2}^{\pi} I_2\cos\theta\,\sin\,\theta d\theta=\pi(I_1-I_2) \qquad (2.69)$$

顺便说一下，由此直接看出各向异性程度[1]：

$$\frac{S}{cU}=\frac{I_1-I_2}{2(I_1+I_2)}\rightarrow 0, \text{当} I_1\approx I_2 \text{时}.$$

如果 x 轴是指向表面的外法线方向，则在介质与真空的边界

---

1) 亦称为极化度．——译者注

上，有 $I_2=0$ 和 $\dfrac{S}{cU}=\dfrac{1}{2}$，即条件(2.66)。

为了建立关于平均的"单向"强度 I_1 和 I_2 的方程，要将平面情况下的输运方程：

$$\cos\theta\frac{dI}{dx}=\varkappa'(I_p-I) \qquad (2.70)$$

分别对两个半球平均。此时(平均余弦 $\overline{\cos\theta}=\pm 1/2$)，我们得到：

$$\frac{1}{2}\frac{dI_1}{dx}=\varkappa'(I_p-I_1)，-\frac{1}{2}\frac{dI_2}{dx}=\varkappa'(I_p-I_2)。 \qquad (2.71)$$

这一对方程是用来确定两个半球内的平均强度的。将它们相加和相减，很容易变换出关于密度和能流的方程 $(I_p=cU_p/4\pi)$：

$$\frac{dS}{dx}=\varkappa'c(U_p-U)；\quad S=-\frac{l'c}{4}\frac{dU}{dx}。 \qquad (2.72)$$

第一个方程是精确的连续性方程(2.62)，而第二个方程则几乎和扩散近似的近似方程(2.65)相符合，仅有的差别是这里的"扩散系数"不是 $l'c/3$ 而等于 $l'c/4$。

当把(2.71)中的两个方程看成是关于函数 I_1 和 I_2 的线性微分方程的时候，我们可以用积分的形式写出它们的解：

$$I_1=\int_0^\tau I_p\exp[-2(\tau-\tau')]2d\tau'；$$

$$I_2=\int_\tau^? I_p\exp[-2(\tau'-\tau)]2d\tau'。$$

这里，根据下面的公式，用光学厚度代替了坐标 x：

$$d\tau=\varkappa'dx,\ \tau=\int_0^x \varkappa'dx。$$

将 I_1 和 I_2 的表示式相加和相减，并代入 $I_p=cU_p/4\pi$，便得到了"向前-向后"近似下的关于密度和能流的近似积分公式：

$$\left.\begin{array}{l}U=\dfrac{1}{2}\displaystyle\int_\tau^\infty U_p e^{-2(\tau'-\tau)}2d\tau'+\dfrac{1}{2}\displaystyle\int_0^\tau U_p e^{-2(\tau-\tau')}2d\tau',\\[3mm] S=-\dfrac{c}{4}\displaystyle\int_\tau^\infty U_p e^{-2(\tau'-\tau)}2d\tau'+\dfrac{c}{4}\displaystyle\int_0^\tau U_p e^{-2(\tau-\tau')}2d\tau'。\end{array}\right\}$$

$$(2.73)$$

一般地说，在弱各向异性的情况下扩散近似要比与它稍有差别的"向前-向后"近似更合理一些．

§ 12. 局部平衡和辐射热传导近似

在具有恒温处于定常状态的无限大介质中，辐射在热力学上是平衡的．它的强度不依赖于方向，且由普朗克公式所决定．到达空间任何一点的量子，都是在该点周围几个自由程之内的距离上产生的；那些在较远处产生的量子，由于沿途被吸收而不能到达该点．因而，只是与该点直接毗邻的周围区域才参与该点建立平衡强度的过程．甚至如果远处的温度与该邻域的温度不同，实际上也不会影响到被考察之点的辐射强度．这意味着，如果在足够长的、光学厚的介质中，温度不是常量，但随距离的变化相当之慢，以致在大约为辐射自由程的距离上它的变化很小，那么空间任何一点的强度都很接近于与该点的温度相对应的平衡强度．并且，当温度在大约为自由程的距离上变化越小，其强度就越接近于平衡值．尤其是，对于那些吸收较强而自由程 l'_ν 较小的频率来说，辐射将更接近于平衡．对所有那些在该点温度下的平衡辐射中起着重要作用的频率来说，它们的自由程 l'_ν 中有一个是最大的；如果温度的梯度是如此之小，以致在近于这个最大的自由程的距离上温度的变化很小，那么在该点温度所特有的整个谱段之内辐射实际上都是平衡的．与频率有关的辐射强度，这时将由具有该点温度的普朗克函数来描写．

在温度变化的介质中，若每一点的辐射都非常地接近于与该点的温度相对应的平衡辐射，则这种情况就被说成是辐射与物质达到了局部的热力学平衡．

局部平衡的存在条件——在长的、光学厚的介质中其梯度很小——同时也是在研究辐射输运时可应用扩散近似的一个根据．在扩散近似中辐射能流正比于辐射密度的梯度．但如果辐射密度接近平衡值，那么在能流的公式中，就可以近似地用该点的平衡密度来代替其真实密度．这样一来，在局部平衡的条件下，谱能流就

近似地等于

$$\mathbf{S}_{\nu} = -\frac{l'_{\nu} c}{3} \nabla U_{\nu p}. \qquad (2.74)$$

总能流是

$$\mathbf{S} = \int_0^{\infty} \mathbf{S}_{\nu} d\nu = -\frac{c}{3} \int_0^{\infty} l'_{\nu} \nabla U_{\nu p} d\nu. \qquad (2.75)$$

从积分号下提出自由程的某一平均值,并用 l 来表示它. 如果考虑到, $\int_0^{\infty} U_{\nu p} d\nu = U_p = 4\sigma T^4/c$, 那么公式(2.75)给出

$$\mathbf{S} = -\frac{lc}{3} \nabla U_p = -\frac{16\,\sigma l T^3}{3} \nabla T. \qquad (2.76)$$

在局部平衡的条件下,辐射能流正比于温度梯度,即辐射输运带有热传导的特点,或者就如所说的,带有辐射热传导的特点,并且其热传导系数就等于 $\frac{16\,\sigma l T^3}{3}$,它与温度有关.

物质对于辐射的能量损失 q ,按照公式(2.56)等于辐射热传导能流的散度,这完全和普通的分子热传导的情况一样,并且它只取决于该点的物质温度、平均自由程——对于给定的物质来说它是温度和密度的函数——以及它们对于坐标的导数.

公式(2.75)和(2.76)的比较,给出了将自由程按谱进行平均的法则,该法则在辐射热交换具有热传导特点的条件下能够导出辐射能流的正确数值. 注意到, $U_{\nu p}$ 和 U_p 只是通过与温度的关系而依赖于坐标,则我们就得到

$$l = \frac{\displaystyle\int_0^{\infty} l'_{\nu} \frac{dU_{\nu p}}{dT} d\nu}{\displaystyle\frac{dU_p}{dT}} = \frac{\displaystyle\int_0^{\infty} l'_{\nu} \frac{dU_{\nu p}}{dT} d\nu}{\displaystyle\int_0^{\infty} \frac{dU_{\nu p}}{dT} d\nu}. \qquad (2.77)$$

把按普朗克公式所取的辐射的平衡密度对温度微分,并将积分变量变成无量纲的变量 $u = \frac{h\nu}{kT}$,我们就得到了求平均自由程的法则:

$$l = \int_0^\infty l'_\nu G(u) du, \qquad (2.78)$$

其中权重因子 $G(u)$ 等于

$$G(u) = \frac{15}{4\pi^4} \frac{u^4 e^{-u}}{(1-e^{-u})^2}. \qquad (2.79)$$

采用权重因子 $G(u)$ 对自由程 l'_ν 进行平均所得到的量 l，被称之为罗斯兰德平均自由程，或者简单地叫做罗斯兰德自由程. 如果通过真正的吸收系数来表示用强迫发射修正过的自由程 l'_ν，即 $l'_\nu = 1/\varkappa'_\nu = 1/\varkappa_\nu (1-e^{-u})$，那么公式 (2.78)，(2.79) 可以改写为

$$l = \int_0^\infty \frac{1}{\varkappa_\nu} G'(u) du, \quad G'(u) = \frac{15}{4\pi^4} \frac{u^4 e^{-u}}{(1-e^{-u})^3}. \quad (2.80)$$

罗斯兰德权重因子在 $h\nu \approx 4\, kT$ 时有最大值，即其能量比 kT 大几倍的一些高能量子在能量的输运中起着基本的作用.

根据公式 (2.76)，热传导系数越大，即自由程越大，则辐射能流越大. 不应忘记，只是到自由程不太大，以保证局部平衡的条件不被破坏和公式 (2.76) 有意义的时候为止，这一关系才是正确的. 就如后面将要看到的，在相反的极端情况下，即在辐射自由程比物体的特征线度大的情况下，辐射能流反而要随着自由程的增加而减小.

§ 13. 扩散近似和辐射热传导近似之间的相互关系

在天体物理中，通常习惯于把扩散近似和辐射热传导近似的概念相互等同. 这是因为，在象星体和星体的光球层这种小梯度的光学厚的物体中，导致辐射场弱各向异性的条件，即导致辐射能流和辐射密度梯度间之扩散关系的条件，和导致存在局部平衡的条件，即用 $U_{\nu p}$ 代替 U_ν 的可能性，总是同时满足的. 估算表明，一般在光学厚的物体中，当梯度比较小时候，对局部平衡的偏差甚至要小过弱各向异性的程度，即如果扩散近似是正确的，那么局部平衡就更是存在的. 若令物体的线度大约为 x，并且后者就是温度的、辐射密度的和能流的梯度之特征尺度，那么根据扩散近似的方

程(2.62),(2.65)得到,在数量级上有

$$\frac{S_\nu}{x} \sim \frac{c(U_{\nu p} - U_\nu)}{l'_\nu}, \quad S_\nu \sim \frac{l'_\nu}{x} c U_\nu,$$

由此得

$$\frac{U_{\nu p} - U_\nu}{U_\nu} \sim \left(\frac{l'_\nu}{x}\right)^2.$$

如果用扩散能流和动力论能流的比值 $S_\nu / c U_\nu \approx l'_\nu / x$ 所表示的各向异性程度很小,并且 $l'_\nu / x \ll 1$, 那么辐射密度与平衡辐射密度的相对偏差就是个二级小量.

但是,当碰到具有比在星体的光球层中更复杂条件的问题时,还是宜于把扩散近似和辐射热传导近似明确区分开,那时扩散近似仅仅是作为对辐射角分布的一种近似描写方法,而在这种方法中,辐射能流被假定为正比于实际密度的梯度,那怕这个密度与平衡密度的差别是很大的.这可以看成是一种办法,它能用来说明严重不平衡的辐射之输运现象的与量子角分布的性质无关的一些特点,因为严格地计算角分布在数学上是有很大困难的.虽然在某些情况下扩散近似会引起明显的误差,但一般它毕竟不会歪曲辐射输运现象的定性图象,甚至是在角分布的各向异性非常显著的时候,也是这样.这就容许用它来求那样一些问题的近似解,在这些问题中辐射是严重不平衡的,并且当应用辐射热传导近似时——这种近似要求物质的温度遵从适当的方程——常常与物理意义相违背.

举一个例子.假定,我们所关注的是那种物体内的辐射场,在它的冷热两个区域的分界面上温度有急剧的跃变,就如图2.12所示的那样(对激波来说,这种情况是典型的). 在高温区域辐射密度 U_1 很大,且大约为平衡密度 $U_{p1} = 4\sigma T_1^4/c$.在低温区域实际上不发射量子,其辐射密度由自热区表面出来的能流所决定,即辐射密度也正比于 U_1,并且比平衡密度 $U_{p0} = 4\sigma T_0^4/c$ 大很多,因为 $T_1 \gg T_0$. 就如我们所看到的,这种情况与局部平衡和辐射热传导相差非常之远. 然而,用以描写角分布的扩散近似却能导出定性

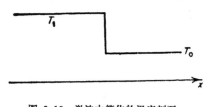

图 2.12 激波中简化的温度剖面

上合理的结果，这就是：如果冷介质吸收光，那么它之中的辐射密度和辐射能流就要随着自热表面到冷介质内部的距离的增大而下降，并且冷介质中的关于量子吸收的自由程就是使这些量发生明显衰减的距离尺度. 于是，在这种情况下，在不发射量子的冷介质中其扩散方程具有如下形式：

$$\frac{dS_\nu}{dx} = -\frac{cU_\nu}{l'_\nu}, \quad S_\nu = -\frac{l'_\nu c}{3}\frac{dU_\nu}{dx}$$

或者利用从温度跃变点算起的光学厚度 $\tau_\nu = \int_0^x \varkappa'_\nu dx$，

$$\frac{dS_\nu}{d\tau_\nu} = -cU_\nu, \quad S_\nu = -\frac{c}{3}\frac{dU_\nu}{d\tau_\nu}.$$

这两个方程给出密度和能流的解：

$$S_\nu = \frac{cU_\nu}{\sqrt{3}} \sim e^{-\sqrt{3}\tau_\nu},$$

它定性正确地反映了这两个量是下降的.

在这种简单情况下，可以对角分布进行精确的计算，这种计算导出了稍微不同的关于冷区域内的辐射能流和辐射密度的下降规律，其中所包含的不是一般的指数，而是积分指数（见文献[5]）：

$$S_\nu \sim E_3(\tau_\nu), \quad U_\nu \sim E_2(\tau_\nu),$$

在距温度跃变点大约为一个或几个单位的光学距离上，精确公式所给出的量与扩散近似所得到的具有同样的量级. 假如在所考察的问题中我们应用了辐射热传导近似，那么在我们这里就把物质温度的跃变给抹平了. 因为，在温度的跃变点能流 $S \sim dT/dx$ 成为无穷大.

一般地说，扩散近似总是能给出定性合理的结果. 举一个极端"非扩散"情况的例子，那时量子角分布的各向异性表现得极为明显,所有的量子都沿着一个方向朝冷介质中运动,而能流等于 $S_\nu = cU_\nu$. 这时根据精确的连续性方程(2.62)得到,和扩散时一样,能流也是正比于密度的梯度,$S_\nu = -l'_\nu c \dfrac{dU_\nu}{dx}$($x$ 轴是沿着光线的方向),但其比例系数要比一般的扩散系数增大两倍. 这种情况——平行光束在不辐射介质中被纯吸收的情况,是有精确解的:

$$S_\nu = cU_\nu \sim e^{-\tau_\nu}, \qquad \tau_\nu = \int_0^x \varkappa'_\nu dx,$$

它与扩散近似解的仅有差别,是 e 的指数中的数值系数 $\sqrt{3}$ 和能流与密度关系式中的数值系数 $1/\sqrt{3}$.

当然,当 $\tau_\nu \gg 1$ 时,定量的差别是很大的,但在定性方面扩散近似给出了正确的物理结果,而当 $\tau_\nu \sim 1$ 时,甚至数值上的差别也并不大.

§14. 星体光球中的辐射平衡

以计算星体的发光度为目的而对定常星体之外层(光球层)中的温度分布和辐射场所进行的研究,是个经典问题,曾根据它建立了辐射输运的理论,并研究了求解输运方程的方法[1].

我们之所以对这个问题感兴趣,不仅因为它是一个应用辐射输运理论的经典对象,而且就象在第九章将要指出的,在某种意义上说它还是大体积的热空气由于辐射而冷却这种问题的模型. 定常星体都是温度很高的巨大气团,在表面上是几万度,到中心区域则达几百万度和几千万度. 由于阻止其破裂的重力与企图使气体球飞散的压力相平衡,从而建立了气体在力学上的平衡.

热的气体球——星体——自表面向外辐射. 所损失的能量是由在星体的中心区域所进行的核反应释放出的能量来加以补偿. 定常星体中的物质是不动的,任何流体动力学的运动都是没有的.

---

1) 对于这些问题的详细叙述及有关文献的索引,请见 B. A. 阿姆巴尔秋曼[1]和 A. 乌周里德[2]等人的书.

在中心所释放出来的能量，只能以辐射的形式输运到星体的外层，并且也以辐射的形式散到太空中去．因为在外层中没有核反应和能量释放，所以在这里其稳定性的达到乃是由于每一体积元内对于光的吸收和发射完全抵消的结果；物质对于辐射的能量损失 q 等于零，每一点的温度也不随时间改变[1]．

人们把这种光的发射和吸收相等、不存在辐射的能量损失的情况，说成是星体的辐射平衡．根据辐射平衡条件 $q=0$ 得到，辐射能流的散度 div$S$ 也应等于零．穿过具有任意半径 r 之球面的总的辐射能流 $4\pi r^2 S$ 是个常量，它就等于单位时间内在中心所释放出来的能量（$S \sim 1/r^2$）．气体的温度和密度沿星体半径的分布，只有通过同时研究力学平衡和辐射输运才能确定．但是，当考察在光球中的这些量的分布时，在某种程度上问题却可以分成两步走．温度沿光学坐标的分布，仅通过对于辐射输运的研究就可求得，而无须知道密度沿半径的分布．然后，在必要的情况下，再引进力学平衡条件和作为温度与密度之函数的光的吸收系数，便可以导出温度沿半径的分布．

我们来系统叙述星体光球中的温度分布和辐射输运问题．所关心的表面层其厚度比星体半径小很多，因而可以忽略它的曲率，认为光球是平面的．令 x 轴指向星体表面的外法线方向（图2.13），我们写出平面情况下的辐射输运方程：

$$\cos\theta \frac{dI_\nu}{dx} = \varkappa'_\nu (I_{\nu n} - I_\nu), \qquad (2.81)$$

此间，θ 是辐射传播方向和 x 轴之间的夹角．给这个方程附加上辐射平衡条件：

---

1) 星体的定常性和温度及其它各量沿半径分布在时间上的不变性，并不意味着星体就不演化了．当针对辐射输运问题而谈到稳定性的时候，那是指大约在热量从星体中心转移到表面所需要的时间范围内其状态的不变性．

我们指出，在该具体问题中辐射平衡条件 $q=0$ 就代替了流体动力学中的能量方程(2.57)．

$$q = \int_0^\infty d\nu \int d\Omega \varkappa_\nu' (I_{\nu p} - I_\nu) = c \int_0^\infty d\nu \varkappa_\nu' (U_{\nu p} - U_\nu) = 0,$$

$$(2.82)$$

以及表面 $x=0$ 处的边界条件，这一条件就是没有量子来自真空：

$$I_\nu (x=0, \theta) = 0, \quad \text{当} \frac{\pi}{2} < \theta < \pi \text{ 时}. \qquad (2.83)$$

如果各种频率的吸收系数 $\varkappa_\nu (T, \rho)$ 是以相同的方式依赖于气体的密度，即可以将它们表示为 $\varkappa_\nu (T, \rho) = \varphi(\nu, T) \times f(\rho)$（实际上一般就是这样），那么代替 x 引进那样一个新的坐标，这个坐标的微分是 $dy = dx\, f(\rho)$，它就相当于光学坐标，这样就能够从所讨论的课题

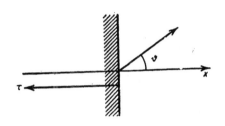

图 2.13　关于星体光球中的辐射输运问题

中排除气体的密度沿 x 的分布问题，并求出温度和辐射强度沿这个新的光学坐标 y 的分布。方程组 (2.81)—(2.83) 完全地描述了这些分布。问题中含有一个任意参数，这就是辐射能流 S，在平面情况下它是个常量 $\left(q = \mathrm{div}\mathbf{S} = \dfrac{dS}{dx} = 0 \right)$。能流 S 等于由星体内部 $x = -\infty$ 的无穷远处所来的能流，事实上它是由星体中心的能量释放所决定的。同时能流 S 也是自星体表面出来的辐射能流，即表面的积分亮度。

在一般情况下，上述的这个问题在数学上是有很多困难的。其中主要的是，输运方程乃是对谱强度 I_ν 建立的，然而辐射平衡条件却具有按谱进行积分的特点。为了简化问题，在讨论中我们引进某个按谱平均了的吸收系数 $\varkappa'$（这等价于介质的"灰体性"假设），并将输运方程 (2.81) 对谱进行积分。对于积分强度 $I = \int_0^\infty I_\nu d\nu$，我们得到方程

$$\cos\theta\frac{dI}{dx}=\varkappa'(I_p-I),\ I_p=\int_0^\infty I_{\nu p}d\nu=\frac{cU_p}{4\pi}=\frac{\sigma T^4}{\pi}. \quad (2.84)$$

换成从表面向光球内部算起的光学坐标:

$$d\tau=-\varkappa'dx,\ \tau=-\int_0^x\varkappa'dx,$$

我们得到

$$\cos\theta\frac{dI}{d\tau}=I-I_p(T). \quad (2.85)$$

边界条件(2.83)现在为

$$I(\tau=0,\theta)=0,\ \text{当}\frac{\pi}{2}<\theta<\pi\ \text{时}, \quad (2.86)$$

而辐射平衡条件(2.82)则成为

$$\int Id\boldsymbol{\Omega}=\int I_pd\boldsymbol{\Omega},\ U=U_p=\frac{4\sigma T^4}{c}. \quad (2.87)$$

$\left(\text{恒定能流 }S\text{ 等于 }S=\int\cos\theta Id\boldsymbol{\Omega}\right).$

虽然辐射是各向异性的,强度按角度的积分,即每一点的辐射密度,还是等于平衡值 U_p。更确切地说,由辐射输运所调正的每一点的物质温度,都是按照该点的辐射密度 $U=U_p$ 而建立起来的。甚至在问题的简单提法下,求解方程组(2.85)—(2.87)(所谓米勒问题),从数学的观点来看也是极其复杂的。在下一节,我们将介绍它的近似解法。而现在我们要导出一个与该方程组等价的积分方程,它对求精确解来说乃是一个基础。

利用型如(2.32)的关于强度的积分表达式,它在平面的情况下可写成直接由方程(2.85)所得到的如下形式,如果将(2.85)看成是关于 I 的线性微分方程的话:

$$I(\theta,\tau)=\int_\tau^\infty I_p[T(\tau')]e^{-\frac{\tau'-\tau}{\cos\theta}}\cdot\frac{d\tau'}{\cos\theta},\ \frac{\pi}{2}>\theta>0. \quad (2.88)$$

$$I(\theta,\tau)=-\int_0^\tau I_p[T(\tau')]e^{-\frac{\tau'-\tau}{\cos\theta}}\cdot\frac{d\tau'}{\cos\theta},\ \pi>\theta>\frac{\pi}{2}. \quad (2.89)$$

第一个公式给出了向着表面方向传播的辐射强度。积分要积

到 $\tau = \infty$，这是因为光球被假定是半无限的。第二个公式则对应于向内部行进的辐射；同时也考虑到了没有量子来自于真空。

我们那样地来计算辐射密度 $U = \dfrac{1}{c} \int I d\boldsymbol{\Omega}$，当对 θ 的积分是从 0 到 $\dfrac{\pi}{2}$ 时，我们就利用第一个公式，而当积分是在 $\dfrac{\pi}{2} < \theta < \pi$ 的范围内进行时，则利用第二个公式：

$$cU = 2\pi \int_{0}^{\pi/2} \sin\theta \, d\theta \int_{\tau}^{\infty} I_p e^{-\frac{\tau' - \tau}{\cos\theta}} \frac{d\tau'}{\cos\theta} -$$

$$- 2\pi \int_{\pi/2}^{\pi} \sin\theta \, d\theta \int_{0}^{\tau} I_p e^{-\frac{\tau' - \tau}{\cos\theta}} \frac{d\tau'}{\cos\theta}.$$

调换积分次序，并向第一个积分中引进新的变数 $w = 1/\cos\theta$，向第二个里引进 $w = -1/\cos\theta$，再注意到积分指数的定义 (2.44) 和代进 $I_p = cU_p/4\pi$，我们就得到

$$U = \frac{1}{2} \int_{\tau}^{\infty} U_p E_1(\tau' - \tau) d\tau' + \frac{1}{2} \int_{0}^{\tau} U_p E_1(\tau - \tau') d\tau'. \quad (2.90)$$

注意到辐射平衡条件 $U = U_p \sim T^4$，则我们就得到了关于平衡密度 U_p，或同样地，关于 T^4 的最终的积分方程：

$$U_p(\tau) = \frac{1}{2} \int_{0}^{\infty} U_p(\tau') E_1(|\tau' - \tau|) d\tau'. \quad (2.91)$$

为了参考起见，我们也写出平面情况下的能流的积分表达式，对于它的计算与密度的计算相类似[1]：

$$S = \frac{c}{2} \int_{\tau}^{\infty} U_p E_2(\tau' - \tau) d\tau' - \frac{c}{2} \int_{0}^{\tau} U_p E_2(\tau - \tau') d\tau'.$$

$$(2.92)$$

从方程 (2.91) 看出，解 $U_p(\tau)$ 被完全确定，精确到只差一个常数因子。这一因子对应于能流 S 的任意值。

---

1) 对于点 $\tau = 0$ 来说，这一公式已在前面 §7 得到过，它就是公式 (2.45)。

将平面情况下的密度和能流的精确公式 (2.90)，(2.92) 与"向前-向后"近似中所得到的公式 (2.73) 作一比较是很有趣的。后者与前两个的差别就在于用普通指数和数值系数代替了积分指数。

§15. 平面光球问题的解

我们用扩散近似来求上一节所说问题的解. 将扩散近似方程对谱进行平均,并引进平均吸收系数 $\varkappa'$ 和平均自由程 $l'=1/\varkappa'$,而将这些方程写为

$$\frac{dS}{dx}=c\varkappa'(U_p-U), \tag{2.93}$$

$$S=-\frac{l'c}{3}\frac{dU}{dx}, \tag{2.94}$$

或者用光学厚度 τ 代替坐标 x: $d\tau=-\varkappa'dx$,

$$\frac{dS}{d\tau}=c(U-U_p), \tag{2.95}$$

$$S=\frac{c}{3}\frac{dU}{d\tau}. \tag{2.96}$$

方程 (2.95) 显示了辐射平衡条件 $U=U_p$ 与能流不变的条件 $S=$ 常数 之间的等价性. 在该情况下,辐射平衡条件导出了扩散近似和辐射热传导近似间的严格的等价性,因为 $U=U_p$:

$$S=\frac{c}{3}\frac{dU_p}{d\tau}=\frac{4}{3}\sigma\frac{dT^4}{d\tau}. \tag{2.97}$$

求解这个方程,并利用边界条件(2.66)将能流 S 用表面温度 T_0 表示:
$$S=2\sigma T_0^4, \tag{2.98}$$
则我们得到温度和辐射密度沿光学厚度的分布

$$U=U_p=\frac{4\sigma T^4}{c}=\frac{4\sigma T_0^4}{c}\left(1+\frac{3}{2}\tau\right). \tag{2.99}$$

根据定义 $S=\sigma T^4_{等效}$,表面的等效温度等于 $T_{等效}=\sqrt[4]{2}\times T_0\approx1.2\,T_0$.

等效温度略高于表面的实际温度 T_0. 这很显然:从表面出来的一些量子,乃是产生于靠近表面的、其厚度近于自由程(其光学厚度近于一个单位)的辐射层内. 辐射层的温度比表面温度略高一些(图 2.14),因而出来的辐射其"温度"也多少高一些. 介质的温度与辐射的等效温度在光学厚度 $\tau=2/3$ 处彼此相等. 可以

说，这个深度大体上就对应于辐射层的中点。

当把光球视为"灰体物质"时，它之中的辐射平衡问题，可归结为对方程(2.91)的积分，并曾求得了精确的解析解. 该问题也曾用比扩散近似更为精

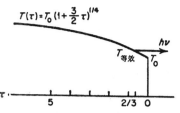

图 2.14　在扩散近似下平面光球中的温度沿光学坐标的分布

确的各种近似方法求解过（这个问题是辐射输运理论中能够精确求解的少数问题之一，通常它被作为检验各种近似方法的一个标准）.

在精确解里，在同样的能流 S，即在同样的等效温度 $T_{等效}$ 之下，表面温度 T_0 要比扩散近似的结果略小一些. 也就是，在精确解里，$T_0^4 = \dfrac{\sqrt{3}}{4} T^4_{等效}$，$T_0 = 0.811\,T_{等效}$，而在扩散近似中，$T_0^4 = \dfrac{1}{2} T'^4_{等效}$，$T_0 = 0.841\,T_{等效}$. 在精确解和扩散近似中，温度沿光学厚度的分布彼此是很接近的（它们都被画在图 2.15 上），这证明了扩

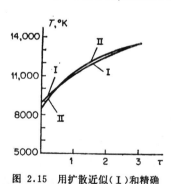

图 2.15　用扩散近似（Ⅰ）和精确法（Ⅱ）所求得的平面光球中的温度分布之对照

（为了确定起见，等效温度被取为 $T_{等效} = 10500°$K（图形取自书[1]）.）

散近似具有很好的精度. 光学厚度越大，即离边界越远，扩散近似所产生的误差也就越小，这完全是自然的. 当 $\tau \to \infty$ 时，精确解 $U_p(\tau)$ 渐近地过渡为扩散近似(2.99). 这一点，可直接根据密度和能流的积分表达式(2.91)，(2.92)而加以证实. 这一结论的用处就在于，它表明，扩散近似和辐射热传导近似如何渐近地纳入精确方程.

这样，由扩散解(2.99)得到，平衡辐射密度 U_p 在一个自由程上的相对变化，是随着与表面的远离而减小的:

$$\frac{\Delta U_p}{U_p} \approx \frac{l'}{U_p}\frac{dU_p}{dx} = \frac{1}{U_p}\frac{dU_p}{d\tau} = \frac{1}{\frac{2}{3}+\tau} \approx \frac{1}{\tau},$$

当 $\tau \to \infty$ 时.

积分指数 E_1 和 E_2 随着其自变量的增大而迅速地下降,所以实际上在积分(2.91),(2.92)中起作用的仅是 τ 点附近的 $|\tau'-\tau|$ ~1 的区域.

所以,在公式 (2.90),(2.92) 的第二个积分中,对 τ' 从零到 τ 的积分当 $\tau \gg 1$ 时可以扩展到 $-\infty$,或者同样地,对 $\tau - \tau'$ 从零到 $\tau \gg 1$ 的积分,可以扩展到从零到 ∞ 的区间. τ 越大,由此产生的误差就越小.

在 τ 点附近,将 $U_p(\tau')$ 展开:

$$U_p(\tau') = U_p(\tau) + \frac{dU_p}{d\tau}(\tau'-\tau) + \frac{1}{2}\frac{d^2U_p}{d\tau^2}(\tau'-\tau)^2 + \cdots$$

由于 $U_p(\tau)$ 在 $\tau \to \infty$ 时是个缓慢函数,它的高阶导数也就越来越小.将这个展开式代入 (2.90),(2.91),并计算积分,略去与 U_p 对 τ 的高阶导数成正比的项从(2.92)得到:$S = \frac{c}{3}\frac{dU_p}{d\tau}$,而从(2.91)得到:$\frac{d^2U_p}{d\tau^2}=0$,它们就是扩散近似和辐射热传导近似的方程.

辐射的积分密度在每一点都等于与物质温度相适应的平衡辐射密度,这一点完全不意味着对于谱密度也有同样的关系[1].但是,在光球内部距表面越远,则温度在近于平均自由程的距离上的相对变化就越小,进而在近于各种不同频率之自由程的距离上其变化也就越小.因此在远离表面的地方,在每种频率下都存在着局部平衡,平均自由程 $l'=\frac{1}{\varkappa'}$ 也应理解为是罗斯兰德平均自由程.

---

1) 同样地,不能从 $S=$ 常数,得出 $S_\nu=$ 常数;$\frac{dS_\nu}{d\varkappa}=\varkappa'_\nu(U_{\nu_p}-U_\nu)\neq 0$.

实际上,可将罗斯兰德平均法扩展到整个光球,直到其表面本身.当知道温度沿平均光学厚度的分布和给定与频率有关的吸收系数,更确切地说,是它们与平均吸收系数的比值 $\varkappa'_\nu/\varkappa'$ 时,便可以根据 §8 中的公式求出星体的辐射谱(见文献 [1～3]). 一般来说,这个谱与 $T_{\text{等效}}$ 所对应的普朗克谱不符,但在许多情况下是接近于它的.

§16. 受热物体的辐射能量损失

我们来考察整个物体在总体上对于辐射的能量损失. 这时我们所指的是线度为有限的普通物体,且在一般情况下它们是被非均匀加热的. 整个物体在 1 秒内总的能量损失 Q, 显然是等于 1 厘米³的体积在 1 秒内所损失的能量 q 对体积的积分. 当注意到 $q=\text{div}\mathbf{S}$, 可以写成[1]

$$Q=\int qdV=\int S_0 d\Sigma, \qquad (2.100)$$

这里 dV 是体积元,而 $d\Sigma$ 是表面积元;S_0 是物体表面上辐射能流的法向分量. 它可以表示为 $S_0=\sigma T^4_{\text{等效}}$,其中 $T_{\text{等效}}$ 是物体表面的等效温度.

完全不必要求等效温度接近于非均匀受热物体的平均温度 T. 在其线度 x 比平均自由程 l (比如说,与平均温度相对应的平均自由程) 大很多的光学厚的物体的情况下,能流在数量级上等于

$$S_0 \sim lc\frac{U_p}{x} \sim \frac{l}{x}\sigma T^4 \ll \sigma T^4, \quad T_{\text{等效}} \sim \left(\frac{l}{x}\right)^{\frac{1}{4}}T.$$

当 $(l/x)^{\frac{1}{4}} \ll 1$ 时,$T_{\text{等效}} \ll T$. 等效温度更接近于表面温度. 只是在 (光学上) 不太厚的物体的情况下,等效温度才有可能接近于物体的平均温度(在以某种专门方法保持物体内温度不变的情况下,温

---

1) q 可在物体的范围内改变符号,即某些体积可被辐射冷却,而另外一些体积可被辐射加热.

度 $T_{等效}$ 和 T 也可以相互接近).

现在来考察其线度与量子的某种平均自由程[1] 相比是小量的光学薄的物体.

如果物体的光学厚度 x/l 很小,产生于物体内任何一点的量子都几乎不受阻碍地跑到外边来. 沿途被吸收的只是部分量子,其比份约为 $x/l \ll 1$. 物体中的辐射密度约为平衡密度的 x/l 倍,即远远小于平衡值(辐射是严重不平衡的). 事实上,根据公式 (2.32),在某一点的辐射强度等于光源密度沿射线在物体范围内的积分. 由于物体是光学薄的,$\int_{S_1}^{S} x'_v \, dS \sim x''/l_v \ll 1$,且公式中用以考虑量子吸收的指数因子接近于 1. 那时强度 $I_v \sim \frac{x}{l_v} I_{vp}$,而对角度积分之后,得辐射密度 $U_v \sim \frac{x}{l_v} U_{vp}$. 如果将 U_v 对谱进行积分,并引进某个平均自由程 l_1,则我们得到 $U \sim (x/l_1) U_p \ll U_p$. 在 1 秒中 1 厘米³ 内所吸收的能量也仅占在 1 秒中 1 厘米³ 内所发射能量的 x/l_1 部分,因为两个量的比是 U/U_p,这是从 q 的公式(2.61)看出的.

这样一来,在光学薄的物体的情况下,1 厘米³ 的物质在 1 秒内所损失的能量,就以只相差 x/l_1 阶的小量的精度而归结为所发射的能量,即积分发射本领:

$$J = \int_0^\infty J_v \, dv = c \int_0^\infty x'_v U_{vp} \, dv. \qquad (2.101)$$

用 x_1 来表示吸收系数的平均值,按照定义它等于平均自由程 l_1 的倒数,如果将它从积分号内提出,我们就得到积分发射:

$$J = x_1 U_p c = \frac{4 \sigma T^4}{l_1}. \qquad (2.102)$$

将公式(2.102)和(2.101)进行比较,就得出了在光学薄的物体的情况下求平均自由程的法则:

---

1) 我们用 l_1 来表示在光学薄的物体之情况下的平均自由程,以便不致使它和罗斯兰德平均自由程 l 相混淆,后者乃是光学厚的物体特有的. 就如下面我们所要看到的在光学薄的物体的情况下将吸收按谱取平均的法则,乃不同于罗斯兰德平均法则.

$$\varkappa_1 = \frac{1}{l_1} = \frac{\int_0^\infty \varkappa_\nu' U_{\nu p} d\nu}{\int_0^\infty U_{\nu p} d\nu} = \int_0^\infty \varkappa_\nu' G_1(u) du. \quad (2.103)$$

$$G_1(u) = \frac{15}{\pi^4} \frac{u^3}{e^u - 1}, \quad u = \frac{h\nu}{kT} \quad (2.104)$$

或者用真实吸收的系数来表示：

$$\varkappa_1 = \frac{1}{l_1} = \int_0^\infty \varkappa_\nu G_1'(u) du, \quad (2.105)$$

$$G_1'(u) = (1 - e^{-u})G_1(u) = \frac{15}{\pi^4} e^{-u} u^3. \quad (2.106)$$

就如所见到的，这个平均方法不同于罗斯兰德平均；按公式(2.77)进行罗斯兰德平均时，平均的是自由程，即吸收系数的倒数，并且其权重函数正比于普朗克函数对温度的导数。积分发射本领是由那样一个平均自由程来表征的，后者是通过用正比于普朗克函数的权因子对吸收系数本身进行平均而得到的。

光学薄的受热物体之总的能量损失由发射本领对物体体积的积分所决定：

$$Q = \int q dV = \int J dV. \quad (2.107)$$

与由于"从表面"辐射而冷却的光学厚的物体不同，光学薄的物体的冷却，具有极重要的体积的特点。当然，在这种情况下仍可引进表面辐射能流的概念，并将方程(2.107)写成沿表面积分的形式，因为公式 $q = \mathrm{div}\mathbf{S}$ 总是有效的。但是，在体积冷却的情况下，对能耗的这种解释纯粹是形式上的，只有在光学厚的物体的情况下，所飞出的量子实际上才产生于表面的一层。与此相应，只有光学厚的物体的辐射谱，才在某种程度上接近于与等效温度（$T_{等效}$）或表面温度相对应的普朗克谱。如果物质的吸收系数强烈地依赖于频率的话，光学薄的物体的辐射谱，可以严重地不同于与物体的温度相对应的普朗克谱。在此种情况下，谱是由频率函数 $\varkappa_\nu' U_{\nu p}$ 来表征的。

针对光学厚的物体和光学薄的物体这两种情况，我们来比较物体单位体积的能量辐射损失（单位体积的冷却速度）和单位表面积的能量辐射损失（表面能流）。如果物体的线度的量级为 x，则它的表面积量级为 x^2，而体积量级为 x^3。对于光学厚的物体，其单位表面积的冷却速度，量级为：

$$\frac{Q}{x^2} \sim S \sim \frac{l}{x} \sigma T^4 \ll \sigma T^4, \quad \frac{l}{x} \ll 1, \qquad (2.108)$$

而单位体积的冷却速度，

$$\frac{Q}{x^3} \sim \frac{S}{x} \sim \frac{1}{x} \frac{l}{x} \sigma T^4 \sim \left(\frac{l}{x}\right)^2 \frac{\sigma T^4}{l} \ll \frac{\sigma T^4}{l}. \qquad (2.109)$$

在光学薄的物体的情况下，

$$\frac{Q}{x^2} \sim \frac{J x^3}{x^2} \sim \frac{x}{l_1} \sigma T^4 \ll \sigma T^4, \text{ 当 } \frac{x}{l_1} \ll 1 \text{ 时,} \qquad (2.110)$$

$$\frac{Q}{x^3} \sim J \sim \frac{\sigma T^4}{l_1}, \text{ 当 } \frac{x}{l_1} \ll 1 \text{ 时.} \qquad (2.111)$$

我们来比较平均温度大约相同的两个物体的相对辐射损失，它们当中有一个线度较大（光学厚的），而另外一个线度较少（光学薄的）。物质的密度，如同温度一样，也被认为是相近的，因此，只是物质温度和密度之函数的平均自由程 l 和 l_1 就属于同一个量级（按谱进行平均时，其方法上的差别，一般不会引起自由程在数值上有很大的差别；l 和 l_1 相差一般不会超过几倍）。

从关系（2.108)和(2.110)看出，在两种情况下单位表面积的辐射损失，即出自表面的能流是小于 σT^4 的。只有其线度近于自由程（光学厚度近于一个单位）$x \sim l \sim l_1$ 的物体，才能从表面上发出相当于绝对黑体情况下的辐射能流，当然这里黑体的温度接近于物体的平均温度。

至于说单位体积的，或同样地，单位质量的能量损失，那么光学厚的物体其质量的冷却速度要比光学薄的物体小很多，对于后者来说，其冷却速度近于按体积平均的积分发射本领 $J \sim \sigma T^4 / l_1$，而与线度无关（这是鉴于辐射具有体积的特点）。

这在物理上的原因是很明显的：在光学厚的物体内部所发射

的量子,都被"封闭"在物体之中,在物体内部沿途就被吸收了,而不能够跑到外面来。

§ 17. 考虑辐射能量、辐射压力和辐射热交换的流体动力学方程

在§9中曾经指出应该怎样考虑可以归结为光的发射和吸收的辐射与物质的相互作用。那时曾假定了,辐射的能量和压力与物质的能量和压力相比是很小的。

当温度很高或气体特别稀薄(但气态物体的线度要比较大,要大于辐射自由程)时,就不能再忽略辐射的能量和压力了。很清楚,在辐射与物质处于局部平衡的情况下,那时 $U = U_p = 4\sigma T^4/c$,而辐射压力 $p_\gamma = \dfrac{U_p}{3} = \dfrac{4}{3}\dfrac{\sigma T^4}{c}$,就是要在流体动力学的方程中将辐射的能量和压力加到物质的内能和压力上去,同时再引进辐射热传导项。我们来说明,如何从描写物质加辐射这一系统的普遍方程出发,而得到这一结论。

为了以完全的形式写出表达由物质和辐射(在一般情况下它是不平衡的)所组成的系统之冲量和能量的守恒定律的方程,我们从与相应量的"连续性"方程相等价的散度形式的方程出发是方便的。对于不计辐射的理想气体的运动来说,这两个方程曾在第一章得到过(见公式(1.7),(1.10))。直接推广方程(1.7),(1.10),就可以很容易地写出物质加辐射这一系统的方程(注意,我们所考察的仅仅是非相对论的运动)。这就是,在物质的冲量密度上再加上辐射的冲量密度 $\mathbf{G}$,而在物质的冲量流密度张量 Π_{ik} 上再加上辐射的冲量流密度张量 T_{ik}。众所周知,后一个量就等价于电磁场的麦克斯韦应力张量。同样地,在物质的能量密度上加上辐射的能量密度 U,而在能流密度上加上辐射能流 $\mathbf{S}$,后者是波印亭矢量(辐射冲量与波印亭矢量的关系是 $\mathbf{G} = \mathbf{S}/c^2$)。

这样,我们就得到了系统的冲量和能量的方程:

$$\frac{\partial}{\partial t}(\rho u_i + G_i) + \frac{\partial}{\partial x_k}(\Pi_{ik} + T_{ik}) = 0, \tag{2.112}$$

$$\frac{\partial}{\partial t}\left(\rho\varepsilon + \frac{\rho u^2}{2} + U\right) + \frac{\partial}{\partial x_k}\left\{\rho u_k\left(\varepsilon + \frac{p}{\rho} + \frac{u^2}{2}\right) + S_k\right\} = 0.$$

$$(2.113)$$

很显然,连续性方程仍保持不变,因为辐射"不具有"质量[1],

$$\frac{\partial \rho}{\partial t} + \frac{\partial}{\partial x_k}(\rho u_k) = 0.$$

上面所说的借助流体动力学的方程之简单的推广而得到的、并具有明显物理意义的方程(2.112)和(2.113),也可以从对物质加辐射这一系统的能量-冲量四度张量而写出的守恒方程出发,用严格的一般性推导而得到,如果在张量的属于物质的部分中化为非相对论近似(在此我们不来进行这一极为基本的推导).

方程(2.112),(2.113)中所包含的用以描写辐射的各个量,可以用两种方式加以解释. 在电磁的、场的解释中,它们是由电场和磁场的强度 **E** 和 **H** 来表示的,即

$$\begin{aligned} U &= \frac{E^2 + H^2}{8\pi}, \\ \mathbf{S} &= \frac{c}{4\pi}[\mathbf{EH}] = c^2\mathbf{G}, \\ T_{ik} &= \frac{1}{4\pi}\left\{-E_iE_k - H_iH_k + \delta_{ik}(E^2 + H^2)\right\}. \end{aligned} \right\} (2.114)$$

但应该注意到,辐射是迅速变化的电磁场;电磁振动的周期与过程的宏观时间相比是非常之小的,因此意味着,在上面所列举的各公式中是在比场的振动周期大很多的时间之内进行了按时间的平均.

在量子力学的解释中,宏观量 U, $\mathbf{S}$, T_{ik} 是通过量子的分布函数来表示的. 如果 $f(\nu, \boldsymbol{\Omega}, \boldsymbol{r}, t)$ 是频率为 ν、运动方向为 $\boldsymbol{\Omega}$ 的量子在时刻 t 时于点 r 处的分布函数,那么就如我们已知道的(见本章§1).

---

1) 如果 $U \sim \varepsilon \ll \rho c^2$.

$$U = \int h\nu f \, d\boldsymbol{\Omega} \, d\nu,$$
$$\mathbf{S} = \int h\nu c \boldsymbol{\Omega} f \, d\boldsymbol{\Omega} \, d\nu,$$
$$T_{ik} = \int \Omega_i \Omega_k h\nu f \, d\boldsymbol{\Omega} \, d\nu^{1)}. \qquad (2.115)$$

用傅立叶积分将迅速变化的电磁场展开，场就可以呈现为由各种频率的简谐振动叠加的形式。当将关于 U，S_i，T_{ik} 的公式中所含有的场分量之二次项按时间进行平均的时候，属于不同频率的量之乘积将消失，保留的只是属于同一频率的傅立叶分量之乘积的二次项。因此，辐射的能量、冲量、能量流和冲量流都被表示为频率不同的一些项的线性叠加。这就可以引进关于某一频率的辐射强度 $I_\nu(\boldsymbol{\Omega}, \boldsymbol{r}, t)$ 的概念，并能够用强度对辐射谱和辐射传播方向的积分来表示各宏观量：

$$U = \frac{1}{c} \int I_\nu \, d\boldsymbol{\Omega} \, d\nu,$$
$$\mathbf{S} = \int \boldsymbol{\Omega} I_\nu \, d\boldsymbol{\Omega} \, d\nu, \qquad (2.116)$$
$$T_{ik} = \frac{1}{c} \int \Omega_i \Omega_k I_\nu \, d\boldsymbol{\Omega} \, d\nu,$$

以及给强度以量子力学的解释——它等于量子能量与分布函数的乘积 $I_\nu = h\nu c f$。

众所周知，电磁场，电磁波的频率和传播方向，从而各积分量 U，$\mathbf{S}$，T_{ik}，都与是在什么样的坐标系里对它们进行测量有关系。

出现在方程(2.112)和(2.113)中的各积分量，是相对于静止的、"实验室"坐标系而言的，在这一坐标系中物质的某一质点是以速度 **u** 在运动的。其实，在质点为静止的"随体"坐标系中所测量的各辐射参量，更能显露事情的本质。事实上，在完全热力学平衡的状态中，静止物质中的辐射能量密度刚好就等于平衡值 $U_p =$

---

1) 量子的能量是 $h\nu$，冲量是 $\Omega h\nu/c$，冲量第 i 个分量在 k 方向上的流则等于 $\Omega_i \Omega_k$ $\times \dfrac{h\nu}{\rho} c$，由此便得到了关于冲量流张量 T_{ik} 的公式。

$4\sigma T^4/c$；而相对于不动物质的辐射能流则具有扩散的特点,因为辐射是同运动物质一起被"携带"的,而总的能流中就包括有这种"携带".

在方程(2.112)和(2.113)中将量 U, $\mathbf{S}$, T_{ik} 变成与介质的运动质点相关联的各带撇的量 U', $\mathbf{S}'$, T'_{ik}. 当介质是以非相论的速度 $u/c \ll 1$ 运动时,可以略去与 u/c 成正比的各项,过渡到运动坐标系的相应的变换给出(见文献[6])：

$$\left.\begin{array}{l} U = U', \\ S_i = S'_i + u_i U' + u_k T'_{ik}, \\ T_{ik} = T'_{ik}. \end{array}\right\} \qquad (2.117)$$

将变换过的各量代入方程(2.112)和(2.113). 同时要注意到,辐射的冲量 G_i 与物质的冲量 ρu_i 相比是非常小的,它可以忽略[1]. 以显式写出物质的冲量流张量 $\Pi_{ik} = \rho u_i u_k + p\delta_{ik}$,则我们得到

$$\frac{\partial}{\partial t}(\rho u_i) + \frac{\partial}{\partial x_k}(\rho u_i u_k) + \frac{\partial p}{\partial x_i} + \frac{\partial T'_{ik}}{\partial x_k} = 0, \quad (2.118)$$

$$\frac{\partial}{\partial t}\left(\rho\varepsilon + \frac{\rho u^2}{2} + U'\right) + \frac{\partial}{\partial x_k}\left\{\rho u_k\left(\varepsilon + \frac{p}{\rho} + \frac{u^2}{2}\right) + \right.$$

$$\left. + S'_k + u_k U' + u_i T'_{ik}\right\} = 0$$

(这两个方程曾被 C. 3. 别林基[7]所得到).

现在我们来研究辐射与物质处于局部热力学平衡的情况. 这时,辐射密度等于平衡值 $U' = 4\sigma T^4/c$. 相对于物质的辐射能流 S'_k 近似地正比于平衡辐射密度梯度. 根据辐射热传导的公式(2.76),有

$$S'_k = -\frac{lc}{3}\frac{\partial}{\partial x_k}\left(\frac{4\sigma T^4}{c}\right) = -\frac{16\sigma l T^3}{3}\frac{\partial T}{\partial x_k}.$$

---

1) 事实上, 如果辐射能量与物质能量可以比较, 即 $U \sim \rho u^2$, 那么量值约为 $G \sim U/c$ 的辐射冲量就是物质冲量 ρu 的 $\dfrac{1}{c/u}$:

$$G \sim \frac{U}{c} \sim \frac{u}{c}\rho u.$$

如果注意到,在局部平衡的条件下辐射场几乎是各向同性的,其强度对于角度的依赖很弱,那么冲量流张量可以极容易地从公式(2.116)得到. 我们求得,

$$T'_{ik} = \frac{U'_p}{3} \delta_{ik} = p_v \delta_{ik},$$

其中 $p_v = \frac{U'_p}{3} = \frac{4}{3} \frac{\sigma T^4}{c}$ 是辐射压力.

将所有这些量代入方程(2.118)中,对于局部平衡的情况,我们得到:

$$\frac{\partial}{\partial t}(\rho u_i) + \frac{\partial}{\partial x_k}(\rho u_i u_k) + \frac{\partial}{\partial x_i}(p + p_v) = 0, \quad (2.119)$$

$$\frac{\partial}{\partial t}\left(\rho\varepsilon + \frac{\rho u^2}{2} + U_p\right) + \frac{\partial}{\partial x_k}\left\{ u_k \left(\rho\varepsilon + U_p + \frac{\rho u^2}{2} + p + \right.\right.$$

$$\left.\left. + p_v\right) - \frac{lc}{3}\frac{\partial U_p}{\partial x_k}\right\} = 0, \quad (2.120)$$

这里 $U_p = 3 p_v = 4 \sigma T^4/c$.

系统的冲量和能量方程具有封闭的形式,因为所有描述辐射的量全都由温度(和物质的光学性质)所表示.

如果辐射不是处于与物质的局部热力学平衡,那么还必须给方程(2.118)添加一个辐射输运方程. 关于考虑到 u/c 量级的各项的、运动介质的辐射输运方程,请见文献[8].

§ 18. 作为经典电磁场不变量的量子数

辐射场是由能量密度和能流来表征的 (后者正比于冲量密度);这两个量由公式(2.114)所确定.

特别好的是,在经典理论中还可以引进一个有代表性的量,它(精确到一个任意的因子)与场中的量子数相符[15]. 乍一看来,量子数按照定义乃是量子力学的概念,在经典理论中它不起作用,也不可能被定义. 但是,我们提醒,在经典力学中振子的量子状态数是个绝热不变量. 与这一点类似,在给定的电磁场中量子数也应

该是一个绝热不变量。此外，它还应该是一个时间上守恒的量和相对论性不变量。

与量子数成正比的量是由下述表达式给出

$$N \sim \iint \frac{\mathbf{E}(\mathbf{r})\mathbf{E}(\mathbf{r}') + \mathbf{H}(\mathbf{r})\mathbf{H}(\mathbf{r}')}{|\mathbf{r}' - \mathbf{r}|^2} d\mathbf{r} d\mathbf{r}', \qquad (2.121)$$

这里积分是按空间 $\mathbf{r}$ 和 $\mathbf{r}'$ 进行的（$d\mathbf{r}, d\mathbf{r}'$ 代表体积元）。这一表达式的结构容易理解，如果将积分变量变为 $\mathbf{r}$ 和 $\boldsymbol{\rho} = \mathbf{r}' - \mathbf{r}$ 的话。我们固定点 $\mathbf{r}$，并在其中心在点 $\mathbf{r}$ 处的极坐标中写出按体积 $d\rho$ 的积分：

$$\mathbf{E}(\mathbf{r}) \int \mathbf{E}(\mathbf{r} + \boldsymbol{\rho}) \frac{\rho^2 d\rho d\Omega_\rho}{\rho^2},$$

此间 $d\Omega_\rho$ 是点 $\mathbf{r}$ 附近的立体角元。

所写出的表达式在数量级上等于 $\mathbf{E}^2(\mathbf{r})\bar{\lambda}$，此处 $\bar{\lambda}$ 是个平均距离，在这一距离上给定的点的场 $\mathbf{E}(\mathbf{r})$ 和该点邻域中的场之间的相关性保持不变。建立起关于 $\mathbf{H}$ 的类似的表达式，则我们在数量级上得到

$$N \sim \int (\mathbf{E}^2 + \mathbf{H}^2)\bar{\lambda} d\mathbf{r} \sim \int U(\mathbf{r})\bar{\lambda} d\mathbf{r}.$$

现在来推导关于量子数的表达式 (2.121)[1]。我们来考察既没有自由电荷也没有束缚电荷的场。这时 $\mathrm{div}\mathbf{E} = 0; \mathrm{div}\mathbf{H} = 0$。在某一频率间隔 $d\nu$ 之内的量子数等于这一间隔内所包含的场能量除以 $h\nu$。为了确定谱能量，我们将场展开为空间傅立叶积分：

$$\mathbf{E}(\mathbf{r}) = \int \mathbf{E}_k e^{i\mathbf{k}\mathbf{r}} d\mathbf{k},$$

并且鉴于上述条件下的场方程，傅立叶分量 $\mathbf{E}_k$ 是按 $e^{-i\omega_k t}$ 而依赖于时间的，其中 $\omega_k = ck \ (\omega_k = 2\pi\nu_k)$。对于波矢量的每一个方向 $\mathbf{k}$ 我们引进光的两个偏振方向 $\mathbf{n}_1, \mathbf{n}_2$，它们都垂直于 $\mathbf{k}$。具有一定偏振的场的傅立叶分量等于

---

1) 我们感谢 A. G. 康帕捏茨同我们讨论了这个问题。

$$E_{k_1} = \int (\mathbf{E}\mathbf{n}_1) e^{-i\mathbf{k}\mathbf{r}} d\mathbf{r}.$$

可类似的确定 E_{k_2}，H_{k_1}，H_{k_2}。

在方向 $\mathbf{k}$ 上传播的（具有一定偏振的）波，其能量正比于

$$\mathcal{E}_{k_1} \sim |E_{k_1} + H_{k_2}|^2, \quad \mathcal{E}_{k_2} \sim |E_{k_2} - H_{k_1}|^2.$$

给定频率的相应量子数正比于

$$f_k = f_{k_1} + f_{k_2} = \frac{\mathcal{E}_{k_1} + \mathcal{E}_{k_2}}{h\nu_k} \sim \frac{\mathcal{E}_{k_1} + \mathcal{E}_{k_2}}{k}.$$

场中的总量子数正比于量

$$N \sim \int f_k d\mathbf{k}.$$

代入 E_{k_1} 等的表式，并进行不太复杂的变换，我们求得

$$N \sim \int [(\mathbf{E}(\mathbf{r})\mathbf{n}_1) e^{i\mathbf{k}\mathbf{r}} d\mathbf{r}][(\mathbf{E}(\mathbf{r}')\mathbf{n}_1) e^{-i\mathbf{k}\mathbf{r}'} d\mathbf{r}'] \frac{d\mathbf{k}}{k} + \cdots;$$

给这个积分再加上带有 $(\mathbf{E}\mathbf{n}_2)$，$(\mathbf{H}\mathbf{n}_1)$，$(\mathbf{H}\mathbf{n}_2)$ 的类似的各项。这个表达式就可以写成一个积分：

$$N \sim \iiint [(\mathbf{E}(\mathbf{r})\mathbf{n}_1)(\mathbf{E}(\mathbf{r}')\mathbf{n}_1) +$$

$$+ (\mathbf{E}(\mathbf{r})\mathbf{n}_2)(\mathbf{E}(\mathbf{r}')\mathbf{n}_2)] e^{i\mathbf{k}(\mathbf{r}-\mathbf{r}')} d\mathbf{r}' d\mathbf{r} \frac{d\mathbf{k}}{k} +$$

$$+ \text{带 } \mathbf{H} \text{ 的项}. \tag{2.122}$$

根据条件 $\mathrm{div}\mathbf{E} = 0$，$\mathrm{div}\mathbf{H} = 0$ 得到，波是横波，即量

$$E_{k_3} = \int (\mathbf{E}\mathbf{n}_3) e^{-i\mathbf{k}\mathbf{r}} d\mathbf{r}$$

和 H_{k_3} 都等于零（$\mathbf{n}_3 = \mathbf{k}/k$ 是方向 $\mathbf{k}$ 上的单位矢量）。这意味着，如果给公式 (2.122) 加上一个下面的等于零的量：

$$(\mathbf{E}(\mathbf{r})\mathbf{n}_3)(\mathbf{E}(\mathbf{r}')\mathbf{n}_3) e^{i\mathbf{k}(\mathbf{r}-\mathbf{r}')} d\mathbf{r} d\mathbf{r}' \frac{d\mathbf{k}}{k},$$

则公式 (2.122) 不变。但在加上了这样一个量之后，(2.122) 中的方括号内的表达式就具有标量积的形式：

$$(\mathbf{E}(\mathbf{r})\mathbf{n}_1)(\mathbf{E}(\mathbf{r}')\mathbf{n}_1) + \cdots = \mathbf{E}(\mathbf{r})\mathbf{E}(\mathbf{r}'),$$

因为 $\mathbf{n}_1$, $\mathbf{n}_2$, $\mathbf{n}_3$ 构成了三个相互垂直的方向．结果我们得到

$$N \sim \iiint \mathbf{E}(\mathbf{r})\mathbf{E}(\mathbf{r}')d\mathbf{r}d\mathbf{r}'e^{i\mathbf{k}(\mathbf{r}-\mathbf{r}')}\frac{d\mathbf{k}}{k} + \text{带 } \mathbf{H} \text{ 的项}.$$

计算出积分 $\int e^{i\mathbf{k}(\mathbf{r}-\mathbf{r}')}\dfrac{d\mathbf{k}}{k}$，我们就得到公式(2.121)，这证明了上面所作的断言：表达式(2.121)正比于场中的量子数．

将 N 写成在某一个 $t =$ 常数时的按体积的二重积分，这一点是极有意义的．在进行洛伦兹变换时 $\mathbf{E}$ 和 $\mathbf{H}$ 都要改变；此外还必须要变到 $t' =$ 常数时的另外的体积（变到明可夫斯基四度空间中的另外一个超曲面）．要直接证明 N 的表达式是个不变量，那是极为困难的．由于 t 和 t' 不相符，所以为了能从 $t =$ 常数时的体积中的 $\mathbf{E}$ 和 $\mathbf{H}$ 变到 $t' =$ 常数时的体积中的 $\mathbf{E}'$ 和 $\mathbf{H}'$，就必须要利用麦克斯韦方程．但是(2.121)的相对论性不变性实际上正是从下述事实得到的，总的量子数——全部体积中的粒子数显然是相对论性不变量．这里重要的是，我们所考察的是没有电荷的自由场，在这种场中量子既不能被产生，也不能被吸收．

第三章　高温气体的热力学性质

1. 由无相互作用的粒子所组成的气体

§1. 比热和粒子数不变的理想气体

在很多实际的过程中，描写气体状态的一些宏观参量，比如说，密度 ρ、比内能 ε 或温度 T，其变化与导致热力学平衡的弛豫过程的速度相比是相当缓慢的。在这种条件下，气体质点在每一时刻都处在非常接近于宏观参量的瞬时值所对应的热力学平衡的状态。只有那些特别快的过程，比如像气体穿过激波阵面的过程是例外。在本章将只讨论气体的热力学平衡状态。

为描写物质在绝热情况下的流体动力学运动，必须要以密度和压力之函数的形式给出熵 $S(\rho, p)$ 或比内能 $\varepsilon(\rho, p)$。在非绝热的情况下，一般来说，在能量方程中还要以显式含有温度（例如，当考虑热传导或辐射的时候），所以必须通过状态方程 $p = p(\rho, T)$ 将温度与密度和压力联系起来。

众所周知，借助任何一个广义的热力学势，就可以求出物质的所有的热力学性质，而这些势是以某些相应变量之函数的形式给出的，即 $\varepsilon(S, \rho)$，$w(S, p)$，$F(T, \rho)$，$\Phi(T, p)$，其中 F 是自由能，w 是焓，而 Φ 是热力学势（狭义的）。

当具体计算气体的热力学性质时，一般是直接计算与温度和密度有关的或者与温度和压力有关的内能：$\varepsilon(T, \rho)$ 或 $\varepsilon(T, p)$。同时还要单独引进状态方程，因为它可以从函数 $\varepsilon(S, \rho)$ 导出，但不能从函数 $\varepsilon(T, \rho)$ 或 $\varepsilon(T, p)$ 导出。

不经特别声明，以下各处我们所研究的都是理想气体，按定义，在这种气体中可以忽略粒子间的相互作用。在很多实际的重要情况下，理想气体近似是相当精确的（只是在密度非常大的时候,非理想性才会显示出来. 关于这一点请见§ 11—§ 14).

理想气体的状态方程,可以写成如下几个等价形式中的任何一个:

$$p=nkT=N\rho kT=\frac{NkT}{V}=\frac{R}{\mu}\rho T=A\rho T, \qquad (3.1)$$

其中,n 是 1 厘米^{3}中的粒子数,N 是 1 克物质中的粒子数,R 是普适气体常数[1],A 是按 1 克物质计算的气体常数,μ 是平均的分子量,V 是比容. 同时,1 克物质中的粒子数 N 或平均分子量 μ 本身,还可以与温度和密度有关,这是由于离解、化学反应或电离的原因所致.

气体的内能以及定容比热,在一般情况下,由对应于气体的各种自由度(分子的平动、转动和振动,原子和分子的电子激发)的各分量,以及对应于分子离解、化学反应和电离的各分量所组成. 今后为简单起见,我们也把后边这几个因素纳入一般的"自由度"概念. 和内能一样,所有其余的热力学势以及熵也是按自由度来求和的. 除了粒子的平动之外,各种自由度都是从一些大致确定的温度数值起才出现在热力学函数之中. 对于那些与粒子数的变化有关的自由度(离解、化学反应、电离)来说,这些温度与气体的密度有关.

当温度很低的时候,原子和分子既不电离,也不激发;化学组分要在能量上对应于最有利的状态;热运动也仅限于粒子的平移. 从温度为零开始计算的比内能,此时等于 $\varepsilon_\text{平}=\frac{3}{2}NkT$;而定容比热是 $c_{V\text{平}}=\frac{3}{2}Nk$.

在单原子气体中,热力学函数只取决于原子单纯平动的温度范围可达很高的数值,近于几千度甚至到上万度的高温,在此时原子中的电离和电子激发都尚未开始.

---

1) $R=8.31\times10^7$尔格/度·克分子=1.99 卡/度·克分子=8.31 焦耳/度·克分子,$k=1.38\times10^{-16}$尔格/度.

在分子气体中,在极低的温度下,分子的转动就被激发. 这一般是发生在开氏温度为几度或十几度的时候. 用度数(即用玻耳兹曼常数 k 除过的能量)来表示的转动量子的能量是极小的, 例如,对于氧是 $2.1°K$,对于氮是 $2.9°K$,对于一氧化氮是 $2.4°K$. 只有氢分子是个例外,对于它来说,这个量是等于 $85.4°K$. 就是在 $300°K$ 的室温(更不要说一些高温)之下,量子效应也不起任何作用. 转动部份的比热就等于它的经典数值.

对于双原子分子和线性多原子分子来说,比热 $c_{V转}=Nk$, 而对于非线性多原子分子来说, $c_{V转}=\frac{3}{2}Nk$. 其相应部分的内能则分别等于 $\varepsilon_{转}=NkT$ 和 $\frac{3}{2}NkT$.

当温度达到约为几百度或上千度的时候,分子的振动才被激发. 因而存在着这样一个温度范围,在这一范围内分子气体的热运动仅由平动和转动所构成. 其比热亦是常数,对于双原子气体(例如,空气)而言,它等于 $c_V=c_{V平}+c_{V转}=\frac{5}{2}Nk$. 相应的内能等于 $\varepsilon=\frac{5}{2}NkT$.

用度数来表示的振动量子的能量,在双原子分子中一般约为几千度. 例如,对于 O_2, $h\nu/k=2230°K$;对于 N_2, 是 $3340°K$;对于 NO, 是 $2690°K$;而对于三原子分子来说,其最低的振动频率一般要小一些,例如对于 NO_2, $\frac{h\nu}{k}=916°K$, $1960°K$, $2310°K$. 当温度小于或接近于 $h\nu/k$ 的时候,振动部份的比热就要按量子公式来计算,且其本身与温度有关. 但是,当温度比 $h\nu/k$ 大的时候,振动比热是个常数,并且按每一个振动自由度来说它就等于它的经典值 k.双原子分子有一个振动自由度,非线性的 m 个原子的分子有 $3m-6$ 个振动自由度,而线性的则有 $3m-5$ 个振动自由度.

于是,当温度高于 $h\nu/k$ 中的最大值的时候,每一个分子的总的经典比热是 $c_V=c_{V平}+c_{V转}+c_{V振}$. 对于线性的 m 个原子的分子来说, $c_V=\frac{3}{2}Nk+Nk+(3m-5)Nk=\left(3m-\frac{5}{2}\right)Nk$;对于非

线性的，$c_V = \dfrac{3}{2}Nk + \dfrac{3}{2}Nk + (3m-6)Nk = (3m-2)Nk$。而对于

双原子分子，$c_V = \dfrac{7}{2}Nk$。比热和粒子数不变的理想气体的绝热方

程，由下列的普遍的热力学关系所确定：

$$TdS = d\varepsilon + pdV = c_V dT + NkT\dfrac{dV}{V} = 0.$$

积分之后得到

$$T \sim V^{-(\gamma-1)} \sim \rho^{\gamma-1}; \quad p \sim V^{-\gamma} \sim \rho^\gamma, \tag{3.2}$$

其比例系数只与熵有关。这里 $\gamma = c_p/c_V$ 是绝热指数；$c_p = c_V + Nk$ 是定压比热。例如，对于单原子气体，$\gamma = \dfrac{5}{3}$；对于振动尚未激

发的双原子气体，$\gamma = \dfrac{7}{5}$；而对于振动完全激发的双原子气体，$\gamma = \dfrac{9}{7}$。

但是应该指出，并不存在一个很宽的温度范围，在这一范围内分子的振动已完全激发，而比热和绝热指数亦保持不变。这是因为分子离解和各种化学反应常常在振动部份的比热刚刚达到极限经典值的温度时就已经开始了的缘故。

§2. 用统计求和法计算热力学函数

借助所谓统计求和的方法，可一步一步极严格地求出所有的热力学函数。我们对这一方法的基本内容作一简短的叙述[1]，目的是为了得到熵的表达式和分子振动能量的量子公式，以便在以下各节将这一量子公式应用到粒子数可变的气体中去。

根据统计力学，由 N 个粒子组成的系统，处于能量等于 E_n 的第 n 个状态的几率正比于量 $\exp(-E_n/kT)$。在精确到相差一个常数因子的情况下，系统的各种可能状态的几率之和是由

---

1) 其详细的推导可在统计物理教程中，比如，在 Л. Д. 朗道和 E. M. 栗弗席兹的书（文献[1]）中找到。

$$Q = \sum_n e^{-\frac{E_n}{kT}} \qquad (3.3)$$

所确定的,这个表达式就称做系统的统计和[1].

关于由粒子数分别为 N_A, N_B, $\cdots$ 的几种类型的分子所组成的理想的玻耳兹曼气体,其统计和可以分解为与每种类型粒子相对应的各组合因子的乘积:

$$Q = \frac{Z_A^{N_A}}{N_A!} \cdot \frac{Z_B^{N_B}}{N_B!} \cdots . \qquad (3.4)$$

这里 Z_A, $Z_B \cdots$ 是每种类型分子的一个分子的统计和,它们由类似于(3.3)的公式所表示:

$$Z = \sum_k e^{-\frac{\varepsilon_k}{kT}}, \qquad (3.5)$$

其中,ε_k 是处于第 k 个状态时分子的能量,而求和是按一个分子的所有可能的状态进行的.

系统自由能的普遍公式具有如下形式:

$$F = -kT \ln Q. \qquad (3.6)$$

如果按照斯特林公式 $N! \approx (N/e)^N$ 来替代公式(3.4)中的因子,并将所得的表达式代入(3.6),则我们得到

$$F = -N_A kT \ln \frac{Z_A e}{N_A} - N_B kT \ln \frac{Z_B e}{N_B} - \cdots \qquad (3.7)$$

由于自由能是关于变量:温度和密度(或体积)的热力学势,如果分子的统计和作为温度 T 和体积 V 的函数是已知的,则所有的热力学函数都可由公式(3.7)导出.按照热力学的普遍公式,熵、内能和压力分别为

$$S = -\left(\frac{\partial F}{\partial T}\right)_{V,N}, \qquad (3.8)$$

---

1) 在我国的统计力学中习惯上称之为"配分函数". ——译者注

$$\varepsilon = F + TS = -T^2 \frac{\partial}{\partial T}\left(\frac{F}{T}\right)_{V,N} {}^{1)}, \qquad (3.9)$$

$$p = -\left(\frac{\partial F}{\partial V}\right)_{T,N}. \qquad (3.10)$$

如果忽略电子状态、振动和转动三者间的相互作用,把分子看成是刚性的转子,且认为振动是简谐的,那么分子的能量就可表示为与各个自由度相对应的能量之和的形式. 如从公式(3.5)所看出的,这时单个分子的统计和也可以被分解为乘积的形式

$$Z = Z_{平} \cdot Z_{转} \cdot Z_{振} \cdot Z_{电子}. \qquad (3.11)$$

这里,我们不加推导地列出这些统计和的公式.

任何粒子的平动统计和等于:

$$Z_{平} = \left(\frac{2\pi MkT}{h^2}\right)^{\frac{3}{2}} V, \qquad (3.12)$$

其中,M 是粒子的质量,V 是气体所占据的体积(如果将 N 理解为是 1 克物质中的粒子数,则 V 就是比容).

当温度比转动量子的能量除以 k 后的数值更大时,则对于双原子的或线性多原子的分子而言,其转动统计和就等于

$$Z_{转} = \frac{8\pi^2 IkT}{h^2} \cdot \frac{1}{\sigma} {}^{2)}, \qquad (3.13)$$

而对于非线性多原子的分子而言,则

$$Z_{转} = \frac{8\pi^2}{\sigma} \cdot \left(\frac{2\pi IkT}{h^2}\right)^{\frac{3}{2}}. \qquad (3.14)$$

这里,(3.13)式中的 I 是线性分子的转动惯量,而(3.14)式里的 I 则是非线性多原子分子的三个转动惯量的几何平均值,$I = (I_1 I_2 I_3)^{\frac{1}{3}}$;$\sigma$ 是所谓的对称因子,它等于分子中相同原子的交

---

1) 直接将 (3.6),(3.3) 代入 (3.9),容易验证 $\varepsilon = \sum E_n \exp(-E_n/kT)/\sum \exp(-E_n/kT)$,内能就是按所有可能的状态平均了的系统的能量.

2) 转动量子的能量 $h\nu_{转} = h^2/8\pi I$,因此 $Z_{转} = kT/h\nu_{转} \cdot \sigma$.

换次数加一，而这种交换就等价于整个分子的旋转[1]。

频率为 ν 之简谐振子的统计和的量子化公式是：

$$Z_{振} = \left(1 - e^{-\frac{h\nu}{kT}}\right)^{-1}. \qquad (3.15)$$

在这个公式中，振动能量从最低的量子振动能级计起，即假定零振动的能量 $h\nu/2$ 被包含在分子的基态能量之中。

如果分子具有几个振动自由度，那么它的总的振动统计和就可表示为与所有的简正振动相对应的各组合因子的乘积。

最后，电子统计和仍保持自己原来的形式：

$$Z_{电子} = \sum_n e^{-\frac{\varepsilon_n}{kT}}, \qquad (3.16)$$

其中，ε_n 是原子或分子中的电子处于第 n 个量子状态时的能量。如果能级是简併的，那么每一个成份都同等地以独立项的形式出现在统计和之中，因而相同的项的个数就等于能级的统计权重。

为计算气体的热力学函数所必须的各种原子的和分子的常数，一般由光谱学的数据来提供。一些分子的转动量子和振动量子的能量，在前一节已经列举过。原子和分子的第一激发电子态的能量 ε_1 一般约为几个电子伏特，即 ε_1/k 近于几万度；例如，对于原子：O 的 ^1D 谱项 $\varepsilon_1 = 1.96$ 电子伏，$\varepsilon_1/k = 22800°K$；N 的 $^2D^0$ 谱项 $\varepsilon_1 = 2.37$ 电子伏，$\varepsilon_1/k = 27500°K$；对于分子：$N_2$ 的 $A^3\Sigma_u^+$ 谱项 $\varepsilon_1 = 6.1$ 电子伏，$\varepsilon_1/k = 71000°K$；NO 的 $A^2\Sigma^+$ 谱项 $\varepsilon_1 = 5.29$ 电子伏，$\varepsilon_1/k = 61400°K$。也有例外的。例如，对于分子 O_2，其头两个激发能级位置很低，$^1\Delta_g$ 谱项 $\varepsilon_1 = 0.98$ 电子伏，$\varepsilon_1/k = 11300°K$；$^1\Sigma_g^+$ 谱项 $\varepsilon_2 = 1.62$ 电子伏，$\varepsilon_2/k = 18800°K$。

在不是特别高的温度 $T \ll \varepsilon_1/k$ 时，电子统计和实质上可归结为电子基态所对应的各项之和。如果基态精细结构（当这种结构

---

1) 例如，在由相同原子组成的双原子分子中，$\sigma = 2$；而在由不同原子组成的双原子分子中，$\sigma = 1$。

存在的时候)的能级间的间隔小于 $kT^{1)}$, 那么 $Z_{电子}$ 中的各相应的项就可近似地认为是相同的. 由于能量 ε_n 是从基态($\varepsilon_0=0$)开始计算的, 故可以认为 $Z_{电子}$ 就等于基态的统计权重 g_0(例如, 对于原子: O 的 ^3P 谱项, $g_0=9$; N(^4S), $g_0=4$; 对于分子: $O_2(^3\Sigma)$, $g_0=3$; $N_2(^1\Sigma)$, $g_0=1$; NO($^2\Pi$), $g_0=4$).

关于在高温下 $Z_{电子}$ 如何计算将在§6中叙述.

由于分子的统计和 Z 等于各自由度所对应的各组合因子的乘积, 所以气体的自由能以及其它的热力学函数都被表示为各相应的项之和的形式. 将 Z 的各组合因子之表达式代入公式(3.7), 我们便得到用温度和密度来表示的自由能的显式; 密度的出现是由于在平动和 $Z_{平}$ 中含有体积 V. 出现在公式(3.7)中对数符号下的各量 N_A/V, N_B/V, $\cdots$, 乃是单位体积中的粒子数 n_A, n_B, $\cdots$, 它们可由气体的密度和不同种类的粒子所占的百分浓度来表示, 在该情况下这些数都是不变的.

单原子气体的统计和仅由平动的和电子的组合因子构成; 将它代入(3.7)中, 我们便求得 N 个相同原子的自由能(设 $Z_{电子}=g_0$):

$$F=-NkT\ln\left(\frac{2\pi MkT}{h^2}\right)^{\frac{3}{2}}\frac{eVg_0}{N}. \qquad (3.17)$$

没有电离和电子激发的单原子气体, 根据公式(3.8)其比熵等于

$$S=Nk\ln\frac{e^{\frac{5}{2}}g_0}{n}\left(\frac{2\pi MkT}{h^2}\right)^{\frac{3}{2}}. \qquad (3.18)$$

能量和压力由已知的表达式给出:

$$\varepsilon=\frac{3}{2}NkT, \qquad\qquad p=nkT.$$

用类似的方法不难得到转动和振动部份的热力学函数. 转动

---

1) 例如, 对于原子 O 其三重基态 $^3D_2$ 的各成份间的间隔等于 $\Delta\varepsilon/k=230°$ 和 $320°K$; 对于 NO 其 $^2\Pi$ 的二重辟裂等于 $\Delta\varepsilon/k=178°K$. 关于光谱学符号和对谱项记号的识别, 请见第五章§14.

内能,实际上是由§1中所写出的公式给出的,而振动内能要由普朗克函数来表示. N 个相同振子(双原子分子)的能量等于:

$$\varepsilon_{振} = N \frac{h\nu}{e^{\frac{h\nu}{kT}} - 1}. \tag{3.19}$$

在 $kT \gg h\nu$ 的极限下,它趋近于经典值 $\varepsilon_{振} = NkT$,而比热 $c_{V振} = \dfrac{\partial \varepsilon_{振}}{\partial T} \longrightarrow Nk$. 实际上,能量和比热在 $kT \approx h\nu$ 时就已经接近于自己的极限值. 例如,当 $kT/h\nu = 0.5$ 时,$c_V/Nk = 0.724$;当 $kT/h\nu = 1$ 时,$c_V/Nk = 0.928$;当 $kT/h\nu = 2$ 时,$c_V/Nk = 0.979$.

分子的转动和振动自由度对于压力没有任何的作用;在形式上这可归因于它们的统计和以及内能和比热都不依赖于体积. 理想气体的压力只与粒子的平动有关.

在近几千度的高温下,那时分子振动的振幅与原子间的距离相比变得显著,出现了振动的非简谐性,以及振动与转动间的相互作用. 这种非简谐性使振动部份的比热多少要减小一些. 其相应的修正量在一级近似下与温度成正比. 一般来说,这些修正量不大(还在这些修正量变得重要之前,分子的离解早已开始). 关于这些修正量的计算,请参阅文献[2].

§3. 双原子分子的离解

当温度近于几千度的时候,双原子分子一般要离解为原子. 而内部联系较弱的多原子分子,在更低一些的温度之下就开始分解. 离解分子需要消耗很大的能量,因而对气体的热力学性质有着重要的影响.

我们来考察最简单的,但实际上也是很重要的一种情况,即由相同的原子 A 构成的分子 A_2 的双原子气体. 假设在温度为 T 气体密度为 ρ 的时候,原有分子中离解为原子的分子所占份额为 α (按模式 $A_2 \overset{\longrightarrow}{\longleftarrow} 2A$ 进行). 如果 N 是 1 克物质中的原有分子数,那么在离解度为 α 的时候,在 1 克物质中就含有 $N \cdot 2\alpha$ 个原子和

$N(1-\alpha)$个分子，总的粒子数等于$N(1+\alpha)$，所以气体的压力就等于
$$p = N(1+\alpha)\rho kT. \qquad (3.20)$$
当完全离解$(\alpha = 1)$时，它要比同样T和ρ之下的无离解时的气体压力大一倍。

当离解很小$(\alpha \ll 1)$时，压力的变化不大，但气体的能量和比热的变化却可能是很显著的。设ε_{A_2}是温度为T时的一个分子的能量，而ε_A是一个原子的能量。用U来表示离解一个未激发的（即无转动无振动或$T=0$时）分子所需要的能量。U就是分子的结合能或离解能：例如，对于O_2：$U = 5.11$电子伏→118千卡/克分子[1]，$U/k = 59400°K$；N_2：$U = 9.74$电子伏→225千卡/克分子，$U/k = 113000°K$；NO：$U = 6.5$电子伏→150千卡/克分子，$U/k = 75500°K$。

从零度的分子状态开始计算的气体的比内能，等于
$$\varepsilon = N\varepsilon_{A_2}(1-\alpha) + N \cdot \varepsilon_A \cdot 2\alpha + NU\alpha. \qquad (3.21)$$

一般来说在温度比U/k低很多的时候，离解就已经开始，气体越稀薄，开始离解的温度也就越低。在大气密度下（$n = 2.67 \times 10^{19}$分子/厘米^3），当$kT/U \sim 1/20$时，离解已很显著。这与分子破裂为原子的那种状态的统计权重较大 有 关 系。事实上，当$kT \ll U$的时候，分子是由一些很硬的处于玻耳兹曼能量分布之尾部的粒子的轰击而破裂的。在没有电离和电子激发的时候$\varepsilon_A = \frac{3}{2}kT$。如果$kT$大于振动量子的能量$h\nu$，就象从公式(3.19)所得到的，分子的振动能量大致等于kT，而$\varepsilon_{A_2} \approx \frac{7}{2}kT$。离解气体的能量(3.21)，可以显著地超过无离解时的能量 $\varepsilon = N\varepsilon_{A_2}$，甚至就是在离解度很小$(\alpha \sim 0.1$或更小$)$的时候也是如此，这是由于后一项起了作用的结果，该项与离解分子时所要耗损的能量相对应。正是由于这样，离解气体的比热 $c_V = \left(\frac{\partial \varepsilon}{\partial T}\right)_V$ 才要显著地增加。

---

1) 1电子伏/分子相当于23.05千卡/克分子。

应该指出，公式(3.20),(3.21)在非平衡离解的条件下也是正确的，虽然那时离解度并不同于与气体的"温度"和密度相对应的热力学平衡的值。在这里所指的"温度"，应理解为粒子的平动自由度和转动自由度的温度，这两个自由度在热力学上总是平衡的[1]。

热力学平衡的离解度单值地取决于气体的温度和密度（或压力）。如果考虑到经受化学变化——离解是这种变化的一个特殊情形——的混合气体其平衡的组分应对应于自由能的最小值的话，离解度与温度和密度的关系，可以从普遍的、关于由几种类型的粒子所组成的混合气体的自由能的表达式(3.7)导出。

在给定温度、体积和原有分子数 $N_{A_2}^0$ 的情况下，我们来考察作为粒子数 N_{A_2} 和 N_A 之函数的自由能 F：

$$F = -N_{A_2} kT \ln \frac{Z_{A_2} e}{N_{A_2}} - N_A kT \ln \frac{Z_A e}{N_A}.$$

建立变分 δF：

$$\delta F = -\delta N_{A_2} \left(kT \ln \frac{Z_{A_2} e}{N_{A_2}} - kT \right)$$
$$- \delta N_A \left(kT \ln \frac{Z_A e}{N_A} - kT \right)^{[2]}.$$

变分 δN_{A_2} 和 δN_A 之间由原子数守恒条件来联系

$$N_{A_2} + \frac{N_A}{2} = N_{A_2}^0 = 常数；\quad \delta N_{A_2} = -\frac{1}{2} \delta N_A.$$

在原子数守恒的条件下，令 δF 等于零（自由能取最小值），我们就得到

---

1) 在振动自由度内建立平衡要比在转动和平动自由度内为慢，但一般要比建立平衡离解为快。关于这一点详细的请见第六章。

2) 两个括号中的量分别是分子的和原子的取了反号的化学势：

$$\mu_{A_2} = \frac{\partial F}{\partial N_{A_2}}, \quad \mu_A = \frac{\partial F}{\partial N_A}.$$

$$\frac{N_A^2}{N_{A_2}} = \frac{Z_A^2}{Z_{A_2}}. \qquad (3.22)$$

由于统计和 Z_A 与 Z_{A_2} 皆正比于平动和中所含有的体积 V，而另外又只依赖于温度，故代替式(3.22)，可以写出

$$\frac{n_A^2}{n_{A_2}} = f(T), \qquad (3.23)$$

或者，对于分压力 $p_i = n_i kT$：

$$\frac{p_A^2}{p_{A_2}} = f(T) \cdot kT = K_p(T). \qquad (3.24)$$

表达式(3.22)或(3.23)，(3.24)乃是化学平衡中的所谓质量作用定律的一个特殊情况，而量 $K_p(T)$ 被称之为离解反应的平衡常数。它只依赖于温度和分子（与原子）常数。将分子 A_2 和原子 A 的统计和的表达式代入(3.22)，且为简单起见而假定分子的振动已完全激发，即 $Z_振 \approx kT/h\nu$（见公式(3.15)），而在电子统计和中又只考虑到与分子和原子的基态相对应的那些项，则我们得到

$$\frac{P_A^2}{P_{A_2}} = K_p(T) = \frac{M_A^{\frac{3}{2}} \nu \sqrt{KT}}{4\pi^{\frac{1}{2}} I_{A_2}} \frac{g_{0A}^2}{g_{0A_2}} e^{-\frac{U}{kT}}. \qquad (3.25)$$

出现在(3.25)中的最后两个因子，来源于电子统计和的商：

$$\frac{Z^2_{电子A}}{Z_{电子A_2}} \approx \frac{g_{0A}^2}{g_{0A_2}} e^{-\frac{(2\varepsilon_{0A} - \varepsilon_{0A_2})}{kT}} = \frac{g_{0A}^2}{g_{0A_2}} e^{-\frac{U}{kT}},$$

因为零点能量差 $2\varepsilon_{0A} - \varepsilon_{0A_2}$，按照定义等于离解能 U。

在(3.25)中将分压力换为离解度：

$$\alpha = \frac{N_{A_2}^0 - N_{A_2}}{N_{A_2}^0} = \frac{N_A}{2N_{A_2}^0},$$

我们得到

$$\frac{\alpha^2}{1-\alpha} = \frac{1}{4\,n_{A_2}^0} \cdot \frac{K_p(T)}{kT} =$$

$$= \frac{M_A^{\frac{3}{2}}\,\nu}{16\,\pi^{\frac{3}{2}}\,I_{A_2}\sqrt{kT}} \cdot \frac{g_{0A}^2}{g_{0A_2}} \cdot \frac{1}{n_{A_2}^0}\,e^{-\frac{U}{kT}}, \qquad (3.26)$$

其中 $n_{A_2}^0 = \rho/M_{A_2}$ 是 1 厘米³气体中的原有分子数。

在小离解度 $\alpha \ll 1$(当 $U/kT \gg 1$ 时)的情况下,如从公式(3.26)所见到的,$\alpha \sim \rho^{-1/2}e^{-U/2kT}$,也就是 α 既随着温度的升高而急剧地增大,也随着气体变稀而缓慢地增加。温度升高时,离解度的迅速增加能够导致比热的急剧增大。在 $\alpha \approx 1$ 的近乎完全离解的那种高温之下,分子浓度 $1-\alpha \sim \rho e^{U/kT}$,即它正比于密度并随着温度而缓慢的变化,因为此时 U/kT 不再是个很大的数。

乍看起来,在高温之下离解结束之后,气体(它已变为单原子气体)之比热应该减小,并且对一个原子而言应等于 $\frac{3}{2}k$,或对一个原子有分子而言应等于 $3\,k$,即甚至要比离解之前的小(那时对一个分子而言是 $\frac{7}{2}\,k$)。实际上,一般来说并不发生这种情况,因为当温度升高时,随着离解的结束(有时甚至还没有结束)原子(和分子)的电离已经开始,而后者对比热有相当大的贡献。

离解度与气体温度和密度的关系,以及离解对于热力学性质的影响,都被显示在根据文献[3]的表格所造的 表 3.1 和 3.2 之内,其中列出了空气(79% N_2 + 21% O_2)在离解范围内的各种相应量的数值[1]。空气中所进行的氮的氧化 反应 $N_2 + O_2 \rightleftharpoons 2\,NO$(见下一节),对分子 N_2 和 O_2 的离解及空气的热力学性质并没有太大的影响。空气的热力学性质主要取决于 N_2 和 O_2 的离解,因此离解效应和所有关系都可从表 3.2 看出。为了比较起见,在表

---

1) 在表 3.2 内,文献[3]的数据只对应于 20000°K 以下的温度。一些更高温度是在文献[4]中计算的。

表 3.1

在离解和开始电离的范围内空气的平衡组分

标准密度 $\rho_0 = 1.29 \times 10^{-8}$ 克/厘米^8

$T°K$	N_2	N	O_2	O	NO	N^+	O^+	NO^+
2000	0.788	—	0.205	0.015	0.007	—	—	—
4000	0.749	0.0004	0.100	0.134	0.084	—	—	—
6000	0.744	0.044	0.006	0.356	0.050	—	—	—
8000	0.571	0.416	0.007	0.393	0.024	—	—	—
10,000	0.222	1.124	—	0.407	0.009	0.0034	—	0.0015
12,000	0.050	1.458	—	0.411	0.003	0.020	0.0034	0.001
15,000	0.006	—	—	—	—	0.096	0.015	—

密度 $\rho = 10^{-2}\rho_0$

$T°K$	N_2	N	O_2	O	NO	N^+	O^+	NO^+
2000	0.788	—	0.248	0.002	0.007	—	—	—
4000	0.777	0.004	0.008	0.378	0.024	—	—	—
6000	0.592	0.394	—	0.413	0.005	—	—	—
8000	0.068	1.440	—	0.416	0.001	0.004	0.001	0.0001
10,000	0.004	1.528	—	0.410	—	0.046	0.008	0.0002
12,000	—	1.380	—	0.384	—	0.202	0.034	—
15,000	—	0.858	—	0.282	—	0.724	0.136	—

在这里，各种粒子的浓度 c_i 都被定义为是该种粒子的数目与原有分子数之比。在室温下 $c_{N_2} = 0.791$，$c_{O_2} = 0.209$。关于氩的数据没有列出，因为它的作用很小。

中还列出了同样温度下的、假定无离解时的能量值（在这种情况下，比能量与密度无关）。由于早在氮的离解结束之前，电离已经开始，所以在表中列出了离子的浓度（关于电离的讨论请见§5）。应该注意，当要精确地计算离解和热力学函数的时候，不能再利用简单的(3.26)型的公式，而要利用顾及到高电子状态的激发、振动的非简谐性等因素的比较精确的公式。

这时要从精确的表达式（3.22）出发，并要根据原子和分子的光谱学的数据计算出它们的统计和。类似的计算方法可在文献

表 3.2

空气的热力学性质

标准密度 $\rho_0 = 1.29 \times 10^{-3}$ 克/厘米^3　　　密度 $\rho = 10^{-2}\rho_0$

$T°K$	ε, 电子伏 分子	p, 大气压	γ	$\frac{7}{2}kT$ 电子伏/ 分子	$T°K$	ε, 电子伏 分子	p, 大气压	γ
2000	0.515	7.42	1.335	0.604	2000	0.520	0.074	1.330
4000	1.52	15.8	1.240	1.21	4000	2.09	0.177	1.195
8000	5.38	41.7	1.180	2.42	8000	10.6	0.575	1.125
12,000	12.7	88	1.160	3.92	12,000	16.6	0.994	1.140
20,000	24	183	1.175	6.04	20,000	45.3	2.8	1.145
50,000	95	870	1.215	15.1	50,000	158	11.6	1.170
100,000	276	2690	1.225	30.2	100,000	499	37.3	1.175
250,000	922	10,870	1.275	75.4	250,000	1080	125	1.270
500,000	1450	23,150	1.370	151	500,000	3310	412	1.290

内能以一个原有分子具有的电子伏作单位：对于空气，1 电子伏/分子＝0.8 千卡/克。等效绝热指数 γ 被定义为 $\gamma = 1 + \frac{p}{\rho\varepsilon}$。为了比较，在表的后一列列出了能量 $\varepsilon = \frac{7}{2}kT\frac{\text{电子伏}}{\text{分子}}$，这是假定在没有离解和电离过程，但分子的振动为经典的时候，空气所具有的能量。

[5]中找到.

§ 4. 化学反应

在通常的条件下,即在室温之下,混合气体的化学组分往往很不同于热力学上的平衡值。这是因为，即使在化学反应能够放出热量从而使气体变得在能量上处于比较有利的状态的情况下，为使反应能够进行，一般仍需要一个活化能量 E。正比于玻耳兹曼因子 $e^{-\frac{E}{kT}}$ 的化学反应速度，在低温和大活化能之下，即当 $E/kT \gg 1$ 的时候,是很小的,反应实际上并未进行. 这样一来,混合气体的系统便处于一种平衡,但这并不是热力学平衡.这样的平衡可被称之为条件平衡。其组分为 $H_2 + \frac{1}{2}O_2$ 的氢氧混合物就是一个典型例子,在热力学平衡的条件下,在低温时这种混合物似乎

应该完全变成水 H_2O（反应热等于 57.1 千卡/克分子）. 但是, 在通常的温度和没有外界因素作用的条件下, 这一不可逆的反应并不进行, 而混合气体仍然处于条件平衡的状态.

在约为几千度的高温之下（对某些反应来说在比较低的温度之下）, 化学变化的速度是很大的, 在混合气体中建立起化学平衡. 可逆反应（根据化学平衡条件可在给定的温度和密度之下朝着两个方向进行的反应）的进行, 将要影响气体的化学组分和热力学函数. 空气就是例子, 在它之中当温度近于几千度的时候有一部份氮就要被氧化, 其反应式是:

$$\frac{1}{2}N_2 + \frac{1}{2}O_2 + 21.4\frac{千卡}{克分子} \Longleftrightarrow NO. \qquad (3.27)$$

氮的氧化反应需要很大的活化能, 因而当温度低于$\sim 1500°K$时实际上并不进行（为要达到平衡需要很长的时间）, 但是当温度$\sim 3000°K$以上的时候, 平衡的建立是很快的（当空气为标准密度时, 不超过 10^{-4} 秒）, 并因而就可以谈论包括所生成的一氧化氮在内的空气的平衡组分[1].

以氮的氧化为代表的一类反应, 即

$$A_2 + B_2 \Longleftrightarrow 2AB \qquad (3.28)$$

为例, 我们来考察化学平衡以及它对于混合气体的热力学性质的影响.

为了简单, 我们假定分子的离解很少. 这一假定在温度不太高的时候是正确的, 例如, 在温度 $T \sim 2000-3000°K$ 的空气中, 分子 N_2, O_2 的离解是很少的, 而一氧化氮的平衡浓度却很显著.

设在 1 克原有混合气体中含有 $N_{A_2}^0$ 和 $N_{B_2}^0$ 个分子 A_2 和 B_2; 它们的浓度分别是 $m_{A_2}^0 = N_{A_2}^0/N$ 和 $m_{B_2}^0 = N_{B_2}^0/N$, 其中 $N = N_{A_2}^0 + N_{B_2}^0$ 是 1 克原有气体中的总的分子数. 假设当温度为 T、气体密度为 ρ 时在 1 克气体中所含有的平衡分子数 分别 等于 N_{A_2}, N_{B_2},

---

1) 关于氮的氧化反应之速度的详细情况请见第六章§8, 而关于其在激波中的反应动力论(кинетика)请看第八章§5.

N_{AB}，而它们的浓度 $m_i = N_i / N$ 分别等于 m_{A_2}，m_{B_2}，m_{AB}. 各种分子数及其浓度彼此间通过原子数守恒的条件来联系：

$$N_{A_2} + \frac{1}{2} N_{AB} = N_{A_2}^0, \quad N_{B_2} + \frac{1}{2} N_{AB} = N_{B_2}^0, \qquad (3.29)$$

$$m_{A_2} + \frac{1}{2} m_{AB} = m_{A_2}^0, \quad m_{B_2} + \frac{1}{2} m_{AB} = m_{B_2}^0. \qquad (3.30)$$

用 ε_{A_2}，ε_{B_2}，ε_{AB} 来表示单个分子的能量,而用 $2U'$ 来表示反应热,即 A_2 和 B_2 两个分子变为两个 AB 分子时所放出的能量(如果反应是吸热的,那么 $U' < 0$).

这时,如果和前面一样,仍取原有混合物 $A_2 + B_2$ 在 $T = 0$ 时的能量为零点,则我们得到气体的比内能等于

$$\varepsilon = N m_{A_2} \varepsilon_{A_2} + N m_{B_2} \varepsilon_{B_2} + N m_{AB} \varepsilon_{AB} - N m_{AB} U'. \quad (3.31)$$

在所考察的反应中,气体内总的粒子数并不改变,所以在同样的 T 和 ρ 之下,反应对于压力并无影响[1].

参与反应的各种粒子的数目,在平衡条件下彼此间是由质量作用定律来联系的,而这一定律可从自由能的普遍表达式导出,其办法和在分子离解时所使用过的完全类似. 为此,我们要在 T, ρ 及原有分子数 $N_{A_2}^0$，$N_{B_2}^0$ 为常数,而在 N_{A_2}，N_{B_2}，N_{AB} 为变数的条件下,求出自由能的最小值.

最终我们得到

$$\frac{N_{AB}^2}{N_{A_2} N_{B_2}} = \frac{Z_{AB}^2}{Z_{A_2} \cdot Z_{B_2}}, \qquad (3.32)$$

它完全类似于离解时的公式(3.22).

从平动统计和中提出体积公因子,对 1 厘米^3 中的粒子数或分压力,我们得到：

$$\frac{n_{AB}^2}{n_{A_2} n_{B_2}} = \frac{p_{AB}^2}{p_{A_2} p_{B_2}} = K_p'(T), \qquad (3.33)$$

式中 $K_p'(T)$ 是关于反应(3.28)的平衡常数. 和离解时的情况一

---

[1] 和离解时完全一样,公式 (3.31) 就是在没有化学平衡,浓度也不平衡的情况下,也是正确的.

样,代入各统计和的表达式,我们就得到

$$K_p'(T) = 4\left(\frac{M_{AB}}{M_{A_2}M_{B_2}}\right)^{\frac{3}{2}} \frac{I_{AB}^2}{I_{A_2}I_{B_2}} \frac{\nu_{A_2}\nu_{B_2}}{\nu_{AB}^2} \cdot \frac{g_{0AB}^2}{g_{0A_2}g_{0B_2}} e^{\frac{2U'}{kT}} \text{1)}.$$

(3.34)

例如,对于氮的氧化反应,它由

$$\frac{p_{NO}^2}{p_{N_2}p_{O_2}} = K_p'(T) = \frac{64}{3} e^{-\frac{43000}{RT}},$$

很精确地给出,其中 $R = 2$ 卡/克分子·度。

在这里,我们近似地认为,三种分子的质量、频率和转动惯量都是相同的;$U' = -21.4$ 千卡/克分子,而统计权重的比值等于 $16/3$(见 §2)。

如果气体是混合气体,且在其中要进行一系列的反应,那么对于每一种反应我们都可以用类似的办法导出质量作用定律,而后者就和公式(3.32)一样将参加反应的各种粒子数与它们的统计和彼此联系起来。再代入各统计和的表达式,就可得到平衡常数。参加多种反应的粒子数彼此间可由类似于式(3.29)的每一种类型的原子数都是守恒的条件而联系起来。

每一种反应的质量作用定律及上述的原子数守恒条件一起构成了一个非线性的代数方程组,该方程组就决定了化学组分——各种粒子的数目 N_i 对气体的温度和密度(或压力)及混合物的原有原子组分的依赖关系。正如本书的一位作者所证明的[6],这一方程组具有唯一解,即混合气体的平衡化学组分被单值地确定。建立起型如(3.31)的能量表达式,便可以计算出混合气体的内能。根据自由能 $F(T, V, N_i)$ 的普遍公式和热力学公式(3.9),(3.10),也可以得到混合气体的能量和压力的表达式,而借助于公

---

1) 因子 4 来自对称因子的比值 $\sigma_{A_2}\sigma_{B_2}/\sigma_{AB}^2$; $\sigma_{AB}=1, \sigma_{A_2}=\sigma_{B_2}=2$; 请参阅 189 页脚注。和离解一样,这里也是假设

$$Z_{转} = \frac{kT}{h\nu}, \quad Z_{电子} = g_0.$$

式(3.8)，又可得到混合气体的熵的表达式．

作为这种计算的一个例子，就是当考虑到分子 N_2, O_2 的离解和氮的氧化反应时计算空气的组分和热力学性质[3,5]．其他一些能够生成 NO_2, O_3 等的反应，实际上对计算并无影响，这是因为这些成份的浓度是非常小的．

空气的化学组分和热力学函数都列在表 3.1 和 3.2 内．

§5. 电离和电子激发

和分子的离解一样，原子（或分子）的电离也是在 kT 的值比电离势 I 小很多的时候就已开始．其原因也和离解时的情况一样，电子自由状态的统计权重是很大的．

大多数原子和分子的第一电离势，在 7 到 15 电子伏（$I/k\sim$ 80000～170000°K）之间变化[1]．主要的例外是那些电离势很低的碱金属原子．电离一般在温度近于几千或上万度的时候开始，并且电离势越低、气体越稀薄，电离开始得也就越早．

随着温度的升高电离度增大，当温度接近于几万度的时候，实际上所有的原子都已一次电离．在氢气中电离过程至此便告结束，当继续加热时气体便保持为由质子和电子组成的完全电离态；每一个粒子只作平动，而一个粒子的比热就等于 $\frac{3}{2}k$．

在由较重的原子所组成的气体中，在第一次电离之后又要开始第二次、第三次的电离，如此等等．一般来说下一次电离在上一次电离没有完全结束之前就已开始，因而当温度高于几万度的时候，在气体中就要出现带有几个电荷的离子，而如果气体是由几种元素混合而成的，那么在气体中就要出现每一种元素的带有几个电荷的离子．

和分子离解时一样，电离气体的内能是由粒子（原子，离子，电子）的热运动能量和势能相加所构成，而势能就等于将电子从原子

---

1) 例如，I_O=13.6 电子伏，I_N=14.6 电子伏，I_{O_2}=12.1 电子伏，I_{N_2}=15.6 电子伏，I_{NO}=9.3 电子伏．

和离子中击出时消耗的能量．此外，在电离的范围内，原子和离子中的电子激发能也可以起某些作用．

为了简便起见，我们来考察由一种元素的原子所组成的气体，并像通常那样，我们还假定若气体不是单原子的，那么在显著电离的范围内所有的分子都将完全地离解成原子．设 1 克气体中含有 N 个原子．用 I_m 来表示依次电离的势：I_1 是从中性原子中击出第一个电子时所必须消耗的能量，而 I_2 是从已经一次电离了的原子中再击出电子时所必须消耗的能量，余者类推．为了从原子中击出 m 个电子，就必须要消耗能量：

$$Q_m = I_1 + I_2 + \cdots + I_m (I_0 = 0). \tag{3.35}$$

假设在给定温度 T 和密度 ρ 或比容 V 的情况下，在 1 克气体中含有 N_0 个中性原子，N_1 个一次电离了的原子，等等．为了简便起见，我们将电荷为 m 的离子叫做 m 离子；1 克气体中的 m 离子的数目我们用 N_m 来表示（中性原子是 m 离子的一种特殊情况）．而自由电子的数目用 N_e 来表示．假定气体足够稀薄且电子遵从玻耳兹曼统计规律[1]，那么我们就应该认为气体的每一个粒子的平动热能都是 $\frac{3}{2}kT$．此外，m 离子还具有电子激发能 W_m．

如果从温度为零时的气体的未电离状态开始计算内能的话，那么按 1 克物质计算的比内能就可以写为[2]

$$\varepsilon = \frac{3}{2} N (1 + \alpha_e) kT + N \sum_m Q_m \alpha_m + N \sum_m W_m \alpha_m, \tag{3.36}$$

其中 α_e 是气体的电离度，即一个原有原子所占有的自由电子数（$\alpha_e = N_e/N$）；$\alpha_m = N_m/N$ 是 m 离子的浓度．浓度 α_m 彼此是由原子数守恒条件

$$\sum N_m = N, \quad \sum \alpha_m = 1 \tag{3.37}$$

1）简併化电子气体将在 §12 中研究．
2）如果气体在低温时是多原子的，那么在 ε 上还应该添加离解能．

和电荷数守恒条件

$$\sum mN_m = N_e, \quad \sum m\alpha_m = \alpha_e \qquad (3.38)$$

来联系的. 电离气体的压力[1]

$$p = N\rho(1+\alpha_e)kT. \qquad (3.39)$$

离子的平衡浓度满足与离解时的质量作用定律相类似的方程. 这是很明显的, 因为电离过程可以被看成是原子或离子"离解"的化学反应, 例如, 从 m 离子中击出第 $m+1$ 个电子的过程, 就可用符号公式写为

$$A_m \underset{\longleftarrow}{\overset{\longrightarrow}{\rule{0pt}{0pt}}} A_{m+1} + e, \quad m = 0, 1, 2, \cdots \qquad (3.40)$$

关于这一反应的"质量作用定律"很容易从自由能的普遍表达式导出, 其办法就像在离解反应时所用过的一样. 我们写出 1 克电离气体的自由能

$$F = -\sum_m N_m kT \ln \frac{Z_m e}{N_m} - N_e kT \ln \frac{Z_e e}{N_e}, \qquad (3.41)$$

其中 Z_m 和 Z_e 是 m 离子和电子的统计和.

在 T 和 V 皆为常数的热力学平衡中, 自由能要对粒子数取最小值. 因为 m 离子要按反应式(3.40)电离, 所以我们对 m 离子数目的变化取变分 δF, 并考虑到这时 $\delta N_m = -\delta N_{m+1} = -\delta N_e$, 而其余的粒子数并不改变, 再令变分 δF 等于零, 我们便得到

$$\frac{N_{m+1} N_e}{N_m} = \frac{Z_{m+1} Z_e}{Z_m}. \qquad (3.42)$$

两种离子的平动统计和可以相消, 这是因为两种离子的质量实际上彼此没有差别. 而在离子(原子)统计和中的电子部份里我们提出一个对应于零级能量(基态)的因子:

---

1) 我们指出, 与离解时一样, 如果把 T 理解为粒子的"平动"温度的话, 能量公式(3.36)和压力公式(3.39)在非平衡电离的情况下也是正确的.

$$Z_{电子} = \sum e^{-\frac{\varepsilon_k}{kT}} = e^{-\frac{\varepsilon_0}{kT}} \sum e^{-\frac{\varepsilon_k - \varepsilon_0}{kT}} = e^{-\frac{\varepsilon_0}{kT}} u.$$

能量差 $\varepsilon_k - \varepsilon_0$ 只不过是离子在第 k 个状态时的激发能,我们用 w_k 来表示它. 这时我们将改造后的电子统计和 u 写成

$$u = \sum_k e^{-\frac{w_k}{kT}} = g_0 + g_1 e^{-\frac{w_1}{kT}} + g_2 e^{-\frac{w_2}{kT}} + \cdots, \quad (3.43)$$

其中 $g_0, g_1, \cdots$ 是离子的 $0, 1, \cdots$ 能级的统计权重. 如果这些能级不是简并的,则 $g = 1$.

至于说自由电子的统计和,它是等于平动统计和乘以自由电子的统计权重,该权重等于 2,这对应于两种可能的自旋取向. 注意到,$m+1$ 离子和 m 离子的零点能量差就等于 m 离子的电离势 $\varepsilon_{0m+1} - \varepsilon_{0m} = I_{m+1}$,再将表达式(3.42)除以体积($n_i = N_i/V$),我们得到

$$\frac{n_{m+1}n_e}{n_m} = 2\frac{u_{m+1}}{u_m}\left(\frac{2\pi m_e kT}{h^2}\right)^{\frac{3}{2}} e^{-\frac{I_{m+1}}{kT}} = K_{m+1}(T) \quad (3.44)$$

(m_e 是电子的质量).

这个公式是著名的沙赫方程. 将它乘以 kT,就可以得到关于分压力 $p_i = n_i kT$ 的关系. 为了数值计算, 将沙赫方程改写为联系粒子浓度 $\alpha_i = N_i/N = n_i V/N = n_i/N\rho$ 的方程是比较方便的,

$$\frac{\alpha_{m+1}\alpha_e}{\alpha m} = \frac{1}{\rho N}K_{m+1}(T), m = 0, 1, 2\cdots \quad (3.45)$$

方程(3.45),(3.37),(3.38)构成了一个封闭的非线性代数方程组,它决定了离子和电子的浓度对气体的温度和密度的依赖关系.

通常在 8000—30000°K 之间存在着某一个温度范围,在此范围内只出现第一次电离,而第二次电离尚未开始(第二次电离的势大约要比第一次的大一倍). 在这个范围内方程得到简化,因为在式 (3.45) 的所有方程中仅保留一个 $m=0$ 的方程. 注意到在第

一次电离的范围内有 $\alpha_1 = \alpha_e = 1 - \alpha_0$，并略去 α_1 和电离势的脚标，我们便得到关于电离度 $\alpha = \alpha_1 = \alpha_e$ 的方程：

$$\frac{\alpha^2}{1-\alpha} = 2 \frac{u_1}{u_0} \frac{1}{\rho N} \left(\frac{2 \pi m_e kT}{h^2} \right)^{\frac{3}{2}} e^{-\frac{I}{kT}}, \qquad (3.46)$$

它与离解度的方程(3.26)极为相似。

当 $I/kT \gg 1, \alpha \ll 1$ 的时候，电离度正比于 $\alpha \sim \rho^{-1/2} e^{-I/2kT}$，即随着温度的升高而很快地增大，随着气体密度的减小而缓慢地增加。对于由氢原子所组成的气体来说方程(3.46)总是正确的。

原子和离子的激发能级的能量一般来说是相当大的，且与电离势可以比较。在有些情况下也存在着一些低位置的能级(当然，在计算的时候应当顾及到)，但是它们的数目是极其有限的。关于改造过的电子统计和 u 如何计算的详细情况将在下节谈到。而这里我们仅指出照例只需考虑统计和中的前几项就已足够了，并且在大多数情况下是头一项起主要作用，从而统计和就化为基态的统计权重 $u \approx g_0$。问题在于，在不太稠密的气体中，原子或离子中的电子"宁肯"被击出也不占据高的能级。在一次电离的范围 $T \sim 10000 - 20000°K$ 之内，量 I_1/kT 一般约为 5—10。如果变到更高的温度，那么 I_1/kT 就成为小量，但与此同时，被电离过一次的原子也就消失，因为第二次电离已经开始，而对于一些极常见的离子来说，量 I_{m+1}/kT 同样还是近于 5—10。由于原子中激发能级的能量，其量级与电离势相同，故甚至就是统计和 u 的第二项都是 e^{-5} 的量级，这是极其微小的。由此看出，对一些极常见的离子来说，在电子统计和 u 中起主要作用的只是第一项 g_0。

在精确的计算中，一般要考虑到离子和原子的前 5—10 个能级，并且它们的能量和统计权重要取自相应的表格[7]。在文献[8]中还有各种原子的依次电离的电离势表格。

气体的内能可根据公式(3.36)计算，这个公式是根据热力学公式(3.9)从自由能的普遍表达式(3.41)中得到的。电子的激发能 W 这时等于(略去离子的电荷脚标 m)：

$$W = \frac{\sum w_k e^{-\frac{w_k}{kT}}}{\sum e^{-\frac{w_k}{kT}}} = -kT^2 \frac{\partial \ln u}{\partial T}. \qquad (3.47)$$

按公式(3.8)将自由能对温度微分，我们就得到了熵：

$$S = \sum_m N_m k \ln \frac{e^{\frac{5}{2}} V}{N_m} \left(\frac{2\pi MkT}{h^2} \right)^{\frac{3}{2}} u_m + \sum_m N_m \frac{W_m}{T} +$$

$$+ N_e k \ln \frac{e^{\frac{5}{2}} V}{N_e} \left(\frac{2\pi m_e kT}{h^2} \right)^{\frac{3}{2}} 2. \qquad (3.48)$$

如果激发可以略去,那么第二项就被去掉,因而 $u_m = g_{0m}$.

第一次电离范围内的计算最为简单，因为这时可以直接用公式(3.46)计算出电离度。已开始的电离对于气体的比热和能量都产生很大影响，在计算热力学函数时，考虑到它是十分必要的。

在 B. B. 谢里瓦诺夫和 И. Я. 施梁平托赫的工作中[4]，就一个很宽的温度和密度范围作了研究，在这一范围内原子经受了多次电离。他们曾在温度从 20000 到 500000°K，密度从 $10\rho_0$ 到 $10^{-3}\rho_0$ (ρ_0 是空气的标准密度) 的范围内，计算了空气的电离组分[1]、热力学函数和激波绝热曲线。至于电离组分和电离度如何随温度变化，以及电离对于热力学函数有什么样的影响，都可以从关于空气的表 3.2 和 3.3 看出，这两个表是根据 B. B. 谢里瓦诺夫和 И. Я. 施梁平托赫的计算而制成的[2]。

最近刚刚发表了 H. M. 库兹涅佐夫所制造的关于空气热力学函数的最详细的表格，其温度范围上达 3×10^6°K，其密度范围从 $30\rho_0$ 到 $10^{-6}\rho_0$[35]。在那里也列出了关于电离组分的表格。

当温度很高[3](或密度很低)的时候,热辐射的能量和压力可

---

1) 将上面所写出的几个方程推广到气体是几种元素混合物的情况，并没有什么太大的困难。

2) 在表 3.2 内,文献[4]的数据只用于 20000°K 以上的温度。

3) 对于标准密度的空气来说,这样的温度要超过一百万度。

表 3.3

高温下具有标准密度 $\rho_0 = 1.29 \times 10^{-8}$ 克/厘米^8 的电离空气的组分[1]

$T°$K	原子	0	1$^+$	2$^+$	3$^+$	4$^+$	5$^+$	6$^+$	e
20,000	N	0.589	0.201						0.24
	O	0.172	0.036						
50,000	N	0.018	0.451	0.321	0.001				1.50
	O	0.0065	0.303	0.048					
100,000	N		0.012	0.275	0.463	0.04			2.65
	O		0.005	0.09	0.113	0.005			
250,000	N				0.005	0.183	0.603		5.0
	O				0.005	0.020	0.114	0.074	
500,000	N					0.017	0.75	0.025	5.2
	O						0.010	0.200	

1) 浓度定义为某种粒子的数目与原有原子的数目之比.

0——中性原子,1$^+$——一次电离的原子,余者类推.

e——电子,N 和 O——氮和氧的离子.

与物质的能量和压力相比较. 在辐射与物质达到热力学平衡的条件下(这种条件是否满足,在每一具体的情况下必须进行特别的检验;见第二章),只要把辐射的能量和压力加到气体的能量和压力上去即可.

平衡辐射的"比"能量等于辐射的能量密度除以物质的密度:

$$\varepsilon_\nu = \frac{U_p}{\rho} = \frac{4 \sigma T^4}{c\rho}, \tag{3.49}$$

而辐射压力

$$p_\nu = \frac{U_p}{3} = \frac{4 \sigma T^4}{3c}. \tag{3.50}$$

借助普遍的热力学关系可以求出辐射的熵:

$$S_\nu = -\frac{\partial F_\nu}{\partial T}, \quad F_\nu = -T \int \frac{\varepsilon_\nu}{T^2} dT = -\frac{4 \sigma T^4}{3 c\rho},$$

$$S_\nu = \frac{16 \sigma T^3}{3 c\rho}. \tag{3.51}$$

在文献[4]中,计算空气的热力学函数时,曾考虑了平衡辐射.

§ 6. 原子的电子统计和及原子的激发能的作用

处于无限空间中的孤立原子(离子、分子)具有无穷多条能级,这些能级与被击出的电子的状态(电离状态)所对应的连续区(континуум)相会合. 从形式上看,电子统计和 u 中含有无限多个可加项,而且它是发散的. 根据含有无限多项的公式 (3.47) 计算的原子平均激发能 W 就等于电离势,这是因为一些高状态的激发能渐近地接近于电离势的缘故.

当纯粹按公式来计算 u 和 W 时所产生的这一困难,仅属一种表面现象. 事实上,原子在任何时候都不是孤立的,而总是处在有限密度的气体之中. 当原子中的电子向越来越高的激发态跃迁的时候,电子轨道的线度将迅速增大,最终变得可以与气体粒子间的平均距离相比较,而这种平均距离大约等于 $r \approx N^{-1/3}$ (这里我们用 N 表示 1 厘米^{3}中的粒子数). 在这样大的轨道上运动的电子其轨迹因有邻近粒子的存在而要发生畸变,所以这种电子——它与剩余原子的距离可与气体粒子间的平均距离相比较——实质上与自由电子并无差别,而如此高度激发的激发原子也与电离的原子没有差别. 这样一来,气体密度的有限性就限制了原子可能有的激发态的数目和电子统计和中的项数,也限制了原子的平均激发能量.

我们来考察由氢原子所组成的气体. 氢原子的研究结果具有很大的普遍性,因为任何复杂原子系统的高激发态皆与氢原子的激发态极为类似. 如果复杂原子(离子、分子)中的电子是沿着很大的轨道运动,那么该电子所处的场就非常地接近于(剩余原子的)点电荷的库仑场, 因此任何原子和离子的高激发态的结构都近似于氢原子的结构. 为了能把所研究的结果推广到多电荷的离子,我们将向所有的公式中引进"核"电荷的概念,即意思是我们所考察的不是真正的氢原子,而是类氢原子,这种原子是由一个正电荷为 Z 的"核"和一个电子所组成的系统.

类氢原子的能级是由主量子数 n 来表征的（其能级示意图请见第二章§2的图2.2). 从连续谱的边界开始计算起的第 n 个能级的能量，就如熟知的那样，等于 $\varepsilon_n = -I_H Z^2/n^2$, 其中 $I_H = 13.5$ 电子伏是氢原子的电离势。它的绝对值 $E_n = |\varepsilon_n| = I_H Z^2/n^2$ 是处于第 n 个能级的电子的结合能。基态 $n=1^{1)}$ 时的结合能就等于电离势：$E_1 = I_H Z^2 = I$. 而第 n 个状态的激发能则等于 $w_n = \varepsilon_n - \varepsilon_1 = E_1 - E_n = I_H Z^2\left(1 - \dfrac{1}{n^2}\right)$. 故类氢原子的改造过的电子统计和就具有如下形式：

$$u = \sum g_n e^{-\frac{w_n}{kT}} = \sum 2n^2 e^{-\frac{I_H Z^2}{kT}\left(1 - \frac{1}{n^2}\right)},$$

式中 $g_n = 2n^2$ 是第 n 个能级的统计权重。

电子在第 n 个能级上的结合能就等于它在"核"场中在近于轨道线度的距离上所具有的库仑能，也就是 $E_n = Z e^2/2a$, 其中 a 是椭圆轨道的长半轴；$a = Z e^2/2 E_n = e^2 n^2/2 Z I_H = a_0 n^2/Z (a_0 = 0.53 \times 10^{-8}$ 厘米是玻尔半径). 统计和 u 在任何情况下都应该截止于这样一个数值 n^*, 在这一数值之下轨道的半轴已变得可与气体粒子间的平均距离相比较，即 $a = a_0 n^{*2}/Z = r$; 故 $n^* = (Zr/a_0)^{1/2} \sim N^{-1/6}$（气体越稠密，$n^*$ 越小). 作为数值例子，我们来考察分子氢，假设它开始是处在室温和一个大气压力之下，然后用强激波将其加热到上万度的高温。激波的压缩比大约等于10，因此在分子完全离解的条件下，1 厘米^3 中的原子数 $N \approx 5 \times 10^{20}$/厘米^3. 原子间的平均距离 $r \approx N^{-1/3} = 1.3 \times 10^{-7}$ 厘米，而极限值 $n^* = 5 (Z=1)$. 当温度 $T = 11600°K = 1$ 电子伏时，含有五项的统计和等于 $u = 2.00053$, 即实际上与基态的统计权重 $g_1 = 2$ 没有什么差别。按照只取五项的公式(3.47)所计算的原子的平均激发能量等于 $W = 0.003$ 电子伏。在上述的 N 和 T 值之下，氢的电离度是

---

1) 与上一节不同，这里我们给基态写上脚标"1"而不是"0", 这与主量子数 n 等于 1 相一致。

$\alpha = 3 \times 10^{-3}$，即一个原子占有的电离能为 $I_H \alpha = 0.04$ 电子伏. 此时，激发能 W 与电离能相比要小（$W/I_H \alpha = 0.075$）. 在比较高的 $T = 23200°K = 2$ 电子伏的温度和同样的密度下，$u = 2.212$（也不比 $g_1 = 2$ 大很多），$W = 1.16$ 电子伏. 此时电离度 $\alpha = 0.22$；故按一个原有原子来计算的电离能等于 $I_H \alpha = 3$ 电子伏，而一个原有原子所占有的激发能则等于 $W(1-\alpha) = 0.9$ 电子伏.

在这种情况下，激发能起着明显的作用，但毕竟它还小于电离能. 应该指出，在有限密度的气体中切除一些上部激发能级同时也就使得电离势降低一个量，该量刚好就等于电子在切除边界上的结合能，即等于 $\Delta I = E_{n*} = Ze^2/2r = ZI_H a_0/r = Z\,7 \times 10^{-7} \times N^{-1/3}$ 电子伏（N 以 1/厘米^{3}为单位）.

在我们的例子中，这一降低量等于 $\Delta I = 0.55$ 电子伏，因此所计算的电离度略微小了一些.

当温度很高约为 $50000°K$ 或更高时，剩余氢原子的激发能变得很大，与电离势可以比较，但这时电离度急剧地增大，中性原子的数目也变得很小，因此激发能对于气体能量的贡献仍然要小于电离能的贡献. 这符合于以下情况，即对于电子来说完全从原子上被击出要比占据高的激发能级"更为有利"[1].

前面所导出的关于电子统计和项数的估计，多半是高估了实际的能级数目. 最邻近的荷电粒子的静电场的直接作用——斯塔克效应，对于原子和离子的一些高激发能级的切除有着重要的影

---

[1] 这种情况可通过下述半定性的讨论来加以解释，而这种讨论在气体密度为很低的极限情况下是特别直观的. 电子处于自由状态和束缚状态的几率之比正比于平动统计和与电子统计和之比（$Z_平 \sim V \sim 1/\rho$）. 在低密度的范围内，电子统计和中要包含很多的项数，这时可将它粗略地表示为：

$$Z_{电子} = \sum g_n e^{-\frac{e_n}{kT}} = \sum 2\,n^2 e^{\frac{I_H}{n^2 kT}} \sim \int_0^{n*} n^2 dn \sim n^{*3}.$$

但 $n* \sim r^{\frac{1}{2}}$，因此 $Z_{电子} \sim V^{\frac{1}{2}} \sim \rho^{-\frac{1}{2}}$. 由此得到 $Z_平/Z_{电子} \sim V^{\frac{1}{2}} \sim \rho^{-\frac{1}{2}}$. 这样一来，当在低密度范围内减小密度的时候，尽管可能有的束缚态的数目在增加，但从原子中击出电子的几率增加得还要更快一些.

响.

此外，在足够稀薄的气体中，沿线度为 $a \sim r$ 的极限轨道运动的电子其结合能 $E_{n*} = \Delta I = 7 \times 10^{-7} N^{-1/3}$ 电子伏 是 小 于 kT 的（在我们的例子中，$\Delta I = 0.55$ 电子伏，而温度等于 1 和 2 电子伏）。在类氢原子中电子的动能就等于它在给定能级上的结合能．把结合能和动能皆小于 kT 的电子看成是束缚电子，未必会有什么特别的意义．因为实际上原子与自由电子的每一次"碰撞"，都被击出一个如此之弱的束缚电子．所以有一些作者在电子的结合能等于 kT 的能级上就将电子统计和割断．

有许多文献 [9—13，34] 用来研究降低电离气体电离势及计算电子统计和的问题．应该说明，这里并没有一致的意见，不同的作者对于电子统计和的割断提出了不同的方案．幸 而 计 算 表明，改变电子统计和中的项数对于气体热力学函数的影响一般来说是很小的．但是，由于上部能级的切除致使电离势的降低，有时会明显地影响到气体的电离组分（见文献 [14]）．

在结束本节的时候我们指出，在原子、离子、分子中的一些上部激发能级被切除的现象．得到了实验上的证实．在低压弧光放电的光谱中，一般没有观察到多于 5—10 根的氢的巴尔麦系谱线，该系对应电子从上部激发能级到 $n = 2$ 的能级的跃迁．甚至在密度极低（大约 1 厘米^3 中有几十个粒子）的气体星云中，也没有观察到多于 50—60 根的巴尔麦系谱线．

§7. 多次电离范围内的近似计算方法

电离平衡的计算是求得高温气体热力学性质的一个基础，这种计算需要进行大量而艰巨的演算工作．为要确定具有不同电荷的离子的浓度，对于每一对温度和密度的值，都必需要解一个非线性的代数方程组，而如果气体含有几种元素的原子，那么这一方程组还要更复杂一些．其实，只是对于空气才在一个比较宽的温度和密度的范围内造了一些表格．当然，在现代计算机技术水平上，一些庞大的数值计算问题的困难已在相当大的程度上缓和了，但为了一些实际的目的, 简单的近似方法毕竟还是有好处的, 这种方法能够使得我们花费最小的劳动在原子经受多次电离的高温区域内, 在一个较宽的温度和密度的范围中, 很快地计算出任何气体的电离度及其热力学函数. 在这一节将介绍本书的一位作者所提出的一种方法[15], 它不仅极为简单, 而且对于解决大量的实际问题来说其精度也是足够的.

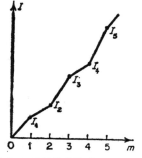

图 3.1 向连续曲线 $I(m)$ 的过渡

我们来考察由一种元素的原子所组成的气体.

作为近似方法的基础, 我们有两个基本的假设. 第一个, 我们将把 1 厘米³ 中的离子数 n_m 和电离势 I_{m+1} 看成是离子电荷 m 的连续函数, 而把 n_m 和 I_{m+1} 的离散值用连续曲线衔接起来. 在 I, m 图 (图 3.1) 上将 I_m 各点用连续曲线连接, 比如说将相邻的点用直线段连接, 这样便构造出了一个函数 $I(m)$. 通过用微分来代替有限差分的方法, 可以使沙赫方程(3.44)所定义的一组递推公式变成一个关于函数 $n(m)$ 的微分方程:

$$n(m+1) = n(m) + \frac{dn}{dm}, \quad \Delta m = 1.$$

当(对某一种元素而言)从一种电荷 m 变到另外一种电荷, 或从一种元素变到另外一种元素的时候, 一般来说, 离子的电子统计和的比值 u_{m+1}/u_m 的变化是极不规律的, 但这一比值总是接近于 1. 于是, 我们就假定它近似地等于 1. 然后, 就可以将这组沙赫方程写成微分方程的形式:

$$\left(1 + \frac{d\ln n}{dm}\right)n_e = AT^{\frac{3}{2}}e^{-\frac{I(m+1)}{kT}}, \tag{3.52}$$

其中

$$A = 2\left(\frac{2\pi m_e k}{h^2}\right)^{\frac{3}{2}} = 4.8 \times 10^{15} \text{厘米}^{-3} \cdot \text{度}^{-\frac{3}{2}} =$$

$$= 6 \times 10^{21} \text{厘米}^{-3} \cdot \text{电子伏}^{-\frac{3}{2}}.$$

同时再将粒子数守恒和电荷数守恒的条件(3.37)，(3.38)改写为积分的形式：

$$\int n(m)dm = n, \qquad (3.53)$$

$$\int mn(m)dm = n_e. \qquad (3.54)$$

对一些精确的计算结果所进行的研究和下面所要进行的对于沙赫方程组的研究，同样都证明在气体中总是存在着大量的其电荷为两个至多是三个的离子。因而，分布函数 $n(m)$ 在某个值 m_{max} 附近具有一个极窄而尖锐的峰，当然值 m_{max} 要依赖于气体的温度和密度。

由此便导出了第二个假设。我们近似地假设，离子的平均电荷数——这个电荷数等于一个原有原子应该具有的平均自由电子数

$$\bar{m} = \frac{\int mn(m)dm}{\int n(m)\,dm} = \frac{n_e}{n} \qquad (3.55)$$

精确地等于这样一个值 m_{max}，在该值之下离子的分布函数 $n(m)$ 具有最大值。显然，分布 $n(m)$ 的峰若是越尖越窄，这一假设也就越正确。

用 I 来表示具有"平均"电荷 $\bar{m}$ 的离子的电离势，并注意到在峰的最高点导数 $dn/dm = 0$，我们借助式(3.55)，从式(3.52)得到下述的表达式：

$$\bar{m} = \frac{AT^{\frac{3}{2}}}{n}e^{-\frac{I}{kT}}, \qquad (3.56)$$

它将 $\bar{m}$ 和 I 联系起来。

为了将这一表达式变成用来求解平均电荷(或电离度)对于温度 T 和密度(1 厘米³ 中的原有原子数 n)的依赖关系的方程，必须确定 I 和 $\bar{m}$ 之间的关系。这里有着某种任意性，这与精确的理论中如何书写电离势的脚标这一纯粹的符号性问题有关系。

如果用 I_{m+1} 来表示 m 离子的电离势（中性原子的电离势是 I_1），那么在形式上就应该令 $I=I(\bar{m}+1)$。但有时，m 离子的电离势也用 I_m 表示（中性原子的电离势是 I_0）。在这种情况下，在沙赫方程(3.44)中应该用 I_m 代替 I_{m+1}，且在形式上应令 $I=I(\bar{m})$。

当然，如果所研究的是在很高的温度下的重元素，那时电离度是如此之高，以致 $\bar{m}$ 可近于几十，那么这种任意性就不会使得数 $\bar{m}$ 有很大的变化（因此时 $I_{m+1}-I_m \ll I_m$）。

但是，在离子的平均电荷只有几个的这种小电离的温度范围内，这一任意性对数 $\bar{m}$ 和热力学函数的计算结果有着明显的影响，这一点与以连续函数来代替离散值的这一近似性有关。

对近似计算和精确计算的结果所进行的比较表明，如果和先前一样仍用 $I_{m+1}=I(m+1)$ 来表示 m 离子的电离势，而认为 $I_0=I(0)=0$，那么两种结果非常一致，但电离势的"平均"值 $\bar{I}$ 应对应于点 $m+\dfrac{1}{2}$，即认为 $\bar{I}=I\left(\bar{m}+\dfrac{1}{2}\right)$。如果考虑到一系列的离散值 m 实际上是被一些有限的间隔 $\Delta m=1$ 所分开时，这是很自然的。

将(3.56)取对数，我们就得到一个能够确定 $\bar{m}(T,n)$ 的简单的超越方程：

$$I\left(\bar{m}+\frac{1}{2}\right)=kT \ln \frac{AT^{\frac{3}{2}}}{\bar{m}n}. \tag{3.57}$$

由于右端有 $\bar{m}$ 的对数函数，借助函数 $I(m)$ 的图形极精确地求得根 $\bar{m}$，只需进行二到三次的逐次逼近就已足够了。

我们来证明离子按电荷的分布总是具有窄峰的特点，并来求出分布函数 $n(m)$ 之峰的边沿下降的规律。

把对不同的电荷 $m=0,1,2,\cdots$ 所写出的沙赫方程依次联立起来，并预先假定其中的电子统计和的比值就等于1，再利用平均电离势的定义(3.56)，我们便得到

$$\frac{n_{m+l}}{n_m}=\exp\left[-\sum_{i=1}^{l}\frac{I_{m+i}-\bar{I}}{kT}\right],$$

$$\frac{n_{m-l}}{n_m} = \exp\left[-\sum_{i=0}^{l} \frac{\bar{I} - I_{m-i}}{kT}\right],$$

其中 $l = 1, 2, 3\cdots$

我们取 m 等于这样一个值, 在该值之下 n_m 取最大值. 因 $\bar{I}$ 大致上与这种离子的电离势相符, 所以求和中的所有各被加项全是正的, 因而离子的浓度沿最大值的两边也是下降的. 为了估计峰的下降规律及其宽度, 在这些公式中我们引进连续函数 $n(m)$, $I(m)$. 展开, 近似地有

$$I(m) \approx \bar{I} + \left(\frac{dI}{dm}\right)(m - \bar{m}),$$

我们得到高斯分布曲线

$$n(m) = n_{\max} \exp\left[-\left(\frac{m - \bar{m}}{\Delta}\right)^2\right], \tag{3.58}$$

而峰的半宽度等于

$$\Delta = \sqrt{\frac{2\,kT}{(dI/dm)}}. \tag{3.59}$$

如果考虑到, 对不同的元素和不同的电离, 平均地来说, 其电离势随着电荷的增加要比电荷本身的增加来得快, 即考虑到 $dI/dm > I/m$, 我们就求得

$$\Delta < \sqrt{\frac{2\,kT\bar{m}}{\bar{I}}} = \sqrt{\frac{2\,\bar{m}}{\bar{x}_1}}, \quad \bar{x}_1 = \frac{\bar{I}}{kT}. \tag{3.60}$$

向这个公式中代入例如借助关于空气的表 3.3 所求得的 $\bar{x}_1$ 和 $\bar{m}$ 的数值, 我们就看出 $\Delta < 1$, 即实际上峰是很窄的[1].

关于热力学函数的一些近似公式可由精确方程得到, 如果根据上面所作的近似而认为离子分布 $n(m)$ 是一个很窄的峰——在值 $\bar{m}$ 附近近乎 δ 函数, 即认为气体中所有离子都具有一个非整数

---

1) 分布 n_m 的峰很窄, 接近于"有限"差分 $\Delta m = 1$, 这一事实一般来说使过渡到对 m 的微分失去了意义. 但实际上这种方法要比它的理论根据好一些.

的"平均"电荷 $\bar{m}$ 的话，这时比内能(3.36)取如下形式：

$$\varepsilon = \frac{3}{2}N(1+\bar{m})kT + NQ(\bar{m}) \qquad (3.61)$$

(我们忽略了电子激发能). 在这里连续函数 $Q(m)$ 的建立与 $I(m)$ 类似，也是以作图法用连续曲线将各离散值 Q_m 连接起来，而这些离散值由公式(3.35)所确定. 我们注意，如果在公式(3.61)中假设 $\bar{Q} = Q(\bar{m})$，而不是 $\bar{I} = I\left(\bar{m}+\dfrac{1}{2}\right)$，那么就会得到与精确的计算符合得极好的结果. 压力等于

$$p = n(1+\bar{m})kT. \qquad (3.62)$$

比熵(3.48)(如果忽略电子的激发，并假设所有离子的统计权重都是相同的并等于 g) 将由下面等式得到

$$S = Nk\ln\left(\frac{2\pi MkT}{h^2}\right)^{\frac{3}{2}}\frac{e^{\frac{5}{2}}g}{n} + Nk\bar{m}\ln\left(\frac{2\pi m_e kT}{h^2}\right)^{\frac{3}{2}}\frac{e^{\frac{5}{2}}g}{n\cdot\bar{m}}.$$

$$(3.63)$$

设 S = 常数，并利用公式(3.57)，我们就得到了参变量形式的绝热方程：

$$\frac{T^{\frac{3}{2}}}{n}\exp\left\{\bar{m}\left[\frac{I\left(\bar{m}+\dfrac{1}{2}\right)}{kT}+\frac{5}{2}\right]\right\} = 常数. \qquad (3.64)$$

其中 $\bar{m}$ 是参数；右端的常数要由绝热曲线所经过的 T_0, n_0 的值来决定.

上述的计算电离度和热力学函数的方法，很容易推广到混合气体的情形. 例如，在两种元素的混合物中，每一种元素之离子的平均电荷 $\bar{m}_1, \bar{m}_2$ 要由两个超越方程所组成的方程组来求得，

$$I_1\left(\bar{m}_1+\frac{1}{2}\right) = I_2\left(\bar{m}_2+\frac{1}{2}\right) = kT\ln\frac{AT^{\frac{3}{2}}}{n(c_1\bar{m}_1+c_2\bar{m}_2)},$$

$$(3.65)$$

其中 c_1, c_2 是两种元素的原子浓度；I_1, I_2 是它们的电离势曲线，而 n 是 1 厘米³ 中的总的原有原子数. 比内能等于

$$\varepsilon = \frac{3}{2} N(1 + c_1\bar{m}_1 + c_2\bar{m}_2)kT + Nc_1Q_1(\bar{m}_1) + Nc_2Q_2(\bar{m}_2),$$

$$(3.66)$$

等等. 但是, 在很多情形下, 用这种办法将计算复杂化并没有多大意义. 如果各种元素之原子的依次电离的电离势彼此差别并不很大, 那么就可适当地引进一个"平均"的电离势曲线 $I(m)$, 也就是将所有的原子都看成是相同的, 并将依次电离的电离势对所有元素按其在混合物中所占的百分比含量进行平均.

表 3.4

空气的电离度和内能的近似计算与精确计算的比较[1)]

$T^\circ K$	$1 + \bar{m}$	ε, 电子伏/原子	$1 + \bar{m}$	ε, 电子伏/原子
	$\rho_0 = 1.29 \times 10^{-3}$ 克/厘米^3		$\rho = 10^{-2}\rho_0$	
30,000	1.68	16.6	2.30	33
	1.77	23	2.21	33
50,000	2.4	40.5	3.35	83
	2.42	47.8	3.26	80
100,000	3.72	126	5.10	243
	3.75	140	5.16	252

1) 每格中上一行的数字是从文献[15]中的近似方法得到的, 而下一行的数字则是取自 B. B. 谢里瓦诺夫和 И. Я. 施梁平托赫的文献[4].

在表 3.4 中, 将空气的电离度和内能的近似计算结果与 B. B. 谢里瓦诺夫和 И. Я. 施梁平托赫的精确数据(文献[4])进行了比较. 可以看出, 甚至在误差应该是特别大的小电离度的情形下, 近似方法也给出了相当好的精度. 而当电离度较高的时候, 误差不超过百分之几.

这种方法正确地表达了 $\bar{m}$ 和 ε 随温度和密度变化的不规则性, 这种不规则性对应于电离势的急剧跳跃, 而这种跳跃是从满电子壳层的离子过渡到非满壳层的离子时产生的. 计算表明, 这种方法对于氩给出了很好的精度. 由于所有元素的电离势曲线是彼此相似的,可以指望在其它任何气体的情况下,近似方法也能保证足够的精度.

§ 8. 插值公式和等效绝热指数

热力学函数的一些直接的计算结果被列成作为温度和密度(或温度和压力)的函数的一些表格. 但要应用这些表来解气体动力学问题时,却会遇到很大的不便,然而有一些简单的插值公式,它们在不同程度上较准确地逼近于表中的数据, 是方便的. 特别感兴趣的是对实际函数的那种逼近法,在作这种近似时决定流体动力学过程之进程的绝热指数可以被近似地认为是一个常数. 只要引进恒定的等效的绝热指数, 就能够应用流体动力学方程的自模解和精确解,而这两种解通常只是对于比热不变的气体才能成功地得到.

当顾及到振动的不完全激发、离解和电离的时候,任意两个热力学参量,比如 T 和 ρ, 或 p 和 ρ 之间的绝热关系,已经不是由泊松绝热方程所描写. 在形式上可以这样地来确定每一点的绝热指数 γ, 我们要求在这一点附近真实的绝热曲线近似地与泊松绝热曲线相符. 显然,为此应该假定:

$$\left(\frac{\partial \ln T}{\partial \ln \rho}\right)_S = \gamma' - 1 \quad \text{或者} \quad \left(\frac{\partial \ln p}{\partial \ln \rho}\right)_S = \gamma''.$$

但是, 这时与不同一对热力学参量相对应的绝热指数是不相同的. 因而, 当在所感兴趣的 T 和 ρ 或 p 和 ρ 的范围内引进等效绝热指数 γ 的时候, 必须这样来确定: 要求它能以最好的方式符合于气体动力学过程的性质.

在普通情况下,气体动力学的第三个方程是能量守恒方程,而为要使理想液体[1]的流体力学的方程组能够封闭, 只需引进比内能与压力和密度的关系 $\varepsilon(p, \rho)$ 就足够了. 通常这个关系被写成下列公式

---

1) 在理想液体的流体动力学中不考虑粘性和热传导.

$$\varepsilon = \frac{1}{\gamma - 1} \frac{p}{\rho}.$$

于是,为了在所关心的 p 和 ρ 的范围内确定等效绝热指数,就应该对组合

$$\gamma - 1 = \frac{p}{\rho \varepsilon} \tag{3.67}$$

编排一个表, 选取某一个 $\gamma - 1$ 的常数值, 该值最好地逼近于这个组合的实际上并不相等的各值. 结果绝热方程 $d\varepsilon + pdV = 0$ ($V = 1/\rho$) 就取泊松绝热的形式, $p \sim \rho^\gamma$, $\varepsilon \sim \rho^{\gamma-1}$, 其等效绝热指数 γ 具有恒定值.

依赖于温度和密度的比内能, 用幂指数型的公式来逼近最为方便:

$$\varepsilon = aT^\alpha V^\beta \tag{3.68}$$

其中 a, α 和 β 为常数.

在振动激发的范围内比热不依赖于密度, 而 $\beta = 0$. 在离解和电离的范围内, 比热总是随着气体密度的减小而增加, 因为此时离解度或电离度增大, 而相应的能量损耗也增加. 所以指数 β 总是正的. 指数 α 一般总是大于 1 的, 因为无论在振动未完全激发的范围内, 还是在离解和电离的范围内, 比热总是随着温度的升高而增加.

当以指数 α 和 β 为常数的公式 (3.68) 来逼近函数 $\varepsilon(T, V)$ 而以 γ 为常数的方程 (3.67) 来逼近函数 $p(\varepsilon, \rho)$ 或 $p(\varepsilon, V)$ 的时候, 三个常数 α, β 和 γ 不能独立地选取.

函数 $p(\varepsilon, V)$ 和 $\varepsilon(T, V)$ 应满足普遍的热力学关系:

$$p + \left(\frac{\partial \varepsilon}{\partial V} \right)_T = T \left(\frac{\partial p}{\partial T} \right)_V.$$

利用直接代入容易检验, 三个指数 α, β, γ 彼此由条件

$$\gamma - 1 = \frac{\beta}{\alpha - 1}, \tag{3.69}$$

而联系起来. 当然, 这一条件只是在它们可被认为是常数的时候

才是正确的. 在进行上述插值时, 借助绝热方程 $d\varepsilon + pdV = 0$ 容易验证, T 和 ρ 及 ε 和 ρ 之间的绝热关系也是由同样一个绝热指数 γ 来表征的, 这就和泊松绝热的情形一样:

$$T \sim \rho^{\gamma-1}, \varepsilon \sim \rho^{\gamma-1}, p = \rho^{\gamma}, \gamma = \text{常数}.$$

这一点, 不管比热与温度和体积的关系如何都可以得到.

为了显示绝热指数的数值, 在表 3.2 中我们列出了空气在多次电离范围内的组合 $1 + p/\rho\varepsilon = \gamma$ 的数值. 我们看到, 指数 γ 是随着密度的减小而减小的.

在温度为 10000—250000°K 和密度为 $10\rho_0$—$10^{-3}\rho_0$ (ρ_0 是标准密度) 的范围内, 在粗略的近似下, 空气的内能可由插值公式 (3.68) 来描写, 其各常数的值如下:

$$\varepsilon = 8.3 \left(\frac{T^0}{10^4}\right)^{1.5} \left(\frac{\rho_0}{\rho}\right)^{0.12} \text{电子伏/分子}. \tag{3.70}$$

按照公式 (3.69) 其等效绝热指数等于 $\gamma = 1.24$.

重要的是, 由公式 (3.67) 所决定的指数 γ 其变化要比公式 (3.68) 中的指数 α 和 β 小很多. 这种情形是极为有利的, 因为对于绝热过程的计算, 关系 $\varepsilon(T, V)$ 实际上是不需要的, 只要有关系 $\varepsilon(p, V)$ 或 $p(\varepsilon, V)$ 就足够了, 它们由方程 (3.67) 给出.

应当指出, 如果我们企图在较宽的温度和密度的范围内进行逼近的话, 等效绝热指数和插值公式 (3.68) 中的幂指数 α 与 β, 在从一种气体变到另外一种气体时仅有十分微弱的变化. 这是显然的, 因为电离势曲线一般总是彼此相似的, 只是在气体的温度和密度的变化范围不甚大的时候, 在影响能量性态和压力的细节上才有些差别.

§9. 离解和电离条件下的激波绝热曲线

比热不变的气体中的激波阵面上的各个参量, 在第一章曾进行了计算. 在强激波的情况下, 波阵面后边的压力要比初始压力大很多, $p_1 \gg p_0$, 波阵面中的压缩度趋近于一个极限值 $h = (\gamma +$

$1)/(\gamma-1)$。比如,在单原子气体(惰性气体,金属蒸气)中,$c_V = \frac{3}{2}$ $\times Nk$,$\gamma = \frac{5}{3}$,而 $h = 4$;在振动未激发的双原子气体中,$c_V = \frac{5}{2} Nk$,$\gamma = \frac{7}{5}$,而 $h = 6^{1)}$。 在比热不变的气体的情况下,由关于 h 的公式看出,比热越大,绝热指数越接近于 1, 波阵面中的压缩度也就越大。就是在比热与温度和密度有关的一般情况下,比热增加时压缩度要增大这一趋势也总是保持着。假若双原子气体是如此稠密,以致还在离解开始之前振动就已激发,那么当向比较强的激波过渡时,波阵面之后的比热要增加,并趋于值 $c_V = \frac{7}{2} Nk$,而绝热指数趋近于 $\gamma = \frac{9}{7}$,其阵面之后的压缩度则要增大到 $h = 8$。

离解和电离使压缩度进一步增大。要着重指出,对压缩度有影响的只是比热的那一部分,该部分与粒子的势能和内能有关系,即与离解能和电离能、分子的转动能和振动能、原子和离子中的电子激发能有关系。气体中粒子数的增加所引起的比热的增加并不影响压缩度,因为在粒子平动能量增加的同时气体的压力也要增大。粒子数的变化并不直接反映到绝热指数 γ 上,而压缩度正是由后者来决定的。这一点不难证实,如果将内能改写为和的形式 $\varepsilon = \varepsilon_{平} + Q$,其中 Q 就包含了粒子的势能和一些内部自由度的能量。注意到,压力 $p = \frac{2}{3}\rho\varepsilon_{平}$,将这里的 表达式都代入激波绝热曲线的公式(1.71)中。忽略初始能量和压力,即认为激波是强的,经初步的计算之后就得到极限压缩度的值:

$$h = 4 + \frac{3Q^{1)}}{\varepsilon_{平}}。 \tag{3.71}$$

---

1) 实际上,在振动尚未激发的双原子气体中其等于 6 的极限压缩度只能 在 初 始温度 T_0 很低时才能达到。否则,当要求波阵面之后的温度还不致引起振动激 发 的 时候,其压力比 p_1/p_0 就不能大到使激波成为"强"激波的程度。

这个量并不等于单原子气体所对应的量值 4，并且势能和内能的相对作用越大，它也就越大。

在离解和电离的范围内粒子的势能一般要大于它们的平动能量，波阵面中的压缩度也很大，约为 10—12；尤其在初始密度很小的时候，压缩度是特别大的，因那时离解度和电离度在一定的温度下都是很大的[2]。

在重粒子气体的电离范围内，当激波的振幅增大时，压缩度不能保持不变。势能的相对贡献在经过离解或第一次电离期间的极大压缩之后要逐渐地下降，因为平动能量的增加要比由粒子数的增加所导致的势能的增加为快。在这期间压缩度也逐渐下降。这种过程要一直进行到将原子的某一壳层上的电子全部击出时为止。在这一壳层的最末一个电子的电离势和下一封闭壳层的第一个电子的电离势之间，总是存在一个很大的间隔。这一间隔在 L 壳层和 K 壳层之间是特别大的。例如，对于氮是 97 电子伏和 550 电子伏，对于氧则是 137 电子伏和 735 电子伏。因此在空气中波的振幅存在一个相当宽的范围，就温度来说这大约是在 500000 到 700000°K 的区间之内，在这一范围内氧原子和氮原子中占据 L 壳层的电子业已全部被击出，而 K 壳层上的电离尚未开始，在气体中存在的只是一些类氢离子。当激波的振幅继续增大时，K 电子开始被击出，而用于电离的能量损耗要再一次急剧地增大，与第一次电离开始时一样，势能的相对贡献也要提高，而压缩度则要通过第二个显著确定的极大值。

强激波阵面之后的压力，就如从冲量和质量的守恒方程 (1.61)，(1.62) 所得到的那样，对于压缩度的值并不怎么敏感，尤其是在大压缩度的情况下更是如此，它近似地正比于激波传播速度 D 的平方：

---

1) 在作者们的论文[16]中，代替公式 (3.71) 曾导出了一个错误的关系 $h = 4/(1 - 3Q/\varepsilon_平)$ (公式 (2.5))。

2) 例如，在初始压力 $p_0 = 10^{-4}$ 大气压的空气中，当激波的传播速度 $D \sim 6.5$—12 千米/秒（马赫数 $M \sim 20$—35）时，波阵面之后的压缩度大致等于 17。

$$p_1 = \rho_0 D^2 \left(1 - \frac{1}{h}\right) \tag{3.72}$$

（例如，当 $h\sim 10$ 时，上式大约精确到 10%）．

波阵面之后的比焓与速度的平方成正比，还具有更高的精度，大约是 1%：

$$w_1 = \frac{D^2}{2}\left(1 - \frac{1}{h^2}\right) \tag{3.73}$$

（这个表达式是由公式(1.61)，(1.62)，(1.64)得到的）．

在比热不变的气体中温度也与速度的平方成正比，在离解和电离的条件下，当激波的振幅增大时温度的增加却是相当缓慢的．

在第一次电离的范围内，这种现象的产生是由于用于电离的能量损耗相对地增大，即 $Q/\varepsilon_\Psi \sim Q/T$，而在以后当内能中的势能部份与平动能量相比较为减小的时候，温度的缓慢增加可由粒子数的增加来解释，因 ε_Ψ 和 p 与粒子数成正比：

$$\varepsilon_\Psi = \frac{3}{2}N(1+\bar{m})kT, \quad p = n(1+\bar{m})kT.$$

我们指出，在完全电离之后，那时随着激波振幅的加大和阵面之后温度的升高，ε_Ψ 要增大，而 Q 保持不变，当振幅增大时压缩度要趋近于 4（如果不计热辐射的话）．这可从公式(3.71)看出．例如，对氢气来说，在完全离解和完全电离的范围内，属于一个原子的势能等于 15.74 电子伏（按一个原子计算的 H_2 的离解能为 2.24 电子伏，电离能为 13.5 电子伏），而属于一个原子的平动能量（质子的和电子的能量）等于 $3\,kT = 3\,T_{\text{电子伏}}$，即

$$h = 4 + \frac{15.74}{T_{\text{电子伏}}} \longrightarrow 4, \text{当 } T \to \infty \text{ 时}$$

（对于氢来说，在波前密度为大气密度的情况下，当 $T\sim 100000°\text{K} \sim 10$ 电子伏的时候，就已完全电离）．

为了说明上述的关于离解和电离对于激波阵面之后参量的影响，我们列出了表 3.5，其中针对标准初始密度的空气，我们列出

表 3.5

当波阵面之前具有标准条件 $p_0 = 1$ 大气压，$T_0 = 293°K$ 时，

空气中激波阵面之后的各个参量

$T°K$	D, 千米/秒	p_1, 大气压	ρ_1/ρ_0	$T°K$	D, 千米/秒	p_1, 大气压	ρ_1/ρ_0
293	0.33	1	1	14,000	9.31	1,000	11.10
482	0.70	5	2.84	20,000	11.8	1,650	10.10
705	0.98	10	3.88	30,000	15.9	2,980	9.75
2,260	2.15	50	6.04	50,000	23.3	6,380	8.97
4,000	3.35	127	8.58	100,000	40.1	19,200	8.62
6,000	4.54	236	9.75	250,000	81.6	76,500	7.80
8,000	5.64	366	10.30	500,000	114.0	143,900	6.27
10,000	6.97	561	11.00				

了这些参量的计算结果.属于低温的、振动激发范围内的一些数据取自 Я. Б. 泽尔道维奇的书[17]；离解和第一次电离开始范围内的计算，是由戴维逊进行的[18]。在从 20000°K 到 500000°K 的这样一个很宽的温度范围内，В. В. 谢里瓦诺夫 和 И. Я. 施梁平托赫在上面已经引用过的文献[4]中，对波阵面上的参量曾进行了计算。

在初始压力从标准压力到 $p_0 \sim 10^{-5}$ 大气压力的很宽的压力范围内，И. Б. 罗日杰斯特维斯基[19]和 Н. Ф. 高尔班[20]对空气中激波阵面之后的参量进行了计算（针对阵面之后的温度不超过 12000°K 的情形进行的）。温度在 3×10^6°K 以下，密度在 $10^{-6} \rho_0$ 以上（高度在 100 千米以下）时的空气中激波的一些参量，被列在新的由 H. M. 库兹涅佐夫所制的表格之中[35]。

在有些文献中，对另外一些气体中的激波阵面的参量进行了计算：有对氩和氢的（В. А. 普罗柯非耶夫文献 [21]），有对氩的（勒斯莱尔等文献[22]），有对氙的（塞依包勒文献[23]），有对氢和氙的（C. P. 浩列夫文献 [24]）。在定性上所有气体中的现象彼此没有什么差别，而激波绝热曲线也极为类似。

对氩和氙来说，所计算的绝热曲线与用激波管来研究激波时

所得到的实验结果符合得很好. 对于空气, 计算与实验也符合得较好. 应该指出, 在离解的范围内激波绝热曲线的性状与下面一点有很大关系: 在两个早有争议的值 7.38 电子伏和 9.74 电子伏中间, 究竟挑选哪一个来描写氮的离解能. 赫利斯琴等人用激波管研究空气中激波的一些实验[25], 证明了实验的激波绝热曲线接近于氮的离解能量为 9.74 电子伏时的计算结果. 莫 杰 林的用来测量阵面速度和 (用光学法) 测量阵面之后温度的实验[26], 也证明了取这个值是适当的.

§10. 考虑平衡辐射时的激波绝热曲线

在温度很高 (或气体密度很低)、平衡辐射的能量和压 力 与物质的能量和压力可以比较时, 计算激波绝热曲线就应该把辐射考虑在内 (当然, 应事先检验, 在问题的具体条件下辐射与物质是否达到了平衡).

我们来考察沿冷气体传播的很强的激波, 并假定在波阵面两侧辐射能流都等于零. 我们还假定, 在激波阵面之后辐射是平衡的(这里对建立平衡的过程不感兴趣). 这样一来, 我们就是从纯粹的热力学的观点来讨论问题, 这就像我们在推导激波绝热曲线时所做的那样[1]. 要强调指出, 我们所讨论的是非相对论的情况, 这时激波和物质的速度都比光速小很多, 而物质能和辐射能比静止的物质能小得多. 在对于激波阵面写出的冲量流守恒和能量守恒的方程中, 引入阵面之后的辐射能量和辐射压 力 $\varepsilon_{\nu 1}, p_{\nu 1}$ (见第一章 §13 和第二章 §17). 波阵面上的各守恒定律就可以写成如下形式:

$$\left.\begin{array}{c} \rho_1 u_1 = \rho_0 D, \\ p_1 + p_{\nu 1} + \rho_1 u_1^2 = \rho_0 D^2, \\ \varepsilon_1 + \varepsilon_{\nu 1} + \dfrac{p_1}{\rho_1} + \dfrac{p_{\nu 1}}{\rho_1} + \dfrac{u_1^2}{2} = \dfrac{D^2}{2}. \end{array}\right\} \quad (3.74)$$

从解释辐射的作用这一目的出发, 为了使问题简化, 我们将认

---

1) 这个问题曾由萨克斯讨论过[27].

为气体的比热不变,其绝热指数 γ 也不变,气体要遵从一般的状态方程:

$$p=A\rho T, \quad A=\text{常数}; \quad \varepsilon=\frac{1}{\gamma-1}AT=\frac{1}{\gamma-1}\ \frac{p}{\rho}.$$

按公式(3.49),(3.50)将 $\varepsilon_{\nu 1}$ 和 $p_{\nu 1}$ 代入式(3.74),并用温度 T_1 来表示压力 p_1 和能量 ε_1,再利用式(3.74)的第一个方程消去 u_1,就得到了与未计辐射的公式(3.72),(3.73)相对应的关系:

$$\left.\begin{array}{l} A\rho_0 h T_1+\dfrac{4\sigma T_1^4}{3c}=\rho_0 D^2\Big(1-\dfrac{1}{h}\Big), \\[3mm] \dfrac{\gamma}{\gamma-1}A\rho_0 h T_1+\dfrac{16\ \sigma T_1^4}{3c}=\dfrac{\rho_0 D^2}{2}\ h\Big(1-\dfrac{1}{h^2}\Big), \end{array}\right\} \tag{3.75}$$

式中 $h=\rho_1/\rho_0$ 是激波阵面中的压缩度。 再从这些方程中消去 D,并相对于 T_1 来求解所得到的表达式:

$$\frac{4\sigma\ T_1^3}{3\ Ac\rho_0}=\frac{h(h-h_0)}{(7-h)}, \tag{3.76}$$

其中 $h_0=(\gamma+1)/(\gamma-1)$ 是不计辐射时的强激波中的极限压缩度。这个关系可以被看作是用来确定压缩度 h 对于激波振幅的依赖关系的方程,而这个振幅就可由波阵面之后的温度 T_1 来表征。

方程(3.76)左端的量与 T_1^3 成正比,它就是激波阵面之后的辐射压力与物质压力的比乘以 h 即 $hp_{\nu 1}/p_1$。由公式(3.76)得到,如果辐射压力相对来说很小,因而 $hp_{\nu 1}/p_1\ll 1$,那么 $h\approx h_0$,即压缩度就等于通常的量值 $h_0=(\gamma+1)/(\gamma-1)$。在激波很强的极限情形下,那时 $hp_{\nu 1}/p_1\sim T^3\to\infty$,压缩度 h 要趋近于 $h_\infty=7$。这个结果是应该预想到的,因为从热力学的观点来看,平衡辐射本身就好像是具有绝热指数 $\gamma=4/3$ 的某种理想气体(见第二章§3),其相应的激波中的极限压缩度就等于 7。

在两种极限情况 $\dfrac{hp_{\nu 1}}{p_1}\longrightarrow 0$ 和 $\dfrac{hp_{\nu 1}}{p_1}\longrightarrow\infty$ 之间,压缩度 h 总是随着激波的强度的增大而单调地从 $h_0=(\gamma+1)/(\gamma-1)$ 变到 $h_\infty=7$,无论 $h_0>7$ 还是 $h_0<7$,即无论不计辐射时气体的绝热指数是小于还是大于 4/3,都是如此。

在辐射的能量和压力比物质的能量和压力大很多的极限情况下，即当方程(3.75)左端的第二项比第一项大很多的时候，波阵面之后的温度 $T_1 \sim D^{\frac{1}{2}}$，这不同于不计辐射时的一般情况；$T_1 \sim D^2$（在比热不变的气体中）。

请注意，物质的密度越小，平衡辐射的能量和压力的相对作用就越大，因为 $p_v/p \sim 1/\rho$（在粒子数不变的气体中）。例如，在完全电离的氢中，如果粒子(质子和电子)的数目为 $n = 10^{19}$ 1/厘米^3，那么当 $T = 10^6$°K 时辐射压力和气体压力相等；而如果 $n = 10^{16}$ 1/厘米^3，那么两种压力在 $T = 10^5$°K 时就可以比较。

2. 由具有库仑相互作用的粒子所组成的气体

§11. 稀薄的电离气体

我们来考察由荷电粒子的库仑相互作用所制约的电离气体与理想气体的偏差。在本节中我们仅限于讨论非理想性较弱的情况，这时热力学函数中的库仑相互作用的各项就可以被看成是对理想气体的各相应项的一个小的修正。

为了能把电离气体看成是理想的，就必须要求邻近粒子的库仑相互作用的能量与它们的热运动能量相比较是很小的，即要求满足条件 $(Ze)^2/r_0 \ll kT$，这里 Z 是粒子(离子、电子)的平均电荷，而 $r_0 \approx n^{-1/3}$ 是粒子间的平均距离；n 是 1 厘米^3 气体中的粒子数。这个条件可以改写为

$$n \ll \left(\frac{kT}{Z^2 e^2}\right)^3 = 2.2 \times 10^8 \left(\frac{T°}{Z^2}\right)^3 \text{1/厘米}^3. \qquad (3.77)$$

例如，当电离度近于 1($Z \sim 1$)，而 $T \sim 30000$°K 的时候，要想得到理想性，必须要求 $n \ll 6.2 \times 10^{21}$/厘米^3（为了比较，我们想到，在标准密度的空气中分子数等于 2.67×10^{19}/厘米^3）。

在非理想性较弱的时候，对热力学函数的库仑修正，可用德拜-休克耳方法计算，就象在 Л. Д. 朗道和 E. M. 栗弗席兹的书中所做的那样[1]（还可以参阅 Б. Л. 吉曼的文献[11]）。在每一个离

子或电子的周围都要由邻近的粒子形成一个非均匀的带电云层，并且在这一云层内电荷密度的分布是由玻耳兹曼定律根据静电势来确定的，而这个势是由中心电荷和云层的共同作用所形成的。关于静电势在电荷为 Z_ie 的中心离子附近沿半径 r 的分布之泊松方程的解，在一级近似下得到公式

$$\varphi_i = Z_ie\exp\frac{(-r/d)}{r},$$

其中 d 是所谓的德拜半径，它表征了云层的线度，

$$d = \left(\frac{4\pi e^2}{kT}\sum n_iZ_i^2\right)^{-\frac{1}{2}} = 6.90\left(\frac{T^0}{n\overline{Z^2}}\right)^{\frac{1}{2}}\text{厘米} \qquad (3.78)$$

（n_i 是 1 厘米^3 中电荷为 Z_ie 的离子数，在这里电子也被包含在"离子"的概念之中，对于它们来说，$Z = -1$）。

用德拜-休克耳方法进行统计研究是正确的，这要有条件：如果在云层中包含了大量的粒子，即如果德拜半径 d 比粒子间的平均距离 $r_0 \approx n^{-1/3}$ 大很多的话。条件 $d \gg r_0$ 导致了条件 $n \ll \left(\frac{kT}{4\pi e^2\overline{Z^2}}\right)^3 = 1.1\times10^5\left(\frac{T^\circ}{Z^2}\right)^3\frac{1}{\text{厘米}^3}$，它比气体的理想性条件 (3.77) 还要强一些。这就是说，德拜方法本身就假定了气体的非理想性是很弱的。

在中心附近，当 $r \ll d$ 时，$\varphi_i = \frac{Z_ie}{r} - \frac{Z_ie}{d}$。第一项是中心离子本身所建立的势，而第二项 $\varphi_i' = -Z_ie/d$ 是周围电荷在该离子所在的地点形成的势。在体积 V 中气体的库仑能量，按照一般的静电学公式是

$$E_{\text{库仑}} = V\cdot\frac{1}{2}\sum eZ_in_i\varphi_i' = -Ve^3\sqrt{\frac{\pi}{kT}}\left(\sum n_iZ_i^2\right)^{\frac{3}{2}}. \qquad (3.79)$$

对自由能的修正，可以通过对热力学关系 $E/T^2 = -\partial/\partial T(F/T)$ 进行积分而得到

$$F_{\text{库仑}} = \frac{2}{3}E_{\text{库仑}} = -\frac{2}{3}e^3\sqrt{\frac{\pi}{kTV}}\left(\sum N_iZ_i^2\right)^{\frac{3}{2}}, \qquad (3.80)$$

这里 $N_i = n_i V$ 是体积 V 中第 i 种粒子的总数. 压力修正是

$$p_{库仑} = -\left(\frac{\partial F_{库仑}}{\partial V}\right)_{T,N_i} = \frac{E_{库仑}}{3V}. \tag{3.81}$$

平均说来在粒子之间有吸引力的作用, 因为在每一离子自身周围都有大量的异号电荷. 所以库仑能量和库仑压力都是负的.

库仑相互作用以两种方式影响到气体的状态. 第一, 它使得能量和压力 $\left(\text{及熵}: S_{库仑} = -\frac{\partial F_{库仑}}{\partial T} = \frac{E_{库仑}}{3T}\right)$ 减小. 第二, 这个效应是非常重要的, 它将电离平衡推向电离度较高的方向.

事实上, 在具有相互作用的气体中自由电子具有负的势能, 即仿佛它与离子多少有点联系, 因此为了从原子或离子中击出电子, 现在必须消耗的功多少要少一些, 这相当于电离势的等效减小. 电离势的减小并不是由总的自由能的变化来决定的, 而只是由库仑的自由能的变化来决定, 因为库仑能依赖于温度, 相互作用中库仑力的"计入"就改变了系统的熵.

为了导出考虑到库仑相互作用的电离平衡的公式, 我们要用 §5 中的办法进行处理. 将系统的总的自由能写成如下形式:

$$F = F_{理想} + F_{库仑},$$

此处 $F_{理想}$ 由式 (3.41) 表示, 而 $F_{库仑}$ 由式 (3.80) 表示, 我们对电离引起的 m 离子数的变差来建立变分 δF.

利用条件 $\delta N_m = -\delta N_{m+1} = -\delta N_e$, 并令变分 δF 等于零, 代替式 (3.42) 我们就得到一个修正的"质量作用定律"的表达式. 这里为了不使统计和与电荷相混淆, 我们把统计和用"波号"标出 $(\tilde{Z})$,

$$\frac{N_{m+1}N_e}{N_m} = \frac{\tilde{Z}_{m+1}\tilde{Z}_e}{\tilde{Z}_m} e^{\frac{\Delta I_{m+1}}{kT}}, \tag{3.82}$$

这里量 ΔI_{m+1} 等于化学势中库仑部分的改变

$$\Delta I_{m+1} = \mu_{m,库仑} - \mu_{m+1,库仑} - \mu_{e,库仑}, \quad \mu_{i,库仑} = \left(\frac{\partial F_{库仑}}{\partial N_i}\right)_{T,V},$$

它可解释成是 m 离子的电离势的减小 (请注意, $\tilde{Z}_{m+1}\tilde{Z}_e/\tilde{Z}_m \sim$

$\exp(-I_{m+1}/kT))$.

计算给出的电离势的修正量是

$$\Delta I_{m+1} = 2(Z_m+1)e^3\sqrt{\frac{\pi}{kT}}(\sum n_i Z_i^2)^{\frac{1}{2}}, \qquad (3.83)$$

其中 Z_m 是 m 离子的电荷;其实, $Z_m = m$.

注意到德拜半径的定义式(3.78)就可以将式(3.83)改写为

$$\Delta I_{m+1} = \frac{(Z_m+1)e^2}{d} = \frac{Z_{m+1}e^2}{d}. \qquad (3.84)$$

如果被击出的电子所在的距离等于德拜半径,则 m 离子所减小的电离势, 恰好就等于 m 离子的电离所生成的 $m+1$ 离子和被击出的电子之间的库仑相互作用能量。

如果 $d \gg r_0$, 即 $\Delta I \ll kT$, 根据德拜-休克耳方法可正确适用的条件和非理想性较弱的条件,式(3.84)是正确的。

在第一次电离的范围内, 式 (3.84) 取如下形式 $(i=0, 1, e$; $Z_0 = 0, Z_1 = 1, (Z_e = -1)$:

$$\Delta I_1 = 2e^3\left(\frac{2\pi n\alpha}{kT}\right)^{\frac{1}{2}}, \qquad (3.85)$$

此处 $\alpha = n_e/n = n_1/n$ 是电离度。

在多次电离的范围内,当用带有"平均"电荷 $\bar{m} = \dfrac{n_e}{n}$ (n 是 1 厘米³ 中的原有原子数)的离子来代替所有离子时(就如我们在 §7 中所做过的那样),如再令 $\overline{Z_i^2} = \bar{m}^2$, 我们就会得到"平均"电离势的变化:

$$\overline{\Delta I} = 2(\bar{m}+1)e^3\left[\frac{\pi\bar{m}(\bar{m}+1)n}{kT}\right]^{\frac{1}{2}} \qquad (3.86)$$

作为例子,我们来考察温度 $T = 100000\ °K$ 和标准密度 $n = 5.34 \times 10^{19}/$厘米³时的空气。在这些条件下,不计库仑相互作用时电离度为 $\bar{m} = 2.72$,而"平均"电离势 $\bar{I} = 60$ 电子伏 $(\bar{I}/kT = 6.9)$。对于具有这个 $\bar{m}$ 值的"平均"电离势的库仑修正量等于 $\Delta\bar{I} = 5.4$ 电子伏 $(\Delta\bar{I}/kT = 0.63)$,即库仑相互作用使"平均"电离势几乎减小了 10%；在下一级近似下，这相当于电离度大约增加了 14%[1].

在文献[14]中讨论了，当 $T=45000°K$ 和 $p\sim10^{-3}—10^2$ 大气压时，库仑修正对于氩气中电离平衡之移动的影响。 这一影响是相当显著的，可是对于热力学函数的修正却不超过 1%.

§ 12. 稠密气体.电子气体的费米-狄拉克量子统计基础

在上面研究电离气体时，我们总是假定了自由电子遵从经典的玻耳兹曼统计。严格地说，电子气体要用费米-狄拉克量子统计来描述，只是在温度相当高或密度相当低的情况下，这种统计才转变为玻耳兹曼统计。如果电子气体的温度比所谓的简并温度 T_0 高很多时，就要产生这种转变，简并温度是由 1 厘米³中的电子数 n 来决定：

$$T_0=\frac{1}{8}\left(\frac{3}{\pi}\right)^{\frac{2}{3}}\frac{h^2}{m_e k}n^{\frac{2}{3}}=4.35\times10^{-11}n^{\frac{2}{3}}\text{ 度}. \qquad (3.87)$$

在（能因电离而出现自由电子的）通常的气体的密度和温度之下，条件 $T\gg T_0$ 始终得到满足。例如，在空气为大气密度和原子大体经过一次电离的 情况下，$n=5.34\times10^{19}$/厘米³，简并温度 $T_0=610°K$，而这时气体的温度 $T\sim35000°K$，所以 $T/T_0\approx60$. 玻耳兹曼统计的适用性条件，或是在温度很低的时候，或是在电子气体的密度很大的时候，都有可能遭到破坏。第一种情形在研究气体时一般不会发生，因为在低温之下气体并不电离。

至于说第二种情形，那么在许多过程中往往要形成很稠密的高热气体，而在这种气体中就存在着电子。这种情形一般是发生在当原有固体被迅速地加热到近于几万或几十万度高温的时候[2]，实质上，这时固体已经变为稠密气体，因为在上述温度下热运

---

1) 从形式上看，在所考察的条件下，我们是处在方法适用范围的边沿，因为 $\overline{\Delta I}=5.4$ 电子伏仅比 $kT=8.6$ 电子伏略小一些.

2) 例如，当飞行速度达每秒几万米的陨石袭击行星表面的时候，当用电流使金属丝爆炸的时候，当以电子袭击来加热脉冲伦琴管中的阳极针的时候（参看 B. A. 楚柯尔曼和 M. A. 曼纳柯娃的文献[28]），当以强大的激波来加热固体的时候，等等。 这里我们不来涉及应用量子统计的一些经典对象，比如处于普通条件下金属中的自由电子.

动的能量往往要超过固体或液体物质中的原子结合能．

当密度近于固体的密度而按一个原子计的自由电子数近似于 1 的时候，简併温度高达几万度（例如，当 $n = 5 \times 10^{22}$/厘米^3 时，$T_0 = 59000°K$)，即其至当温度为 10 万度的时候也决不能用玻耳兹曼统计来描写电子．

应该指出，在密度近于固体密度和温度为几万或几十万度的时候，荷电粒子的（电子的和离子的）库仑相互作用能量可与它们的动能比较，而电子-离子气体实际上是非理想的[1]．

在这些条件下确定气体热力学性质的问题，可用那种方法近似地求解，这种方法就是将对原子进行统计描述的托马斯-费米方法推广到温度不等于零的情况．为了说明这个方法的实质，我们不得不回忆一下费米-狄拉克量子统计的基本原理（其详细的情况，可以参看文献[1]）．

我们来考察温度为零的自由电子气体[2]（所谓完全简併气体）．在体积元 dV 和电子冲量的绝对值从 p 到 $p + dp$ 间隔内的量子状态数（坐标和冲量的相空间中的格子数），等于 $4\pi p^2 \cdot dp dV / h^3$．在每一个格子里可以有两个自旋方向相反的电子，所以在间隔 $dV dp$ 内量子状态的总数是 $8\pi p^2 dp dV / h^3$．根据泡利原则，在每一个具有确定自旋方向的量子状态中最多只能有一个电子．

处于体积 V 中的 N 个电子 ($n = N/V$ 是 1 厘米^3 中的电子数)，占据了所有那些冲量从 0 到 p_0 的最低能量状态，因而

$$N = V \int_0^{p_0} \frac{8\pi p^2 dp}{h^3} = \frac{8\pi p_0^3}{3h^3} V .$$

---

1) 例如，在 $n = 5 \times 10^{22}$ 厘米$^{-3}$ 和 $Z = 1$ 的情况下，库仑能量 $e^2/r \approx e^2 n^{1/3}$ 在 $T = 60000°K$ 时与 kT 可以比较．自由电子的动能——它不是简单地由温度来决定，而且还要由简併温度 T_0 来决定——与库仑能可以比较，因这时 $T_0 = 59000°K$．

2) 所谓自由的含义是，电子不受力的作用．同时还要假定，电子气体是不流散的．实际上，这可以被想像为由离子和电子所组成的电中性的混合物，在这种混合物中平均的自洽场处处等于零（除物体的边界而外）．

由此得到电子最大动能 $\varepsilon_0 = p_0^2/2\,m_e$ 的，即所谓费米边界能量的表达式：

$$\varepsilon_0 = \frac{1}{8}\left(\frac{3}{\pi}\right)^{\frac{2}{3}}\frac{h^2}{m_e}\left(\frac{N}{V}\right)^{\frac{2}{3}} = \frac{1}{8}\left(\frac{3}{\pi}\right)^{\frac{2}{3}}\frac{h^2}{m_e}\,n^{\frac{2}{3}}. \quad (3.88)$$

简并温度(3.87)由 $T_0 = \varepsilon_0/k$ 来确定. 体积 V 中的 N 个电子的动能等于：

$$E_{动} = V\int_0^{p_0}\frac{p^2}{2\,m_e}\frac{8\pi p^2 d\,p}{h^3} = \frac{3}{5}\varepsilon_0 N \sim N^{\frac{5}{3}}V^{-\frac{2}{3}} \quad (3.89)$$

(一个电子的平均动能等于 $\frac{3}{5}\varepsilon_0$).

由于事先假定电子为自由的，那么动能也就等于总的能量，$E_{动} = E$，再根据热力学关系 $TdS = dE + PdV$，并令其温度等于零，我们就得到自由简并电子气体的压力等于

$$P = -\frac{dE}{dV} = \frac{2}{3}\frac{E_{动}}{V} = \frac{2}{5}\varepsilon_0 n = \frac{1}{20}\left(\frac{3}{\pi}\right)^{\frac{2}{3}}\frac{h^2}{m_e}\,n^{\frac{5}{3}}. \quad (3.90)$$

压力正比于密度的 $\frac{5}{3}$ 次方.

压力和动能的关系是 $P = 2/3\cdot E_{动}/V$，它和单原子玻耳兹曼气体的情况一样. 这是显然的，因为"动"压力取决于粒子对冲量的输运，它与粒子动能的关系是纯粹力学的关系，而与粒子所遵守的统计类型无关.

当温度升高的时候，原先占据最低能级的一些电子要跃迁到比较高的量子状态. 费米–狄拉克的量子统计证明，粒子按量子状态的分布函数，即在能量为 ε 的量子状态中的平均电子数是

$$f = \frac{1}{e^{\frac{-\mu+\varepsilon}{kT}}+1}, \quad (3.91)$$

此处 μ 是一个与电子的温度和密度有关的常数，它是电子气体的化学势. 在自由电子气体中能量 ε 就等于动能，$\varepsilon = p^2/2\,m_e$. 当温度等于零的时候，如果 $\varepsilon < \mu\left(\dfrac{-\mu+\varepsilon}{kT} = -\infty\right)$，分布函数等于1；

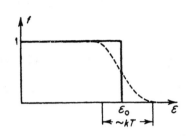

图 3.2 电子气体按费米-狄拉克
统计的分布函数

如果 $\varepsilon > \mu \left(\dfrac{-\mu+\varepsilon}{kT} = +\infty \right)$,

分布函数等于 0,即得到了上面已经求得的分布,并且就像从这个讨论中所看出的,自由气体的化学势与费米边界能 ε_0 相符. 当温度不等于零的时候,分布就要被"抹平",就如图 3.2 所表示的那样.

在 1 厘米^3 内冲量从 p 到 $p+dp$ 的电子数是

$$\rho(p)dp = \frac{8\pi p^2 dp}{h^3} f = \frac{8\pi}{h^3} \frac{p^2 dp}{e^{\frac{-\mu+\varepsilon}{kT}}+1}, \qquad (3.92)$$

而单位体积中的总的电子数等于

$$n = \int_0^\infty \rho(p)dp = \frac{8\pi}{h^3} \int_0^\infty \frac{p^2 dp}{e^{\frac{-\mu+\varepsilon}{kT}}+1}. \qquad (3.93)$$

这个公式以隐式确定了作为温度和密度之函数的化学势 μ.

单位体积中的电子的动能等于

$$\mathscr{E}_{动} = \int_0^\infty \frac{p^2}{2m_e}\rho(p)dp = \frac{8\pi}{h^3} \int_0^\infty \frac{p^2}{2m_e} \frac{p^2 dp}{e^{\frac{-\mu+\varepsilon}{kT}}+1}. \qquad (3.94)$$

统计也可以应用到处在势场中的电子气体. 当然,场在空间的变化应是如此之慢,以致在体积元 dV 的范围内场可以看成是恒定的,并能在其中找到足够多的粒子. 在相反的情况下,将统计应用于粒子就失去了意义[1]. 如果用 $\varphi(r)$ 来表示场在点 r 处的静电势,那么电子的能量 ε 就可以写为

$$\varepsilon = \frac{p^2}{2m_e} - e\varphi(r). \qquad (3.95)$$

---

1) 在近于电子波长的距离内,场的变化应该很小.

统计力学证明,如果气体处于场中,那么在平衡状态下,它的化学势 μ 在各点应该是相同的. 在相反的情况下,粒子就要从一个地方转移到另一个地方.

如果所考察的电子气体在温度等于零时是处在场之中,那么根据公式(3.91),(3.95),如果 $\varepsilon = p^2/2\,m_e - e\varphi(r) < \mu$,分布函数 f 就和原先一样等于 1;而如果 $\varepsilon = p^2/2\,m_e - e\varphi(r) > \mu$,则它等于0. 这就是说,在某一点 r 处电子的最大动能是等于 $\varepsilon_0(r) = \mu + e\varphi(r)$. 它现在与坐标有关,而电子的最大总能量 $p_0^2/2m_e - e\varphi(r) = \varepsilon_0 - e\varphi(r) = \mu$,就等于化学势,它与地点无关(假如它依赖于坐标,电子就要由最大能量比较高的地方移向比较低的地方).

如果将 ε 理解为公式(3.95)所表达的量,公式(3.92)—(3.94)对于处在场中的气体来说是正确的. 公式(3.93)现在给出了在点 r 处的气体密度 $n(r)$ 与量 $\varepsilon_0(r) = \mu + e\varphi(r)$ 之间的,即与该点的势能和温度 T 之间的一个隐式的关系. 当 $T = 0$ 时,这个关系和原先一样仍由公式(3.88)来表示.

§13. 托马斯-费米原子模型和冷物质的强压缩

当用托马斯-费米方法来描述稠密气体时,"自由"电子和"束缚"电子之间不加区别,也不像低密度时那样认为气体是由离子和电子组成的,而认为是由原子核和电子组成的. 原子核遵从玻耳兹曼统计规律,并对总压力和总比热能有贡献. 在高温之下,这个贡献与一般的单原子气体的贡献相当:

$$P_a = n_a kT, \qquad \varepsilon_a = \frac{3}{2}\,\frac{n_a}{\rho}kT$$

(n_a 是 1 厘米^3 中的原子核数,ρ 是物质密度). 粒子间的所有相互作用能量都归于电子. 为了计算能量和压力的电子部份,将气体分为许多原子格胞,每一个格胞中都含有一个电荷为 Ze 的原子核和 Z 个电子. 为了简单起见,格胞被认为是球形的. 它的体积 V 就等于一个原子核在物质中所占有的平均体积:$V = 1/n_a$,而半径 $r_0 = (3V/4\pi)^{\frac{1}{3}} = (3/4\pi n_a)^{\frac{1}{3}}$. 在托马斯-费米模型中,原子格胞间没有亲合力的作用，所以这种模型不能描写固体中原子间的联系。这些格胞彼此间作用的正压力等于电子气体的压力，即这种模型所描述的仅是排斥力和"热"压力。因此，或是在大的密度之下，那时对于强压缩的固体来说原子间的排斥力比吸引力大很多，或是在高的温度之下，那时亲合力可以忽略，这种模型才能给出合理的结果。由此可见，在托马斯-费米的模型中，电子的"电离"能、"激发"能和"热运动"能，已不再像研究稀薄气体时那样单独进行计算。它们自动地被包含在原子格胞的总的电子能量之中。为了从它的里面分出只与温度有关的"热"能部分，就必须从总的能量中消去体积相同但温度为零时的格胞的能量。对于压力也要进行同样的处理。

我们先来讨论温度为零时的原子格胞，即托马斯-费米的原子统计模型[1]。这种模型的基本假定是，在电子数较多的复杂原子中，大多数的电子具有高的主量子数，并且它们的运动是准经典的。

原子中的电子被看成是处在沿半径变化相当缓慢的自洽静电场 $\varphi(r)$ 中的气体[2]，这个场是由核电荷和电子本身的电荷引起的。这就考虑了电子气体的非理想性。费米-狄拉克统计适用于这种气体。

在与核相距为 r 的某一距离上，电子的最大动能 $\mathcal{E}_0(r) = \mu + e\varphi(r)$ 由式(3.88)与该点的电子密度相联系，因此可用下述公式通过势来表示密度：

$$n(r) = \frac{8\pi}{3} 2^{\frac{3}{2}} \frac{m_e^{\frac{3}{2}}}{h^3} [e\varphi(r) + \mu]^{\frac{3}{2}}. \tag{3.96}$$

静电势 $\varphi(r)$ 满足泊松方程：

$$\Delta\varphi = \frac{1}{r} \frac{d^2}{dr^2} [r\varphi(r)] = 4\pi e n(r). \tag{3.97}$$

---

1) 在 П.嘎姆包施的书中对这一问题有详细的叙述[29]。在 Л.Д.朗道和 Е.М.栗弗席兹的书中则有简短而清楚的叙述[30]。

2) 关于对场里的电子气体进行统计描述的可能性问题，在上一节已经谈到过。

将式(3.96)代入,并引进新的"势"$\psi = \varphi + \mu/e$(势被确定到仅差一个相加常数)之后,该式就变为下述形式:

$$\frac{1}{r}\frac{d^2}{dr^2}(r\psi) = \frac{32 \times 2^{\frac{2}{3}}\pi^2}{3}\frac{e^{\frac{9}{2}}m_e^{\frac{3}{2}}}{h^3}\psi^{\frac{3}{2}}. \qquad (3.98)$$

给方程(3.98)加上边界条件. 在中心,当 $r \to 0$ 时,场就过渡为原子核的库仑场,即

$$\varphi(r) = \frac{Ze}{r}, \text{ 当 } r \to 0 \text{ 时.} \qquad (3.99)$$

由于格胞是电中性的,在它的边界上场就等于零(在格胞之外势是恒定的):

$$\frac{d\varphi}{dr} = 0, \text{ 当 } r = r_0. \qquad (3.100)$$

这个条件等价于明显的关系式

$$Z = \int_0^{r_0} n(r)4\pi r^2 dr. \qquad (3.101)$$

引进无量纲变数

$$x = \frac{r}{a}, a = \frac{1}{4}\left(\frac{9\pi^2}{2}\right)^{\frac{1}{3}}\frac{a_0}{Z^{\frac{1}{3}}} = \frac{0.855\,a_0}{Z^{\frac{1}{3}}}, \qquad (3.102)$$

此处 $a_0 = h^2/4\pi^2 m_e e^2 = 0.529 \times 10^{-8}$ 厘米是玻尔半径,和无量纲变数

$$\chi = \frac{r}{Ze}\left(\varphi + \frac{\mu}{e}\right) = \frac{r}{Ze}\psi, \qquad (3.103)$$

这样,方程(3.98)就变为普适的形式:

$$x^{\frac{1}{2}}\frac{d^2\chi}{dx^2} = \chi^{\frac{3}{2}}. \qquad (3.104)$$

边界条件(3.99),(3.100)则取如下形式:

$$\chi(0) = 1; \ \chi(x_0) = x_0\left(\frac{d\chi}{dx}\right)_{x_0}.$$

方程的无量纲形式显示了关于电子数 Z 的相似性. 也就是说,根据式(3.96),(3.102),(3.103),可将密度沿半径的分布写成为

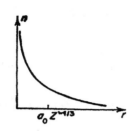

图 3.3 在自由原子中电子密度的示意分布

$$n(r) = Z^2 f\left(\frac{rZ^{\frac{1}{3}}}{b}\right),\quad b = 0.885 a_0, \tag{3.105}$$

此处函数 f 正比于 $(\chi/x)^{3/2}$.

解具有相应边界条件的方程 (3.104)(利用数值积分做到这一点),就会得到势和电子密度沿半径的分布,然后就可计算出所有我们所感兴趣的量.

在不受外力压缩的自由中性原子中,其电子密度就如解所表明的那样,是要延伸到无穷远的,当 $x \to \infty$ 时,$\chi \to 0$,$n \to 0$[1](图 3.3). 如果取所有的电荷都被分离到无穷时的状态作为势能的零点,那么就应该令势 φ 在无穷远处等于零. 这时化学势也要变为零. 不受外力压缩的自由原子边界上的压力,从而整个空间中的压力[2] 也就等于零. 根据无限大库仑场的维里定理,粒子的总动能和总势能是由关系 $2E_{动} = -E_{势}$ 而相互联系. 原子的总能量 $E^\infty = E_{动}^\infty + E_{势}^\infty = -E_{动}^\infty = \frac{1}{2} E_{势}^\infty$. 在该情况下,维里定理实质上反映了那样一种事实,电子的动力排斥精确地与它们的朝着原子核的库仑吸引相平衡,因此由"动"压力和"势"压力相加所得到的总压力,在每一点都等于零. 虽然原则上电子密度要延伸到无穷远,但是主要电荷还是集中在一个有限的体积 $V_{有效}$ 之中. 根据式 (3.105),这个区域的线性线度就是玻尔半径 a_0,并且 $V_{有效} \sim Z^{-1}$ (见图3.3),这是由维里定理得到的. 原子的势能在数量级上等于 $E_{势}^\infty \sim -e^2 Z^2/V_{有效}^{1/3}$. 根据式(3.88),(3.89)其动能近似于

---

1) 由于电中性原子的场在向无穷远延伸时其减小要比 r^{-2} 为快,所以"势" ψ 的减小要比 r^{-1} 快;在这种情况下边界条件具有如下形式 $r\psi \sim \chi \to 0$,当 $r \to \infty$ 时.

2) 由具有相互作用的粒子所组成的系统其压力是由两个部分相加而构成:"动"压力——它与粒子的运动及其动能是由一般关系式 $P_{动} = 2n\varepsilon_{动}/3$ 而相互联系,其中 n 是 1 厘米³ 中的粒子数,而 $\varepsilon_{动}$ 是粒子的平均动能;"势"压力——它等价于作用于粒子上的力(在该情况下就是库仑力). 在形式上,这种划分是由关系(当温度为零时) $P = -\partial E/\partial V = -(\partial E_{动}/\partial V) - (\partial E_{势}/\partial V) = P_{动} + P_{势}$ 而得到的. 动压力总是正的,而当粒子相互排斥时,势压力 $P_{势} > 0$;当粒子相互吸引时,$P_{势} < 0$.

$$E_{\text{动}}^{\infty} \sim \varepsilon_0 Z \sim \frac{h^2}{m_e} Z \left(\frac{Z}{V_{\text{有效}}}\right)^{\frac{2}{3}}.$$

由力学平衡条件或维里定理我们求得 $V_{\text{有效}} \sim \left(\frac{m_e e^2}{h^2}\right)^3 Z^{-1} \sim a_0^3 Z^{-1}$.
原子的总能量大约是 $E^{\infty} = E_{\text{势}}^{\infty}/2 \sim -e^2 Z^{7/3}/a_0 \sim -I_{\text{II}} Z^{7/3}$. 精确
值 $E^{\infty} = -20.8 \, Z^{7/3}$ 电子伏; 按绝对值来说, 这就是将原子的所有
电荷拉开到无穷远时所必须花费的
能量(将原子完全电离的能量).

现在我们来考察"压缩的"原
子, 即体积 V 有限的原子格胞. 此
时, 压力(等于作用于 1 厘米² 格胞
表面上的"外力")不等于零, 而且是
正的. 因而在格胞的边界上电子的
密度是有限的 (图 3.4).事实上, 在
格胞的边界上没有场. 电子在边界
处已成为自由的, 因而边界上的全
部压力乃是来源于"动"压力. 按照

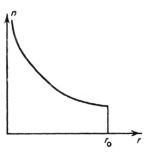

图 3.4 在"压缩"原子——半径
为 r_0 的 原子格胞中,电子密度的
示意分布

定义,"动"压力是等于 1 秒钟之内经过 1 厘米² 格胞表面所输运的
冲量法向分量. 由于电子按运动方向的分布是各向同性的, 所以

$$P = \int_0^{\infty} \rho(p, r_0) p \frac{v}{3} dp , \qquad (3.106)$$

其中 $\rho(p, r_0)$ 是在格胞边界 r_0 处冲量的分布函数, 而 $v = p/m_e$ 是
电子的速度. 压力, 就如所期望的那样, 等于

$$P = \frac{2}{3} n(r_0) \varepsilon_{\text{动}}(r_0) = \frac{2}{5} n(r_0) \varepsilon_0(r_0), \qquad (3.107)$$

此处 $\varepsilon_{\text{动}}(r_0) = \frac{3}{5} \varepsilon_0(r_0)$ 是电子在格胞边界处的平均动能. 压力
在所有的点都是相同的: $P = P_{\text{动}} + P_{\text{势}} = $ 常数, 尽管"动"压分量
和"势"压分量是逐点变化的. 任何一点的"动"压力 $P_{\text{动}}$ 皆可按
(3.107)型的公式由动能来表示.

当利用与电子密度成正比的能量密度按格胞体积的积分来表示整个格胞的总动能 $E_{动}$ 和总势能 $E_{势}$ 的时候，我们就可以直接用计算证明[1]：

$$PV = \frac{2}{3} E_{动} + \frac{1}{3} E_{势}. \qquad (3.108)$$

方程（3.108）可由维里定理应用于处于库仑场中并占据有限体积的粒子的系统而导出[2]．比方说，对于自由原子，$P=0$，而 $2 E_{动}^{0} = -E_{势}^{0}$，这在前面已经说过．

在压缩原子的时候，边界上的压力和密度都要增加．鉴于 $dE = -PdV(P>0)$，格胞的能量也要增加．这在物理上是很明

---

1) 在计算势能的时候，应将势分成两项，它们分别对应于原子核的势和电子的势 $\varphi = \varphi_a + \varphi_e$，其中 $\varphi_a = Ze/r$，

$$E_{势} = E_{势,\text{电子}} + E_{势,\text{原子核}} = -\frac{1}{2} 4\pi e \int_0^{r_0} r^2 dr n(r) \varphi_e(r) -$$

$$-4\pi e \int_0^{r_0} r^2 dr n(r) \varphi_a(r) = -\frac{1}{2} 4\pi e \int_0^{r_0} r^2 dr n(r) \left[\varphi(r) + \frac{Ze}{r} \right]. \quad (3.109)$$

在 $E_{势,\text{电子}}$ 中之所以出现因子 $1/2$，是因为每一个电子与另外一个电子的相互作用能量在积分中被考虑了两次的缘故．为了把所有电子都被分离到无穷远时所具有的势能作为势能的零点，就应该假设在中性格胞边界上的势 $\varphi(r_0)$ 等于零．由于在压缩原子的边界上电子密度不等于零（压力与它成正比），再鉴于规定 $\varphi(r_0)=0$，则依照式（3.96）化学势就不等于零，并且是正的．

2) 关于库仑场中粒子系统运动的维里定理，其内容是：$2 E_{动} = I = -\overline{\sum_i r_i F_i}$，其中 r_i 是第 i 个电子的矢径，而 F_i 是作用在它之上的力．平均是按电子的所有位置（或按时间）来进行的．当把维里 I 分成三个成分 I_{ee}，I_{ea}，I_0——它们分别对应于从其它电子、原子核和边界三个方面作用于电子的力——之后，再经过不甚复杂的变换（见文献〔31〕），我们得到

$$I_0 = r_0 \overline{\sum_i |F_{\text{边界}}|} = 4\pi r_0^3 P = 3 PV,$$

$$I_{ea} = \overline{\sum_i \frac{Ze^2}{r_i}} = -E_{势,\text{原子核}},$$

$$I_{ee} = -e^2 \overline{\sum_i \sum_j \frac{r_i(r_i - r_j)}{|r_i - r_j|^3}} = -\frac{e^2}{2} \overline{\sum_i \sum_j \frac{1}{|r_i - r_j|}} = -E_{势,\text{电子}}.$$

将这三个可加项代入维里定理，我们就求得（3.108）．

显的，如果考虑到没有外力制约的电子云在系统的能量趋向最小值的过程中将要弥散到无穷远。如果我们关心格胞的压缩能量，那么这个能量的计算就应从自由原子的能量开始，即应从格胞的总能量 $E(V)$ 中减去自由原子的能量 E^∞。既然自由原子中的压力等于零，那么也就不需要再从压力中减去什么东西。

这里应强调指出，就其实质而言，托马斯-费米模型所描述的仅是作用于原子之间（原子格胞之间）的与正压力等价的排斥力，而没有描述那些仅当考虑能量交换时才会出现的吸引力。因而这种模型就不能保证原子束缚成固体。在托马斯-费米的模型中，为了将原子格胞压缩到它在固体中的线度，必须要花费用以反抗压力所作的功，因而这种格胞的能量要大于自由原子的能量，但在实际上固体中的压力在温度为零时是等于零的，原子束缚状态的能量要小于自由原子的能量。

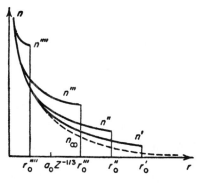

图 3.5 当压缩原子时电子密度的重新分布（n'、n''、n'''、n''''——半径为 r_0'、r_0''、r_0'''、r_0'''' 的格胞中的示意分布，n_∞——自由原子中的分布（$r_0 = \infty$）。）

在所讨论的模型中，当对自由原子的压缩不太大的时候，体积 $V \gg V_{有效}$，电子密度仅是在边界附近才重新分布（图 3.5），压力和能量 $\Delta E = E - E^\infty$ 亦不很大。当假定边界 r_0 处的密度在一级近似下和自由原子中 $r = r_0$ 处的密度一样的时候，便可以求得压力与格胞体积之间的近似关系。容易验证，关于自由原子的方程（3.104）的渐近解，当 $x \to \infty$ 时，具有形式 $\chi = 144\, x^{-3}$。

按照式（3.105）和（3.102），边界上的密度是

$$n(r_0) \sim Z^2 \left(\frac{\chi}{x}\right)^{\frac{3}{2}} \sim Z^2 x^{-6} \sim Z^2 r_0^{-6} Z^{-2} \sim r_0^{-6} \sim V^{-2}.$$

而按照公式(3.107)，压力 $P \sim n\varepsilon_0 \sim n^{5/3} \sim V^{-10/3}$，并且与 Z 无关.

在那种大的压缩之下，以至原子格胞的体积已接近或小于主要部分的电子在原子中所占据的有效体积 $V_{有效}$ 的时候，压力和能量才开始有实质性的增加. 此时，电子占据了整个格胞的体积(见图3.5)，粒子间的平均距离 $\bar{r}$ 近似于 $V^{1/3}$，而平均密度 $\bar{n} \sim Z/V$. 这时 $E_{动} \sim Z\bar{n}^{2/3} \sim Z^{5/3}V^{-2/3}$，而 $E_{势} \sim -Z^2/\bar{r} \sim -Z^2 V^{-1/3}$.

这些关系表明，在压缩时 动能比势能 增加得要快，在体积很小，即物质密度很大的极限情形下，$E_{动} \gg E_{势}$，$E \sim E_{动}$，$P \sim E_{动}/V$. 全部的压力都成为"动"压力，而极限规律具有如下形式：

$$P \sim Z^{\frac{5}{3}} V^{-\frac{5}{3}} \sim \bar{n}^{\frac{5}{3}}. \tag{3.110}$$

强烈压缩的冷物质的压力正比于物质密度 ρ(它与电子的平均密度 $\bar{n}$ 成正比)的 5/3 次方，这和自由简并电子气体的情况一样. 比能量相应地正比于 $\varepsilon \sim \rho^{2/3}$.

需要说明，实际上这些极限规律仅在 超过一般固体的密度十倍以上的大的密度之下，才是正确的. 关于固体冷压缩的压力和能量与密度之间的实际关系，将在第十一章中进行讨论.

§ 14. 用托马斯-费米方法计算高热稠密气体的热力学函数

在托马斯-费米模型的范围内，对高温下稠密气体进行热力学描述的总的方案，在前一节的开头曾经叙述过. 我们初步地将冷原子格胞模型所属方程推广到温度不等于零的情况. 将关于格胞中静电势 $\varphi(r)$ 的泊松方程(3.97)作为基础[1]，该势和原先一样仍满足边界条件式(3.99)和(3.100)，并为了合理地计算势能而令它在格胞的边界上等于零. 但是联系电子密度 $n(r)$ 和势的简单关系(3.96)，现在被带有分布函数 $f(p)$ 的积分关系 (3.93) 所代替，

---

1) 我们指出，泊松方程也是用德拜-休克耳方法计算给定的离子与它周围的电子-离子云层之间的库仑相互作用的基础. 但是，与该方法不同，在我们这里库仑能量没有被假定为与动能相比是很小的，并且对电荷密度使用精确的表达式，此外，对于电子的描写，所使用的也不是玻耳兹曼分布，而是费米-狄拉克分布.

分布函数是按公式（3.91）而依赖于温度的. 此外,在我们这里电子的能量仍和先前一样由公式（3.95）表示.

归一化条件（3.101）依然是正确的. 格胞的总动能通过对动能密度式（3.94）在格胞体积内进行积分来计算,而势能则通过电子密度和势用公式（3.109）来表示.

对于压力来说,公式（3.106）是正确的,如果现在将 $\rho(p, r_0)$ 理解为按冲量分布的分布函数,而且它是通过公式（3.92）而依赖于温度的. 曾导出关系（3.108）（该关系也可由 $P, E_{动}$ 和 $E_{势}$ 的表达式直接得到）的维里定理也仍然是正确的.

在计算格胞的熵 S 时会遇到很大的困难. 帕拉赫曼曾利用热力学关系式和格胞的能量 E 与压力 P 的表达式,对熵进行了直接的计算[32]. 用不太严格的方法,通过对统计和的近似计算,莱特也曾求得了熵[31]. 格胞的熵等于

$$S = \frac{1}{T}\left[\frac{5}{3}E_{动} + 2E_{势, \text{电子}} + E_{势, \text{原子核}} - Z\mu\right], \quad (3.111)$$

此处 $E_{势, \text{电子}}$ 和 $E_{势, \text{原子核}}$ 是电子彼此相互作用的和电子与原子核相互作用的势能（见公式（3.109））. 为了确定作为 T 和 V 之函数的化学势 μ,我们要应用归一化条件（3.101）.

可以证明,当 $T \to 0$ 时,括号中的表达式要比 T 更快地趋近于零,所以 $S \to 0$,这符合于能斯脱定理.

用以确定函数 $\varphi(r)$ 和 $n(r)$ 的方程组,以及能量、压力和熵的表达式,都可以变换到无量纲变数（作为长度尺度引进格胞半径 r_0）的表达式,并且和温度等于零时一样,模型也允许进行关于 Z 的相似变换. 当温度等于零时,密度的分布由公式（3.105）来表示,由此得到,格胞边界上的密度可表示为 $n(r_0) = Z^2 F(V \cdot Z)$ 的形式 $(r_0 Z^{1/3} \to V \cdot Z)$,根据式（3.107）,压力可表为 $P = Z^{10/3}F_1(V \cdot Z)$,而根据（3.108）,能量可表示为 $E = Z^{7/3}F_2(V \cdot Z)$.

当温度不等于零的时候,这些相似关系可按这种方式推广：要求温度总是以组合 $TZ^{-4/3}$ 的形式出现,因此

$$PZ^{-\frac{10}{3}} = f(VZ, TZ^{-\frac{4}{3}}),$$
$$EZ^{-\frac{7}{3}} = f_1(VZ, TZ^{-\frac{4}{3}}).$$

而熵和化学势则总是以组合 SZ^{-1}, $\mu Z^{-4/3}$ 的形式出现.

托马斯-费米模型的方程曾用电子计算机进行了数值解,在变数 VZ 和 $TZ^{-4/3}$(密度和温度)的很宽的变化范围内,对一些热力学函数进行了计算,其结果都以图表的形式被列在莱特的论文〔31〕中[1]. 在莱特的论文中, 能量 E 已减去了冷的自由原子的能量 E^∞($E_{动}$ 和 $E_{势}$ 分别减去了 $E_{动}^\infty$ 和 $E_{势}^\infty$).

对计算结果的研究表明, 在给定体积的格胞中,当温度升高的时候,动能和总能以及压力是单调地增加.

势能的变化是很小的, 它仅仅是由于电子密度的重新分布才引起的,而当温度升高的时候,电子密度在格胞的体积中的分布将变得更平缓一些. 在温度很高的极限情形下,电子气体的简并性被消除$\left(当 kT \gg \frac{h^2}{m_e}(Z/V)^{2/3}; 见公式(3.87)\right)$,能量和压力都要趋近于经典数值:

$$E \approx E_{动} \approx \frac{3}{2}ZkT; \quad P \approx \frac{Z}{V}kT = \bar{n}kT.$$

如果等温地压缩原子格胞,格胞内的压力单调地增加,当然,其速度要比温度为零时的情况慢一些,这由下面一点即可看出,在高温的极限下 $P \sim 1/V$,而当 $T = 0$ 和 $V \to 0$ 时, $P \sim 1/V^{5/3}$. 当温度不是特别高的时候, 能量对于体积的依赖关系有个扁平的极小: 稀疏时能量之所以增加,是因为当格胞的线度大的时候,由于温度和"热"压力的存在,电子力图占据比冷格胞时稍大一点的体积. 这种趋势就导致了势能的某些增加.

---

1) 早在莱特的工作之前, 就有许多作者(文献〔33〕)企图从理论上研究出一些办法,用扰动温度来修正温度为零时的解. 但是,这样的方法所遇到的数值计算其复杂性与解精确方程差不多,而所包括的温度范围却要大大的变窄.

作为能量与温度关系的例子，我们指出，在标准固体铁的密度下，属于一个铁原子的格胞能量，在 20000 到 30000°K 的温度间隔内，可由下述插值公式来逼近：

$$E = 0.865\, T^{1.9}_{\text{电子伏}} \text{电子伏/原子}$$

（从格胞的能量中消去了 E^{∞}；温度以电子伏为单位）。

当密度小于固体密度的时候，能量对体积的依赖较弱，粗糙地说，是按 $E \sim V^{0.15}$ 而依赖于体积．为了得到物质的总能量和总压力，应将原子核的成份加到属于原子格胞的电子成份 E 和 P 之上（见 §13 的开头），即令：

$$P_{\text{总}} = P_a + P = n_a kT + P_e(V, T), \quad P_e \equiv P,$$

$$E_{\text{总}} = E_a + E = \frac{3}{2}kT + E_e(V, T), \text{按一个原子计算}; \quad E_e \equiv E.$$

当密度等于固体密度的时候，这些结果可以稍加改善，可从压力和能量中消去相同体积的冷格胞的相应量（因为实际上在真实的固体中当温度等于零时压力是等于零的），并将固体中原子的结合能（汽化热 U）加到能量中去，

$$P_{\text{总}} = n_a kT + P_e(V, T) - P_e(V, 0),$$

$$E_{\text{总}} = \frac{3}{2}kT + E_e(V, T) - E_e(V, 0) + U, \text{按一个原子计算}.$$

这时能量是从固体的标准状态开始计算的。

第四章 激 波 管

§1. 激波管在物理-化学动力论研究中的应用

在上一章曾谈到了在温度近于一千或者几千度以上的时候在气体中所发生的各种物理-化学的过程，如分子振动的激发、分子的离解、化学反应、电离、光的发射等等。当时我们在研究这些过程对于气体的热力学性质有什么影响的时候，完全没有涉及到它们的动力论（кинетика）、反应速度、建立热力学平衡所需要的时间。

其实动力论问题具有很大的、往往是决定性的意义，如果普通的气体动力学的过程进行得如此之快，以致热力学的平衡来不及建立，而气体质点的状态是根本不平衡的。

这些问题具有很大的现实意义，这是由于它们与火箭和人造卫星的射入大气、强大喷气发动机中的超声流、强烈爆炸、强大放电等课题有关。

与比较容易用理论的办法来加以研究的气体的热力学性质不同，我们关于一些基本过程的有效截面和各种物理-化学变化速度的知识，主要地是由实验来获得。为了在实验室中获得高温和研究气体中的物理-化学的过程，目前，激波管是最为方便和被广泛应用的工具。激波管是用来在气体中形成激波的，这种波能把气体加热到所需要的温度[1]。

如我们所知道的那样，在密度跃变中，原来的冷气体实际上是瞬时地被加热到某个很高的温度[2]，通过改变激波的强度可以调节这个温度。然后在加热的气体质点中便开始了各种过程：分子振动的激发、离解、电离等等，它们的作用和速度要取决于温度（和

1）还有另外一些获得激波的方法，如：利用爆炸、大功率放电等。

2）这里应把"温度"理解为原子和分子的平动自由度的温度。

密度).这些弛豫过程就渐渐地导致了与激波的振幅相适应的热力学平衡的建立.因此,在密度跃变之后存在着那样一个不平衡的气层(它可以被包含在所谓激波阵面的概念之内),在它的里面进行着各种的弛豫过程;对于这样一个层正在用实验加以深入的研究.在理论上可使弛豫层中的温度和密度的分布与反应的速度联系起来,因而只要在实验上测定了这些分布便有可能确定出这些弛豫过程的速度.(在某些情况下,可直接记录反应的动力论.)

关于激波阵面中的弛豫层的结构,将在第七章进行详细的叙述.在第六章,我们将考察在热气体中所进行的各种物理-化学的过程,并估计出它们的速度. 由于很多的关于速度的实际数据都是利用激波管而得到的, 那么事先了解一下这样一个重要的装置是怎样进行工作的乃是十分必要的.

要强调指出,由于我们所追求的是纯粹辅助性的目的,所以我们的介绍是极为简短的. 这些介绍没有在任何程度上反映出实验工作的实际规模,它们实在是很庞大的. 如要比较详细地了解激波管的构造和工作的问题,以及研究和测量各种量的实验方法,我们可以推荐评论性的论文[1,2]和参考书[3,4,18,19]. 在那里读者们可以找到一些原有工作的索引. 在我们这里,这样的索引为数不多,并且多少带有偶然选用的特点.

我们不想谈及其它的一些获得高温的方法(见文献[16]).我们只想指出 Ю. H. 梁宾宁的关于气体被绝热压缩的一些很有意义的工作(文献[17]). 气体在管中被急驰的活塞压缩了上百倍,压力达到了 10000 个大气压,并且被绝热地加热到~9000°K 的温度. 利用他所建造的设备,梁宾宁曾经研究了高度受热气体的热力学的和光学的性质及电导率.

§2. 作用原理

激波管是一个一般具有圆形或矩形截面的长管,它被一个很薄的隔膜分成两个部份. 一个部份,是低压室,其中充满了所研究的气体. 另一个部份,是高压室,其中压入了工作气体. 激波管的规格是各不相同的。一般它的长度是几米,而内径则约为几个厘米。低压室的长度要比高压室的长度大好几倍。研究气体的压力一般不超过大气的压力,而往往还要低一些,约为几个厘米水银柱。在高压室内,努力造成尽可能高的、近于几十或者几百个大气压的压力。

在需要的时刻,借助于特殊的装置将隔膜很快地粉碎,而被强烈压缩了的工作气体就冲向低压室。于是,沿研究气体传播一个

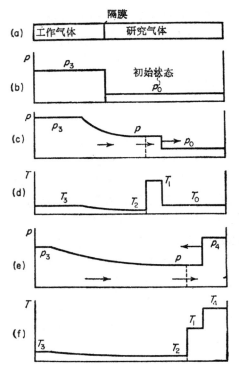

图 4.1 激波管的作用

a)工作之前管的简图;*b*)隔膜被粉碎之前压力的剖面;*c*)、*d*)在隔膜被粉碎之后的某一时刻 t_1 压力和温度的剖面;*e*)、*f*)在激波被封闭的管底反射之后的某一时刻 t_2 压力和温度的剖面。所有的分布图都是简化的。(跃变上的箭头指明激波传播的方向。而另外几个箭头则指明气体运动的方向。)

激波,而沿工作气体则传播一个稀疏波. 隔膜被粉碎前后的压力剖面,以及隔膜被粉碎后的温度分布图都被简要地画在图4.1上.

图形上没有表明激波阵面内各种量分布的详细情况,而将波阵面表示为"经典"跃变的形式. 管底一般是由一个不动的盖子所封闭,当激波到达它之后,就要被它所反射,从而朝着工作气体方向传播. 反射激波中的压力和温度与入射波中的量值相比,要有个急剧的突然性的升高. 反射激波里的气体相对于管壁是不动的. 其过程的 x, t 图被画在图4.2上.

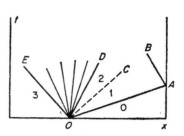

图 4.2 关于图 4.1 上所表示的激波管中的运动之 x, t 图
(OA——激波,OC——接触间断,
OE 和 OD 间的扇形——工作气体中的稀疏波,AB——反射激波.)

§3. 激波管的基本理论

入射激波的一些参量很容易估计,只要考察任意初始间断的分解(见第一章§24). 为简单起见,将认为研究气体和工作气体分别地具有恒定的绝热指数 γ 和 γ',并且我们将只研究强激波[1]. 给未受扰动的研究气体中的各个量写上脚标"0",给激波阵面之后的各个量写上脚标"1",给经过了稀疏波的工作气体中的各种量写上脚标"2",而给未受稀疏波扰动的工作气体中的各量写上脚标"3".

根据强激波的公式(1.111),我们有

$$\rho_1 = \frac{\gamma+1}{\gamma-1}\rho_0, \quad p_1 = \frac{2}{\gamma+1}\rho_0 D^2, \quad u_1 = \frac{2}{\gamma+1}D, \quad p = \frac{R}{\mu}\rho T \quad (4.1)$$

(μ 是研究气体的分子量).

---

1) 还要假设,隔膜的质量可以忽略,即在我们所考察的那些时间,激波已席捲了相当大量的研究气体.

在两种气体之间的接触边界上，压力和速度是连续的，所以 $p_2 = p_1 = p$, $u_2 = u_1 = u$（密度和温度通过接触面是间断的）。以速度 u 运动的接触边界，可看作是推动激波的"活塞"。根据已知的公式（见第一章§10），经过了稀疏波的工作气体的速度是等于

$$u = \frac{2}{\gamma'-1}(c_3 - c_2) = \frac{2}{\gamma'-1}c_3\left(1 - \frac{c_2}{c_3}\right), \qquad (4.2)$$

并且声速 c_2 和 c_3 之间是通过绝热膨胀的条件来联系：

$$\frac{c_2}{c_3} = \left(\frac{p}{p_3}\right)^{\frac{(\gamma'-1)}{2\gamma'}}.$$

根据公式（4.1），通过 $u = u_1$ 来表示 $p = p_1$，我们就得到一个方程，从它出发，当已知参量初始值的时候，便可以求得"活塞"的速度：

$$\frac{u}{c_3} = \frac{2}{\gamma'-1}\left\{1 - \left[\frac{\gamma'(\gamma+1)}{2}\frac{\rho_0}{\rho_3}\frac{u^2}{c_3^2}\right]^{\frac{\gamma'-1}{2\gamma'}}\right\}. \qquad (4.3)$$

声速 c_3 等于 $c_3 = \left(\gamma'\frac{R}{\mu'}T_3\right)^{1/2}$，其中 μ' 是工作气体的分子量。激波的强度完全由"活塞"的速度 u 决定。其中波阵面之后的温度等于 $T_1 = \frac{\gamma-1}{2}\mu\frac{u^2}{R}$。

在其它条件相同的情况下，如果初始的密度比 ρ_0/ρ_3 非常小，那么就要产生极强的激波，因此在隔膜被粉碎之后，工作气体实际上是以最大的流速流向真空的（参阅公式(1.60)——译者）

$$u_{max} = \frac{2}{\gamma'-1}c_3 = \frac{2}{\gamma'-1}\left(\gamma'\frac{R}{\mu'}T_3\right)^{\frac{1}{2}}. \qquad (4.4)$$

激波阵面之后的相应的温度上限等于

$$T_{1max} = \frac{2\gamma'(\gamma-1)}{(\gamma'-1)^2}\frac{\mu}{\mu'}T_3. \qquad (4.5)$$

从后面这个公式看出，要想达到高温必须使用轻的工作气体，并且最高的温度产生在重的单原子气体中。（比热越小，公式(4.5)中分子上的量 $\gamma-1 = R/\mu c_V$ 也就越大。）

利用氢作为工作气体是最有利的($\mu'=2, \gamma'=7/5, T_{1\max}=8.75(\gamma-1)\mu T_3$);还可以用氦来进行工作($\mu'=4, \gamma'=5/3, T_{1\max}=1.87(\gamma-1)\mu T_3$).

要达到最大可能的速度式(4.4),则需要非常小的气体的初始密度比 ρ_0/ρ_3(非常大的压力降落 p_3/p_0). 在实际的压力落差之下,研究气体对于工作气体的流动有着很大的"抵抗"作用,而根据方程(4.3)所计算的速度 u 则要比流向真空的速度小几倍. 激波中的温度也要显著地下降.

我们考察一个具体的例子. 让氢作为工作气体,而氩($\mu=40$, $\gamma=5/3$)作为研究气体. 两种气体的初始温度是相同的,且都等于室温:$T_0=T_3=300°\mathrm{K}$. 初始压力比 $p_3/p_0=7600$,比如说,$p_0=5$ 毫米水银柱,$p_3=50$ 大气压. 我们得到:$u=2.78$ 千米/秒,$D=3.7$ 千米/秒,马赫数 $M=\dfrac{D}{c_0}=11.5$,$T_1=41\ T_3=12300°\mathrm{K}$,$p_1=164\ p_0=2.1$ 大气压. 速度的上限 $u_{\max}=6.65$ 千米/秒[1].

事实上,激波中的温度要比 $12300°\mathrm{K}$ 低一点,因为在这样温度下,用于电离氩的能耗已经起了一定的作用,这要使氩的等效绝热指数 γ 多少要减小一些. 为了更精确地计算,就必须要利用考虑到电离的气体的实际的激波绝热曲线. 按方程(4.3)所计算的气体速度 u 的值,以及波阵面的速度、激波中的压力和内能的值,对于研究气体的热力学性质的假设并不怎样敏感. 然而,当不考虑电离、离解等方面的能量损耗时来计算温度,却会给出过分偏高的数值.

在研究以氢作为工作气体的激波管中的空气时,得到波阵面的速度达 4 千米/秒(马赫数近于 12),而激波阵面之后的温度则大约是 $4000°\mathrm{K}$. 有各种提高激波管效率的方法,它们可以使得激波的各参量再多少提高一些. 其中,比较有利的是提高工作气体的初始温度 T_3(见公式(4.5)). 为此常用可爆炸的氢氧混合物作

---

1) 当绝热指数 $\gamma=5/3$ 时,由公式(4.5)所计算的 $T_{1-\max}$ 为 $70000°\mathrm{K}$,这是没有意义的,因为在这样高的温度下,电离要起着重要的作用,而实际的温度还要降低很多.

为工作气体(一般要用轻的中性气体——氦把混合物稀释)。在需要的时刻,将混合物点燃,利用反应将工作气体加热。采用这种方法,在空气中得到速度 D 近于 5 千米/秒(马赫数近于 15),而温度大约是 $6000°K$。曾研制了带有可变横截面的 及 其它种构造的激波管(见文献[4])。

现在我们来计算反射激波中的各个参量,并仍然认为比热和绝热指数都是常数。对于反射激波中的各个参量我们写上脚标"4",而对入射激波中的各个参量,则和以前一样,仍写上脚标"1"。我们要利用联系激波阵面两边的压力差、比容差和速度差的公式(1.69)。那里的速度差是波阵面之后的气体相对于波阵面之前的气体的运动速度,这个值在入射和反射波中都是一样的。假定入射波是强激波,由此我们得到方程:

$$u^2 = (p_4 - p_1)(V_1 - V_4) = p_1(V_0 - V_1).$$

对于反射波(它不是强波)来说,激波绝热曲线方程(1.76)具有如下形式:

$$\frac{V_4}{V_1} = \frac{(\gamma+1)p_1 + (\gamma-1)p_4}{(\gamma-1)p_1 + (\gamma+1)p_4}.$$

注意到, $V_0/V_1 = (\gamma+1)/(\gamma-1)$, 再从这两个方程中消去 V_4/V_1 , 我们便可求得反射波阵面上的压力比 p_4/p_1 , 然后就可计算出密度比和温度比。我们得到

$$\frac{p_4}{p_1} = \frac{3\gamma-1}{\gamma-1}, \quad \frac{\rho_4}{\rho_1} = \frac{\gamma}{\gamma-1}, \quad \frac{T_4}{T_1} = \frac{3\gamma-1}{\gamma}. \tag{4.6}$$

在进行数值估计的时候,要有一定的小心。问题就在于,在反射波中温度一般是相当高的,以致气体的比热因离解、电离等已不再是常数。严格地说,反射波中各个参量的计算,应利用气体的实际的热力学函数来进行。但是作为粗糙的估计,还可以利用公式(4.6),那时是选择某个等效值作为绝热指数。在稀薄的气体中在离解或电离的范围内,为了估计,比如说可以选取 $\gamma=1.20$ 。这就给出: $p_4/p_1 \approx 13$, $\rho_4/\rho_1 \approx 6$, $T_4/T_1 \approx 2.17$ 。在重的单原子气体中在反射激波内可以得到几万度的高温。在空气中,当初始压力

$p_0 = 10$ 毫米水银柱和入射波的速度 $D \approx 5$ 千米/秒时，如果 $T_1 \approx 5800°\text{K}$，$\rho_1/\rho_0 \approx 10$，则在反射波中 $T_4 \approx 8600°\text{K}$，$\rho_4/\rho_1 \approx 7$（这些数据是考虑了实际的热力学性质而得到的）。在激波管中所发生的实际过程，要比上述的理想模式所描绘的情况复杂的多。激波并不是在隔膜被粉碎之后立刻就达到稳定，而是要经过一定的时间。与管壁的摩擦、与边界层的相互作用，特别是在反射的激波中，沿管的横截面加热的不均匀性、穿过管壁的辐射能耗（当温度很高的时候）、接触间断上的气体的混合，以及其他许多效应都要起作用（关于这些，请参阅文献[2,4,5,19]；在那里有很多原有工作的索引）。

§ 4. 电磁激波管

当原来被压缩了的工作气体突然膨胀的时候，在研究气体中就得到了一个激波，像这样的激波管被广泛地用来研究各种高温过程。但是，就是在上述原理的基础上加以改进了的一些激波管，它们所能得到的最大激波速度（马赫数），进而还有最高温度，也都是极为有限的。

近来，根据其他原理设计了新型的激波管。这些装置通常被称之为电磁的或磁的激波管，在它们之中为了形成强大的激波而利用了在放电时气体会被加热和在磁力作用下气体会被加速的效应。最早的法乌列尔和他的同事们所设计的装置是一根 T 型的管子（文献[6]），它被画在图 4.3 上。在约为一个毫米水银柱的低压下，将管内充满研究气体。沿"T"字的横梁引进两个电极，而电容器电池组就可以通过气体放电。气体在放电时被很快地加热到高温，而在高压的作用下则以很大的速度冲进"铅直"的管中，并在自己的前面推出了一个激波。

与以放电作为迅速加热气体办法的法乌列尔的管子不同，在柯尔伯所建造的 T 型管子里（文献[7]），为了加速气体——等离子体，则利用了电流的电磁相互作用的现象。放电电路中的电流所要通过的母线，要最大可能地靠近管子的放电部位，就如

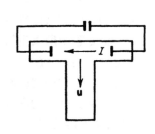

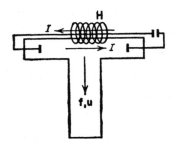

图 4.3 法乌列尔 T 型管的简图　　　图 4.4 柯尔伯电磁管的简图

图4.4所示. 如众所周知, 载有相反方向电流的平行 导 体 要 互相排斥. 这可以看成是一个电流的磁场对于另一个载有电流的导体发生作用的结果. 作用于载流导体单位体积上的力, 是由电流密度 j 和磁场强度 H 的矢量积所决定: $f = \frac{1}{c}[jH]$ (等离子体的导磁率很接近于 1). 这个力垂直于电流的和磁场的方向. 在现在的情况下, 母线中电流的磁场会把沿放电电流方向流动的等离子体推向铅直的管子, 并附带把它加速. 似乎可 以 说, 有 一 个 "磁的活塞"作用在等离子体上. 与没有磁场的情况相比, 等离子体是以更大的速度冲进铅直的管子, 并在后者当中形成了一个更强的激波. 磁激波管的线度并不很大; 其半径大约是 1.5 厘米, 而其铅直部分的长度则为12厘米. 柯尔伯的典型实验之一, 是在管子内充满了其初始压力为 0.7 毫米水银柱的氖气. 电容器电池组的容量为 $C = 0.52$ 微法拉; 它被充电到 $V = 50$ 千伏. 如放电电流的波形图所展示的那样, 放电的频率等于 $\nu = 700$ 千赫兹. 在 这 些参数下, 曾达到了最大的激波速度, $D = 90$ 千米/秒(在距管子的放电部位为 3.5 厘米处). 在传播的过程中波是减弱的, 比如在距离为 9 厘米的地方它的速度下降到 75 千米/秒. 激波阵面之后的温度, 当 $D = 90$ 千米/秒时, 大约是等于 $120000°K$[1].

---

1) 这个温度是根据波阵面的速度而计算的. 在计算时应用了考虑离解和电离效应的(但没有考虑发自波阵面的辐射能流, 因为由于气体的透明性, 它是很小的)激波绝热曲线.

借助于简单的估计可以相信,在上述的参数之下,磁力实际上能把等离子体加速到下述的那样高的速度。在不计阻尼(它很小)时,从击穿的时刻起放电电流是按正弦规律变化 $I=I_{max}\sin\omega t$, 此处 $\omega=2\pi\nu$, 而 $I_{max}=V(C/L)^{1/2}=VC\omega$ (L 是电路的自感,在该情况下它等于 0.1 毫亨)。最大电流 $I_{max}=115000$ 安培 $=1.15\times10^5 c/10$ 静电单位。沿母线所流过的电流 I 在距它为 r 的地方所产生的磁场 $H=2I/cr$。可以取横管的半径作为母线和等离子体之间的平均距离。磁场就像一个其压力为 $H^2/8\pi$ 的活塞一样作用于等离子体。在这个压力的作用下等离子体所获得的速度 u ,是由明显的关系 $H^2/8\pi\approx\rho u^2$ 所决定,此处 ρ 是密度;由此得 $u=H/\sqrt{8\pi\rho}=I/cr\sqrt{2\pi\rho}$。作为 I 我们取平均电流 $I=\overline{(I^2)^{1/2}}=I_{max}/\sqrt{2}$。

把 $r=1.5$ 厘米,$\rho=0.74\times10^{-7}$ 克/厘米^3 (这是压力 $p_0=0.7$ 毫米水银柱和温度等于室温时的氙的密度)及电流的值代到速度的公式中,我们得到 $u=80$ 千米/秒。这就是说,磁活塞把等离子体加速到接近于迄今所能观测到的最大的速度($D_{max}\approx90$ 千米/秒)。我们指出,磁活塞的作用时间,它约为 $t\approx r/u\approx1.9\times10^{-7}$秒,要比放电周期的四分之一 $T/4\approx1/4\nu=3.6\times10^{-7}$秒为短。等离子体被加速的全部过程是在放电的头一个四分之一周期内进行的,在这期间电流还没有达到最大值。在所作的计算中,我们忽略了由被放电电流所加热的等离子体的纯粹热膨胀所引起的加速作用。估计表明,在加速的过程中,实际上起主要作用的是磁压力,而不是热压力。为了增加作用在等离子体上的磁压力,在某些实验中,还要给循环电流的磁场(当 $\bar{I}=\dfrac{I_{max}}{\sqrt{2}}=80000$ 安培和 $r=1.5$ 厘米时,该磁场大约等于 11000 奥斯特)附加一个方向相同的外磁场(~15000 奥斯特)。在柯尔伯的 T 型管子内,最重要的是如何获得大的电流增长速度和大的电流振幅(高的放电频率),即必须要采取一些特殊的方法来最大限度地减小电路的自感[1]。

1) 我们指出文献[8],它的作者们在充以氢和氦的 T 型管中得到了强激波,并以谱线研究了受热气体的发光。

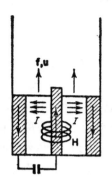

图 4.5 浩列夫和包勒塔夫琴柯管的简图（打有斜线的部分是电极）

根据"磁活塞"的原理，C.P. 浩列夫和 Д.С. 包勒塔夫琴柯（文献[9]）制造另一种激波管，它的简图如图 4.5 所示．放电电流是在两个电极间的径向上流动，其中一个电极是装在管轴上的圆棒，而另外一个则是靠近管壁的圆筒．径向的放电电流与流经中心电极之电流的同心磁场发生相互作用．其有质作用力的方向是顺着管轴的方向，并在这一方向上把等离子体加速．于是沿着管子就要传播一个激波．在其作用类似于活塞的磁场的影响下，等离子体要脱离管"底"，而被从电极间的区域内抛射出来，这是这种管的一个特点．

曾经进行了一些关于空气的实验．在下面一些参数下：$C = 2400$ 毫法拉，$V = 5$ 千伏，$I \approx 560000$ 安培，得到了马赫数 $M \approx 250$，$D \approx 80$ 千米/秒，$T_1 = 130000°K$ 的极强大的激波（管子是用有机玻璃制成的，而其直径是从 2 到 5 厘米，其长度是 50 到 90 厘米）．当激波沿管子传播的时候，它衰减得相当之快．在 C.P. 浩列夫和 Л.И. 克列斯特宁柯娃（文献[10]）的设备中，曾得到了衰减较慢的、但其振幅却较小（$D < 10$ 千米/秒）的激波．

上述的 C. P. 浩列夫和 Д. C. 包勒塔夫琴柯激波管的作用原理与帕特里柯（文献[11]）所制造的环状激波管的作用原理有很多共同之处．

约杰夫逊在文献[12]中叙述了带有圆锥形底盖的激波管．这就是在柱形的管子上再焊上一个圆锥形的底盖（图4.6）．在盖的底上装了一个中央电极．在管的柱形部分和锥形部分的接合处装有圆环，它是第二个电极．电流母线的走向沿着圆锥的几何母线．在放电时，就产生了等离子体的向着轴心的磁压缩——"箍缩效应"，并且所产生的径向压缩是从中央电极处开始，而逐渐地扩展到那些比较靠近中央电极的各层．以后，被加热和被压缩了的等离子体就被抛射到柱形的管子中，并在那里形成了激波。在文献[13]中，曾应用这样的管子把极稀薄的空气加速到近于12千米/秒的速度（$M \approx 40$，$T_1 \approx 12000°K$），并用它研究了模仿火箭头部的模型之绕流问题。在译文集[14]中，可以比较详细地了解到有关电磁激波管的构造和它们的工作等问题。

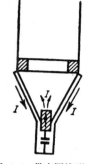

图 4.6　带有圆锥形
底盖的激波管的简 图
（打有斜线的是电极）

§5. 各种量的测量方法

近年来，曾研究和广泛应用各种不同的方法对激波管中的快速过程进行观察和对各种量——激波阵面速度、密度、温度等进行测量。大量的文章是用来叙述这些方法和解释由这些方法所得到的结果的。在书 [3,4,18,19] 中和评论性文章 [1,2] 中，可以了解到许多有关的问题，在它们那里都还载有大量的杂志性论文的索引。

在此，我们不想仔细地来考察各种实验方法，而只是简短地列举出其中比较主要的方法。同时，基本上保持了在评论性文章[2]中对它们所作的分类。

1. 快速摄影测量。气体动力学的过程，或是由于被加热到高温的气体之固有发光，或是利用外源光而可以被摄影。曾研究和使用了那样的摄影机，它们可以对快速过程进行拍照，其频率达到了每秒几百万张画面[1]。并还广泛地应用摄影扫描的方法，在这种方法中当光束被旋转镜反射的时候，它要连续地射往底片，因此运动的、发光的客体（比如，激波的阵面）就要在底片上描画出一条连续的斜线。而根据斜线的斜率就可以确定出客体的运动速度。

1）苏联的学者和设计师们是最好的快速摄影机的创始人，关于他们之工 作 的一些索引请见第十一章.

2．密度的测量．测量密聚跃变之后的非平衡层内气体密度的分布，具有特别重要的意义，因为密度的分布是与弛豫过程的速度有关系的(见第七章)．正是用这种办法，曾基本上确定了高温下分子振动的激发速度和分子的离解速度．

为测量密度的分布，主要是应用干涉的方法，这种方法的基础就是那一事实，当气体的密度改变时，它的折射系数也要改变．当压缩了的气体运动的时候其折射系数也要改变，根据这一点还有另外一些重要的观察流场的光学方法，它们是：施利仑法(纹影仪法)和阴影法．但是干涉的方法能给出关于密度分布的极精确的定量的数据[1]．

在郝尔尼哥等人的文献[3]中，弱激波阵面中的密度分布，是根据光被波阵面表面的反射来确定的．气体的初始密度要适当选择，以便能使得激波阵面的厚度和光的波长可以比较．在这种条件下，反射系数依赖于过渡层的厚度和它之中的密度(即折射系数)的分布．用上述的办法，曾测量了弱激波的波阵面厚度和分子转动的激发速度．

气体密度的分布，也还可以根据电子束的散射，伦琴射线的吸收等来进行测量．

3．气体成分浓度的测量．在很多的情况下，当在密聚跃变之后的非平衡层内有分子的离解或化学反应进行的时候，可以直接跟踪某一确定种类的粒子之浓度的变化．如果某种粒子与另外一种粒子相比较对光的吸收特别明显的话，那么一般就可以这样做．例如，曾用这种办法研究了激波中的溴和碘的分子的离解及氧分子的离解等等．溴和碘的分子强烈地吸收可见光，但它们的原子却不吸收可见光；而氧分子在紫外区域内则有着特殊的吸收带系(见第五章)．

4．光的发射和吸收的测量．在很多人的文献中，曾对被激波

---

1) 这里的两种光学法要利用外源光，它们一般是在温度不太高的情况下才被使用，因那时受热气体的固有发光很小．

所加热的气体所发射的光的强度进行了光谱测量．当已知气体的密度和温度时，就可以确定出不同温度下和不同谱段内的发射本领．一般是利用照像法或借助光电倍加管来记录光．根据发射本领，利用基尔霍夫定律(见第五章)，就可以求得热气体中光的吸收系数．有的时候也直接测量吸收系数，这是根据外源光束通过气体时被削弱的程度而进行的．

5．温度的测量．为测量高温,常常要应用光学的方法．关于用光学的方法来测量高温这一方面的文献是大量的．其中，我们特别推荐译文集[15]，也还可以参阅评论性的文章[16]．

6．电子浓度和电导率的测量．为测量激波中气体的电离度和电子的浓度,常常要利用勒埃哥妙尔的探针法,此法在研究气体的放电时常被使用．还可利用无线电微波被吸收和反射的方法．根据气体的发光也可以测量电子的浓度(例如，复合发光的强度就正比于电子浓度的平方).还应用一些磁的方法，其中包括那些根据运动的等离子体对外磁场的排挤效应所建立的方法；这种排挤作用依赖于电导率．确定了电导率，就可以计算出电子的浓度．

7．压力的测量．经常利用带有敏感的钛酸钡元件做成的压电探头来测量压力．

8．激波阵面速度的测量．速度的测量是最简单的,只需用某种方法来记录激波经过管中的两个确定的、距离为已知的横截面的时刻就可以了．为了记录时间，可以应用压力传送器、电离传送器和各种电接触传送器等记录仪器．

在电磁激波管中所得到的很大的速度，通常是利用摄影扫描的办法来测量的(见方法1)．

第五章　高温气体中辐射的吸收和发射

§1.引言.电子跃迁的类型

在第二章曾指出,光的吸收系数是气体的基本光学特性[1],它决定了受热物体的黑度、发光强度和光谱,以及在辐射热交换条件下的物质的能量平衡. 已知吸收系数,利用基尔霍夫定律——它是普遍的细致平衡原理的一种表达形式,便可以求出物质 的发射本领.

在第二章§2中,对吸收和辐射的各种机制,曾作了简短的叙述和分类.

由一个质子和一个电子所组成的系统是最简 单的 原子系统,该系统在束缚状态时就形成了氢原子.按照原子系统具有的可能的能量状态的总的图案,所有可能的带有光的 吸收和辐射过程的电子跃迁,共分为三种类型. 这就是:

1）自由-自由跃迁(光的轫致辐射和吸收);

2）束缚-自由跃迁(光电吸收);

3）束缚-束缚(不连续)跃迁.

自由-自由跃迁的和束缚-自由跃迁,形成了 光的吸收和辐射的不间断(连续)谱.

原子中束缚-束缚跃迁给出的是线状谱. 在分子中由于束缚-束缚跃迁的结果,形成带状谱.带状谱是由很多条频率彼此靠得很近的谱线所组成. 在某些条件下,这些分立的谱线靠得是如此之紧,甚至要部分地重叠,而所得到的谱则几乎是连续谱（准连续谱).

1）我们再提醒一次,当说到"光"、"光量子"和"光学"性质的时候,我们所指的是任意频率的辐射,而不仅限于光谱的可见光部分(参看114页的注解).

从能量的观点来看，我们主要感兴趣的是连续谱（准连续谱）.

例如，我们设想一个被加热到恒温 T 的物体。如果这个物体是绝对黑体，那么，自它的表面发出的辐射能流按普朗克谱分布．作为频率 ν 之函数的谱能流 S_ν，在图 5.1 上用虚线画出．这条曲线所围成的面积，是 1 秒之内从 1 厘米² 的物体表面所发出的总的辐射能量，它等于 σT^4．现在我们假定，在连续谱内物质是完全透明的，吸收和辐射的只是线状谱，并且在这些线内辐射与物质处于热力学的平衡．自物体表面发出的辐射的谱能流，现在由一组分立的窄线所表示，这些线的高度与普朗克函数相对应，就象在图 5.1 上用实线所画的那样．在 1 秒内自 1 厘米² 的物体表面出来的总辐射能量，在数值上就等于这些线内画有斜线的面积，由于线的宽度很小，这一面积要比总的普朗克能流 σT^4 小很多．在所讨论的情形下，物体用于辐射的能耗，以及表面的发光亮度，都要比假如谱是连续的情形小很多．

同样，在大多数情况下，线状谱与连续谱相比较，在物体内部辐射能量输运方面所起的作用也是不大的．因而在本章中主要的注意力并不在于线状谱，而是在于连续谱和分子的准连续谱.

当温度很高的时候，分子要离解，气体是由原子构成的，而当温度更高时，气体是由离子和电子构成，那时吸收和发射的连续谱是由束缚-自由跃迁和自由-自由跃迁所引起的．计算出电子的跃迁几率，借助它们就可以求出多电子原子（复杂原子系统）情形下的光吸收(和发射)系数，但这个计算是极为困难的量子力学问题．在每一个具

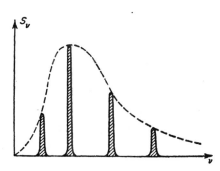

图 5.1 在连续谱内完全透明但在一些线内是不透明的这种受热物体所发射的光谱（虚线对应于给定温度下的普朗克谱）

体的情况下,比如对于每一个原子或每一个离子,甚至对系统的每一个量子状态,这一问题都需要进行专门的研究. 这些计算只是对于很少的特殊情况进行过.

只是对于非常简单的类氢的系统,即是对于正电荷为 Ze 的库仑场中仅有一个电子跃迁的情形,计算才比较简单并能进行到底. 实际上,甚至当研究由复杂原子或离子所组成的气体中的光的吸收和发射的时候,常常也不得不利用对类氢系统所导出的一些公式.

原子或离子此时被表示为具有正的点电荷 Ze 的某种"原子骸"[1] 的形式,在它的场中有一个"光学"电子在运动,当吸收或发射光量子的时候,这个电子就从一个能量状态跃迁到另一个能量状态. 就如下面将要指出的,在一系列实际上很重要的情形下,这样的近似在一定程度上被证明是有效的.

在计算分子吸收系数时,一般能够将这一系数作为频率和温度的函数确定到相差某个因子的精度,这一因子就是所指电子跃迁的振子强度,它通常由实验来确定.

在本章的以后各节,我们将仔细地考察光在高温气体中的吸收和发射的各种机制,并计算出其相应的吸收系数. 这时我们的兴趣主要在于物理方面的一些问题,而不去详细地论述改进吸收系数计算公式的各种不同的近似方法.

在某些确定的条件下,往往有多种机制参与气体中的光的吸收和发射. 所有这些机制的作用都是相互独立的. 在每一谱段内总的吸收系数和总的发射本领,都是由各种机制的相应量相加而得到. 因而依次地单独地考察各种机制,这是很自然的. 在本章的最后,作为从实际的角度看极其重要的这种多机制综合作用的例子,我们将研究受热空气的光学性质.

---

1)　有时也叫"剩余原子". ——译者注

1. 连 续 谱

§ 2. 离子库仑场中的电子的韧致辐射

如从经典电动力学所知道的，当自由电子在外电场中，比如说在正电荷为 Ze 的离子的库仑场中运动的时候，它就要辐射出光．这时它要消耗自己的部分动能，而受到"阻滞"，因而这种辐射被称之为韧致辐射．

电子在 1 秒内所发射的辐射能量 S 决定于它的加速度 $\boldsymbol{w}$：

$$S = \frac{2}{3} \frac{e^2}{c^3} \boldsymbol{w}^2. \tag{5.1}$$

在电子从离子身边飞过的整个时间内，其总的辐射等于这个表达式对于时间的积分：

$$\Delta E = \int_{-\infty}^{\infty} S dt = \frac{2}{3} \frac{e^2}{c^3} \int_{-\infty}^{\infty} \boldsymbol{w}^2 dt. \tag{5.2}$$

将加速度矢量 $\boldsymbol{w}$ 用傅立叶积分展开，并将展开式代入公式 (5.2)，我们就可求得辐射的谱分量．

这时我们得到

$$\Delta E = \frac{16 \pi^2}{3} \frac{e^2}{c^3} \int_0^{\infty} \boldsymbol{w}_\nu^2 d\nu = \int_0^{\infty} S_\nu d\nu, \tag{5.3}$$

这里

$$w_\nu = \frac{1}{2\pi} \int_{-\infty}^{\infty} w(t) e^{-i 2\pi\nu t} dt$$

是加速度矢量 $\boldsymbol{w}(t)$ 的傅立叶分量．

$$S_\nu = \frac{16 \pi^2}{3} \frac{e^2}{c^3} \boldsymbol{w}_\nu^2 \tag{5.4}$$

是电子从离子身边飞过时所发射的、按单位频率间隔计的频率为 ν 的[1]辐射能量．

根据经典力学，在没有辐射能耗的情况下，自由电子（它的动能和势能之和是正的）是沿着确定的、由瞄准距离 ρ 所表征的双曲

---

1) 按照天体物理的习惯，我们总是利用普通的频率 ν，而不利用圆频率 $\omega = 2\pi\nu$．

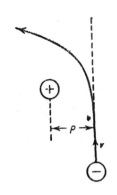

图 5.2 当从正离子
身边飞过时电子的轨道

型轨道从离子身边飞过，所谓瞄准距离其意义在图 5.2 上是很清楚的。

若取无辐射时电子加速度的值作为加速度 $w(t)$[1]，总的辐射能量和辐射的谱分量就可按公式(5.2)—(5.4)近似地计算。

让一平行的电子束由无穷远处飞向离子，这些电子在无穷远处的初始速度等于 v，而密度 N_e 为一常数(电子流等于 $N_e v$)。在 1 秒内有 $N_e v \cdot 2\pi\rho d\rho$ 个电子穿过环绕离子的其面积为 $2\pi\rho d\rho$ 的元环．这些电子中的每一个都要辐射出 ΔE 尔格的能量．而所有这些电子在 1 秒内的辐射则等于 $\Delta E N_e v \cdot 2\pi\rho d\rho$ 尔格/秒．如果将这一表达式对 ρ 从 0 到 ∞ 积分，我们就得到沿所有可能的轨道从离子身边经过的电子在 1 秒之内的辐射．按一个离子和单位电子流 $N_e v = 1$ 厘米$^{-2}$秒$^{-1}$所计算的总的辐射能量，是

$$q = \int_0^\infty \Delta E \cdot 2\pi\rho d\rho \quad \text{尔格·厘米}^2. \tag{5.5}$$

可以谈论 ν 到 $\nu + d\nu$ 频率间隔内的辐射能量，即所谓的有效辐射 $dq_\nu \left(\int_{\nu=0}^{\nu=\infty} dq_\nu = q \right)$。根据定义(5.3)，有效辐射，即按一个离子和单位电子流所计算的在频率间隔 $d\nu$ 之内的辐射能量，等于

$$dq_\nu = d\nu \int_0^\infty S_\nu \, 2\pi\rho d\rho \quad \text{尔格·厘米}^2. \tag{5.6}$$

有效辐射确定了由韧致辐射所贡献的物质的谱发射本领。

如果在 1 厘米^3 中有 N_+ 个确定种类的离子和 dN_e 个速度从 v 到 $v + dv$ 的电子，那么在 1 秒中 1 厘米^3 内由于这些电子在离子场中受到阻滞而发射出的频率在 ν 到 $\nu + d\nu$ 间隔内的能量则等于 $N_+ dN_e v \cdot dq_\nu$ 尔格/厘米^3·秒。

---

1) 这相当于假设辐射是很小的．

我们来估算电子在离子库仑场中的有效辐射。如果电子到离子的距离为 r(径矢量是 $\mathbf{r}$),那么从离子方面作用于它的力是 $-Ze^2\mathbf{r}/r^3$。这个力所产生的加速度等于 $\boldsymbol{w}=-Ze^2\mathbf{r}/r^3m$。其中 m 是电子的质量。令电子具有初始速度 v,并以瞄准距离 ρ 从离子身边飞过。力作用的时间是 $t\sim\rho/v$,而在这个时间内的加速度是 $w\sim Ze^2/\rho^2m$。在以傅立叶积分对加速度矢量所作的展开式中,近于 $\nu\sim1/2\,\pi t\sim v/2\,\pi\rho^{1)}$ 的一些频率起着主要的作用。可以说,频率 ν 基本上是由那些电子所辐射的,这些电子在从离子身边飞过时其瞄准距离 $\rho\sim v/2\,\pi\nu$;而在间隔 ν 到 $\nu+d\nu$ 之内的一些频率,则主要是由其瞄准参数被限制在间隔 $d\rho\sim\dfrac{v}{2\,\pi\nu^2}d\nu\sim2\,\pi\dfrac{\rho^2}{v}d\nu$ 之内的一些电子所发射的。

每一个这样的电子所发射的能量,近似地为

$$\Delta E\sim\frac{2}{3}\frac{e^2}{c^3}w^2t\sim\frac{2}{3}\frac{Z^2e^6}{m^2c^3\rho^3v}.$$

频率为 ν 的有效辐射对应于其瞄准参数从 ρ 到 $\rho+d\rho$ 的那些电子的辐射,而这些参数是由上面说过的方式与频率相联系的,所以,

$$dq_\nu\sim\Delta E\cdot2\,\pi\rho d\rho\sim\frac{4\,\pi}{3}\frac{Z^2e^6d\rho}{m^2c^3\rho^2v}\sim\frac{8\,\pi^2}{3}\frac{Z^2e^6}{m^2c^3v^2}d\nu.$$

$$(5.7)$$

在 Л.Д.朗道和 Е.М.粟弗席兹的书[1]中,用带有加速度矢量的公式(5.4)和公式(5.6)对有效辐射进行了一连串的计算。所用到的加速度矢量,是由关于电子绕离子作双曲型轨道运动的力学问题的解而得到的。其计算给出

$$dq_\nu=\frac{32\,\pi^2}{3\sqrt{3}}\frac{Z^2e^6}{m^2c^3v^2}d\nu \qquad\text{当}\ \nu\gg\frac{mv^3}{2\,\pi Ze^2}\text{时,}\quad(5.8)$$

---

1) 为有较大的精度,我们保留了数值系数 $2\,\pi$。(在展开式中起主要作用的是 $\omega t\sim1$ 的那样一些"圆频"。)

$$dq_{\nu} = \frac{32\,\pi}{3}\,\frac{Z^2 e^6}{m^2 c^3 v^2}\,\ln\frac{mv^3}{1.78\,\pi\nu Z e^2}\,d\nu \qquad \text{当 } \nu \ll \frac{mv^3}{2\,\pi Z e^2}\text{时}.\,(5.9)$$

如所看出的,在频率很大的时候,精确结果与简单估计(5.7)只差一个数值因子 $4/\sqrt{3}=2.3$. 在频率很小的时候,除数值因子外,精确公式与简单估计还差一个与频率有关的对数因子. 问题就在于,一些低频的辐射是由瞄准参数 ρ 较大的一些远距离的碰撞所发出的,并且当 $\nu\to 0, \rho\to\infty$ 时,参数 $\rho > \dfrac{v}{2\,\pi\nu}$ 的一些碰撞与参数 $\rho \sim \dfrac{v}{2\,\pi\nu}$ 的一些碰撞相比较,其对频率为 ν 的辐射的贡献相对地来说是越来越大的,而在推导简单公式(5.7)的时候,我们却只考虑了后者.

在低频方面有效辐射的发散,对于随着距离而缓慢减弱的库仑场来说乃是一个特征,正是由于这一点,远距离的碰撞才具有如此重要的作用. 当考虑到在实际的电离气体中总是存在着屏蔽的时候,这种发散性就会消除. 实际上,在公式(5.6)中对 ρ 的积分不应积到无穷远,而是比如说要积到德拜半径 d,这就把低频方面的辐射限制在频率 $\nu_{\min} \sim v/2\,\pi d$ 处.

但应该指出,按谱积分的辐射 $q = \int dq_{\nu}$ 在低频方面是收敛的,因为 dq_{ν} 的发散只是对数的,并且当 $\nu\to 0$ 时, dq_{ν} 的峰值对按 ν 之积分的贡献并不很大. 所以,如果我们所关心的是积分辐射,那么将瞄准参数 ρ 从上边截断,而将频率从下边截断的问题并不是很重要的.

在经典理论中,高频辐射与频率无关,而每单位频率间隔的有效辐射 $dq_{\nu}/d\nu$ 甚至当 $\nu\to\infty$ 时也仍是有限的[1]. 形式上看,总辐射 $q = \int dq_{\nu}$ 在高频方面是发散的.

---

1) 这只是在碰撞粒子具有异性电荷(电子和正离子)的条件下才是正确的. 当具有同种符号电荷的粒子相互作用时,当 $\nu\to\infty$ 时,$dq_{\nu}/d\nu\to 0$.

理论上的这个矛盾与关于电子运动的经典概念的不完善性有关,而在量子理论中这个矛盾可以消除. 如我们所看到的,高频辐射是电子以小的瞄准距离从离子身边飞过时所发射的. 但是,根据量子力学的概念,具有初始冲量 $p=mv$ 的电子,不可能很精确地定位,即不可能比测不准关系 $\Delta r \Delta p \sim h/2\pi$ 所允许的程度更精确. 由于冲量的测不准程度不能超过冲量本身, 那么谈论比 $\rho_{\min} \sim h/2\pi mv$ 还小的瞄准距离就失去了意义. 在这种最小的瞄准参数下所辐射的最大频率,在数量级上等于 $\nu_{\max} \sim v/2\pi\rho_{\min} \sim mv^2/h$. 对辐射频率所加的这个上限有着明显的物理意义. 在量子理论中韧致辐射是按下述方式来表现的. 具有初始能量为 $E=mv^2/2$ 的自由电子,在它从离子身边飞过时可以发射光量子 $h\nu$. 如果发射量子之后它仍然是自由的,即离开离子之后它还具有正的能量 E',那么很显然,电子不可能发射比初始能量 E 还大的量子. 这就是说, $\nu_{\max} = \dfrac{E}{h} = \dfrac{mv^2}{2h}$,它与由测不准关系所确定的上限频率符合到只差一个无关紧要的因子 $1/2$ 的程度.

在量子力学中,自由电子是平面波,而瞄准距离的概念并不具有严格的确定意义. 可以谈论某一频率的量子发射几率,更确切地说,可以谈论能量从 $h\nu$ 到 $h\nu + d(h\nu)$ 之间的这些量子的发射有效截面. 与一个离子相互作用的单位电子流,在频率间隔 $d\nu$ 之内所辐射的能量,等于量子能量 $h\nu$ 与发射有效截面 $d\sigma_\nu$ 的乘积. 而这个量对应于经典理论中的有效辐射:

$$dq_\nu = h\nu \cdot d\sigma_\nu, \quad \text{尔格·厘米}^2. \tag{5.10}$$

从对应原则来看,频率 ν 的有效辐射与电子的这种跃迁有关: 它从一个与电子能量 E 相对应的"稳定的双曲型轨道"跃迁到另外一个与能量 $E'=E-h\nu$ 相对应的"稳定的双曲型轨道". 在量子力学中,对有效截面 $d\sigma_\nu$,进而对有效辐射 dq_ν 的计算,是用通常的方法,利用电子与离子的相互作用能量的矩阵元来进行的.

但是,在引出关于韧致辐射的量子力学的计算结果之前,我们先来看一看,经典公式(5.8),(5.9)的适用范围如何,以及什么时候就必须以量子力学的公式来代替它们.

按照经典的结论,公式(5.8)对于高频在条件 $\nu \gg mv^3/2\pi Z e^2$ 之下是正确的. 当然, 这时没有必要将这个公式扩展到超过由量子的能量概念所确定的上限 $\nu_{max}=E/h=mv^2/2h$ 的频率上. 将对公式(5.8)中的频率所加的一些限制改写为如下形式:

$$1=\frac{h\nu_{max}}{E}>\frac{h\nu}{E}\gg\frac{h}{E}\frac{mv^3}{2\pi Z e^2}=\frac{h\nu}{\pi Z e^2}. \tag{5.11}$$

但不等式 $h\nu/\pi Z e^2 \ll 1$ 在精确到一个二分之一因子的情形下, 不是别的, 正是电子在库仑场中运动的准经典性条件(例如,参看文献[2])

$$\frac{h\nu}{2\pi Z e^2}\ll 1. \tag{5.12}$$

因此,对于所有满足不等式(5.12)的电子速度, 可以近似地应用关于频率 ν(它由不等式(5.11)从上下两个方面加以限制)的有效辐射的经典公式(5.8). 如果准经典性条件 (5.12) 得到满足, 那么公式 (5.8) 的适用范围一直可以扩展到那些 $h\nu/E\sim h\nu/\pi Z e^2 \ll 1$ 的很低的频率. 由于通常所关心的量子其能量与 kT 相比较,即与电子的能量相比较,并不是很小的,而当 $\nu\to0$ 时,峰值对积分辐射的贡献亦不很大,公式(5.8)可以很好地一直扩展到 $\nu=0$, 以它来代替公式 (5.9), 这样就在形式上消除了 $\nu\to0$ 时的 dq_ν 的发散.

将准经典性条件,也就是运用公式(5.8)的条件 (5.12), 加以适当的改造,我们就会得到对电子能量所附加的条件:

$$E=\frac{mv^2}{2}\ll\frac{m}{2}\left(\frac{2\pi Z e^2}{h}\right)^2=\frac{Z^2 e^2}{2a_0}=I_H Z^2=13.5\ Z^2\ \text{电子伏}, \tag{5.13}$$

此处 $a_0=h^2/4\pi^2 me^2$ 是玻尔半径, 而 $I_H=13.5$ 电子伏是氢原子的

电离势[1].

例如,在氢的等离子体的情形下,公式 (5.8) 一直到温度近于 10 电子伏～100000°K 的时候还是正确的;而在由较重的一些元素所组成的气体中,在更高的一些温度下它还是正确的,因为由于多次电离的结果离子的电荷 Z 在增加。比如,在标准密度的空气中,当 $T=10^6$°K 时,$Z\approx 6$,而电子的平均能量还要比"准经典性"的极限小四分之三。

当温度很高以至达到与准经典性条件(5.12),(5.13)相反的一些不等式得到满足的时候,量子力学中的玻恩近似就是正确的[2]. 对于非相对论的能量($E\ll mc^2=500$ 千电子伏),用玻恩近似计算有效辐射的表达式是(见文献[3]):

$$dq_\nu = h\nu \cdot d\sigma_\nu = \frac{32\,\pi}{3}\,\frac{Z^2 e^6}{m^2 c^3 v^2}\ln\frac{(\sqrt{E}+\sqrt{E-h\nu})^2}{h\nu}d\nu,$$

当 $h\nu = E$ 时 dq_ν 自动地化为零,且在从 0 到 ν_{max} 的整个频率间隔内,它都是较弱地、对数地依赖于频率。

非常好的是,量子公式所得到的有效辐射的值,非常接近于经典公式(5.8)所给出的值(当然,要除去很小的和很接近最大值的频率). 这可从表5.1中看出,在那里按照无量纲量 $x=\dfrac{h\nu}{E}=\dfrac{\nu}{\nu_{max}}$ 列出了比值:

$$g_1 = \left(\frac{dq_\nu}{d\nu}\right)_{量子} \bigg/ \left(\frac{dq_\nu}{d\nu}\right)_{经典} = \frac{\sqrt{3}}{\pi}\ln\frac{(\sqrt{E}+\sqrt{E-h\nu})^2}{h\nu} =$$

$$= \frac{\sqrt{3}}{\pi}\ln\frac{(1+\sqrt{1-x})^2}{x}.$$

表 5.1

x	0	0.1	0.2	0.3	0.4……	0.8	0.9	1
g_1	∞	2.01	1.61	1.34	1.13……	0.53	0.36	0

1) 关于电子在库仑场中运动的准经典性条件就等价于电子的能量与它在第一玻尔轨道上的能量相比较为很小的条件。

2) 为使玻恩近似成立,不仅电子的初速而且电子的终速也要满足条件(5.12),5(.13),否则就应该使用电子在库仑场中的精确的波函数,这就在结果的公式中引进熟知的库仑因子(文献[2,3]).

用以区分关于韧致辐射的量子表达式和经典表达式的量 g_1 有时被叫作岗特 (Gaunt) 因子.

将按量子公式所计算的积分辐射写成下面的形式:

$$q_{量子} = \int_{0}^{\nu_{max}} \left(\frac{dq_\nu}{d\nu}\right)_{量子} d\nu = \left(\frac{dq_\nu}{d\nu}\right)_{经典} \nu_{max} \int_0^1 g_1 dx = 1.05\, q_{经典}.$$

因此,经典公式(5.8)实际上可以应用于任何的非相对论的温度,而具有很好的近似程度.

§2a. 在被中性原子散射时电子的韧致辐射

我们来求出与散射中心碰撞时电子的有效韧致辐射,而暂时不把电子与散射体的相互作用定律具体化. 可以取中性的原子、分子、离子作为散射体. 我们假定,相互作用的持续时间 τ_B 与被辐射出的电磁振荡的周期相比较是很小的,更确切地说,是不等式 $\omega\tau_B \ll 1$ 成立,其中 $\omega = 2\pi\nu$. 对于可见光频率和电子能量近于几个电子伏特及散射体为中性原子的这种情况来说,上述假设可被认为是得到证实了的[1].

在 $\omega\tau_B \ll 1$ 的条件下,散射是"瞬时地"发生的,因而自然就假定加速度矢量等于 $\boldsymbol{w}(t) = \Delta\boldsymbol{v}\delta(t)$,此处 $\Delta\boldsymbol{v}$ 是电子的速度矢量在散射时的改变量.

加速度矢量的傅立叶分量此时等于 $\boldsymbol{w}_\nu = \Delta\boldsymbol{v}/2\pi$. 将这一表达式代入公式(5.4),我们得到在发生该种电子散射时,从 ν 到 $\nu + d\nu$ 的频率间隔内所辐射的能量

$$S_\nu d\nu = \frac{4}{3}\frac{e^2}{c^3}(\Delta\boldsymbol{v})^2 d\nu.$$

这个表达式应按散射角 θ 平均. 近似地假定,电子速度的绝对值 v 在散射时改变很小,这相当于辐射这样的量子 $h\nu$,这些 $h\nu$ 与电子的能量 $mv^2/2$ 相比较是低的,我们得到 $\overline{(\Delta\boldsymbol{v})^2} = 2v^2(1 - \overline{\cos\theta})$,此处 $\overline{\cos\theta}$ 是散射角的平均余弦.

---

1) 例如, 对于红光 $\lambda = 7000$ Å, $h\nu = 1.8$ 电子伏, $\omega = 2.7 \times 10^{15}$ 秒$^{-1}$. 如果原子半径为 10^{-8} 厘米, 而电子的速度为 10^8 厘米/秒 (能量为 3 电子伏), 那么 $\tau_B \approx 10^{-16}$ 秒, 而 $\omega\tau_B = 0.27$.

为了求得有效辐射，必须将按散射角平均的量 $\bar{S},d\nu$ 再 乘以散射的有效截面 σ（与公式(5.6)比较）。这给出

$$dq_\nu = \bar{S},d\nu\sigma = \frac{8}{3}\frac{e^2v^2\sigma_{\mathrm{tr}}}{c^3}d\nu, \qquad (5.13\,a)$$

式中 $\sigma_{\mathrm{tr}}=\sigma(1-\overline{\cos\theta})$ 是所谓的散射输运截面。特别是，这个公式也描写了当与中性原子碰撞时电子的韧致辐射；电子与原子弹性碰撞的截面 σ 一般近于或略小于气体动力论的截面[1]。借助公式(5.10)和(5.13 a)，我们求得量子 $h\nu$ 的发射微分截面和电子弹性散射截面之间的关系：

$$\frac{d\sigma_\nu}{d\nu} = \frac{8}{3}\frac{e^2v^2}{c^3h\nu}\sigma_{\mathrm{tr}}.\qquad (5.13\,b)$$

所进行的推导再一次明显地显示了经典电动力学中的光辐射过程的物理实质。在与散射中心碰撞时电子要受到加速，而辐射仿佛是被"叠加到"散射上去的，并且辐射的几率(截面)纯粹由力学的散射几率(截面)所决定。光的过程与相应的电子碰撞过程之间的这种关系，在量子力学中也是存在的[2]。

将公式(5.13 a)应用于电子被库仑中心，即被离子的散射。库仑力是远程作用力。如果粒子彼此接近的距离为 $r_0=2Ze^2/mv^2$，而在这一距离下电子的动能 $mv^2/2$ 与势能 Ze^2/r_0 可以比较，那么就要发生带电粒子碰撞时的散射，即电子冲量矢量的明显的变化。库仑碰撞时的有效截面约为 $\pi r_0^2=4\pi Z^2e^4/(mv^2)^2$（关于这一点的详情，请见第六章第 3 部分）。如果将这一截面代入式(5.13 a)，我们就得到量 dq_ν，它比精确量(5.8)小，后者是它的 $\pi/\sqrt{3}$ 倍。这样一来，电子被离子和被中性原子散射时的韧致辐射的有效截面相互之比就和各相应的弹性散射截面相互之比一样：

$$\frac{(d\sigma_\nu)_{\text{离子}}}{(d\sigma_\nu)_{\text{中性原子}}} = \frac{\pi r_0^2}{\sigma_{\mathrm{tr}}} = \frac{\pi Z^2e^4}{\sigma_{\mathrm{tr}}E^2} = \frac{\pi a_0^2}{\sigma_{\mathrm{tr}}}\left(\frac{2I_{\mathrm{H}}}{E}\right)^2Z^2.$$

一般来说，$\sigma_{\mathrm{tr}}/\pi a_0^2\sim 1-10$，当能量近于几个电子伏时，中性原子

----

1) 在书[60]中收集了许多关于截面 σ 的实验数据。

2) 特别是，在由于电子轰击所致原子电离的截面和光致电离的截面之间存在着这种关系(文献[53])。

在轫致辐射（和吸收）方面的有效性就要比离子的有效性小一至二个数量级．这就是说，电子与中性原子的碰撞只是在气体的电离很弱的情况下才起作用．

上面曾经计算了电子被孤立的原子所散射时的轫致辐射．如果电子与原子的碰撞发生得足够稀少（与所辐射出的电磁波的频率相比较），那么一些依次的碰撞便可以认为是相互独立的，而多次碰撞时所辐射出的能量就简单地等于各独立碰撞时所辐射出的能量之和．

在这种情况下，根据公式(5.13 a)，电子在 1 秒内在频率间隔 $d\nu$ 内辐射出的能量

$$dQ_\nu = \bar{S}_\nu d\nu N v\sigma = \frac{8}{3}\frac{e^2 v^2}{c^3}\nu_{\text{有效}}d\nu \text{ 尔格/秒},$$

此处 $\nu_{\text{有效}} = N v\sigma_{\text{tr}}$ 是碰撞的有效频率（N 是 1 厘米³中的原子数）．而如果碰撞的频率与所辐射的光的频率可以比较，那么碰撞已不能再认为是相互独立的．在依次碰撞的时候，电子速度矢量的各改变量之间存在着相关性，由此产生各独立碰撞所辐射出的分波相互干涉．两个依次的电磁波的振幅平均地来说是指向相反的方向，这就导致了总辐射能的减少．

为了计算经过 $n(n \to \infty)$ 次的多次碰撞的电子的轫致辐射，我们可将它的加速度 $\boldsymbol{w}(t)$ 表示为

$$\boldsymbol{w}(t) = \sum_{k=1}^{n}\Delta\boldsymbol{v}_k\delta(t-t_k),$$

此处 t_k 是第 k 次碰撞的时刻；$\Delta\boldsymbol{v}_k$ 是所对应的速度矢量的改变量．加速度的傅立叶分量之模的平方等于

$$|\boldsymbol{w}_\nu|^2 = \frac{1}{4\pi}\sum_{j=1}^{n}\sum_{k=1}^{n}(\Delta\boldsymbol{v}_j\Delta\boldsymbol{v}_k)e^{i2\pi\nu(t_j-t_k)}.$$

这个表达式应按电子速度的方向和按碰撞的时间平均．将所得到的表达式代入式 (5.4)，并除以时间 $n/Nv\sigma$ ——电子在这个时间内经受了 n 次碰撞，我们便会求得用相关效应修正了的量

dQ_ν. 在本书一位作者的文献[61]中所进行的计算给出

$$dQ_\nu = \frac{8}{3}\frac{e^2 v^2}{c^3}\nu_{\text{有效}}\frac{\nu^2}{\nu^2 + \left(\dfrac{\nu_{\text{有效}}}{2\pi}\right)^2}\nu = (dQ_\nu)_{\text{无相关}}\frac{\nu^2}{\nu^2 + \left(\dfrac{\nu_{\text{有效}}}{2\pi}\right)^2}.$$

在 $\nu_{\text{有效}}/2\pi \ll \nu$ 的极限情况下，附加因子就变为 1，这相当于相关效应的消失.

实际上，只是在辐射的频率很低（在无线电波范围内）时才有相关效应. 例如，当 $N = 10^{19}$ 1/厘米^3, $v = 10^8$ 厘米/秒, $\sigma_{\text{tr}} = 10^{-15}$ 厘米^2 时，$\nu_{\text{有效}} = 10^{12}$ 1/秒，然而对于红光来说，$\omega = 2\pi\nu = 2.7 \times 10^{15}$ 1/秒.

§3. 热电离气体中的自由-自由跃迁

我们来求出与韧致辐射有关的电离气体的发射本领.

设在 1 厘米^3 的气体中有 N_+ 个电荷为 Ze 的正离子，有 N_e 个电子具有麦克斯韦速度分布：

$$f(v)dv = 4\pi\left(\frac{m}{2\pi kT}\right)^{3/2}e^{-\frac{mv^2}{2kT}}v^2 dv$$

$\left(\int_0^\infty f(v)dv = 1\right)$. 电子气体的温度用 T 来表示. 速度从 v' 到 $v' + dv'$ 的电子，在 1 厘米^3 中 1 秒内、在 ν 到 $\nu + d\nu$ 的频率间隔内所辐射出的能量等于

$$N_+ N_e f(v')dv'v'dq_\nu(v')^{1)}. \tag{5.14}$$

如果将表达式(5.14)按电子速度从 $v_{\min}$ 到 ∞ 积分，此处 $v_{\min}$ 是能够辐射 $h\nu$ 量子的这种电子的最小速度：$\dfrac{mv^2_{\min}}{2} = h\nu$，我们便会得到由于自由-自由跃迁所引起的 1 厘米^3 中 1 秒之内的属于频率间隔 $d\nu$ 的自发辐射能量. 利用有效辐射公式(5.8)并进行积分，我们就求得与韧致机制有关的谱发射本领：

$$J_\nu d\nu = \frac{32\pi}{3}\left(\frac{2\pi}{3kTm}\right)^{\frac{1}{2}}\frac{Z^2 e^6}{mc^3}N_+ N_e e^{-\frac{h\nu}{kT}}d\nu. \tag{5.15}$$

---

1) 我们假定离子的速度与电子的速度相比较为很小.

高能量子 $h\nu \gg kT$ 的辐射是指数地减小. 这是因为高能量子是由集中在麦克斯韦速度分布之尾部的高能电子辐射出来的.

轫致辐射的积分发射本领等于

$$J = \int_0^\infty J_\nu d\nu = \frac{32\pi}{3}\left(\frac{2\pi kT}{3m}\right)^{\frac{1}{2}} \frac{Z^2 e^6}{mc^3 h} N_+ N_e =$$

$$= 1.42 \times 10^{-27} Z^2 T^{\circ \frac{1}{2}} N_+ N_e \text{ 尔格/厘米}^3 \cdot \text{秒}. \quad (5.16)$$

(T° 是开尔文温度).

积分的轫致辐射相当弱地依赖于温度(它正比于 $\sqrt{T}$).

如果在气体中有各种电荷 Z 的离子, 那么公式(5.15), (5.16)就应对各种离子求和.

现在我们来求光的轫致吸收系数. 为此要利用细致平衡原理. 如果 $U_{\nu p}$ 是由普朗克公式(2.10)所确定的辐射的平衡谱密度,

$$U_{\nu p} = \frac{8\pi h\nu^3}{c^3} \frac{1}{e^{\frac{h\nu}{kT}}-1}, \quad (5.17)$$

而 a_ν 是按一个离子和一个以速度 v 运动的电子所计算的真实轫致吸收的谱系数,那么在热力学平衡的情形下,被速度从 v 到 $v+dv$ 的电子在 1 厘米³中 1 秒内所吸收的属于频率间隔 ν 到 $\nu+d\nu$ 之间的辐射能量等于

$$N_+ N_e U_{\nu p} d\nu \cdot c f(v) dv \cdot a_\nu \left(1 - e^{-\frac{h\nu}{kT}}\right). \quad (5.18)$$

因子 $(1-e^{-\frac{h\nu}{kT}})$ 考虑了由强迫发射所引起的等效减小(再次辐射,请见第二章 §4). 在热力学平衡的条件下,吸收和发射恰好精确地互相抵消,即表达式(5.18)和(5.14)是相等的. 这时,发射量子 $h\nu$ 的电子和吸收这种量子的电子它们的速度彼此间是由能量守恒定律来联系的:

$$\frac{mv'^2}{2} = \frac{mv^2}{2} + h\nu.$$

注意到,$v dv = v' dv'$,而 $dq_\nu = h\nu d\sigma_\nu$,我们求得单位吸收系数 a_i 与辐射截面 $d\sigma_\nu$ 之间的普遍关系:

$$a_\nu = \frac{c^2 {\nu'}^2}{8\pi \nu^2 v} \frac{d\sigma_\nu(\nu')}{d\nu}. \qquad (5.19)$$

利用关于 dq_ν 的公式(5.8)，我们得到

$$a_\nu = \frac{4\pi}{3\sqrt{3}} \frac{Z^2 e^6}{hcm^2 v \nu^3} = 1.80 \times 10^{14} \frac{Z^2}{v \nu^3} \text{厘米}^5. \qquad (5.20)$$

这个公式曾由克拉梅尔斯在 1923 年得到. 将 a_ν 乘以 $N_+ N_e$, 并利用麦克斯韦分布函数按电子速度取平均，我们便得到在电子温度为 T 的气体中的真实韧致吸收的谱系数:

$$\varkappa_\nu = \frac{4}{3} \left(\frac{2\pi}{3mkT} \right)^{\frac{1}{2}} \frac{Z^2 e^6}{hcm\nu^3} N_+ N_e = 3.69 \times$$

$$\times 10^8 \frac{Z^2}{T^{\circ \frac{1}{2}} \nu^3} N_+ N_e \text{厘米}^{-1} = 4.1 \times$$

$$\times 10^{-23} Z^2 \frac{N_+ N_e}{T^{\circ \frac{7}{2}} x^3} \text{厘米}^{-1}, \qquad x = \frac{h\nu}{kT}. \qquad (5.21)$$

在比较严格的理论中，在关于吸收系数的公式(5.20)和(5.21)(以及所有其它相应的公式)中要出现岗特因子 g, 用它来考虑与克拉梅尔斯理论的偏差: $\varkappa_\nu = (\varkappa_\nu)_{克拉} \cdot g$. 对与 kT 相比较不算大的量子来说

$$g = \frac{\sqrt{3}}{\pi} \ln \frac{4kT}{e^2 N_e^{1/3}} = 1.27 \left(3.38 + \lg T^\circ - \frac{1}{3} \lg N_e \right).$$

回忆一下用以标志发射本领(2.102)的平均吸收系数的定义，对于韧致机制，我们来算出这个量:

$$\varkappa_1 = \frac{J}{cU_p} = \frac{J}{4\sigma T^4} = 6.52 \times 10^{-24} Z^2 \frac{N_+ N_e}{T^{\circ \frac{7}{2}}} \text{厘米}^{-1}. \qquad (5.22)$$

相应的平均自由程等于

$$l_1 = \frac{1}{\varkappa_1} = 1.53 \times 10^{23} \frac{T^{\circ \frac{7}{2}}}{Z^2 N_+ N_e} \text{厘米}. \qquad (5.23)$$

还要算出在气体完全电离, 且吸收的韧致机制是唯一的机制

时(而所有的离子都具有相同的电荷 Z)的罗斯兰 德平 均自由程 (2.80)：

$$l=4.8\times10^{24}\frac{T^{\circ\frac{7}{2}}}{Z^2N_+N_e}厘米. \qquad (5.24)$$

韧致机制的罗斯兰德自由程 l 等于量子 能 量 $h\nu=5.8\,kT$ 时的谱自由程. 显然,在由热传导所进行的辐射能的输运中,在吸收为韧致机制时,起主要作用的是位于谱 的维恩区 域的能量很大的量子. 相反的,在体积辐射的时候是低能的量子起主要的作用. 平均吸收系数 $\varkappa_1$ 等于用强迫发射修正过的、且与 $h\nu=1.73\,kT$ 相对应的谱系数 $\varkappa_\nu(1-e^{-h\nu/kT})$.

为了给出等离子体中与韧致机制相对应的一些光学特性的数量级的概念,我们举一个具体例子.

我们来考察密度为 $\rho=1.17\times10^{-6}$ 克/厘米³(这样的密度在室温下所对应的压力是 10 毫米水银柱) 和温 度为 $T=100000°K$ 的氢气. 在这些条件下,氢完全离解和 完全 电离,所以 $N_+=N_e=7\times10^{17}$厘米$^{-3}$.

这时 $\lambda=6500\,Å$ 的红光的吸 收 系 数 等 于 $\varkappa_\nu=5.7\times10^{-3}$ 厘米$^{-1}$,而自由程 $l_\nu=1/\varkappa_\nu=175$ 厘米.

罗斯兰德自由程 $l=3.1\times10^6$ 厘米. 标志发射本领的平均自由程是 $l_1=0.98\times10^5$ 厘米.

如果物体的线度比长度 l_1 小很多,那么物体就和体积辐射体一样地辐射(见第二章 §16),而辐射能量损失的速度就等于

$$\frac{d(\rho\varepsilon)}{dt}=-J,$$

此处 ε 是比内能. 在我们的例 子 中 $J=2.2\times10^{11}$ 尔格/厘 米³· 秒. 考虑到离解能和电 离能 $\varepsilon=41.6$ 电 子伏/原 子, $\rho\varepsilon=4.66\times10^7$ 尔格/厘米³. 辐射冷却的初始时间尺 度是 $\tau=\rho\varepsilon/J=2.12\times10^{-4}$秒.

§4. 伴随有量子发射的离子对电子俘获的有效截面

我们来研究自由电子被类氢"离子"的俘获,且这种俘获伴随有量子的辐射和类氢"原子"的形成。和§2一样,我们仍从半经典的观念出发。在经典力学中,当不考虑辐射的时候,电子从自由态到束缚态的过渡是以连续的方式进行的。电子的状态或轨道是由电子-离子系统的总能量 E 的大小,以及用来确定 轨道几何参数的动量矩来表征的,而(在一般的情况下)后者就代替了"瞄准距离"ρ。当能量减小而动量矩不变的时候, 与 $E > 0$ 相对应的双曲型轨道就以连续的方式过渡到抛物型轨道($E = 0$),继而在由负能量 $E < 0$ 所表征的系统的束缚状态中,过渡到椭圆型轨道(图5.3)。从对应原则来看,自由电子的俘获和其能量超过电子初始动能 E 的这种量子的发射,乃是与电子从双曲型轨道到椭圆型轨道的跃迁相联系着。

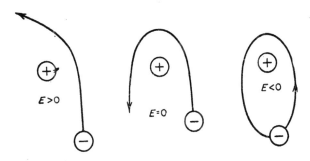

图 5.3　电子的双曲型、抛物型、椭圆型轨道

在经典力学中,电子-离子系统的能量可以是任意的。可是在量子力学中,只是在电子是自由的而 $E > 0$ 的时候,系统的能谱才是连续的。在 $E < 0$ 的束缚状态,能量只能取一些分立的量值。类氢原子的能级 E_n 是由主量子数 n 来表征的,后者可以取从1到∞的数值,

$$E_n = -\frac{I_{\mathrm{H}}Z^2}{n^2} = -\frac{I}{n^2}, \quad I_{\mathrm{H}} = \frac{e^2}{2a_0} = \frac{2\pi^2 me^4}{h^2}. \quad (5.25)$$

$I=I_{\text{H}}Z^2=|E_1|$ 是基态能量的绝对值,也就是电离势. 电子在第 n 个量子状态的结合能等于 $-E_n=|E_n|=I/n^2$. 氢原子的能级简图被画在第二章 §2 的图 2.2 上. 众所周知,当束缚电子在离子的库仑场中运动的时候,它的按时间平均的动能等于势能的一半,但需取个反号; 也等于总能量,同样也需取个反号; $E_{\text{动}}=-E_{\text{势}}/2=-E(E=E_{\text{动}}+E_{\text{势}})$. 因而,按时间平均的

$$E_{\text{动}}=\frac{m\bar{v}^2}{2}=\frac{I}{n^2}=\frac{I_{\text{H}}Z^2}{n^2}.$$

根据这个公式再考虑到不等式(5.13),可以看出,电子在量子数 n 很大的高激发量子状态下的运动是准经典的.

在 §2 中研究轫致辐射的时候,我们曾利用有效辐射的经典公式(5.8)来描述电子从一个双曲型轨道到另外一个低能量的轨道的"跃迁",并且曾将公式一直扩展到那种到具有无限小正能量的即几乎是抛物型的轨道的跃迁,这对应于几乎是最大频率 $\nu_{\text{max}}=E/h$ 的辐射. 同时,初始能量 E 被假定为是足够小的,$E\ll I_{\text{H}}Z^2$,$v\ll 2\pi Ze^2/h$,以便使得初始状态下的运动能够是准经典的. 而终态下的运动更是准经典的,因为电子在跃迁时要损失动能,并受到阻滞. 由于一些很小的负的能量,就如方才我们所见到的,也对应于小的速度,且与它们相对应的椭圆型轨道也接近于抛物型的轨道(但只是从负的能量方面),那么,将公式(5.8)推广到频率稍微超过 ν_{max} 的辐射,即推广到电子被俘获至高能级上的情况便是很自然的. 这时应注意到,电子的终态是落在不连续谱上. 在某个小的但是有限的频率间隔 $\Delta\nu$ 之内的有效辐射 $\Delta q_{\nu}=(dq_{\nu}/d\nu)\times\Delta\nu$, 按照量子力学解释,它等于 $h\nu\Delta\sigma_{\nu}$, 此处 $\Delta\sigma_{\nu}$ 是小间隔 $\Delta\nu$ 内量子发射的有效截面. 但现在从 $h\nu$ 到 $h\nu+\Delta(h\nu)$ 之间的量子发射对应于一定的有限能级数 Δn 上的俘获,而这些能级的俘获有效截面可以表示为乘积 $\sigma_{cn}\Delta n$ 的形式,此处 σ_{cn} 是这个间隔内的某个任意能级的平均俘获截面. 这个截面与小间隔 Δn 之内的平均序数 n 有关. 这样一来,有

$$\sigma_{cn} = \frac{\Delta\sigma_\nu}{\Delta n} = \frac{1}{h\nu}\frac{\Delta q_\nu}{\Delta n} = \frac{1}{h\nu}\left(\frac{dq_\nu}{d\nu}\right)\frac{\Delta\nu}{\Delta n}. \tag{5.26}$$

利用确定 n 很大时的能级间的能量距离

$$\left|\frac{dE_n}{dn}\right| = \frac{h\Delta\nu}{\Delta n} = 2I_H Z^2/n^3$$ 的公式(5.25)和有效辐射公式(5.8)，我们便得到具有初始能量 $E = mv^2/2$ 的自由电子被俘获至能级 n 时的俘获有效截面：

$$\sigma_{cn} = \frac{128\,\pi^4}{3\sqrt{3}}\frac{Z^4\,e^{10}}{mc^3h^4v^2\nu}\frac{1}{n^3} = \frac{2.1\times10^{-22}}{n^3}\frac{I_H Z^2}{E}\frac{I_H Z^2}{h\nu}\text{厘米}^2. \tag{5.27}$$

电子被俘获至能级 n 时，所发射出的量子其能量等于

$$h\nu = E + |E_n| = \frac{mv^2}{2} + \frac{I_H Z^2}{n^2}. \tag{5.28}$$

就如量子力学的计算所表明的那样（见下一节），当将半经典的公式(5.27)应用到包括至基态在内的至一些深部能级的俘获时，也给出了很好的结果，尽管在基态电子的运动已不再是准经典的

$$\left(\overline{E_\text{动}} = \frac{\overline{mv^2}}{2} = I_H Z^2\right)^{1)}.$$

借助公式(5.27)，我们来计算具有确定能量 $E = mv^2/2$ 的电子被类氢离子的所有能级光俘获的总的有效截面。为此，应将截面 σ_{cn} 按公式(5.27)对所有从 0 到 ∞ 的 n 值求和，并要考虑到所发射的量子其能量是各不相同的，而这些能量是由公式(5.28)给出，我们得到：

$$\sigma_c = 2.1\times10^{-22}\frac{I_H Z^2}{E}\times$$

$$\times\sum_{n=1}^{\infty}\frac{1}{n^3}\frac{1}{\left(\dfrac{E}{I_H Z^2} + \dfrac{1}{n^2}\right)}$$

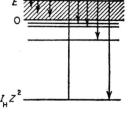

图 5.4 说明在被离子俘获和受到轫致时电子终态所处的两个能量间隔之间关系简图

<hr/>

1) 然而自由电子的初始运动被假定为是准经典的，即初始能量 $E \ll I_H Z^2$.

$$= \frac{2.8 \times 10^{-21} Z^2}{E_{电子伏}} \varphi \left(\frac{I_H Z^2}{E} \right). \qquad (5.29)$$

这里以 φ 来表示对 n 的求和. 在粗糙近似下,当电子能量很小 $E \ll I_H Z^2$ 时, $\varphi \approx \left(\sum\limits_{n=1}^{n^*} \frac{1}{n} \right) + \frac{1}{2}$, 此处 $n^* \approx (I_H Z^2 / E)^{\frac{1}{2}}$. 对于不太大的(但也不太小的)电子能量,即对于比 $I_H Z^2$ 小 但 又 可 和这个量比较的 E 来说,求和 φ 近似于 1,而俘获截面大约等于

$$\sigma_c \approx 10^{-21} \frac{Z^2}{E_{电子伏}} 厘米^2.$$

将具有给定能量 E 的自由电子在类氢离子场中受到阻滞时的积分有效辐射与光俘获时的积分辐射作一比较, 也即是将量 $q_{轫致} = \int dq_v = \int h\nu d\sigma_{轫致}$ 和量 $q_{俘获} = \sum\limits_n h\nu \sigma_{cn}$ 作一比较,那是很有意思的. 头一个量,根据式(5.8)等于 $q_{轫致} = (dq_v / d\nu) E / h$, 而第二个量,根据截面 σ_{cn} 本身的推导(见公式(5.26)),则等于 $q_{俘获} = \frac{dq_v}{d\nu} \cdot \frac{I_H Z^2}{h}$, 这里,常量 $(dq_v / d\nu)$ 是由公式(5.8)所确定的. 这两个量——$q_{轫致}$ 和 $q_{俘获}$,皆正比于电子所可能有的终态所处于的能量范围(图5.4),它们 相互之比和这两个范围之比一样:

$$\frac{q_{俘获}}{q_{轫致}} = \frac{I_H Z^2}{E}.$$

§5. 电子束缚-自由跃迁时原子和离子吸收光的有效截面

我们来研究与 光 俘获相反的过程——类氢原子的光致电离,即电子向连续谱跃迁时吸收量子的过程.

和计算轫致吸收时一样,我们要利用细致平衡原理.

在 1 厘米^3 中 1 秒之内,其速度从 v 到 $v + dv$ 的电子被离子的第 n 个能级光俘获的次数为

$$N_+ N_e f(v) dv \cdot v \cdot \sigma_{cn} \qquad (5.30)$$

这时,要发射频率从 ν 到 $\nu + d\nu$ 的量子,而这些量子由关系(5.28)与电子速度联系起来.

逆过程数目: 处于第 n 个量子状态的"原子"被频率从 ν 到 $\nu + d\nu$ 的量子所光致电离的次数,等于

$$N_n \frac{U_{\nu p}}{h\nu} d\nu \cdot c \cdot \sigma_{\nu n} (1 - e^{-\frac{h\nu}{kT}}), \qquad (5.31)$$

此处, $\sigma_{\nu n}$ 是处于第 n 个状态的原子吸收量子 $h\nu$ 的有效截面, N_n 是 1 厘米^3 中的这种原子的数目;和以前一样,因子 $(1 - e^{-h\nu/kT})$ 考虑了强迫发射的过程. 在完全热力学平衡的条件下, $f(v)$ 是电子的麦克斯韦分布函数, $U_{\nu p}$ 是普朗克函数;而激发原子的数目 N_n 由玻耳兹曼公式来表示:

$$N_n = N_1 \frac{g_n}{g_1} e^{-\frac{(E_n - E_1)}{kT}} = N_1 \frac{g_n}{g_1} e^{-\frac{I}{kT}(1 - \frac{1}{n^2})}, \quad (5.32)$$

此处 $g_n = 2n^2$ 是类氢原子第 n 个能级的统计权重,而 N_1 是 1 厘米^3 中的处于基态的原子数; $g_1 = 2$; $E_n - E_1 = I_H Z^2 \left(1 - \frac{1}{n^2}\right) = I\left(1 - \frac{1}{n^2}\right)$ 是第 n 个状态的激发能量.

自由电子的、离子的和"中性"原子的数目(如果 $Z > 1$,那么"中性的"类氢原子就是电荷为 $Z - 1$ 的离子),彼此间由沙赫方程所联系(见第三章 §5 的公式(3.44)):

$$\frac{N_+ N_e}{N} = 2 \left(\frac{2\pi m kT}{h^2}\right)^{\frac{3}{2}} \frac{u_+}{u} e^{-\frac{I}{kT}}, \qquad (5.33)$$

并且在该情形下,离子的电子统计和是 $u_+ = 1$. 1 厘米^3 中的"中性"原子的数目是 $N = u N_1 / g_1$,此处 u 是原子的电子统计和.

令正逆过程的数目式(5.30)和式(5.31)相等,并考虑到对式中各量所作的全部说明,我们便求得光致电离截面和光俘获截面之间的关系:

$$\sigma_{\nu n} = \frac{u_+}{g_n} \left(\frac{mvc}{h\nu}\right)^2 \sigma_{cn}.$$

按公式(5.27)代入 σ_{cn},我们就会得到其"原子骸"的电荷为

Z 而其 本身处于第 n 个量子状态的类氢原子吸收量子 $h\nu$ 的有效
截面：

$$\sigma_{\nu n} = \frac{64 \pi^4}{3\sqrt{3}} \frac{e^{10} m Z^4}{h^6 c^3 \nu^3 n^5} = 7.9 \times 10^{-18} \frac{n}{Z^2} \left(\frac{\nu_n}{\nu}\right)^3 厘米^2. \quad (5.34)$$

这里用 ν_n 来表示能够从第 n 个能级上击出 电子的这种 量子的最
小频率： $h\nu_n = I_H Z^2 / n^2$ (见公式(5.28))。

这个截面的特性就在于它与频率的立方成反比 $\sigma_{\nu n} \sim (\nu_n/\nu)^3$.
截面在 $\nu = \nu_n$ 的吸收阈处取最大值. 公式(5.34) 在文献中称为克
拉梅尔斯公式.

对类氢原子的自高能级的光致电离所进 行的 稍 许 严格的量
子力学的研究，所给出的公式与 (5.34) 相差一个修正因子（文
献[4]）：

$$g' = 1 - 0.173 \left(\frac{h\nu}{I_H Z^2}\right)^{\frac{1}{3}} \left[\frac{2}{n^2}\left(\frac{I_H Z^2}{h\nu}\right) - 1\right].$$

在大多数有实际意义的情况下，这个因子非常接近于 1，因而照例
可以不考虑它.

半经典公式(5.34)，按其本身的推导，只是对 $n \gg 1$ 的 高激发
状态才是正确的，但是将它应用到自 $n=1$ 的基态 能级的光致电
离也同样给出很好的结果.

用库仑场中精确的自由电子波函数，对原子 K 壳层上的，即
对类氢原子基态上的光电效应的有效截 面所进 行的量 子力 学计
算，给出(文献[5])(和式(5.34)一样，是按一个电子计算的)：

$$\sigma_{\nu_1} \approx \frac{6.34 \times 10^{-18}}{Z^2} \left(\frac{\nu_1}{\nu}\right)^{\frac{8}{3}}, \nu - \nu_1 \ll \nu_1; \quad (5.35)$$

$$\sigma_{\nu_1} \approx \frac{8.32 \times 10^{-18}}{Z^2} \left(\frac{\nu_1}{\nu}\right)^3, \nu - \nu_1 \sim \nu_1; \quad (5.36)$$

$$\sigma_{\nu_1} \approx \frac{5.42 \times 10^{-17}}{Z^2} \left(\frac{\nu_1}{\nu}\right)^{3.5}, \nu \gg \nu_1. \quad (5.37)$$

第一个公式对应于吸收边界附近的区域，而最后一个则在被
释放出的电子的能量比结合能 $h\nu_1 = I_H Z^2$ 大很多时应用，这对应

于向玻恩近似的过渡.

令公式(5.34)中的 $n=1$,并将它与公式 (5.35),(5.36)作一比较,表明,在吸收边界上,即当 $\nu=\nu_1$ 时,"半经典截面"(5.34)等于 $7.9\times10^{-18}/Z^2$ 厘米^2,总共比量子的结果 (5.35) 大 25%. 当 $\nu-\nu_1\sim\nu_1$,即当被释放出的电子的能量近于它在原子基态中的结合能时,公式(5.34),(5.36)[1] 相符合,差别在 5% 以内,而且给出了相同的对频率的依赖关系. 仅是当 $h\nu\gg I_{\text{H}}Z^2$ 时才有显著的差别,因那时被释放出的电子的能量 $E\gg I_{\text{H}}Z^2$, 即属于玻恩区域,而在这一区域内情况与准经典是相违背的.

如在以后将要见到的那样,这样高能量的量子总是处在光谱的远维恩区域,在近于热平衡的条件下,实际上它们是不起作用的. 这样一来,半经典公式(5.34)可以近似地推广到自类氢原子的所有能级的光致电离. 这和将光俘获的公式(5.27)应用到包括至基态在内的至所有能级上的俘获是一样的,在前一节计算俘获总截面时我们曾利用了这后一点.

简单地讨论一下,将关于类氢原子所导出的一些公式应用到复杂原子系统会得到什么样的结果.

能量比原子或离子的电离势 I 小很多的量子,只是被那些激发能不小于 $I-h\nu$ 的高激发原子(离子)所吸收(随之击出电子). 但在强激发状态下,光学电子是沿着大的轨道运动,在这种轨道所处的范围内"原子骸"的场极其接近于和"骸"电荷相等的电荷所建立的库仑场. 因此可以期待,在这种情况下"类氢"近似是有效的. 遗憾的是,关于高激发原子和离子的吸收没有精确的量子力学的计算,能够证实这个十分可能的设想.

已有的为数不多的数值计算,主要是对自原子基态的光电效应进行的(关于离子的数据更是缺乏).

在这种情况下,吸收电子于其中运动的场是由原子核电荷和其余电子的电荷组成的复杂系统所造成的,且系统的线度和电子

----

1) 原文为(5.35)有误. ——译者注

的"轨道"相同,当然场与库仑场的差别是很大的. 完全同样,电子的波函数也与类氢原子 S 态的波函数有很大的不同. 对于一些原子来说,自基态的光致电离的有效截面很不同于氢原子的相应截面,后者按照 (5.34) 等于 $\sigma_{\nu_1} = 7.9 \times 10^{-18} (\nu_1/\nu)^3$ 厘米^2 (在吸收边界 $\sigma^* = 7.9 \times 10^{-18}$ 厘米^2),而对于另外一些原子来说,截面在吸收边界上是极其接近的,但有不同的频率关系. 例如,对于氧和氟,在吸收边界上其截面大约等于 2.5×10^{-18} 厘米^2,尔后直到 $\nu \approx 2\nu_1$ 则几乎与频率无关. 对于氮,在边界上 $\sigma^* = 7.5 \times 10^{-18}$ 厘米^2,而对于碳,$\sigma^* = 10 \times 10^{-18}$ 厘米^2,但这些截面随着 ν 的增加而减小得较慢,要比类氢原子的正比于 ν^{-3} 的关系为慢[1];对于锂,$\sigma^* = 3.7 \times 10^{-18}$ 厘米^2,对于钙,$\sigma^* = 25 \times 10^{-18}$ 厘米^2. 与"类氢性"差别特别大的是一些碱金属. 对于钠,$\sigma^* = 0.31 \times 10^{-18}$ 厘米^2.

铷的实验值是 $\sigma^* = 0.1 \times 10^{-18}$ 厘米^2,铯的是 $\sigma^* = 0.6 \times 10^{-18}$ 厘米^2. 对已有的资料所作的比较详细的评论可在别依特斯的论文[7]中找到. 幸而就如我们下面将要看到的那样,在足够稀薄的气体中,当状态接近于热力学平衡的时候,一些能量超过原子和离子电离势的高能量子的作用是比较小的,所以这种情况下的一些显著的差别尚不能使得应用"类氢"近似已成为没有意义.

不久前,A. B. 伊万诺娃(文献[84,85])对一些类锂原子系统的自基态能级和很多激发能级的光致电离的有效截面进行了严格的量子力学的计算. 所计算的系统有:锂原子,四价的氮离子,五价的氧离子. 其波函数是用哈特林-福克方法计算的. 她根据所求得的截面,针对很宽的频率和温度的范围,计算了具有 20 个能级的 N^{+4} 和 O^{+5} 两种离子的吸收系数.

在某些情况下,伴随有负离子生成的电子被中性原子的光俘获和相应的负离子对量子的光电吸收具有很大的意义. 属于这种情况的有:在星际大气的光吸收中起重要作用的氢的负离子和在某些条件下对空气中的光吸收来说是重要的氧的负离子. 负离子

---

1) 在书[6]中画有关于 O,N,F,C 之基态光致电离截面的一些图线.

的结合能或电离势——它确定了吸收下界 $h\nu_{\min}$——对于氢等于 0.75 电子伏；对于氧的原子离子 O^- 等于 1.45 电子伏；而对于氧的分子离子 O_2^- 等于 0.46 电子伏。截面与频率的关系和 ν^{-3} 的规律没有任何共同之处。在图 5.5 上画出了关于 O^- 的光致电离有效截面的量子力学的计算结果。该图取自文献[8]。在理论计算的曲线附近,标出了根据测量(文献[9])所得到的实验点。关于离子 H^- 吸收的一些数据,可在书[6]中找到。

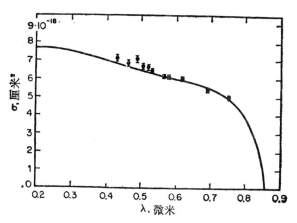

图 5.5 氧的负离子 O^- 吸收光的有效截面

§6. 由类氢原子组成的气体中的连续吸收系数

我们来计算"核"电荷等于 Z 的类氢原子在电子束缚-自由跃迁时吸收量子 $h\nu$ 的系数。在一定的温度下,气体中就存在着被激发到所有可能能量的原子。如果 N_n 是 1 厘米^3 中处于第 n 个量子状态的原子数,而 $\sigma_{\nu n}$ 是这种原子吸收量子 $h\nu$ 的有效截面,那么吸收系数就等于[1]

$$\varkappa'_\nu = \sum_{n^*}^{\infty} N_n \sigma_{\nu n}. \qquad (5.38)$$

---

1) 这里,我们给束缚-自由跃迁时的吸收系数打上一撇,以便将它和自由-自由跃迁时的吸收系数相区别,对于后者我们将打上两撇。

这个和的下界是由量子的能量要大于电子在原子 中 的 结 合能,即 $h\nu > |E_n|$ 的条件来确定.在相反的情况下,量子就不能击出电子,因而那些被激发到 $n < n^*$ 状态的原子也就不参与对量子 $h\nu$ 的吸收,因为对它们来说 $|E_n| > h\nu$. 特别地,如果量子能量超过了电子在原子基态中的结合能,即超过了电离势 $I = I_H Z^2$,那么所有的原子都要参与吸收($n^* = 1$). 可是参与对低能量子 $h\nu \ll I_H Z^2$ 吸收的却只能是那些被高度激发了的原子($n^* \gg 1$).

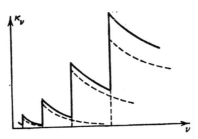

图 5.6 吸收的"栅栏曲线"
(各虚线对应于处在一定量子状态的原子的吸收. 而实线是总吸收系数. 图形是简化的.)

吸收对频率依赖关系的曲线具有"栅栏式"的特点, 如图 5.6 上所画的那样. 只要能量 $h\nu$ 增长到电子在某个状态中的结合能 $|E_n|$ 时, 被激 发 至 这个能级的原子 就 参 与 吸收, 而吸收系数也就以跳跃的方式增加. 尔后, 直到下一个能级参加之前, $\varkappa'_{\nu}$ 都是根据 $\sigma_{\nu n} \sim \nu^{-3}$ 的规 律 按 $\sim \nu^{-3}$ 而减小、每个能级都有自己的栅栏"锯齿" $N_n \sigma_{\nu n}$(图 5.6 上的虚线), 而总的吸收系数 $\varkappa'_{\nu}$ 是通过对所有"锯齿"求和而得到的(图 5.6 上的实线).

假若气体是处于热力学平衡的状态,那么处于第 n 个状态的原子的数目 N_n 就由玻耳兹曼公式(5.32)来确定. 当 n 很大时,指数因子中的幂指数实际上与 n 无关,而原子数 N_n 就简单地正比于 n^2($g_n = 2 n^2$).

由于有效截面 $\sigma_{\nu n} \sim n^{-5}$,求和式(5.38)中的各项在 $n \to \infty$ 时就要正比于 $1/n^3$ 而减小,所以所有较高的一些能级对于频率为一定的光的吸收之贡献将迅速减少,而无穷和本身则是收敛的[1].

―――――――――
1) 在实际的电离气体中, 因存在原子和离子间的相互作用, 一些上 部 激 发 能级是被截断的(见第三章§6),所以和式(5.38)中的项事实上是有限的. 在现在的情况下没有必要将按 n 的求和截断,因为求和很快地收敛.

我们对那些使电离度不甚大的温度感到兴趣。就如第三章 §5 中所指出的，在不特别稠密的气体中，显著的电离还是在 kT 很小于电离势 I 的时候就已开始。这时激发原子的数目是极少的，因为甚至对最低的 $n=2$ 的状态的激发都必须要求能量要接近于电离势，并等于 $\frac{3}{4}I$。

这样一来，当 $kT \ll I$ 时，处于基态的原子数 N_1 就非常接近于原子的总数 $N = \sum N_n$，而在玻耳兹曼公式 (5.32) 中就可以近似地令 $N_1 \approx N$。在这种条件下，按公式 (5.32)，(5.34) 将 N_n 和 $\sigma_{\nu n}$ 代入表达式 (5.38)，并引进下述表达式：

$$\left.\begin{aligned}
x_n &= \frac{|E_n|}{kT} = \frac{|E_1|}{kT} \cdot \frac{1}{n^2} = \frac{x_1}{n^2}, \\
x_1 &= \frac{|E_1|}{kT} = \frac{I_H Z^2}{kT} = \frac{I}{kT}, \\
x &= \frac{h\nu}{kT},
\end{aligned}\right\} \qquad (5.39)$$

我们便得到束缚-自由跃迁时吸收系数的表达式：

$$\varkappa_\nu' = \frac{64\,\pi^4}{3\sqrt{3}} \frac{e^{10}mZ^4N}{h^6c\nu^3} \sum_{n^*}^{\infty} \frac{1}{n^3} e^{-(x_1-x_n)}. \qquad (5.40)$$

为了得到总的连续吸收系数，应将自由电子在电离原子——"类氢离子"场中的、由公式 (5.21) 给出的轫致吸收系数加到 $\varkappa_\nu'$ 上。在公式 (5.21) 中，将乘积 N_+N_e 按沙赫公式 (5.33) 用"中性"原子数来表示，并考虑到 $u \approx g_1 = 2$，$N \approx N_1$，则轫致吸收系数可改写为如下形式：

$$\varkappa_\nu'' = \frac{16\,\pi^2}{3\sqrt{3}} \frac{Z^2e^6kTN}{h^4c\nu^3} e^{-\frac{I}{kT}} = \frac{64\,\pi^4}{3\sqrt{3}} \frac{Z^4e^{10}mN}{h^6c\nu^3} \frac{e^{-x_1}}{2\,x_1}. \qquad (5.41)$$

总的吸收系数 $\varkappa_\nu = \varkappa_\nu' + \varkappa_\nu''$ 等于

$$\varkappa_\nu = \frac{64\,\pi^4}{3\sqrt{3}} \frac{e^{10}mZ^4N}{h^6c\nu^3} \left\{ \sum_{n^*}^{\infty} \frac{1}{n^3} e^{-(x_1-x_n)} + \frac{e^{-x_1}}{2\,x_1} \right\}. \qquad (5.42)$$

如果量子的能量与电离势相比较为很小，因而量子只是被那些高度激发的原子所吸收(n^*很大)的话，那么这个公式可以大大地简化。由于能级随着 n 的增大而迅速地靠近，所以当 n 很大时，求和就可用积分来代替（"微分"对应于 $\Delta n = 1$）。对 n 的积分就等价于对能量状态的谱进行积分，这时要以连续谱按照等式 $\dfrac{dn}{n^3}$
$= -\dfrac{1}{2}\dfrac{dx_n}{x_1}$ 来代替不连续谱。

很显然，应取量子的无量纲能量 $x = h\nu/kT$ 作为对 x_n 积分的下限。这样一来，

$$\sum_{n^*}^{\infty}\frac{1}{n^3}e^{-(x_1-x_n)}\approx-\frac{e^{-x_1}}{2\,x_1}\int_{x}^{0}e^{x_n}dx_n=\frac{e^{-x_1}}{2\,x_1}(e^x-1).\quad(5.43)$$

如果形式上将求和或积分扩展到"负的结合能"，或者同样地，扩展到超过电离势的"激发"能 $x_1 - x_n$，那么对 x_n 从 0 到 $-\infty$ 的积分给出量 $e^{-x_1}/2x_1$，它精确地与自由-自由跃迁相对应。这是应该预想到的，因为"激发"超过了电离势的原子的状态就是带有游离电子的状态，而电子从束缚态到自由态的连续过渡从一开始就是作为导出束缚-自由跃迁吸收有效截面的一个基础。

将表达式(5.43)代入公式(5.42)，且在花括号前边的系数中分出一个因子 $I/kT=I_{\mathrm{H}}Z^2/kT$，再用式(5.43)分母中的量 x_1 将它约去，我们便得到低能量子 $h\nu\ll I$ 的吸收系数的最终公式[1]：

$$x_{\nu}=\frac{16\,\pi^2}{3\,\sqrt{3}}\,\frac{e^6Z^2kTN}{h^4c\nu^3}e^{-\frac{I-h\nu}{kT}}=$$

$$=0.96\times10^{-7}\,\frac{NZ^2}{T^{\circ 2}}\,\frac{e^{-(x_1-x)}}{x^3}\,\text{厘米}^{-1}.\quad(5.44)$$

吸收系数 x_{ν} 并不像从公式(5.40)所见到的那样正比于 Z^4，而只是正比于 Z^2。为了说明这一点，我们回忆一下因子 Z^4 是怎样引进公式(5.40)的。其中一个 Z^2 因子之所以出现在系数之中，乃是由于有效吸收截面与电子在库仑场中的"加速度"的平方成正

---

1) 常常把它叫做克拉梅尔斯-乌周里德公式。

比（从经典的观点来看），或者说是由于有效吸收截面与电子和"核"的相互作用的能量矩阵元的平方成正比（从量子力学的观点来看）。而另一个 Z^2 因子的出现，则是由于吸收截面 $\sigma_{\nu n}$ 正比于能级间的距离，而这个距离本身又正比于各束缚状态所占有的总的能量范围 $I = I_H Z^2$。

实际上，截面 $\sigma_{\nu n}$ 是与能级间的能量距离成正比的，因为光俘获截面与这个距离成正比（见公式 (5.27)[1)]），而这后一个截面又由细致平衡原理与吸收截面相联系。当将部分系数 $\varkappa'_\nu = N_n \sigma_{\nu n}$ 按能级求和的时候，或同样地，当将它按参与吸收该种量子的各束缚状态所占据的能量范围进行积分的时候，这后一个与 Z^2 的关系便被消去。关于 $\varkappa_\nu$ 与 Z 的关系所作的上述说明，对于向多电荷离子的过渡来说是很重要的(见下面)。

就象从公式(5.42)，(5.43)所见到的，在总的连续吸收系数 $\varkappa_\nu$ 中束缚-自由跃迁和自由-自由跃迁各自有一份贡献，它们相互的比值为

$$(e^x - 1):1 = (e^{\frac{h\nu}{kT}} - 1):1.$$

由此得出结论，在高能量子 $h\nu \gg kT$ 的吸收中束缚-自由跃迁起主要作用，而在低能量子 $h\nu \ll kT$ 的吸收中，自由-自由跃迁起主要作用。

§ 7. 单原子气体在第一次电离范围内对光的连续吸收

我们来研究一些单原子气体比如惰性气体（氩、氖等）或金属蒸汽在第一次电离范围内对光的连续吸收。为了从讨论中消除分子的准连续谱，我们假定气体是单原子的(如果分子几乎全部离解，那么显然，任何气体都是单原子的)。

第一次电离的范围是处在大约近 6000—30000°K 的温度间隔内(与原子的电离势和气体的密度有关)，它对大量的实验室研究和实际应用具有很大的意义。当温度更高的时候，第二次电离和

---

1) 原文为(5.21)有误,应为(5.27)。——译者注

以后各次的电离都要陆续开始，而这些电离在下一节所要研究的吸收中是我们必须要考虑的．

我们将强激发原子看成是类氢系统："光学"电子（它是外层价电子之一）在核和其余电子的场中沿着大轨道运动．如果组成"原子骸"的这个电荷系统的线度与"光学"电子轨道的线度相比较不是很大的话——在一些强激发原子中所发生的正是这种情况，那么这一系统就可以看成是产生库仑场的 $Z=1$ 的点电荷（如果所遇到的不是中性原子，而是离子，那么 Z 要比离子电荷大 1 个单位，见下一节）．

当把对类氢原子所得到的一些结果推广到复杂原子的时候，自然要把各公式中的电离势理解为是该种原子的真实的电离势．

事实上，如果量子能量比电离势小很多，决定这种量子吸收系数与温度关系的基本因素是玻耳兹曼因子

$$\exp[-(I-h\nu)/kT],$$

它正比于这种原子的数目，这种原子被激发得如此之高，以至量子能够从它们之中击出电子．毫无疑问，这个因子的出现，与原子是类氢的还是复杂的毫不相干．玻耳兹曼因子中的一个因子 $\exp(-I/kT)$，它描述了电离度，确切一些说，描述了与韧致吸收系数成正比的乘积 N_+N_e，也与原子的类型无关．

在复杂原子中，具有给定主量子数 n 的"类氢"能级中的每一能级，都要按照自己的统计权重而分裂为几个能级．这是因为，在复杂原子中由于场偏离库仑场，l 重的简并已不复存在，因而具有确定的主量子数 n 但具有不同轨道量子数 l 的一些能级的能量也就互不相同（这不同于类氢原子）．

如果考虑到，在复杂原子中能级的这种"增殖"会导致在"栅栏"曲线$\varkappa(\nu)$中出现大量的彼此靠得很近的"锯齿"，那么用积分来代替按能级的求和或用平均的光滑曲线来代替"栅栏"曲线，这甚至要比类氢原子的情形更为自然（乌周里德文献[10]）．

看来，用公式 (5.44) 来描写能量比电离势小很多的这种低能量子的吸收应该是不坏的，这个公式本来是对类氢原子导出的，并

且对于中性原子来说应该认为 Z 等于 1. 事实上,复杂原子中,只有低能量子能够从上击出电子的那些高能级与"类氢的"能级极为相似,因为在距原子骸很远的距离上场与库仑场极为相似.

对于那些被处于基态或低激发态的原子所吸收的 高能 量子,当然不能应用公式(5.44),否则会引起相当大的误差[1].

当量子的能量超过电离势 $h\nu > I$, $x > x_1$ 的时候,公式 (5.44) 是根本没有意义的. 在这种情况下,按 n 的求和中包括了从 $n=1$ 到 ∞ 的所有能级,而积分下限可变动的公式(5.43)就失去了意义. 在这种情形下,按能级的求和就简单的为一常数,且与 ν(和 x)无关. 在对 $h\nu > I$ 的量子的吸收中,起决定性作用的是那些处于基态的原子,因而可近似地认为和就等于第一项,即等于 1. 这便给出了近似公式:

$$x_\nu = \frac{32\pi^2}{3\sqrt{3}}\ \frac{e^6 Z^2 N}{h^4 c\nu^3} I = 0.96 \times 10^{-7} \frac{N Z^2}{T^{\circ 2}}\ \frac{2x_1}{x^3} \text{厘米}^{-1} \quad (5.45)$$

当 $x > x_1$, $h\nu > I$ 时,

也就是说当 $h\nu > I$ 的时候,应以这个公式来代替公式(5.44).

我们来求出在第一次电离范围内单原子气体的罗斯兰德平均自由程. 罗斯兰德自由程是由吸收系数的倒数,也即是透射来决定的.

能表征透射的谱自由程 $l_\nu = 1/x_\nu$, 被简略地画在图5.7上. 透射的频率范围与吸收的频率范围是相反的,并且是从低频方面位于跳跃点附近. 在量子能量 $h\nu$ 超过电离势的这种范围内,实际上没有任何透射,因为这些量子被处

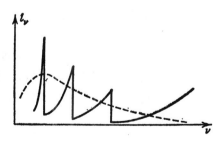

图 5.7 透射的"栅栏曲线"
(实线是作为频率函数的自由程. 虚线是按锯齿展平了的自由程. 图形是简化的)

1) 参看§5,第 284 页,在那里一些列举了关于某些处于基态的原子吸收量子之截面的计算结果.

于基态的原子强烈地吸收.

在辐射能的输运中,其主要贡献是由与罗斯兰德积分 (2.80) 中的权函数的最大值相对应的,即使得 $x = h\nu/kT \approx 4$ 的那些量子所给出的. 如果温度比电离势小很多,就像在不太稠密的气体中在第一次电离的范围内所通常发生的那样,那么这些量子的吸收就可以近似地用公式(5 44)来描写,$h\nu$ 越小这个公式就越精确,且就可以用它来计算平均自由程(透射的"栅栏曲线"按照这个公式用光滑曲线 $x^3 e^{-x}$ 来代替,后者在图5.7上以虚线画出).

由于高频率 $x > x_1$ 对于罗斯兰德积分(2.80)实际上没有任何贡献,所以计算这个积分的时候,可将仅在 $x < x_1$ 时才有意义的公式(5.44)扩展到 $x > x_1$ 的情形. 实际上,公式(5.44)在形式上已经保证了当 $x > x_1$,$x \to \infty$ 时透射是很迅速地衰减. 将表达式(5.44)代入罗斯兰德积分(2.80),我们便得到罗斯兰德自由程[1]

$$l = 0.9 \times 10^7 \frac{T^{°2}}{N Z^2} e^{\frac{I}{kT}} \text{厘米}. \qquad (5.46)$$

应当指出,在计算罗斯兰德自由程时,如果吸收系数不是按公式(5.44)取的,而是按类氢原子的"精确"公式(5.42)取的,即不以光滑曲线来代替透射的"栅栏曲线",那么所得到的自由程的值要比公式(5.46)所给出的大四倍(当 $x_1 = \dfrac{I}{kT} \sim 10$ 的时候).

举一个按公式(5.46)计算的罗斯兰德自由程的例子. 对于氢来说,当 $T = 11600°K = 1$ 电子伏,$N = 10^{19}$ 厘米$^{-3}$ 的时候,我们得到 $l = 100$ 厘米(在这些条件下,电离度等于 0.02).

如果形式地借助公式(5.44),(5.45)按公式(2.105)来计算表征气体积分发射本领的平均吸收系数 $\varkappa_1$,那么对于其相应的自由程我们得到

$$l_1 = \frac{1}{\varkappa_1} = 2.3 \times 10^7 \frac{T^{°2}}{N Z^2} e^{\frac{I}{kT}} \frac{kT}{I} \text{厘米}. \qquad (5.47)$$

但是应该指出,这个公式中可能含有很大的误差,因为在积分

---

1) 这时积分 $\displaystyle\int_0^\infty x^3 e^{-x} G'(x) dx = 0.87$.

(2.105)中起主要作用的是 $x > x_1$ 的高频区域,对于这个区域应用类氢近似总是比较坏的(在电子被俘获至原子基态能级的时候,发射的主要是高能量子).

对于能量比电离势小很多的能量不高的量子($h\nu \ll I$),在第一次电离范围内,当 $kT \ll I$ 时 其连续吸收系数基本上是按规律 $\varkappa_\nu \sim \exp(-I/kT)$ 而依赖于温度,即是很急剧地依赖于温度. 相应地,其平均自由程 l 是正比于 $\exp(I/kT)$. 对于束缚-自由跃迁和离子场中的韧致吸收,即对于 $\varkappa_\nu$ 中的两个加数 $\varkappa'_\nu$ 和 $\varkappa''_\nu$(因为 $\varkappa''_\nu \sim N_+ N_e \sim e^{I/kT}$)来说,吸收具有玻耳兹曼式的温度关系乃是一个特征.

克拉梅尔斯公式和克拉梅尔斯-乌周里德公式是对类氢 原 子导出的,有一系列的文献就如何将它们应用到复杂原子的问题提出了一些改进的办法.乌周里德(文献[11])代替"原子骸"电荷 Z 引进了等效电荷 Z^*,它是那样来定义的,要求量 $E_{n,l} = -I_H Z^{*2}/n^2$ 等于复杂原子的具有确定主量子数 n 和轨道 量 子 数 l 的 能级 的实际能量. 此外,克拉梅尔斯公式还要乘以 γ/Σ_0,此处 γ 等于复杂原子的在 n 和 l 确定情况下的能级的重数与氢的相 应 量 的 比值,而 Σ_0 则是原子的统计和. 乌周里德(文献[11])和另外一些人(文献[12])都提出建议,对于所有的能级都要取与原子基态能量相对应的 $Z^{*2} \approx 4-7$.

别尔京斯和塞顿(文献[13])利用单电子的半经验的波函数,求得了任何原子或离子的光致电离截面的普遍表达式,而上述波函数是借助所谓的量子亏损法[1]而得到的.

Л. M. 比别尔曼和 Г. Э. 诺尔曼(文献[14]),以别尔京斯和塞顿公式为基础,发展了计算非类氢原子连续吸收系数的近似方法.他们以克拉梅尔斯-乌周里德型的公式给出了吸收系数,公式中的 Z^2 因子是由某个频率的一般来说还是温度的 函 数 $\xi(\nu, T)$ 来代

---

1) 把量 $\Delta n(E_{n,l}) = n - n^*$ 叫做量子亏损,此处 n 是原子的 $E_{n,l}$ 能级的主量子数,而 n^* 是等效量子数,它要使得 $E_{n,l} = -I_H Z^2/n^{*2}$. 量子亏损反映了复杂原子或离子的能级的能量与类氢原子的相应能级的能量的偏差.

替．他们曾针对原子 O, N, C 计算了这个函数(它近似地与温度无关)．原子的一些很高的能级总是"类氢的"，因此对那些低能量子的吸收就应和氢原子时是一样的：当 $h\nu \to 0$ 时，$\xi \to 1$（当 $Z=1$ 时）．

当量子的能量从零增加到 $h\nu \sim 4$ 电子伏时，对于上述这些原子来说，系数 ξ 单调地下降到 $\sim 1/5$．在文献[15]中，针对另外一些原子(Li, Al, Hg, Kr, Xe, Ar)计算了这个函数．例如，对于氢，在 $h\nu \sim 2—3$ 电子伏的可见光谱区域，$\xi \sim 1.5—2$．从一个原子到另一个原子，量 ξ 的变化是不规律的．

由量子亏损法所得到的一些结果与实验符合得不错．关于这些结果的评论请见文献[55]．

有一些实验资料表明,将克拉梅尔斯-乌周里德理论应用于惰性气体,给出了不错的结果．比如，在 А. П. 德鲁诺夫、А. Г. 斯维林多夫和 Н. Н. 索伯列夫的文献[42]中，曾研究了氪和氙在激波管中发光的连续谱．所测得的强度与根据克拉梅尔斯-乌周里德理论所计算的结果符合得很好．

§8. 原子多次电离时气体中的辐射平均自由程

当温度高到近于几万度以上的时候，气体原子要被多次地电离．在这样的温度下分子完全离解，因而所有的气体都是单原子的，并在光的吸收方面都以相同的方式行动．我们来求出多次电离气体中的辐射平均自由程．(下面所要介绍的一些结果，曾在本书一位作者的文献[18]中得到．)为了简便，我们来考察由一种元素的原子所组成的气体．

电离平衡的计算表明,在每一对温度和密度的值之下,在气体中大量存在的仅是二到三个电荷的离子(见第三章§7)．每一个这样的离子，当它参与束缚-自由跃迁或自由-自由跃迁时，都对连续吸收做出自己的贡献．同样的计算证明，在密度不太大的气体中，那些大量存在的离子其电离势总是比 kT 大很多．例如，在密度为标准密度的 1/100 的空气中,离子的"平均"电离势 $\bar{I}$（它与具有该温度和密度下的"平均"电荷的离子相对应）大约比 kT 大 10 倍。因而，在辐射能输运中起主要作用的、其能量 $h\nu$ 超过 kT 3—5 倍的那些量子，不是从离子的基态能级，而是从离子的激发能级被吸收的。和中性原子的情况一样，这一点就可作为将针对类氢原子所导出的一些公式推广到多电荷离子情形的一个根据。而且，类氢近似对多电荷离子来说，甚至比对中性原子时更为有效，因为多电荷离子的"原子骸"的场，当"骸"电荷越大时越接近于库仑场。

我们将把多电荷离子的连续吸收看成是具有相应电荷的类氢原子的吸收。

我们假定，在温度为 T 时，在 1 厘米^3 的气体中有 N 个原子核和 N_m 个经过 m 次电离的原子（为了简单把它们叫做 m 离子）。 m 离子的束缚-自由吸收和 $m+1$ 离子场中的自由-自由吸收这两者的总系数我们用公式(5.44)和(5.45)来描写,在这两个公式中我们令电荷 Z 等于 m 离子的"原子骸"的电荷，即 $Z = m+1$，并取 m 离子的真实势 I_{m+1} 作为电离势。 多电荷离子的束缚-自由系数和自由-自由系数两者的合并，完全对应于第一次电离范围内的同样的合并。事实上，$m+1$ 离子场中的自由-自由吸收系数乃正比于乘积 $N_{m+1}N_e$，而这一乘积和从前一样，可按照沙赫公式(3.44)由 m 离子的数目 N_m 来表示。我们将总吸收系数写成如下形式：

$$\varkappa_{\nu m} = \frac{aN_m(m+1)^2}{T^2} e^{-x_{1m}} F_m(x), \qquad (5.48)$$

此处

$$a = \frac{16\,\pi^2}{3\sqrt{3}} \frac{e^6}{hck^2} = 0.96 \times 10^{-7} 厘米^2 \cdot 度^2, \text{[1]}$$

$$x_{1m} = I_{m+1}/kT, \quad x = h\nu/kT,$$

而在 $F_m(x)$ 中包含有频率关系

---

[1] 原文公式中为 $\frac{e^6}{hck}$，有误，应为 $\frac{e^6}{hck^2}$。——译者注

$$F_m(x) = \frac{e^x}{x^3}, \quad \text{当 } x < x_{1m} \text{ 时}. \tag{5.49}$$

对于能量超过电离势的量子,根据式(5.45),我们假定

$$F_m(x) = 2\,x_{1m}\frac{e^{x_{1m}}}{x^3}, \text{ 当 } x > x_{1m} \text{ 时}. \tag{5.50}$$

为了得到对于频率 ν 的总的吸收系数,应将分系数 $x_{\nu m}$ 按所有种类的离子,也即是按电荷 m 求和:

$$x_\nu = \sum_m x_{\nu m}. \tag{5.51}$$

我们先来求出表征积分发射本领的平均吸收系数 x_1.

将谱系数 x_ν 代入公式(2.105)中,并计算出按谱的积分,我们得到

$$x_1 = \frac{1}{l_1} = \frac{45\,a}{\pi^4 T^2}\sum_m N_m(m+1)^2 x_{1m}e^{-x_{1m}}. \tag{5.52}$$

现在我们求罗斯兰德平均自由程,为此要将 x_ν 代入公式(2.80):

$$l = \frac{T^2}{a}\int_0^\infty \frac{G'(x)dx}{\sum_m N_m(m+1)^2 e^{-x_{1m}}F_m(x)}. \tag{5.53}$$

这里 $G'(x)$ 是罗斯兰德权因子. 在这个表达式里,已经不可能像在计算 x_1 时所做的那样,在不引进附加条件的情况下就避免了按谱的积分,因为这里所要平均的不是可加的吸收系数,而是它的倒数. 但是这个积分完全可以近似地进行. 根据公式(5.49),所有离子,在自己的透射带内,也就是当 $x < x_{1m}(h\nu < I_{m+1})$ 的时候,随频率的变化是以相同方式吸收光的. 在气体中大量存在的并对吸收有着显著贡献的那些离子所具有的透射边界中的最小者,实际上就是积分(5.53)的上界.

就如上面曾指出的那样,在每一对气体的温度和密度值之下,大量存在的仅是那些二到三个电荷的离子. 由于平均电离势 $\bar{I}$ 比 kT 大很多,所以这些离子的透射边界 x_{1m} 便处在对积分式(5.53)有着重要贡献的那一谱段的边界之外. 因而可近似地忽略函数

$F_m(x)$ 对 m 的依赖关系，并将其提到对 m 的求和号之外。此外，再将 $F_m(x)$ 的表达式 (5.49) 扩展到 $x > x_{1m}$ 的量值，这就像在上一节所曾做过的那样。在作这些简化之后，积分就变得和中性原子情形中的完全一样（见 292 页的注解）。我们得到

$$l = \frac{0.87\,T^2}{a}\ \frac{1}{\sum\limits_m N_m(m+1)^2 e^{-x_{1m}}}. \tag{5.54}$$

为了近似地计算出公式 (5.52)，(5.54) 中的对离子电荷的求和，我们要利用在第三章 §7 中当计算多次电离范围内的气体热力学函数时所曾使用过的方法。我们将离子的分布 N_m 看成是在某个"平均"电荷 $\bar{m}$ 附近的 δ 函数，而这个"平均"电荷是由方程 (3.57) 来定义的。

就如在第三章 §7 中所证明过的，离子分布函数 N_m 具有尖峰的特点，这一尖峰是由高斯曲线 $N_m \sim \exp[-(m-\bar{m})^2/\Delta^2]$ 所描写（见公式 (3.58)）。

若将式 (5.52) 和 (5.54) 求和中的因子 $e^{-x_{1m}}$ 在平均值 $\bar{x}_{1m}$ 附近作一展开，我们便得到这个因子按规律 $e^{-x_{1m}} \approx e^{-\bar{x}_{1m}} - 常数\,(m-\bar{m})$ 而依赖于 $m-\bar{m}$，即与 N_m 相比这种依赖是较弱的。因此，采用上述近似法来计算对 m 的求和，在该情形下也和第三章 §7 的情形一样是可以的。我们将求和中关于 N_m 的系数取一平均值并提到求和号之外，再注意到 $\sum N_m = N$，我们便得到

$$l = \frac{0.87\,T^2}{a}\ \frac{e^{\bar{x}_1}}{N(\bar{m}+1)^2},\qquad l_1 = \frac{\pi^4 T^2}{45\,a}\ \frac{e^{\bar{x}_1}}{N(\bar{m}+1)^2\bar{x}_1},$$

这里 $\bar{x}_1 \equiv \bar{x}_{1m} = \bar{I}/kT$。

利用公式 (3.56) 换掉指数，并代入 a 的数值，最后我们得到：

$$l = \frac{4.4 \times 10^{22}\,T^{\frac{7}{2}}}{N^2\bar{m}(\bar{m}+1)^2}\text{厘米}^{1)}, \tag{5.55}$$

_____

1) 我们指出，公式 (5.55) 不能应用于气体完全电离的情况，因那时没有束缚-自由吸收（与公式 (5.24) 比较）。

和

$$l_1 = \frac{1.1 \times 10^{23} T^{\circ \frac{7}{2}}}{N^2 \overline{m}(\overline{m}+1)^2 \overline{x}_1} \text{厘米}. \tag{5.56}$$

依赖于温度与密度的平均电荷 $\overline{m}$ 和平均的相对电离势 $\overline{x}_1 = \overline{I}/kT$，要通过解方程(3.57)才能确定.

验证表明，由对 m 求和的近似计算所引起的误差是很小的，在任何情况下都明显地小于在研究复杂原子时由于应用类氢近似所可能引起的误差. 但可以指望，所得到的公式(5.55),(5.56)能给出正确的平均自由程的数量级，并能正确地反映出它们与气体的温度和密度的关系.

为了展示某些平均自由程的数值，在表5.2中我们列举了关于空气的一些计算结果[1]. 很遗憾，在一个较宽的变数变化的范

表 5.2

在多次电离范围内空气中的辐射平均自由程

T, $^\circ$K		N/N 标准；N 标准 $= 5.34 \times 10^{19}$ 厘米$^{-8}$		
		1	10^{-1}	10^{-2}
50,000	$\overline{m}$	1.4	1.85	2.35
	l,厘米	0.053	2.8	170
	l_1,厘米	0.02	0.8	39
100,000	$\overline{m}$	2.72	3.47	4.1
	l,厘米	0.13	7	470
	l_1,厘米	0.05	2	110
250,000	$\overline{m}$	4.85	5.15	5.2
	l,厘米	0.72	61.5	6,000
	l_1,厘米	0.24	15.6	1,200
500,000	$\overline{m}$	5.2	5.4	5.85
	l,厘米	6.8	610	50,000
	l_1,厘米	2.0	140	9,500

---

1) 在文献[18]所列的表中存在一个错误. 自由程 l 和 l_1 的所有数值统统都被压低了10倍.

围内,关系 $l(T, N)$ 和 $l_1(T, N)$ 不可能用一个稍为精确一点的对于实际是很方便的幂指数型的插值公式来描写. 在粗糙 的 近 似下, 在规律 $l \sim T^{\alpha} N^{-\beta}$ 中其幂的指数是这样的: $\alpha \sim 1.5$—3; $\beta \sim 1.6$—1.9.

如果从低温开始来注意平均自由程与温度的关系,那么就会发现,函数 $l(T)$ 具有最小值.

在第一次电离的范围内, 当 $kT \ll I_1$ 时, $l \sim e^{\frac{I_1}{kT}}$ (见公式 (5.46)),即它是随着温度的增加而很快地减小. 在第二次电离开始的范围内(在空气中这是当 $T \sim 20000$—$40000°K$ 的时候),自由程变得最小. 此后, 它便随着温度的升高而增加, 起初的增加要比 $T^{7/2}$ 为慢, 但到后来, 当气体完全电离因而仅剩下韧致机制的时候, 它的增加便与 $T^{7/2}$ 成正比(见公式(5.24)). 应当指出, 罗斯兰德自由程的增加并不是无限的: 当吸收是很小的时候, 光的散射成为重要的(见第二章§2), 而在计算中我们并未考虑 到它. 在标准密度的空气中, 对于 $h\nu \ll mc^2 = 500$ 千电子 伏 的 量子 来说,其康普顿散射自由程是等于 37 米. 这就是标准密度空气中的罗斯兰德自由程的上界. 我们强调指出, 在多次电离的范围内关系 $l(T, N)$ 和 $l_1(T, N)$ 的特性以及自由程的数量级,对于所有气体来说大致都是相同的, 因为所有元素依次电离的势多少总是彼此相似的.

作为例子,我们来估计一下其 线度 $R \ll l_1$ 的一个空气透明质团的发射本领和辐射冷却的速度. 当 $T = 50000°K$ 和 $N = 10^{-2} N_{标准}$时, $l_1 = 39$ 厘米, $J = 4\sigma T^4/l_1 = 3.6 \times 10^{13}$尔格/厘米^3·秒. 在这些条件下空气的内能等于 $\varepsilon = 83$ 电子伏/原子. 冷却的 初始时间尺度 $\tau = N\varepsilon/J$ 等于 $\tau = 1.9 \times 10^{-6}$秒 $\left(\frac{d(N\varepsilon)}{dt} = -J \right)$.

对本节所说的计算辐射平均自由程的方法, 在文献[50]中曾进行了某些改善.

在不久前发表的 H. M. 库兹涅佐夫的表 [87] 中, 曾根据所计算的电离组分用公式(5.52),(5.53)计算了空气自由程 l 和 l_1.

§8a. 弱电离气体中的光吸收

当电离度不大的时候,与束缚-自由跃迁 和离子场 中的自由-自由跃迁相对应的吸收系数正比于电子密度的平方,$\varkappa_\nu = \varkappa_\nu' + \varkappa_\nu'' \sim N e^{-\frac{I-h\nu}{kT}} \sim N_e^2$. 因此,在温度不高和电 离度很小 的时候,中性原子场中的自由-自由跃迁就要成为主要的,这种跃迁的吸收系数与电子密度的一次方成正比 $\varkappa_{\nu H} \sim N N_e \sim e^{-I/2kT}$. 我们 近似 地求出这个系数. 为此,要利用关于辐射截面的公式 (5.13 b) 和细致平衡原理(5.19). 这样, 我们便得到按一个电子和一个原子计算的真实吸收系数,并可将它表示为下述形式:

$$a_{\nu H}(E) = a_{\nu k}\left[\frac{2}{3} \frac{E + h\nu}{E} \frac{E + h\nu}{h\nu} \frac{\sigma_{\mathrm{tr}}(E + h\nu)}{\sigma_{\mathrm{tr}}(E)} \right],$$

$$a_{\nu k} = \frac{e^2 v \sigma_{\mathrm{tr}}(E)}{\pi m c \nu^2} \text{厘米}^5, \tag{5.57}$$

此处 $E = mv^2/2$ 是电子在吸收量子之前的能量. 这一公式是在本书作者们的文献 [62] 中导出的,该工作的目的本来是研究在激光束作用下气体的击穿(见§22和23). 公式中所 分出 的因子 $a_{\nu k}$ 是电磁波在弱电离气体中的有效吸收系数,它是由纯经典的理论所得到的(文献 [63]). 在这一理论中,要向场的麦克斯韦方程内代入其波矢量为复数值的行波解,矢量的虚部——它描述了波的吸收——这时是通过介质的电导率来表示的. 然后再借助关于场中电子的玻耳兹曼的动力论方程来确定弱电离气体的电导率,如此便得到了关于波能量的吸收系数 $a_{\nu k}$.

很显然,在 $h\nu/E \to 0$ 的极限之下,量子理论应能 导出经典的结果. 但是,在取这种极限的时候,应该注意到,在经典力学中不存在"真正的"吸收的概念,这种吸收是属于量子的. 在经典理论中存在的是"有效" 吸收,它是由电子在电磁波的作用下所得到的能量和所失去的能量两者之间的差值按照碰撞次数取了平均的结果所决定[1].

在量子理论中，有效吸收对应于真实吸收与强迫发射之间的差值，而在向经典极限过渡的时候刚好要用到这个差值。

依照关于连续谱的爱因斯坦关系，能量 $E' = E + h\nu$ 的电子之再次辐射（强迫发射）的系数，是等于

$$b_{\nu H}(E') = \frac{v}{v'} a_{\nu H}(E) = \sqrt{\frac{E}{E + h\nu}} a_{\nu H}(E). \qquad (5.57\,a)$$

低能量子 $h\nu \ll E$ 的有效吸收系数则是[2]

$$a'_{\nu H}(E) = a_{\nu H}(E) - b_{\nu H}(E) = a_{\nu H}(E) - \sqrt{\frac{E - h\nu}{E}} a_{\nu H}(E - h\nu).$$

向这里按公式 (5.57) 代入 $a_{\nu H}$，再取极限 $h\nu/E \to 0$，我们就得到

$$(a'_{\nu H})_{\frac{h\nu}{E} \to 0} = \frac{a_{\nu k}}{3} [1 + 2\,d(\ln a_{\nu k} E)/d\ln E].$$

由此看出，极限量在精确到一个近似于 1 的数值因子的情况下与经典值 $a_{\nu k}$ 相符，而当 $a_{\nu k}(E) = $ 常数（$v\sigma_{\mathrm{tr}}(E) = $ 常数）时，则完全相符。

计算表明，就是当 $h\nu$ 与 E 相比较不是很小的时候，量 $a'_{\nu H}(E)$ 也相当地接近于经典值 $a_{\nu k}$。这样一来，在进行近似计算的时候，我们就可以取下述的经典值作为气体的用强迫发射修正过的吸收系数

$$\varkappa_{\nu H} = N_a N_e a_{\nu k} = \frac{e^2 N_e}{\pi m c v^2} \nu_{\text{有效}}, \qquad (5.57\,b)$$

此处 $\nu_{\text{有效}} = N_a v\sigma_{\mathrm{tr}}$ 是电子与原子碰撞的有效频率[3]。

直到不久之前，关于电磁波在弱电离气体中的吸收系数的公

---

1) 在进行每一次具体碰撞的时候，电子究竟是得到能量还是失去能量，这依赖于散射前后电子速度的方向与散射时刻的波的电场矢量相互之间的关系。

2) 如果将这个量按电子的麦克斯韦分布取平均，则我们就会得到通常的用强迫发射修正过的吸收系数 $a'_{\nu H} = a_{\nu H}(1 - e^{-h\nu/kT})$。

3) 我们指出，如果碰撞频率与光的圆频相比较不是很小，那么在系数 $a_{\nu k}, \varkappa_{\nu H}$ 中要出现附加因子 $\nu^2/[\nu^2 + (\nu_{\text{有效}}/2\pi)^2]$。关于这一点已在 §2a 中谈到过。

式(5.57 b), 还主要是应用于无线电波和微波（厘米波）[63]. 而实际上，它的应用范围，特别是关于真实吸收系数和强迫发射的公式(5.57)和(5.57 a)的应用范围，还要更广一些. 当电子的能量约为几个电子伏时，可用这几个公式来估计对光学频率，即对其能量近于 1 个电子伏的那种量子的吸收. 尤其是，借助这几个公式可以来研究气体在击穿发展时期对激光辐射的吸收(见 §22 和 23). 半经典公式(5.57)给出的吸收系数的值与氢的量子力学计算的结果符合得很好，而所说的计算是由卡德尔 斯卡 尔和伯林恩（文献[16]），以及欧姆拉和欧姆拉（文献[88]）所进行的[1].

我们来比较电子被离子散射和被中性原子散射两种情况下的光的吸收系数. 按照公式(5.20)和(5.57),

$$\frac{a_{\nu离}(E)}{a_{\nu中}(E)}=\frac{\pi}{\sqrt{3}}\frac{\pi a_0^2}{\sigma_{\mathrm{tr}}(E')}\left(\frac{2\,I_H}{E'}\right)^2,\quad E'=E+h\nu.$$

例如，对于氢，当 $E=1$ 电子伏，$h\nu=2$ 电子伏时，$\sigma_{\mathrm{tr}}\approx15\,\pi a_0^2$（文献[53]），而 $a_{\nu离}/a_{\nu中}\approx10$ [2].

2. 原子的线状谱

§9. 谱线的经典理论

线状谱的发射和吸收是由原子（离子）中的束缚-束缚跃迁所引起，即是当原子从一个能量状 态跃迁到另一个能量状态时所引起的.

在经典理论中，辐射着的原子的 模型乃是一个弹性的束缚电子，这个电子是在某个平衡位置附近作振动. 在零级近似下，不考虑对于辐射的能耗，这样的系统就是一个简谐振子. 由于振动电子的运动是加速度的，因此它要辐射出光. 如果一个振动周期之

---

1) 在文献[17]中也有量子力学的处理办法.
2) 我们指出，根据文献[16]，对于大体相同的 条件 $\lambda=5965$ Å, $h\nu=2.08$ 电子伏, $T=7200^\circ$K，得到 $\bar{a}_{\nu中}=2.5\times10^{-39}$ 厘米[5], $a_{\nu离}/a_{\nu中}=12$, $a_{\nu离}=3\times10^{-38}$ 厘米[5].

内的能耗与振动本身的能量 W 相比较是 很小 的 话，那么辐射的速度就可以按一般公式(5.1)来计算，这只要将简谐振子的加速度代到它的里面。我们用 ν_0 来表示振子的固有频率。如果 r 是从平衡位置算起的电子的坐标，那么加速度等于 $\mathbf{w}=4\pi^2\nu_0^2\mathbf{r}$. 按时间平均的电子的辐射能耗速度，按公式(5.1)等于

$$\frac{dW}{dt}=-S=-\frac{32\pi^4}{3}\frac{e^2}{c^3}\nu_0^4\langle\mathbf{r}^2\rangle=-\frac{32\pi^4}{3}\frac{\nu_0^4}{c^3}\langle\mathbf{d}^2\rangle,\qquad(5.58)$$

这里 $\mathbf{d}=e\mathbf{r}$ 是偶极矩。符号 $\langle\ \rangle$ 表示按时间的平均。用振子的能量 W 来表示电子偏移的平均平方 $\langle\mathbf{r}^2\rangle$，我们就得到了 1 秒内所辐射的能量：

$$S=-\frac{dW}{dt}=\frac{8\pi^2e^2}{3mc^2}\nu_0^2 W=\gamma W.\qquad(5.59)$$

组合

$$\gamma=\frac{8\pi^2e^2\nu_0^2}{3mc^3}=2.47\times10^{-22}\nu_0^2\frac{1}{\text{秒}}\qquad(5.60)$$

是那样一个时间的倒数，在这个时间内振子的能量减小为原来的 $1/e$（如果振子的初始能量等于 W_0，那么 $W=W_0e^{-\gamma t}$）。量 γ 叫做阻尼常数。

弱阻尼条件 $\gamma\ll\nu_0$ 乃是推导公式 (5.58) 的基础，它总是以很高的精度得到满足[1]。例如，对于 $\lambda=4000$ Å 的紫光来说，$\nu=7.5\times10^{14}$ 秒$^{-1}$（$h\nu=3.1$ 电子伏），而 $\gamma=1.4\times10^8$ 秒$^{-1}$；$\tau=1/\gamma=0.7\times10^{-8}$ 秒。

如果考虑到用于辐射的能耗，那么在 下一级 近似下振子所作的已不是简谐振动，而是阻尼振动，这种振动 的 振幅乃正比于 $\sqrt{W}=\sqrt{W_0}\,e^{-\frac{\gamma t}{2}}$. 因而，现在所辐射的不再是固有频率 ν_0，而是整个频谱。为了求得辐射的谱成份，必须 用傅立叶积分来展开振子的加速度（预先假定，当 $t<0$ 时，没有振动，且 $\mathbf{r}=0$，$\mathbf{w}=0$）。

---

[1] 运用量子的概念，这个条件可以改写为如下形式，$\dfrac{8\pi^2e^2\nu_0^2}{3mc^3}\ll\nu_0;\ h\nu_0\ll\dfrac{3}{8\pi^2}\times\dfrac{hmc^3}{e^2}=\dfrac{3}{4\pi}\dfrac{hc}{2\pi e^2}\,mc^2=\dfrac{3}{4\pi}\text{“}137\text{”}mc^2=163$ 兆电子伏。

在全部时间内所辐射的属于谱间隔 $d\nu$ 之中 的辐射能量 $S_\nu d\nu$，是通过加速度的傅立叶分量按公式 (5.4) 来确定的。计算给出，当 $\nu-\nu_0 \ll \nu_0$ 时：

$$S_\nu d\nu = \frac{2}{3}\frac{e^2\nu_0^2}{mc^3}\frac{W_0}{(\nu-\nu_0)^2+\left(\frac{\gamma}{4\pi}\right)^2}d\nu, \qquad (5.61)$$

这一计算可在书[19]中找到。

当将这个表达式按整个频谱从 $\nu=0$ 到 $\nu=\infty$ 积分时，容易验证，总的辐射能量就等于振子的初始能量：

$$\int_0^\infty S_\nu d\nu = \int_0^\infty S dt = \int_0^\infty \gamma W_0 e^{-\gamma t}dt = W_0.$$

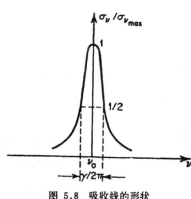

图 5.8　吸收线的形状

我们可以谈论振子在 1 秒之内在频率间隔 $d\nu$ 之中所辐射的能量。这个量等于 $\gamma S_\nu d\nu$，并且在表达式 (5.61) 中，这时应该用 W 来代替 W_0，W 是振子在某一确定时刻的能量。

由公式 (5.61) 所表述的阻尼振子辐射的谱分布，已被画在图 5.8 上。峰的半宽度，即所谓自然宽度，它的意义在图 5.8 上已很明显，等于 $\Delta\nu = \gamma/2\pi$。

在波长的标度中，自然宽度与波长无关，并等于 $\Delta\lambda = \frac{c\Delta\nu}{\nu_0^2}$ $= \frac{4\pi}{3}\frac{e^2}{mc^2} = \frac{4\pi}{3}r_0 = 1.2 \times 10^{-4}\text{Å}$ $(r_0 = \frac{e^2}{mc^2} = 2.8 \times 10^{-13}$ 厘米是"电子的半径")。

上面讨论了单次激发的振子对光的自发辐射。现在假定，有一振幅不随时间改变的频率为 ν 的单色光波由外界落到振子上。在波的电场作用下，弹性束缚电子要作强迫振动。如果没有阻尼，光波在它被"引进"之后的很短的时间内,就要把振子激发,并给振子一定的能量,而此后(按时间平均)就再也不作功了。而如果存在着阻尼,强迫振动就要使得振子连续地向外辐射能量。这个能量是靠外场所作的功得到的。

我们来求光波的周期场在振子上所作的功。为此,要解振子的运动方程:

$$m\ddot{\mathbf{r}} + m(2\pi\nu_0)^2\mathbf{r} + m\gamma\dot{\mathbf{r}} = e\mathbf{E}_0 e^{i2\pi\nu t}.$$

这里 $\mathbf{E}_0$ 是电场强度的振幅。项 $m\gamma\dot{\mathbf{r}}$ 考虑了与阻尼有关的"摩擦力"。这个方程有如下形式的解:

$$\mathbf{r} = \mathbf{r}_0 e^{i2\pi\nu t}, \quad \mathbf{r}_0 = \frac{1}{4\pi^2}\frac{e}{m}\mathbf{E}_0\frac{1}{\nu_0^2 - \nu^2 + i\nu\dfrac{\gamma}{2\pi}}. \qquad (5.62)$$

外力在 1 秒内所作的功等于力乘以速度 $\dot{\mathbf{r}}$。将运动方程乘以 $\dot{\mathbf{r}}$,并对时间取平均,其结果就消去了项 $\langle\ddot{\mathbf{r}}\cdot\dot{\mathbf{r}}\rangle$ 和项 $\langle\mathbf{r}\cdot\dot{\mathbf{r}}\rangle$,于是我们得到,在 1 秒之内所作的功等于

$$\langle e\mathbf{E}_0 e^{i2\pi\nu t}\dot{\mathbf{r}}\rangle = 2\pi^2 m\gamma\nu^2|\mathbf{r}_0^2|. \qquad (5.63)$$

它是由复数量 $\mathbf{r}^2$ 的模来决定。

这个功等于振子在 1 秒之内从光波那里所获得的能量,也即是振子所吸收的能量。

我们暂且把所吸收能量的未来前途问题放在一边,而来计算吸收的有效截面。按照定义,它等于 1 秒内所吸收的能量除以按时间平均的光波能流。其平均能流等于 $\dfrac{c}{8\pi}\mathbf{E}_0^2$。这样,我们就得到了频率为 ν 之光的吸收有效截面。当频率 ν 距共振点不太远,即 $|\nu-\nu_0| \ll \nu_0$ 的时候,它等于

$$\sigma_\nu = \frac{e^2}{mc}\frac{\gamma}{4\pi}\frac{1}{(\nu-\nu_0)^2 + \left(\dfrac{\gamma}{4\pi}\right)^2}. \qquad (5.64)$$

如果振子振动的阻尼唯一地与辐射有关,那么全部吸收的能量就都用于对光的发射。在这种情况下,实质上我们所碰到的不是对光的吸收,而是对光的散射(从经典理论来看)。这时,阻尼常

数由公式(5.60)来表示[1].

关于入射光波被振子所削弱的有效截面,在这种情况下,根据公式(5.64)我们得到:

$$\left.\begin{array}{c}
\sigma_\nu = \dfrac{4.23 \times 10^{20}}{\nu_0^2} \dfrac{1}{1+\xi^2} \text{厘米}^2 = \dfrac{7.2 \times 10^{-9}}{(h\nu \text{ 电子伏})^2} \cdot \dfrac{1}{1+\xi^2} \text{厘米}^2, \\[3mm]
\xi = \dfrac{(\nu - \nu_0)}{(\gamma/4\pi)}.
\end{array}\right\}$$

$$(5.65)$$

在线的中心,有效截面等于 $\sigma_{\nu\max} = \dfrac{3}{2\pi}\lambda^2$ 或 $\sigma_{\nu\max} = 7.2 \times 10^{-9}/(h\nu \text{ 电子伏})^2 \cdot$ 厘米^2($\lambda = c/\nu$ 是光的波长). 这个截面是很大的. 对于 $h\nu \sim 2—3$ 电子伏的可见光来说,$\sigma_{\nu\max} \sim 10^{-9}$ 厘米^2,当原子的密度为 $N \sim 10^{19}$ 1/厘米^3 的时候,它所对应的光的自由程 $l \sim 10^{-10}$ 厘米.

被激发的振子可以由于原子间的相互碰撞而消耗自己的能量. 在这种情况下,所吸收的光波的能量要部份地转变为热量. 可以证明(见文献[19]),在这种情况下振子的振动还是由公式(5.62)来描写,只是现在不应将 γ 理解为是线的自然宽度(5.60),而是自然宽度和量 $2/\tau_{碰}$ 之和,此处 $\tau_{碰}$ 是导致振子"退激"的那些碰撞之间的平均时间. 同样地,如果将 γ 理解为是由于碰撞而被加宽了的线的总的宽度,那么关于吸收有效截面的公式(5.64)就原封不动地保持自己的形式.

所吸收之光能的前途取决于自然宽度 γ 和碰撞间的时间的倒数 $2/\tau_{碰}$ 之间的关系. 如果 $\gamma \gg 2/\tau_{碰}$,在很稀薄的气体中就发生这种情况,那么所吸收的能量就要以发光的形式放出(光被散射);而如果 $\gamma \ll 2/\tau_{碰}$,那么能量基本上都要转变为热量(字面意义上的吸收). 还存在着另外一些使气体的谱线加宽的机制(关于这一点,请见文献[10,53,54]).

---

1) 向式(5.58)中代入解(5.62),我们得到 $S = \dfrac{2}{3}\dfrac{e^2}{c^3}(2\pi\nu)^4 \dfrac{|r_0^2|}{2}$. 令这个表达式等于式(5.63),我们就得到了关于阻尼常数的公式(5.60).

设在一个"原子"中有 f_k 个频率为 ν_{0k} 的振子，而 1 厘米³ 中的原子数等于 N. 这时，频率为 ν 的光的总的吸收系数等于

$$\varkappa_\nu = N \sum_k f_k \sigma_{\nu k}. \tag{5.66}$$

一般来说，一些独立的线 ν_{0k} 彼此间所处的距离要比线的宽度大很多. 在对某一确定频率的光的吸收中，其固有频率 ν_0 最接近于被吸收频率的那些振子起着压倒优势的作用，因此在求和 (5.66) 中实际上保留的仅仅是一项. 由于线都是非常窄的，实质上被吸收的只是那些很接近于振子固有频率的频率，吸收具有选择的特性. 我们假定，投射到原子上的是能量密度为 U_ν 的连续的辐射谱，且正如通常那样，这个密度在近于线的宽度的频率间隔内变化是很小的. 在 1 秒中 1 厘米³ 内频率为 ν_0 的那些振子所吸收的总能量等于 $\int_0^\infty U_\nu d\nu c N \sigma_\nu f = U_\nu c N f \int_0^\infty \sigma_\nu d\nu$（略去了脚标 k）. 属于一个原子的吸收，是通过对截面 (5.64) 进行积分所得到的量来描述的. 对于一条线来说，截面按频率的积分，即线的面积，等于

$$f\int_0^\infty \sigma_\nu d\nu = \frac{\pi e^2}{mc} f = 2.64 \times 10^{-2} f \text{ 厘米}^2 \cdot \text{秒}^{-1}. \tag{5.67}$$

这是一个仅与振子的数目有关而与线的宽度无关的常数. 因此，如果线被加宽了，比如因为碰撞而被加宽了，那么现在的有效截面就要比线具有自然宽度时的有效截面为小.

振子对光的吸收和振子对光的辐射，两者对频率的依赖关系是完全一样的(参看公式(5.61)和(5.64)). 这是根据细致平衡原理而得到的，利用直接的计算容易验证这一原理是被满足的[1].

§ 10. 谱线的量子理论. 振子强度

我们从量子力学的观点来研究光的辐射和吸收.

---

1) 如果是取热力学上平衡的（三维）振子的能量和热力学上平衡的辐射密度作为 W 和 U_ν 的话，$\gamma S_\nu d\nu = U_\nu c d\nu_0$. 这个关系是得到满足的. 这既可按经典理论来取: $W = 3kT, U_\nu = 8\pi\nu^2 kT/c^3$，也可以按量子理论来取.

在量子和经典理论的结果之间有着深刻的对应性。在原子的量子理论中,在适用于定态的零级近似下,所可能存在的仅是严格确定的原子的能级(这类似于经典振子非阻尼振动的能量不变)。在次级近似下,就有可能出现原子能量状态之间的跃迁。由于状态的非稳定性,根据测不准关系能级(除基态而外)将要加宽一个量 $\Delta E \sim h/\Delta t$,此处 Δt 是所考察状态下的原子的"寿命",它等于到较低能级的自发跃迁的几率之倒数。但能级的加宽就要使得线也要加宽那样一个量,它近于 $\Delta \nu \sim \Delta E/h \sim 1/\Delta t$,即近于"阻尼"常数 $1/\Delta t$,这和经典理论是一样的。按照上面所说,第 n 个能级的宽度等于到所有较低能级的跃迁几率之和:

$$\Gamma_n = \sum_{n'} A_{nn'}, \qquad (5.68)$$

此处 $A_{nn'}$ 秒$^{-1}$是 $n \rightarrow n'$ 自发跃迁的几率,即是所谓的爱因斯坦发射系数。

关于辐射的速度,量子力学所给出的量是

$$S = h\nu_{nn'} A_{nn'} = \frac{64\,\pi^4}{3} \frac{\nu_{nn'}^4}{c^3} |\mathbf{d}|^2, \qquad (5.69)$$

此处 $|\mathbf{d}|$ 是偶极矩的矩阵元。表达式 (5.69) 非常类似于经典的表达式 (5.58);其差别仅在于以同一个偶极矩的矩阵元之平方的二倍代替了平均的偶极矩的平方。辐射几率 $A_{nn'}$ 的数值与经典"几率"即与阻尼常数 γ 有着同样的量级。

矩阵元 $|\mathbf{d}|$ 的计算是针对两个完全确定的量子状态之间的跃迁来进行的。在能级简併的情况下,我们可以关心从一个能级到另一个能级的平均跃迁几率。为此,$|\mathbf{d}|^2$ 应按终态求和和按初态取平均。如果 α 和 α' 是与能级 n 和 n' 相对应的两个量子数 (或两组数),那么在一般情况下这两个能级间的跃迁几率是

$$A_{nn'} = \frac{64\,\pi}{3} \frac{\nu_{nn'}^3}{hc^3} \left\{ \frac{1}{g_n} \sum_{\alpha,\,\alpha'} (n', \alpha'|\mathbf{d}|n, \alpha)^2 \right\}, \quad (5.69')$$

此处 g_n 是第 n 个能级的统计权重。我们还可以关心属于给定能级的一些确定的群态之间的跃迁,比如在氢原子的情况下,我们可

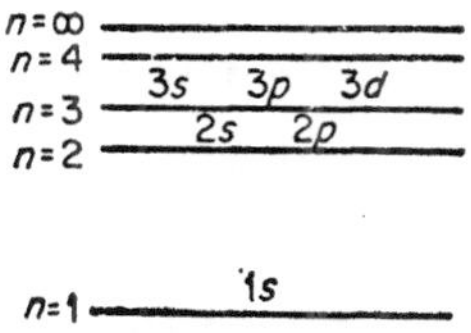

图 5.9 氢原子的能级简图

表 5.3

氢原子中的跃迁几率，单位：10^8秒$^{-1}$

初　　态	终　　态	$n=1$	$n=2$	总　　和	寿命，10^{-8}秒
$2s$	np	—		0	
$2p$	ns	6.25		6.25	0.16
2	平均的	4.69		4.69	0.21
$3s$	np	—	0.063	0.063	16
$3p$	ns	1.64	0.22	1.86	0.54
$3d$	np	—	0.64	0.64	1.56
3	平均的	0.55	0.43	0.98	1.02

以关心 $n, l \to n', l'$ 的跃迁几率（这里的 l 是轨道量子数）。在这种情况下，公式 (5.69′) 中的求和应只按磁量子数 m, m' 进行（相应地，g_n 要以 g_{nl} 来代替）。

在表 5.3 中列出了氢原子中的某些跃迁的几率[1]（参看图 2.2 和图 5.9 上的能级简图）。已知几率系数 $A_{nn'}$，容易计算出相应的发射线的强度。即是，如果 N_n 是 1 厘米^3 中的处于第 n 个激发态的原子数，这个数可以根据玻耳兹曼公式来计算，那么在 1 厘米^3 中 1 秒内在线 $\nu_{nn'}$ 内所辐射的能量就等于 $N_n A_{nn'} h\nu_{nn'}$。

对于某一确定的跃迁 $n \rightleftharpoons n'$ 来说，细致平衡原理建立了光的吸收几率和发射几率之间的关系。处于第 n' 个状态的原子当它跃迁到第 n 个状态时在 1 秒中 1 厘米^3 内所吸收的能量等于

---

1) 这些数据取自别切和索勒皮切尔的书[5]。

$$\int U_\nu c\, d\nu \sigma_{\nu n'n} N_{n'} = N_{n'} U_\nu c \int \sigma_{\nu n'n}\, d\nu = N_{n'} U_\nu c h\nu_{nn'} B_{n'n},$$

此处 $\sigma_{\nu n'n}$ 是在该跃迁 $n \to n'$ 范围内对于 ν 频率的吸收有效截面,而 $B_{n'n}$ 是一个系数(所谓的爱因斯坦吸收系数),它描写了在该线内的总吸收. 它与线的"面积"成正比

$$B_{n'n} = \frac{1}{h\nu_{nn'}} \int \sigma_{\nu_{i'n}}\, d\nu. \tag{5.70}$$

为了考虑强迫发射,将吸收速度乘以 $(1 - e^{-h\nu/kT})$(见第二章 §4),并令它等于所得到的发射速度的表达式,再按普朗克公式代入辐射密度 U_ν,按玻耳兹曼公式代入原子数 N_n,则我们就会得到两种爱因斯坦系数之间的关系:

$$B_{n'n} = \frac{c^2}{8\pi h\nu_{nn'}^3} \frac{g_n}{g_{n'}} A_{nn'}. \tag{5.71}$$

通常是用其固有频率为 $\nu_{nn'}$ 的经典振子的数目来表征原子在给定线 $\nu_{nn'}$ 之内被线的面积 $\int \sigma_{\nu_{i'n}}\, d\nu$ 所确定的吸收本领,而这些经典振子应给出与所考察的原子同样的效果. 这个数目 $f_{\text{吸}n'n}$ 被叫做吸收的振子强度,它现在已经不是整数. 按公式 (5.70) 和式 (5.67) 来比较线的面积,并注意到式 (5.60),我们便求得了振子强度与爱因斯坦系数之间的关系,这一关系实质上就是振子强度这一概念的定义:

$$f_{\text{吸}n'n} = \frac{mc}{\pi e^2} h\nu_{nn'} B_{n'n}. \tag{5.72}$$

在引进 $f_{\text{吸}n'n}$ 的同时,我们再按下述公式引进关于辐射($n \to n'$ 跃迁)的负的振子强度

$$f_{\text{辐}nn'} = -\frac{g_{n'}}{g_n} f_{\text{吸}n'n} = -\frac{A_{nn'}}{3\gamma}^{1)} \tag{5.73}$$

(后一个等式是借助公式 (5.71) 由 (5.72) 得到的). 振子强度可直接用偶极矩的矩阵元来表示. 利用式 (5.73)′,(5.69′)和(5.60),

---

1) 我们指出,数 f 乃是按电子的一个自由度计算的平均振子强度. 由于电子在原子中有三个自由度,总的振子强度还要再增加两倍. 关于辐射的总的振子强度 $|3 f_{\text{辐}}| = A_{nn'}/\gamma$ 乃是量子的"阻尼常数"(即跃迁几率 $A_{nn'}$)与经典的阻尼常数 γ 之比值.

我们求得

$$g_{n'}f_{吸n'n}=-g_n f_{辐nn'}=\frac{8\pi^2 m\nu_{nn'}}{3e^2c^3}\sum_{\alpha,\alpha'}(n',\alpha'|\mathbf{d}|n,\alpha)^2.$$

(5.73')

就如所看出的，量 $g_n f_{nn'}$（此处 f 的第一个脚标对应于初始能级），对于辐射和吸收来说乃是相同的，因而在把表征初始能级和最终能级的数交换位置时它具有对称性。

在以后，我们将总是利用正的关于吸收的振子强度，同时将略去符号"吸"，并指定由第一个脚标来表示初态。

至于谈到在线的范围内吸收沿频率的分布，那么量子理论所导出的量子吸收的几率与频率的关系，和关于截面 σ_ν 的经典公式是一样的。以适当的方式来规范这个几率，我们就可以用类似于经典公式(5.64)的形式来写出关于吸收截面的量子公式（交换脚标 n 和 n'，即用 n 来表示低的状态，吸收量子的跃迁就是由这个状态开始的：$f_{nn'}$, $n\to n'$, $E_{n'}>E_n$）：

$$\sigma_{\nu nn'}=\frac{e^2}{mc}\frac{\Gamma_{nn'}}{4\pi}f_{nn'}\frac{1}{(\nu-\nu_{nn'})^2+\left(\dfrac{\Gamma_{nn'}}{4\pi}\right)^2}.$$

(5.74)

如果按公式(5.73)向这里代入 $f_{nn'}$ 的值，再利用关于 γ 的表达式，并注意到 $c/\nu=\lambda$，我们就可以将截面写成如下形式：

$$\sigma_{\nu nn'}=\frac{\lambda^2}{8\pi^2}\frac{g_n}{g_{n'}}A_{n'n}\frac{\Gamma_{nn'}}{4\pi}\frac{1}{(\nu-\nu_0)^2+\left(\dfrac{\Gamma_{nn'}}{4\pi}\right)^2}$$

$$=\sigma_{\nu nn'\max}\frac{(\Gamma_{nn'}/4\pi)^2}{(\nu-\nu_0)^2+(\Gamma_{nn'}/4\pi)^2},$$

在这里，线中心处截面是

$$\sigma_{\nu nn'\max}=\frac{\lambda^2}{2\pi}\frac{g_n}{g_{n'}}\frac{A_{n'n}}{\Gamma_{nn'}}.$$

在量子理论中，线的（自然）宽度是由已经求和的跃迁几率(5.68)的相加而得到：$\Gamma_{nn'}=\Gamma_n+\Gamma_{n'}$[1]。根据振子强度和爱因斯

---

1) 在能级宽度 Γ_n, $\Gamma_{n'}$ 中也包含有与强迫发射相对应的几率。但这种项与辐射密度成正比，因而仅当辐射密度足够大的时候它们才是重要的。

坦系数 $B_{nn'}$ 的定义，即式(5.72)和(5.70)，线的面积等于

$$\int \sigma_{\nu nn'} d\nu = \frac{\pi e^2}{mc} f_{nn'} = 2.65 \times 10^{-2} f_{nn'} \text{厘米}^2 \cdot \text{秒}^{-1}.$$

它完全不依赖于线的宽度 $\Gamma_{nn'}$，当存在碰撞的时候，后者应包含 $2/\tau_{碰}$ 项。这是很自然的，因为线的面积是由细致平衡原理单值地与自发发射的几率相联系，当然这个几率不可能依赖于诸如原子的碰撞这样一些外因，而只是由原子本身的结构所决定。

在实际的气体中，往往存在一系列的致使谱线加宽的因素：粒子的碰撞、多普勒效应、斯塔克效应。例如，由碰撞所致使的加宽要使线的自然宽度 γ 增加一个量，这个量等于碰撞几率的两倍：$\gamma_{碰} = 2/\tau_{碰}$。多普勒加宽大约是等于 $\Delta\nu = \nu\bar{v}/c$，此处 $\bar{v}$ 是热运动速度。在这里，我们不再阐述这个问题；请参看文献[10,53,54]。

§ 11. 类氢原子的吸收光谱. 关于谱线对罗斯兰德自由程之影响的说明

我们让具有包含所有频率的连续谱的光从外界入射到由类氢原子所组成的气体中(其中也包括原子氢的气体中)。我们来考察一下，这些频率中有那些将被处于第 n 个确定状态的原子所吸收，而吸收强度又是怎样的。

原子有选择地吸收频率 $\nu_{nn'}$，这些频率对应于电子从第 n 个能级到较高的激发能级 $n' > n$ 的跃迁. 注意到关于能级能量的公式(5.25)，我们就会求得这些频率与量子数 n 和 n' 的关系，即求得所谓的巴尔麦系公式：

$$\nu_{nn'} = \frac{I_H Z^2}{h}\left(\frac{1}{n^2} - \frac{1}{n'^2}\right) = \nu_1\left(\frac{1}{n^2} - \frac{1}{n'^2}\right), \quad (5.75)$$

此处 $\nu_1 = I_H Z^2/h = \nu_R Z^2$. 而频率 $\nu_R = I_H/h = 3.29 \times 10^{15}$ 秒$^{-1}$ 对应于氢原子的电离势. 它通常被作为频率的单位，叫做"里德伯". 当能级 n' 增高的时候，一些线 $\nu_{nn'}$ 要相应地迅速变密，在 $n' \to \infty$ 的极限之下它们就过渡到连续区(连续谱)，因为当吸收的频率超过线系的上边界 $\nu_n = \nu_{n,\infty} = \nu_1/n^2$ 的时候，就要产生电离，

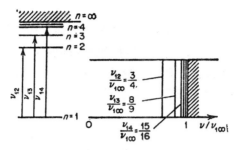

图 5.10 氢原子在基态时的吸收光谱
（左边的是跃迁简图）

而电子的终态也就要落在能量的连续谱内．在图5.10上画出了自原子的某一个能级 n 吸收的吸收谱（为了对照，在那里还画出了能级简图）．为确定起见，就令 $n=1$，即这个图形所表示的是类氢原子所组成的冷气体的吸收光谱，在这种冷气体中所有原子都处于基态．在热气体中存在一些激发能级，吸收光谱则为一些线系的综合，这些系分别对应于处在不同状态的原子的吸收．

在线系的上边界附近，在那里线显著变密，便开始有一些独立的线的重叠．当线间的频率距离——这种距离在 $n' \to \infty$ 时迅速地减小——成为与线的宽度可以比较的时候，上述现象就会发生．由于碰撞和多普勒效应等所引起的线的加宽更要促进线的重叠．

一般来说，当量子数 n' 很大时才开始有原子线之重叠，并且这重叠离线系的上边界 $\nu_n = \nu_{n,\infty}$ 是如此之近，以致重叠能级的整个频率范围是很窄的，所以实际上不起任何作用．在实际的原子气体中，重叠区域也是不存在的，这是因为由于原子的相互作用和电离势的有效降低使一些上部能级被切除了的缘故．

实际上，一些独立线的重叠只是在光被分子吸收的时候，才有可能，因那时线的数目比原子时的数目多很多，而它们的位置又彼此靠得很近（关于这一点，请见后面）．

我们来考察具有大量子数的高能级之间的带有光的吸收的 $n \to n'$ 的跃迁．这种能级上的电子的运动是准经典的，因而对于与 $n, n' \gg 1$ 的 $n \to n'$ 的跃迁相伴随的光的吸收，便可以用半经典的概念来加以研究.

在与 $n, n' \gg 1$ 的跃迁相对应的谱段内，线的分布很稠密并近乎重叠，因而在那里通过引进平均截面的办法，将吸收有效截面与频率的关系平滑化那是很自然的. 这一平均应如此进行，要求线的总面积——它表征了具有连续谱的外辐射流的减弱情况——保持不变.

我们来考察一个从 ν 到 $\nu + \Delta\nu$ 的不大的谱间隔，在它的里面包含有很多条线，但这些线彼此的差别很小. 此外，还假定间隔 $\Delta\nu$ 比单独线的宽度大得多. 处于第 n 个状态的原子对于频率 ν 的吸收有效截面，等于 $\sigma_{\nu_n} = \sum\limits_{n'} \sigma_{\nu_{nn'}}$.

引进间隔 $\Delta\nu$ 之内的平均截面：

$$\int_{\nu}^{\nu+\Delta\nu} \sigma_{\nu n} d\nu = \overline{\sigma_{\nu n}} \Delta\nu = \sum_{n'} \int \sigma_{\nu_{nn'}} d\nu = \sum_{n'} \frac{\pi e^2}{mc} f_{nn'}.$$

通过确定在该 $\Delta\nu$ 间隔内的平均值 $\bar{f}_{nn'} = f_{n\bar{\nu}} = f_n(\nu)$，我们也就对振子强度取了平均. 如果在 ν 到 $\nu + \Delta\nu$ 的频率间隔内所包含的是那样一些线，它们分别对应于从 n' 到 $n' + \Delta n'$ 的各个终态，而这些终态的数目等于 $\Delta n'$，那么平均截面就可以写成如下形式：

$$\overline{\sigma_{\nu n}} = \frac{\pi e^2}{mc} f_n(\nu) \frac{\Delta n'}{\Delta\nu}. \tag{5.76}$$

属于单位谱间隔内的线数，可通过对巴尔麦公式(5.75)求微分来计算：

$$\frac{\Delta n'}{\Delta\nu} = \left(\frac{d\nu_{nn'}}{dn'}\right)^{-1} = \left(\frac{2\nu_1}{n'^3}\right)^{-1} \tag{5.77}$$

在§4中我们曾求得了束缚-自由跃迁的有效截面，那时是将关于自由-自由跃迁的有效辐射的经典表式，推广到已有一个状态处在不连续谱上的情况. 这种作法的理由是出于那些设想：在量子数 n 很大的状态中，电子的运动是准经典的；并且，在与大 n 和小的负能量相对应的"椭圆型"轨道上的运动，极其近似于在具有小的正能量的"双曲型"轨道上的运动. 我们再进一步，在同样的近似下来考察两个状态都处在具有大量子数的不连续谱上的情形.

我们在同样的半经典概念的范围内，来考察吸收量子时自第 n 个能级发生的跃迁。当频率增加的时候，终态的电子将落入非常接近于抛物型的"椭圆型"轨道；当 $\nu = \nu_n$ 时，它便落入"抛物型"轨道；而当频率 ν 稍微超过 ν_n 时，则落入接近于抛物型的"双曲型"轨道。由于终态电子的运动是以连续方式变化的，应该期望，处于第 n 个状态的原子吸收光的平均有效截面 $\overline{\sigma_{\nu n}}$，在从不连续谱向连续区过渡时也应该是连续的(图 5.11)。

将自第 n 个能级的光致电离的截面表达式 (5.34) 推广到略微小于光致电离边界 ν_n 的那种频率的吸收[1]，并令截面 (5.34) 等于束缚-束缚跃迁情形下的平均截面的表达式 (5.76)。

回忆一下由公式(5.25)所定义的氢原子的电离势 I_H 和线系的频率边界的表达式 $\nu_n = \nu_1/n^2$(见式(5.75))，便可求出从第 n 个能级到 n' 能级中的某个能级之跃迁的平均振子

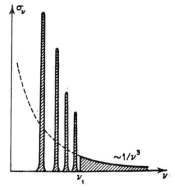

图 5.11 处于基态的氢原子吸收光的有效截面。从不连续谱向连续区的过渡
(虚线代表在不连续谱范围内按线平均的截面。图形是简化的。)

强度 $f_n(\nu)$，而这 n' 能级是处于窄间隔 $\Delta n'$, $\Delta\nu$ 之内的。当平均振子强度用 $f_{nn'}$ 来表示，而频率 ν 用 $\nu_{nn'}$ 来表示时，我们得到

$$f_{nn'} = \frac{16}{3\pi\sqrt{3}} \frac{1}{n^5} \left(\frac{\nu_1}{\nu_{nn'}}\right)^2 \frac{1}{\nu_{nn'}} \frac{\Delta\nu}{\Delta n'}.$$

向式中代入根据公式(5.77)所计算的能级间的平均距离 $\Delta\nu/\Delta n'$，

_____

1) 这类似于我们在 §4 中所做过的，那时我们曾将关于有效轫致辐射的表式推广到那样一些频率，它们稍微超过自由-自由跃迁时所能允许的最大可能的频率，而且我们就是这样地叙述了光俘获。

并按巴尔麦公式(5.75)来代替跃迁频率 $\nu_{nn'}$，我们就最后得到关于跃迁 $n \to n'$ 的振子强度 $f_{nn'}$：

$$f_{nn'} = \frac{32}{3\,\pi\sqrt{3}}\,\frac{1}{n^5}\,\frac{1}{n'^3}\,\frac{1}{\left(\dfrac{1}{n^2} - \dfrac{1}{n'^2}\right)^3}. \qquad (5.78)$$

对于到能级 $n' \gg n$ 的跃迁，我们求得一个渐近的公式：

$$f_{nn'} = \frac{32}{3\,\pi\sqrt{3}}\,\frac{n}{n'^3} = \frac{1.96\,n}{n'^3},\ n' \gg n. \qquad (5.79)$$

按照本身的推导，量 $f_{nn'}$ 是从 n 确定时的某一个 l, m 状态向能级 n' 中的任何一个 l', m' 状态跃迁时的平均振子强度。

同时，在这里偶极跃迁的选择定则是自动被考虑的(当然是近似地)，这是因为我们本来是从关于偶极辐射的经典公式出发的。就如所看到的，量 $g_n f_{nn'} = 2\,n^2 f_{nn'}$ 在交换 n 和 n' 时具有对称性，这与 §10 中所说的一致。

在表 5.4 中列举了关于氢原子中某些跃迁的振子强度，它们是由量子力学的方法计算的(文献[5])。

特别可喜的是，对于 $n, n' \gg 1$ 的情况所导出的半经典公式(5.78)和(5.79)，其至对于量子数不大的一些能级间的跃迁也给出了不错的估计，其中包括自基态能级的跃迁。例如，半经典值 $f_{12} = 0.585$，$f_{13} = 0.104$，渐近值 $f_{1n'} = 1.96\,n'^{-3}$，而在表中 $f_{12} = 0.416$，$f_{13} = 0.079$，渐近值 $f_{1n'} = 1.6\,n'^{-3}$。在这里，我们所遇到的情况，和我们在比较自类氢原子基态的光致电离的半经典截面和量子截面时所遇到的情况是一样的。

在某些条件下，原子的吸收线可以显著地影响到罗斯兰德自由程。对自由程的主要贡献是由那些谱段所给出的，它们具有小的连续吸收系数，并处在权函数具有最大值的范围之内(见§7，图5.7)。这些谱段都是处在各线系的边界之前，即都是处在各相应的连续区开始点之前。在这些谱段中出现许多谱线。由于线中心

表 5.4

氢原子的振子强度[1]

初　　　态	1 s	2 s	2 p	
终　　　态	np	np	ns	nd
n = 1	—	—	− 0.139	—
2	0.4162	—	—	—
3	0.0791	0.425	0.014	0.694
4	0.0290	0.102	0.0031	0.122
5	0.0139	0.042	0.0012	0.044
6	0.0078	0.022	0.0006	0.022
7	0.0048	0.013	0.0003	0.012
8	0.0032	0.008	0.0002	0.008
从 n = 9 到 ∞ 的和	0.0101	0.026	0.0007	0.053
渐近公式	$1.6 \cdot n^{-3}$	$3.7 \cdot n^{-3}$	$0.1 \cdot n^{-3}$	$3.3 \cdot n^{-3}$
线 状 谱	0.5641	0.638	− 0.119	0.923
连 续 谱	0.4359	0.362	0.008	0.188
和　　　数	1.000	1.000	− 0.111	1.111

1) 负的振子强度对应于发射量子的跃迁。

的吸收一般来说是很强的，所以在按谱的积分中实际上要截掉相应的频段，就如图 5.12 所示的那样。如果线都是很窄的，所截掉这些频段的总宽度也就很小。但是，在密度相当大的气体中，谱线被显著加宽，所截掉的一些频段，以及罗斯兰德自由程的减小，都是极其可观的。

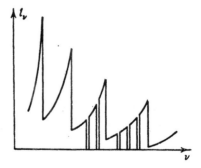

图 5.12　关于谱线对自由程大小之
影响的问题

根据 Л. M. 比别尔曼和 A H. 拉嘎里柯夫所进行的计算（文献[51]），在氢中，当密度为 10^{17}—10^{19} 原子/厘米³，温度为

12000—20000°K 时，线吸收可使罗斯兰德自由程比没有考虑线时所计算的自由程小二至四倍．

§12. 连续区的振子强度．和数定理

在前两节中我们曾看到，伴随有光量子吸收的原子不连续能级间的跃迁几率是由振子强度来表征的．振子强度确定了吸收线的面积，也即是确定了在该线内吸收 ν 频率光的有效截面对频率的积分．

与此类似，可以对束缚-自由跃迁引进振子强度的概念，即用量 f_n 来表征那种光吸收的有效截面对频率的积分，这种光吸收伴随有电子从原子的第 n 个能级到连续谱的跃迁．如果 $\sigma_{\nu n}$ 是在这种跃迁时的频率 ν 的束缚-自由吸收的有效截面，那么

$$\int_{\nu_n}^{\infty} \sigma_{\nu n} d\nu = \frac{\pi e^2}{mc} f_n, \qquad (5.80)$$

并且对频率的积分是从最低的频率 ν_n 开始的，在取这一频率时到连续谱的跃迁是可能的．

我们来计算关于类氢原子的束缚-自由吸收的振子强度 f_n．

应用关于 $\sigma_{\nu n}$ 的半经典公式 (5.34)，并注意到 $\nu_n = I_H Z^2 / h n^2$，积分之后就得到

$$f_n = \frac{8}{3\pi\sqrt{3}} \frac{1}{n} = \frac{0.49}{n}. \qquad (5.81)$$

关于氢原子的量子力学的计算结果已列在 表 5.4 内．例如，对于 $n=1$，精确值 $f_1 = 0.436$，而按公式 (5.81)，$f_1 = 0.49$．

在经典理论中，每一个参与对光的辐射和吸收的电子是由一个振子来代替．因而振子的总数就简单地等于原子中的电子数．这种情况的量子力学的类似，乃是一个关于振子强度的和数定理，根据这一定理，在原子中自某一个状态 n 的所有可能跃迁的振子强度之和，即和数 $\sum_{n'} f_{nn'}$，就等于电子的数目．如果我

们仅限于外层的光学电子所参与的跃迁，那么和数就等于这些光学电子的数目。特别是，在类氢原子的情况下和数就等于 1。在按终态的求和之中也包括那些到连续谱的跃迁，即项 f_n，就如下面我们所要见到的，这项可以被表示为对连续谱的各终态积分的形式。此外，和中还包括一些负的项，它们对应于那些到较低能级 $n' < n$ 的跃迁，即对应于发射光的跃迁（关于这一点，请参看文献 [5]）。表 5.4 中的数据当然是满足和数规则的，这可通过直接计算加以验证。

当我们在描写束缚-自由跃迁（连续区）以及分子带状谱中的密能级之间的束缚-束缚跃迁（准连续区）的时候，经常要用到微分振子强度或按单位频率间隔计算的振子强度的概念。在形式上，微分振子强度 $\dfrac{df}{d\nu}$ 是用下述方式来决定的。如果 σ_ν 是自第 n 个能级的跃迁对 ν 频率的吸收截面，那么

$$\sigma_{\nu n} = \frac{\pi e^2}{mc}\left(\frac{df}{d\nu}\right)_n = 2.64 \times 10^{-2}\left(\frac{df}{d\nu}\right)_n \text{厘米}^2 =$$

$$= 8 \times 10^{-18}\left[\frac{df}{d(\nu/\nu_R)}\right]_n \text{厘米}^2 \tag{5.82}$$

（ν/ν_R 是以里德伯为单位的频率）。由此得到，关于整个连续区的总的振子强度就被定义为

$$\int_{\nu_n}^\infty \sigma_\nu \, d\nu = \frac{\pi e^2}{mc}\int_{\nu_n}^\infty \left(\frac{df}{d\nu}\right)_n d\nu = \frac{\pi e^2}{mc} f_n, \tag{5.83}$$

它与公式(5.80)相对应。

我们来计算类氢原子的自第 n 个能级的束缚-自由吸收的微分振子强度。比较公式(5.34)与定义(5.82)，我们求得

$$\left(\frac{df}{d\nu}\right)_n = \frac{16}{3\pi\sqrt{3}}\frac{1}{n}\frac{\nu_n^2}{\nu^3} = \frac{0.98}{n}\frac{\nu_n^2}{\nu^3},$$

$$\nu_n = \frac{I_H Z^2}{hn^2}. \tag{5.84}$$

将这个表达式对 ν 从 ν_n 到 ∞ 积分,我们就得到公式(5.81).

如果吸收光谱是很多线的总和,那么应将截面 $\sigma_{\nu n}$ 理解为是平均截面 $\bar{\sigma}_{\nu n}$(见公式(5.76)),而微分振子强度就等于一个跃迁的平均振子强度乘以单位频率间隔内的线数:

$$\left(\frac{df}{d\nu}\right)_n = f_n(\nu)\frac{\Delta n'}{\Delta \nu} = f_n(\nu)\frac{dn'}{d\nu} = f_{nn'}\frac{dn'}{d\nu}. \quad (5.85)$$

表5.5取自乌周里德的书[10],在那里列出了氢原子和一些碱金属的关于连续谱的振子强度,而这种连续谱乃对应于自基态能级的吸收.表中也列出了当 $\nu = \nu_n$ 时(ν 用里德伯表示)在吸收边界上的微分振子强度 $(df/d\nu)_n$ 的值.

这些数据是由量子力学的计算而得到的.它们说明了碱金属原子"非类氢性"的程度.

表 5.5

连续谱的振子强度 f 和主线系边界上的微分强度 $\dfrac{df}{d\nu}$

原　　　子	$\lambda_{边界}$,Å	f	$\dfrac{df}{d\nu}$	l(电子伏)
H	912	0.436	0.78	13.5
Li	2281	0.24	0.46	5.4
Na	2442	0.0021	0.038	5.05
K	2857		0.0024	4.32

§ 13. 谱线的辐射

我们来考察氢原子中的自发辐射跃迁,并近似地计算出自能级 n 跃迁到下边的低能级 n' 的平均跃迁几率.我们将从普遍表达式(5.73)出发,将几率用 $n' \to n$ 吸收的振子强度来表示:

$$A_{nn'} = 3\gamma\frac{g_{n'}}{g_n}f_{n'n} = \frac{8\pi^2 e^2}{mc^3}\nu_{nn'}^2\frac{n'^2}{n^2}f_{n'n}.$$

这里按公式(5.78)代入 $f_{n'n}$,并事先将式(5.78)中的 n 和 n' 交换,这是因为现在数 n 代表的是高能级.

还要代入跃迁频率 $\nu_{nn'}=\nu_1\left(\dfrac{1}{n'^2}-\dfrac{1}{n^2}\right)$，此处 $\nu_1=I_{\mathrm{H}}/h$，则我们得到

$$A_{nn'}=\frac{8\pi^2 e^2 \nu_1^2}{mc^3}\cdot\frac{32}{3\pi\sqrt{3}}\cdot\frac{1}{n^5 n'^3\left(\dfrac{1}{n'^2}-\dfrac{1}{n^2}\right)}=$$

$$=\frac{1.6\times10^{10}}{n^3 n'(n^2-n'^2)}\ \text{秒}^{-1}.$$

这个公式不仅很精确地描述了 n 和 n' 很大时的跃迁，而且也描述了一些比较低的能级之间的跃迁，甚至包括向基态的跃迁. 如果我们将计算结果与精确的量子力学的数值（文献[5]）——这些值部份地被列在表 5.3 中——作一比较的话（$A_{nn'}$ 应与表中所列的平均几率比较），就可以确信这一点. 例如，$A_{51近似}=5.3\times10^6$ 秒$^{-1}$，而 $A_{51精确}=4\times10^6$秒$^{-1}$；$A_{21近似}=6.7\times10^8$ 秒$^{-1}$，而 $A_{21精确}=4.7\times10^8$ 秒$^{-1}$.

我们来考察自某个高能级 $n\gg1$ 的跃迁的几率与终态能级的量子数 n' 的关系. 对于到低能级 $n'\ll n$ 的跃迁，近似地有

$$A_{n,n'\ll n}\approx\frac{1.6\times10^{10}}{n^5 n'}\ \text{秒}^{-1}.$$

其中，直接跃迁到基态的几率

$$A_{n,1}\approx\frac{1.6\times10^{10}}{n^5}\ \text{秒}^{-1}\ \text{[1]}.$$

---

[1] 这个结果很接近于精确的量子力学的计算所给出的结果. 只有处于 p 态的原子才能够跃迁到基态 $1S$. 对于大 n 来说，跃迁几率 $A_{np,1S}$ 等于（文献[5]）

$$A_{np,1S}=\frac{8\times10^9\times2^8 n(n-1)^{2n-2}}{9(n+1)^{2n+2}}\ \text{秒}^{-1}.$$

不难看出，在 $n\gg1$ 的情况下，这个量近似地等于 $A_{np,1S}=\dfrac{8\times10^9\times2^8}{9n^3 e^4}$. $n\to1$ 跃迁的平均几率乃等于 $np\to1S$ 跃迁几率乘以具有能量 E_n 的原子刚好处于 p 态（$l=1$）的几率，即

$$A_{n1}=\frac{2l+1}{n^2}A_{np,1S}=\frac{3}{n^2}A_{np,1S}.$$

这就给出

$$A_{n1}=\frac{1.29\times10^{10}}{n^5},$$

它很接近于准经典值.

对于到 $n'=n-\Delta n$, $\Delta n \ll n$ 的一些邻近能级的跃迁来说

$$A_{n,\,n-\Delta n} \approx \frac{0.8 \times 10^{10}}{n^5 \Delta n} \text{秒}^{-1}.$$

在 n' 变化时，$A_{nn'}$ 在 $n'=n/\sqrt{3}$ 时经过一个最小值，该值等于

$$A_{\min} = A_{n,\,n/\sqrt{3}} = \frac{4.15 \times 10^{10}}{n^5 \cdot n} \text{秒}^{-1}.$$

这样，对于处在第 n 个能级 $(n \gg 1)$ 的原子来说，平均地看，最可能的跃迁是直接跃迁到基态 $n'=1$，并因而完全退激。也可能跃迁到第一激发态 $(n'=2)$ 和最邻近的状态 $(n'=n-1)$：

$$A_{n,2} = A_{n,n-1} = \frac{1}{2} A_{n,1}.$$

跃迁到低能级和邻近能级之间的一些中间状态的可能性是很小的。当然，到低能态和到邻近态的两种跃迁，在几率上是接近的，但按其效果来说是完全不等价的。在向邻近能级跃迁时，辐射的是能量很低的量子，原子能量的变化也是十分小的。而在向基态跃迁时，辐射的是高能量子，原子能量的变化也是显著的。

看来，当激发程度很高，即光学电子的运动为准经典的时候，原子的能量向辐射的转化似乎可以根据经典电动力学来描写。如果按公式 (5.1) 来计算绕离子沿圆形轨道旋转的电子的辐射速度，我们将得到

$$S = \left(\frac{dE}{dt}\right)_{经典} = \frac{32}{3} \frac{E^4}{m^2 c^3 e^2},$$

此处 E 是电子在原子中的结合能（结合能的变化就等于电子总能量的变化）。

发现这个量 $\frac{dE}{dt}$ 是只向邻近一个能级辐射跃迁时的电子能量变化的量子力学的速度，即量 $\left(\frac{dE}{dt}\right)_{n,n-1} = h\nu_{n,n-1} \cdot A_{n,n-1}$ 的 $\frac{\pi\sqrt{3}}{4} = 1.35$ 倍，此处 $n = \sqrt{I_H/E}$。其实，对实际辐射速度

$\dfrac{dE}{dt}$ 的主要贡献乃是由向基态的跃迁 $\left(\dfrac{dE}{dt}\right)_{n,1} = h\nu_{n1}\,A_{n,1}$ 给出的,而这一跃迁是不能用经典电动力学来描述的[1]。

已知跃迁几率(和原子按激发态的分布),便可以计算出与线内辐射有关的气体的发射本领:

$$J = \sum_{n=1}^{n^*} N_n \sum_{n'<n} h\nu_{nn'} A_{nn'},$$

此处 N_n 是 1 厘米^3 中处于第 n 个状态的原子数;n^* 是实际状态中最高一个状态的量子数,它取决于气体原子的一些上部能级在何处被切除。

在光学薄的物体的能量损失中,线内辐射起着重要的作用。仅下述事实就可以证明这一点,即吸收线的面积可以与连续谱吸收的面积相比较。例如,对于自氢原子基态能级的吸收来说,大约有一半的振子强度是属于连续谱的,而另一半则是属于不连续谱的(见表5.4)。

如果物体在线内是不透明的,那么不连续谱中的辐射能量损失的相对作用会因自身吸收而减小。但是,在密度足够大的气体中,那时线要显著加宽,靠不连续谱造成的能量损失同样还可以是很大的,甚至超过在连续谱中的损失(如果连续谱中的辐射不是普朗克分布的话)。在稀薄的但对线来说是光学厚的气体中,谱线的能量作用,因受到它们的总宽度较小这一点所限制,一般来说是不大的,而起主要作用的是连续谱。

---

[1] 虽然如此,经典电动力学对关于完全辐射退激的原子寿命却给出了合理的估计(当然,在经典理论中这种退激应理解为是"电子向中心的辐射降落"),即:

$\tau_{经典} = \displaystyle\int_{E_0}^{\infty} \dfrac{dE}{(dE/dt)_{经典}} = 1.6 \times 10^{-11}\left(\dfrac{I_H}{E_0}\right)^3$ 秒,此处 E_0 是"初态"中的结合能。关于退激(当不考虑级联跃迁时)的量子力学的寿命 $\tau_{量子} \approx \dfrac{1}{A_{n,1}} = 6.2 \times 10^{-11} \times n_0^5 = 6.2 \times 10^{-11}\left(\dfrac{I_H}{E_0}\right)^{2.5}$ 秒。一般 E_0 不小于 kT,而 I_H/kT 也不是一个很大的量,所以两种寿命属于同一个显级。

有一些计算比较了不同密度、温度和光学厚度情况下的线中辐射和连续谱辐射两者的作用,这些计算被列在文献[49]中(关于氢的)和文献[52]中(关于氮的).

3. 分子的带状谱

§ 14. 双原子分子的能级

在温度低于 12000—8000°K 的时候,研究光被分子吸收才有意义,因为当温度比较高的时候,分子要完全离解为原子.

原子的能量仅决定于它的电子状态. 分子的能量,除了电子状态而外,还决定于振动和转动的强度. 因此,分子的能级数和这些能级间可能的跃迁数都要比原子的多很多,分子光谱比原子光谱更复杂. 有的时候,光谱中一些独立的线,彼此相当靠近,它们的数目也是如此之多,以致在某些谱段中它们几乎形成了连续谱. 当气体的温度或密度较高的时候,一些线由于显著地加宽甚至可能是重叠的. 因此,分子的辐射和吸收的带状谱,在某些条件下,在能量方面有着重要的影响,这与连续谱的情况相类似. 当温度近于几千度或上万度的时候,分子光谱对于空气中的光的吸收和发射有着很大的意义.

我们来考察最简单的而在实际中又是很重要的双原子分子的情形. 在一级近似下,分子中的电子运动、振动、转动是相互独立的, 分子的总能量就可表示为各相应部分之和. 当振动不太强烈的时候,它们近于是简谐的,而它们的能量就等于

$$E_{振} = hc\omega_e\left(v + \frac{1}{2}\right), \tag{5.86}$$

这里 $\omega_e = \nu_{振}/c$ 是以厘米$^{-1}$为单位的波数(一般在光谱学中习惯上是用波数 $\frac{1}{\lambda} = \nu/c$ 厘米$^{-1}$ 来代替频率 ν 秒$^{-1}$)[1];$v = 0, 1, 2, \cdots$

---

1) 波数 1 厘米$^{-1}$ 对应于: 波长 $\lambda = 10^8$Å,频率 $\nu = 3 \times 10^{10}$ 秒$^{-1}$,量子能量 $h\nu = 1/8067$电子伏,$h\nu/k = 1.44$°K.

是振动量子数. 转动能量是由转动量子数 $J = 0, 1, 2, \cdots$ 和分子的转动惯量 I 来表征的:

$$E_{\text{转}} = \frac{h^2 J(J+1)}{8\pi^2 I} = hcB_e J(J+1), \qquad (5.87)$$

此处 $B_e = h/8\pi^2 cI$ 是转动常数,其单位为厘米$^{-1}$.

这样一来,如果 U_e 是某个状态下的电子能量,那么在一级近似下分子的总能量就等于[1]

$$E = U_e + hc\omega_e\left(v + \frac{1}{2}\right) + hcB_e J(J+1). \qquad (5.88)$$

在相继的逐级近似下,表达式(5.88)还要添加一些项,这些项考虑振动的非简谐性、振动与转动的相互作用,等等(见文献[20,41]);这种情况我们不讨论了.

被发射或被吸收之辐射的波数 $1/\lambda = \nu/c$(在光谱学中有时把它们叫做"频率",是用厘米$^{-1}$ 来测量的"频率")是由初态和终态的能量差所决定. 今后,高的状态我们总是用一撇表示,而低的状态则用两撇表示:

$$\frac{1}{\lambda} = \frac{E' - E''}{hc} = \left[\frac{U'_e - U''_e}{hc}\right] + \left[\omega'_e\left(v' + \frac{1}{2}\right) - \omega''_e\left(v'' + \frac{1}{2}\right)\right] + \left[B'_e J'(J'+1) - B''_e J''(J''+1)\right]. \qquad (5.89)$$

在电子能量、振动能量和转动能量各自的差之间(后两个能量的尺度分别是 $hc\omega_e$ 和 hcB_e)总存在着下述关系:

$$\Delta E_{\text{电子}} \gg \Delta E_{\text{振}} \gg \Delta E_{\text{转}}; \quad \frac{1}{\lambda_{00}} \gg \omega_e \gg B_e, \qquad (5.90)$$

此处,$1/\lambda_{00} = (U'_e + \omega'_e/2 - U''_e - \omega''_e/2)/hc$ 是与无振动和转动时的电子跃迁相对应的波数. 考察表 5.6,就可以相信不等式 (5.90)

---

1) 公式(5.87),(5.88)中的转动能量被确定到相差一个常数的精度,这个常数依赖于转动状态和电子状态相互间关联的类型,转动量子数的准确意义也依赖于这种关联的类型. 上述常数具有 hcB_e 的数量级,在写出公式(5.88)中的能量时,可将它包括在 U_e 之内,关于这一点,请见书[20].

表 5.6

一些重要分子的光谱学常数

分子	状态	电子能量 U_e, 电子伏	$h\nu_\infty = \dfrac{hc}{\lambda_{00}}$, 电 子 伏	跃迁 $\dfrac{1}{\lambda_{00}}$, 厘米$^{-1}$	ω_e, 厘米$^{-1}$	B_e, 厘米$^{-1}$	跃迁和带组的名称
O_2	$B^3\Sigma_u^-$	6.11	6.11	49,363	700.4	0.819	$B \to X$ 苏曼-隆哥组
	$X^3\Sigma_g^-$	0		0	1580	1.446	
N_2	$C^3\Pi_u$	11.1	3.69	29,670	2035	1.826	$C \to B$ 第二正组
	$B^3\Pi_g$	7.4	1.18	9,557	1734	1.638	$B \to A$ 第一正组
	$A^3\Sigma_u^+$	6.17	6.17	49,757	1460	1.440	$A \to X$ 禁 带 维尔卡尔德-开普兰带
	$X^1\Sigma_g^+$			0	2360	2.010	
NO	$B^2\Pi$	5.63	5.63	45,440	1038	1.127	$B \to X$ β 带
	$A^2\Sigma^+$	5.48	5.47	44,138	2371	1.995	$A \to X$ γ 带
	$X^2\Pi$			0	1904	1.705	
N_2^+	$B^2\Sigma_u^+$		3.16	25,566	2420	2.083	$B \to X$ 第一负组
	$X^2\Sigma_g^+$				2207	1.932	

是正确的,在这个表中列出了分子 O_2, N_2, N_2^+, NO 中的一些重要状态和跃迁的光谱学常数[1]。

分子能级简图所具有的形式被画在图 5.13 上。虚线表示能级 A 和 B 的电子能量。对应无振动 ($v=0$) 的分子的第一组实际能级,位置要稍高一些,其原因是存在着零级振动能量。对应于每一个电子状态可以有很多个振动能级,而对应于每一个振动

---

1) 分子的不同电子状态其势能曲线的形状以及平均的核间距离都是不同的(即当从一个电子状态跃迁到另一个电子状态时,振动频率、转动惯量和转动常数要改变)。所谓势能曲线是用来描述依核间距离而变的原子间的相互作用的。这里的表是取自文献〔8〕。

能级又可以有很多个转动能级. 随着激发的增强, 由于存在着非简谐性, 振动能级要逐渐变密, 而在 $v \to \infty$ 的极限情况下就变为与分子的离解相对应的连续区. 相反地, 当 J 增加的时候, 转动能级却要拉开 (在数 J 不特别大的时候, 那时近似式 (5.87) 是正确的) [1].

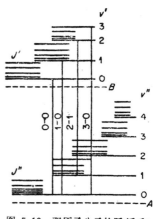

图 5.13 双原子分子的跃迁和能级的简图

(铅直线表示不同的带.)

在图 5.14 上画出了氮分子的能级简图, 在那里标出了各谱项和它们的能量, 以及振动的状态. 对于 O_2 和 NO 分子, 我们画出了势能曲线的简图 (见图 5.20 和 5.21), 在那里也标出谱项和能量. 在以后, 我们必须经常用到分子的各种电子状态的符号, 因此我们要简短地介绍一下有关光谱学符号的一些基本知识.

电子的状态是由电子的轨道矩在分子轴上的投影或量子数 Λ、电子的总自旋 S 以及对称性来描述的. $\Lambda = 0, 1, 2, \cdots$ 的状态, 我们分别用希腊字母 $\Sigma, \Pi, \Delta, \cdots$ 来表示. 自旋在轴上的投影可以取 $2S+1$ 个数值, 每一个谱项都可以按照这个数分裂. 谱项的多重性 $2S+1$, 被标在左上角, 例如, $^3\Sigma$, $^2\Pi$ (分别对应于 $S=1$, $S=\frac{1}{2}$).

当在经过分子轴线的平面内进行反射的时候, 电子轨道矩的投影要改变符号; 与这一点相应, 其轨道矩不等于零的谱项是二度简并的, 确切地说, 由于存在着分子转动和电子运动间的相互作

---

1) 当转动很强烈 (J 非常大) 的时候, 由离心力所引起的分子势能曲线的变化要成为重要的. 在 $J \to \infty$ 的极限之下, 转动能级也和振动能级一样开始变密, 并最终要成为连续区.

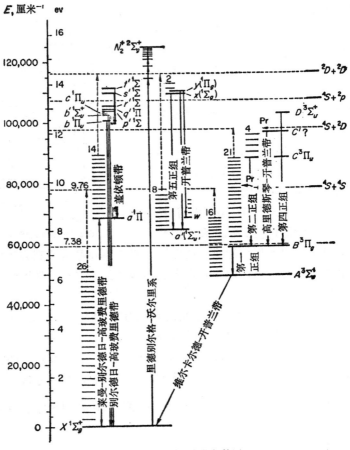

图 5.14 氮分子的能级简图

用，它可以分裂为两个．这个现象叫做 Λ 二重性（"兰母达"二重性）．

而如果 $\Lambda=0$，反射根本不改变电子的能量；波函数则要乘以 $+1$ 或 -1．Σ 项的这种对称性要在右上角标出：Σ^+，Σ^-．

如果分子是由同种原子组成的，还存在一个对称性，即当所有电子的和原子核的坐标同时改变符号时能量是不变的．这时波

函数也要乘以 +1 或 −1，这要用脚标 g 和 u 在右下角标出，例如 Σ_g，Π_u。

通常，双原子分子的基态具有完全的对称性，其基谱项就是 $^1\Sigma_g^+$。仅有的例外，是分子 O_2——它的基谱项是 $^3\Sigma_g^-$，和分子 NO——它的基谱项是 $^2\Pi$。

相继的电子状态是用字母：X（基态），A，B，C，$\cdots$ 或 a，b，c，$\cdots$ 来表示的。在电离化分子的情况下，字母还要打上一撇：A'，b'，$\cdots$ 例如，N_2 的第一激发（亚稳）态是 $A^3\Sigma_u^+$。

各种电子状态间的允许跃迁（伴有对光的发射或吸收的偶极跃迁）要遵从一定的选择定则。而这些定则取决于电子的轨道运动、电子的自旋和分子转动间相互关联的类型。在很多重要的情况下，这些选择定则是：$\Delta\Lambda = 0 \pm 1$；多重性 $2S+1$ 保持不变，跃迁 $\Sigma^+ \rightleftharpoons \Sigma^-$ 和跃迁 $g \rightarrow g$，$u \rightarrow u$ 是被禁止的（后边这两个定则与相互关联的类型无关）。

§15．分子光谱的结构

两个电子状态 $B—A$ 之间所有跃迁的集合形成了一系列的带，而每一个带都对应两个确定的振动状态 $v'—v''$ 间的跃迁。

当分子中电子发生跃迁的时候，被辐射或吸收的量子的频率，一般是处于谱的紫外光或可见光的范围内。电子状态不改变的跃迁所对应的频率则属于谱的红外区域，我们对于它们并不感到兴趣。每一个带都是由很多条彼此分布得很近的线所组成，这些线又对应于不同的转动状态之间的跃迁。转动跃迁要遵守一些选择定则，这些定则在很大程度上使光谱得到了简化．这就是，转动量子数作如下变化的跃迁才是可能的：$\Delta J = J' - J'' = 0$，± 1，并且 $0—0$ 跃迁是被禁止的；在 $\Sigma \rightarrow \Sigma$ 跃迁的情况下，$\Delta J = 0$ 的跃迁是不存在的．在图 5.13 上用一些铅直线来表示两电子能级的各振动状态之间的跃迁（带 $v'—v''$；$0—0$，$1—0$ 等等）．在图 5.15 上专门画出了一个带 $v'—v''$，并示出了它的转动结构．同时还假定，状态 B 或 A 中至少有一个是 $\Lambda \neq 0$ 的，所以 $\Delta J = 0$ 的跃迁是存在的. $\Delta J = 0, +1, -1$ 的线系分别地被称之为 Q, R, P 分支.

假如各个电子状态上的振动能级的分布是完全相同的, 即频率 ω'_e 和 ω''_e 是相等的, 并且由非简谐性所引起的能级变密也是以相同的方式进行的, 那么具有同样差值 $\Delta v = v' - v''$ 的一些带, 就如从图 5.13 所看出的, 就要严格地互相重叠. 事实上, 各不同电子状态上的能级的分布是互相稍有差异的, 并且振动频率的差值 $\omega'_e - \omega''_e$ 一般要比频率本身小很多. 因此, 具有相同差值 Δv 的一些带彼此靠得很近, 并构成一个所谓的带序; 而具有不同 Δv 的一些带彼此相距的频率距离较大. 这种情形可由氮的所谓第二正组[1]的发射谱的照片来加以说明 ($C^3\Pi_u \to B^3\Pi_g$ 跃迁, 见图 5.14 上的能级简图). 在这张照片 (图 5.16) 上放有波长的尺度, 并标出了振动跃迁的号码 (第一个数字对应于高的电子状态). 就如从照片上所看到的那样, 序数

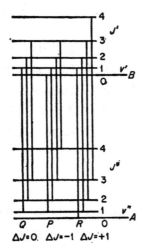

图 5.15 带的转动结构. 与 Q, P, R 三个分支相对应的跃迁简图

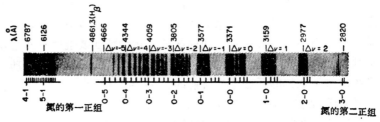

图 5.16 氮的第二正组中的发射光谱
(照片取自文献[20 a].)

1) 各带组对应于不同的电子跃迁, 一般它们都具有一定的名称. 一些最重要的带组已被标在能级简图上.

$\Delta v=-2$ 的一些相邻带间的距离，比如说才大约等于 50 Å，而属于两个相邻序的最邻近的两个带间的距离则是比较大的，对于 $\Delta v=-2$ 和 $\Delta v=-1$ 来说，这个距离大约等于 230 Å。当频率增加的时候，由于振动能级的加密，带亦要变密，而 $v \to \infty$ 时最终要变成与分子的离解相联系的连续区。

利用公式 (5.89) 和选择定则：$J'-J''=0, +1, -1$，很容易建立带的转动结构中的线的分布。对于三个分支，我们得到如下规律：

$$P: J'=J''-1, \quad \frac{1}{\lambda}=\frac{1}{\lambda_{v'v''}}+(B_e'-B_e'')J''^2-(B_e'+B_e'')J'', \quad J'' \geqslant 1;$$

$$(5.90')$$

$$Q: J'=J'', \quad \frac{1}{\lambda}=\frac{1}{\lambda_{v'v''}}+(B_e'-B_e'')J''^2+(B_e'-B_e'')J'', \quad J'' \geqslant 1;$$

$$(5.91)$$

$$R: J'=J''+1, \quad \frac{1}{\lambda}=\frac{1}{\lambda_{v'v''}}+(B_e'-B_e'')J''^2+$$

$$+(3B_e'-B_e'')J''+2B_e', \quad J'' \geqslant 0. \quad (5.92)$$

这里 $1/\lambda_{v'v''}$ 是波数常数，它对应于无转动结构时的电子-振动的跃迁（在公式 (5.89) 中没有第三项）。转动结构依赖于两个转动常数 B_e' 和 B_e'' 哪一个大。两种不同情况下的波数 $1/\lambda$ 与量子数 J'' 的关系以及光谱都被简略地画在图 5.17 和 5.18 上（所谓佛勒特尔图）。由图 5.17 看出，当 $B_e' > B_e''$ 时，光谱具有低频边界，在那里线变得很密（"红的"边缘）；线是向高频方向伸延，其线间的距离也随之增加。相反地，当 $B_e' < B_e''$ 时，边缘是"紫的"，而线向低频方向伸延。在边缘区域内线间的"频率"距离近似于 $B_e'-B_e''$（对于 N_2 的第 2 正组来说，它 ≈ 0.2 厘米$^{-1}$，这在波长的尺度上相当于 $\Delta\lambda \sim 0.2$Å）。在 $J'' \gg 1$ 时的线的稀疏区域，所有的分支大致都遵从下述规律：

$$\frac{1}{\lambda} \approx \frac{1}{\lambda_{v'v''}}+(B_e'-B_e'')J''^2, \quad (5.93)$$

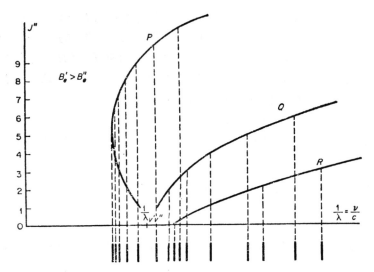

图 5.17 在 $B_e' > B_e''$(红边缘)的情况下,带的 P, Q, R 分支中的波数与转动量子数 J'' 的关系

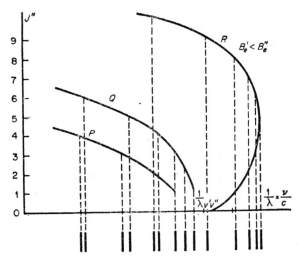

图 5.18 在 $B_e' < B_e''$(紫边缘)的情况下,带的 P, Q, R 分支中的波数与转动量子数 J'' 的关系

而线间的距离 $\Delta(1/\lambda)$ 与 J'' 成正比地增加.

为了显示转动结构, 我们选取了一张照片 (图 5.19), 在这张照片里所得到的是 N_2 第 2 正组中的 0—2 带. 对于氮的 $C^3\Pi_u \to B^3\Pi_g$ 跃迁来说, $B'_e > B''_e$ (见表 5.6), 并且带是挤向"红的"一边("红的"边缘).

图 5.19　氮的第 2 正组中的 0—2 带光谱
(照片取自文献[20 a])

在这张照片上, 转动结构的每一条线都因能级的多重分裂而由三条线构成. 在照片上没有得到 Λ 二重性 (它一般小于 1 厘米$^{-1}$, 在波长的尺度内, 当 $\lambda \approx 3800$ Å 时, 这相当于 $\Delta\lambda < 1$Å).

如前面曾经指出的, 分子中的电子跃迁, 和原子中的跃迁一样, 也是对应于光谱的紫外光或可见光部分. 如果从基态到激发态的最近的允许跃迁对应于紫外量子, 那么气体便是透明的、无色的, 比如像 N_2, O_2, NO 等. 在某些分子中, 比如在 Br_2, J_2 中, 能够和基态之间发生允许跃迁的最近的电子能级, 其位置是相当低的, 因而分子吸收可见光. 这些气体也就带有很深的颜色. 一般来说, 分子的吸收带要向高频方向一直伸展到谱的远紫外区域, 然后才变成连续区.

§ 16. 富朗柯-康顿定则

分子中电子的跃迁与分子状态的三个特征量的同时改变有关. 初态和终态的所有可能组合的巨大数目是由选择定则来加以限制的. 但是这些选择定则仅适用于分子的电子参数和转动参数

的变化，而关于振动状态可能发生的变化却说不出什么东西．为了确定振动量子数的组合中有那些在跃迁时具有最大的可能性，我们略去转动而来讨论分子的势能曲线．

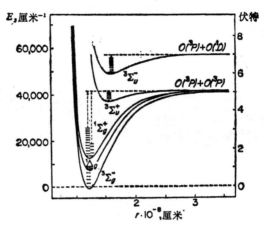

图 5.20　分子 O_2 的势能曲线

　　分子的势能依赖于原子核之间的距离．当原子核靠近的时候，排斥力占优势，而当原子核远离的时候，则吸引力占有优势．在某一个距离 r_e 处排斥力和吸引力相互平衡，而在这一点势能出现最小值．势能最小值的绝对值就对应于电子状态的能量 U_e．这个量和原子核无限远离时所具有的势能之间的差值，便是离解能（精确到零级振动能量）．势能曲线的形状和位置与电子的状态有关，所以每一个分子就有几条曲线．在图 5.20 和 5.21 上，根据光谱学的数据画出了分子 O_2 和 NO 的势能曲线[1]．在图中画出了一些水平直线，它们对应于每一个电子状态下的振动能级．

　　从经典的角度来看，给定振动能量时的原子核之间的距离是在平衡位置 r_e 附近作周期性的变化．这种变化是发生在表示振动能量的水平直线和势能曲线相交的两点之间．在交点处原子核相对运动的速度等于零，这是因为运动要改变方向，且分子在这两个

————————————
1) 图形取自文献[20,21]．

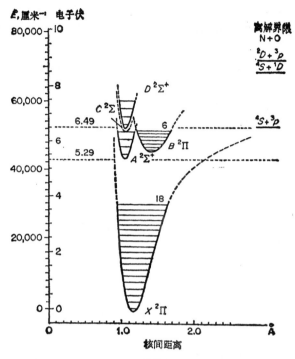

图 5.21 分子 NO 的势能曲线

位置(返转点)滞留的时间最久. 相反地，它经过平衡位置却是很快的，因为那里的速度最大.

因此，自高电子状态到低电子状态的自发跃迁多半是发生在原子核处在边缘位置的时候. 当产生发射量子的跃迁时，电子壳层的重新排列进行得相当之快，以致在这个时间内，无论是原子核的位置，还是它们的动能，都还来不及改变. 事实上，这种重新排列所持续的时间是用那个时间来度量的，在这个时间内电子所通过的距离大约等于分子的线度，即 $\sim 10^{-16}$ 秒(当电子的速度 $\sim 10^8$ 厘米/秒，分子的线度 $\sim 10^{-8}$ 厘米的时候). 然而，原子核之间的距离是在近于振动周期的时间内，即在 $\sim 1/\omega_e c \sim 10^{-14}$ 秒之内，才发生显著的变化(这是当 $\omega_e \sim 1000$ 厘米$^{-1}$的时候，这是对轻分子而言,在重分子中 ω_e 还要小,而振动周期还要大)[1]。

电子到低状态的跃迁是发生在核间距离还没有发生变化的时候，即主要是沿着由势能曲线图上的返转点所引出的铅直线发生的(图 5.22)。

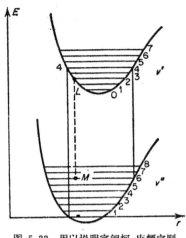

图 5.22 用以说明富朗柯-康顿定则
的势能曲线和跃迁的简图

分子是以零速度进入终态的，即具有新的振动能量的振动也是从返转点开始的。

这样一来，到那样一些低振动状态的跃迁最为容易，对于它们来说，其中有一个返转点和高状态的一个返转点处于同样的核间距离。这个原理就是著名的富朗柯-康顿定则,它已被画在图5.22上,在那里我们画出了自高状态 $v'=4$ 到低状态 $v''=0$ 和 $v''=6$ 的两种最可几跃迁的铅直线。

相反地,有那样一些跃迁,对于它们来说,从上边的返转点所引出的铅直线是落在低能级线段中间的某一点（例如，在图5.22上用虚线所表示的 2—6 跃迁），或者根本就跑到由势能曲线所限定的这一线段的范围之外,这些跃迁的几率是很小的.

§17. 伴随有光发射的分子跃迁的几率

我们用量子力学的观点来考察分子自高状态到低状态的跃迁.

伴有光量子发射的自发偶极跃迁的几率，正比于系统之偶极矩 d 的矩阵元的平方，并由普遍公式 (5.69) 来描写. 我们来考察

---

[1] 在原子和分子中，从高状态到低状态的电子允许跃迁的几率是近于 10^8 秒$^{-1}$. 这就是说,激发分子在近于 10^{-8} 秒的时间内(在这个时间内原子作了很多次,~10^6 次振动)是处在高状态,然后在 ~10^{-16} 秒的时间内跃迁到低能级,并发射出光量子.

自高状态 $Bv'J'M'$ 到低状态 $Av''J''M''$ 的跃迁．字母 B 和 A 表示分子的电子状态；v'，v'' 表示振动状态，而 J'，J'' 则是转动量子数．M 是"磁"量子数，它决定转动矩在分子轴线上的投影．它可以取 $2J+1$ 个值：$M = J, J-1, \cdots, -J$．转动能量与它无关，而系统的波函数 Ψ 与它有关．矩阵元等于

$$\overline{D}_{Av'\,J'\,M'}^{Bv'\,J'\,M'} = \int \Psi^{*}_{Bv'J'M'} \mathbf{d} \Psi_{Av''J''M''} d\tau,\qquad (5.94)$$

在这里，积分是按系统的波函数与之有关的所有坐标进行的．

和从前一样，我们还是从简化的分子模型出发，在这种模型中，电子运动、振动和转动都假定是相互独立的．这时可将总的波函数表示为三个波函数 $\psi_{电子}$，$\psi_{振动}$，$\psi_{转动}$ 之乘积的形式，这三个波函数分别描写了电子、振动和转动．它们依赖于相应的坐标：$\psi_{电子}$ 依赖于电子坐标；$\psi_{振动}$ 依赖于核间距离；$\psi_{转动}$ 依赖分子偏转的角度，并且也依赖于相对应的量子数．例如，对于高状态来说：

$$\Psi_{Bv'J'M'} = \psi_{电子B}\psi_{振动v',B}\psi_{转动J',M'}．\qquad (5.95)$$

$\psi_{振动}$ 依赖于电子的状态，因为振动的频率与后者有关．

将系统的偶极矩 $\mathbf{d} = \sum e_i \mathbf{r}_i$（求和扩展到所有的粒子）表示为电子的和原子核的矩之和 $\mathbf{d} = \mathbf{d}_e + \mathbf{d}_a$ 的形式．按照规定，不同电子状态的电子波函数是正交的（原子核坐标仅作为参数出现在波函数之中）．当将 $\mathbf{d}$ 和 Ψ 代入积分（5.94）中时，含有核矩的项就可分出因子 $\int \psi_{电子B}\psi_{电子A} d\tau_e$，这个因子当 $B \neq A$ 时等于零，所以关于核矩的矩阵元就被消去了．由于 $\psi_{振动}$ 和 $\psi_{转动}$ 不依赖于电子的坐标，所以所剩下的关于电子矩的矩阵元就可以表示为乘积的形式：

$$D = D_e = \int \psi^{*}_{电子} |\mathbf{d}_e| \psi_{电子} \cdot \int \psi^{*}_{振动}\psi_{振动} \cdot \int \psi^{*}_{转动}\mathbf{n}\psi_{转动} =$$
$$= D_{电子} \cdot D_{振动} \cdot D_{转动},\qquad (5.96)$$

这里出现在转动矩阵元中的仅是平均的电子偶极矩的方向——单

位矢量 **n**, 然后再将它按分子的"偏转"进行平均.（为了简单起见，在这里我们略去了脚标——波函数的量子数，以及微分元.）要求 $D_{转动}$ 不等于零的条件，就给出了关于跃迁时转动量子数如何变化的选择定则.

在我们的近似下，分子的能量与转动矩的方向无关，因此，为了求得从一个能量状态 $Bv'J'$ 到另一个能量状态 $Av''J''$ 的跃迁几率，就应该将几率按初态中转动矩的所有可能的方向进行平均，并按终态中的方向进行求和. 这样一来，以秒$^{-1}$为单位的跃迁几率，根据式 (5.69) 就等于[1]：

$$A^{Bv'J'}_{Av''J''} = \frac{64\pi^4}{3hc^3} \nu^3_{Bv'J', Av''J''} D^2_{电子BA} q_{v'v''} p_{J'J''}, \quad (5.97)$$

此处

$$q_{v'v''} = D^2_{振动v'v''} = \left| \int \psi^*_{振动v'}(r) \psi_{振动v''}(r)\, dr \right|^2, \quad (5.98)$$

$$p_{J'J''} = \frac{1}{2J'+1} \sum_{M'M''} D^2_{转动J'M', J''M''}. \quad (5.99)$$

以尔格/厘米$^3 \cdot$秒为单位的光谱中相应线的强度等于跃迁几率 $A(1/$秒$)$、量子能量 $h\nu$（尔格）和处于高量子状态的分子数 N $(1/$厘米$^3)$ 三者的乘积：$I = h\nu NA$（为了简单，略去了脚标）.

无量纲几率 $p_{J'J''}$ 确定了某一个 $Bv' \to Av''$ 带内的转动结构中的谱线强度的分布. 在分子的量子力学中证明了，$p_{J'J''}$ 是遵守和数原则的：

$$\sum_{J''} p_{J'J''} = \sum_{J''} \sum_{M'M''} \frac{1}{2J'+1} D^2_{转动J'M', J''M''} = 1, \quad (5.100)$$

它的意义就在于，当完成自高的电子-振动状态到低的状态的跃迁

---

1) 严格地讲，电子的矩阵元 $D_{电子}$ 要依赖于核间距离 r（矩阵元是在确定的时刻，也就是在出现于电子波函数中的核间距离被确定的时候计算的）. 跃迁几率公式 (5.97) 中所含有的量 $D^2_{电子}$，应被理解为是某个按 r 平均了的值 $\overline{D^2_{电子}}$，比如该值就与高电子状态中的平衡位置 r_e 相对应.

之后,分子必须落进各种可能的转动能级 J'' 中的一个能级(其相应的几率等于 1)。

到任何转动能级的 $Bv' \to Av''$ 跃迁的几率,是通过将表达式 (5.97) 按 J'' 来求和而得到。根据条件 (5.100),它等于

$$A^{Bv'}_{Av''} = \frac{64\,\pi^4}{3\,hc^3} \nu^3_{Bv',\,Av''} D^2_{\text{电子}BA} q_{v'v''}, \tag{5.101}$$

这里 $\nu_{Bv',\,Av''}$ 是该带的某个平均频率(鉴于转动能量与振动能量相比较为很小,带内频率的散布并不很大,因此对带引进一个平均频率是正当的)。

当电子发生 $B \to A$ 跃迁时,振动转变 $v' \to v''$ 的相对几率是由公式 (5.98) 所确定的无量纲因子 $q_{v'v''}$ 来表征的。

我们来考察积分 (5.98)。两个波函数是属于不同的电子状态的,即振动频率和平衡位置 r_e 都是不同的。由于这一点,对于各种不同的组合 $v'v''$ 来说,积分都是不等于零的,因而对于振动也就不存在什么选择定则(假如电子的状态没有改变,振动也是严格简谐的,那么根据正交条件积分 (5.98) 在所有 $v' \neq v''$ 的情形下也都等于零)。

各种振动状态的波函数被简略地画在图 5.23 上。为了使得由两个振荡因子(只有 $\psi_{\text{振动},v=0}$ 不振荡)的乘积所构成的积分 (5.98) 具有相当的数值,必须要求:第一,两个因子不是处于"反相"的;第二,两个因子的高的极大值是互相重叠的。但是振动波函数的最大极值是处于"返转点"附近,这证明了这些位置具有最大的几率。因此,那些跃迁是最可几的,对于它们来说,高状态中的两个返转点至少有一个与低状态中的返转点处于同样的核间距离。上述讨论,从量子力学的观点论证了富朗柯-康顿定则。通常把量 $q_{v'v''}$ 叫做富朗柯-康顿因子,它是发生电子跃迁时的某一振动跃迁 $v' \to v''$ 的几率,因为根据矩阵元的和数原则,从某一个 v' 跃迁到任意一个 v'' 的总的几率等于 1:

$$\sum_{v''} q_{v'v''} = \sum_{v''} D^2_{\text{振动}\,v'v''} = 1. \tag{5.102}$$

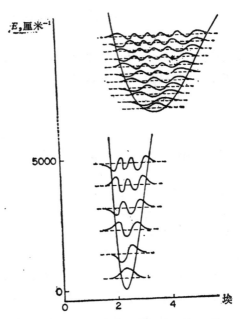

图 5.23 关于分子 RbH 的势能曲线和一系列振动状态的波函数
(图形取自文献 [20 b]。每一个波函数的零点 (节点) 数就等于振动量
子数 v。)

为了使上述的关于富朗柯-康顿定则的量子 力学的 解释形象
化,我们列出了在文献 [21] 中对分子 NO 的 β 带组 ($B^2\Pi \to X^2\Pi$)
所计算的积分——$|\int \psi^*_{v'} \psi^*_{v''} dr|$ 的表,这些积分值的平方
就等于 $q_{v'v''}$。将表 5.7 和势能曲线的简图 5.21 同时加以研究是
有好处的,那样便可以验证富朗柯-康顿定则是满足的。

知道富朗柯-康顿因子,对于计算不同的 $v' \to v''$ 跃迁的 相对
几率来说,即对于计算属于某一个电子跃迁范围的各个不同带的
相对强度来说,乃是必须的。针对不少重要分子:NO,O_2, N_2, N_2^+
的一些系组,曾经计算出了富朗柯-康顿因子 (见 文 献 [8,21—
24])。

为了求出跃迁几率的和线或带的强度的绝对值,必须要知道
电子矩阵元 $D_{电子}$ 的值。从理论上计算电子矩阵元 $D_{电子}$ 是有很大

表 5.7

关于分子 NO 的 β 带组的富朗柯-康顿因子的平方根 $\sqrt{q_{v'v''}}$ (v' 属于高的状态，v'' 属于低的状态)[1]

v''	高状态的振动量子数 v'								
	0	1	2	3	4	5	6	7	8
0	0.0000	0.0002	0.0010	0.0032	0.0079	0.0161	0.0280	0.0429	0.0587
1	0.0003	0.0024	0.0087	0.0219	0.0414	0.0625	0.0788	0.0811	0.0707
2	0.0021	0.0119	0.0336	0.0619	0.0819	0.0803	0.0569	0.0257	0.0040
3	0.0086	0.0364	0.0735	0.0896	0.0680	0.0273	0.0016	0.0065	0.0286
4	0.0250	0.0750	0.0967	0.0607	0.0115	0.0025	0.0286	0.0471	0.0362
5	0.0554	0.1069	0.0693	0.0077	0.0100	0.0447	0.0448	0.0146	0.0001
6	0.0972	0.1020	0.0153	0.0121	0.0530	0.0371	0.0027	0.0097	0.0341
7	0.1380	0.0556	0.0041	0.0573	0.0363	0.0001	0.0231	0.0401	0.0170
8	0.1603	0.0075	0.0497	0.0489	0.0000	0.0317	0.0389	0.0055	0.0066
9	0.1522	0.0101	0.0756	0.0046	0.0629	0.0004	0.0567		
10	0.1276	0.0452	0.0391	0.0395	0.0286	0.0301	0.0299		
11	0.0964	0.0849	0.0059	0.0686	0.0006	0.0572	0.0003		
12	0.0657	0.1100	0.0033	0.0599	0.0158	0.0382	0.0198		
13	0.0405	0.1123	0.0318	0.0252	0.0515	0.0047	0.0506		
14	0.0226	0.0956	0.0704	0.0010	0.0619	0.0070	0.0399		
15	0.0113	0.0698	0.0962	0.0102	0.0363	0.0404	0.0070		
16	0.0051	0.0442	0.0985	0.0449	0.0057	0.0587	0.0046		
17	0.0021	0.0246	0.0816	0.0793	0.0036	0.0394	0.0361		
18	0.0007	0.0120	0.0565	0.0932	0.0329	0.0080	0.0557		
19	0.0002	0.0051	0.0334	0.0838	0.0693	0.0022	0.0374		
20	0.0001	0.0019	0.0169	0.0610	0.0881	0.0297	0.0068		
21		0.0006	0.0074	0.0369	0.0821	0.0663	0.0031		
22		0.0002	0.0028	0.0188	0.0603	0.0852	0.0326		
23			0.0009	0.0801	0.0361	0.0784	0.0685		
24				0.0030	0.0179	0.0559	0.0865		
25				0.0009	0.0074	0.0331	0.0727		
26				0.0026	0.0150	0.0486			
27				0.0007	0.0057	0.0258			
28					0.0018	0.0110			
29						0.0038			

$v'=$	9	10	11	12	13	14	15	16	17
$v''=0;$	0.0731	0.0837	0.0892	0.0866	0.0841	0.0744	0.0601	0.0445	0.0303

$v'=$	18	19	20	21	22	23	24	25	26
$v''=0;$	0.0190	0.0110	0.0059	0.0029	0.0013	0.0006	0.0002	0.0001	0.0000

1) 带有方框的是始于每一个高状态的最可几跃迁。

困难的. 一般它是由实验来求得(见§18和§21).

与原子跃迁的理论相类似, 一般也是利用振子强度的概念来代替电子矩阵元.

按照公式(5.101)将跃迁几率$A_{Bv' \to Av''}$按振动的终态v''求和, 并按初态v'取平均, 我们就得到在在任意的振动和转动的跃迁下的电子跃迁$B \to A$的几率:

$$A_{BA} = \frac{64 \pi^4}{3 hc^3} \nu^3_{BA} D^2_{电子BA}, \qquad (5.103)$$

此处, ν_{BA}是关于电子跃迁的某个平均频率(和以前一样, 振动能量差与电子能量差相比较为很小, 这就是引进平均频率的正当理由). 利用公式(5.69), (5.73), (5.60), 我们就确定了关于电子跃迁$B \to A$的振子强度:

$$f_{BA} = \frac{8 \pi^2 m}{3 he^2} \nu_{BA} D^2_{电子BA}. \qquad (5.104)$$

在这里, 高电子状态和低电子状态的统计权重之比取为1, 这是因为预先假定了两个项的重数是相同的. 应该料到, 分子跃迁的振子强度与原子跃迁时的具有同样的量级. 一些重要带组的振子强度的数值, 我们将在下面列出.

§18. 谱线内的光吸收系数

跃迁$Av''J'' \to Bv'J'$是上节所讨论过的伴有光发射的跃迁的逆过程, 为了计算与这种跃迁相对应的谱线内的吸收系数, 我们要利用细致平衡原理. 这个原理建立了正逆跃迁的爱因斯坦系数之间的关系(5.71)[1]. 向这个关系中按照公式(5.97)代入发射几率, 并注意到定义(5.70), 再根据公式(5.104)用振子强度来代替表达式(5.97)中的$D_{电子}$, 则我们就得到如下形式的吸收系数:

$$\varkappa_{Av''J'', Bv'J'} = \frac{\pi e^2}{mc} f_{BA} q_{v'v''} p_{J'J''} N_{Av''J''} F(\nu), \qquad (5.105)$$

---

1) 这个公式中的两个统计权重之比, 和以前一样, 被认为是等于1的. 见公式(5.104).

此处 $N_{Av''J''}$ 是1厘米^3 内处于低状态 $Av''J''$ 的分子数；而 $F(\nu)$ 是一个描述线内吸收分布的函数；它是规一化的，$\int F(\nu)d\nu = 1$。

将与电子跃迁 $A \to B$ 有关的吸收系数按整个光谱进行积分。很显然，如果我们是按频率来积分每条线的吸收系数(5.105)，并按所有的谱线[1]来求和，就会得到和上述同样的结果。按线的求和等价于按所有的初态和终态 $v''J''$ 和 $v'J'$ 的求和。按终态的求和是借助于和数原则(5.100)和(5.102)来实现的；而按初态的求和则归结于按分子数的求和，$N_A = \sum_{v'J'} N_{Av''J''}$，此处 N_A 是 1厘米^3 中处于电子状态 A 的分子数。如果 A 是基态，那么 N_A 实际上就等于 1 厘米^3 中的分子总数 N。

将处于状态 A 的分子当它向状态 B 跃迁时所具有的吸收有效截面 $\sigma_\nu = \varkappa_\nu / N_A$ 按光谱积分，我们得到

$$\int_0^\infty \sigma_\nu d\nu = \frac{\pi e^2}{mc} f_{BA}. \qquad (5.106)$$

这个关系与原子跃迁时的相应关系是完全一致的。因此，和原子时的情况一样，对应于某一电子跃迁的吸收"面积"，仅由振子强度所决定. 两者的差别在于，在分子中这个"面积"被分配在很多条线上，因此每一条线所占有的仅是它的一小部份。与此相应，分子线的"高度"也就大大小于原子线的"高度". 线的多重分裂和 Λ 二重性还要使线的"高度"降低几倍，但是并不改变总的"面积".

通过对分子吸收光谱所进行的实验研究，可以确定关于某一个带组的振子强度. 出于这一目的，我们要测量经过光学薄的气层(在线的顶峰是透明的)时所造成的光的减弱。这就使得可以求出吸收谱的"面积"，并按公式(5.106)计算出振子强度。如果根据计算已知富朗柯-康顿因子，那么为了估计振子强度，可以直接利用独立线内或带内的吸收曲线(对于转动跃迁几率 $p_{J'J''}$ 来说，

---

1) 这里应包括从那一频率开始的连续区，在该频率下各带都收敛于离解界限。

存在着一些不太复杂的公式).

例如,在文献[25]中用这样的方法测量了分子 NO 的 γ 带和 β 带的振子强度($\gamma: X^2\Pi \to A^2\Sigma^+$; $\beta: X^2\Pi \to B^2\Pi$). 发现 $f_\gamma \approx 0.0025$, $f_\beta \approx 0.008$. 在文献[26]中曾求得了氧分子的苏曼-隆哥带组的振子强度($X^3\Sigma_g^- \to B^3\Sigma_u^-$ 跃迁); $f=0.259$,并且各带占据了吸收总"面积"的一部分 $\Delta f = 0.044$,而另一部分 $\Delta f = 0.215$ 则被连续区所占据,连续区乃对应于分子 O_2 离解为原子 $O(^3P) + O(^1D)$ 的情形. 当 $\lambda = 1760$ Å 时就开始了连续区(带的下界是 $\lambda = 2030$ Å). 连续区内的有效截面 在 $\lambda = 1450$ Å 时具有最大值,该值等于 $\sigma_\nu = 1.81 \times 10^{-17}$ 厘米^2,而在 $\lambda = 1567$ Å 和 $\lambda = 1370$ Å 时它要下降到一半. 应当指出,根据高温下光辐射的数据所取得的苏曼-隆哥带的振子强度的数值,发现是太小了(见 §20;在文献[26]中曾测量了冷氧气对光的吸收). 关于引起这种差别的可能原因,请见文献[27].

总之应该注意到,与原子跃迁不同,分子跃迁的振子强度并不严格是一个常量(其中特别是,它依赖于振动激发的程度和按核间距离进行平均的方法). 因此,对于一些同样跃迁来说,其振子强度的文献资料就往往互相差别很大. 在索斯尼柯夫的 评论性文章[27a]中,对分子跃迁的振子强度的一些已知结果作了报道,并附有有关文献的索引.

§19. 高温时的分子吸收

在室温之下,所有的分子实际上都处于电子的和振动的基态. 例如, 在 $\sim 10^5$ 个氮分子中只激发了一个振动量子. 双原子分子吸收的长波边界,总是处在光谱的紫外光和可见光区域,例如: 对于 O_2, NO, N_2 分子来说,是处于远紫外区[1];对于 Br_2, J_2, GN 分子,

---

1) 在分子 O_2 中向低位置能级 $^1\Delta_g$ 和 $^1\Sigma_g^+$ 的跃迁是被禁止的. 到能级 $^3\Sigma_u^\pm$ 的跃迁也是被禁止的. 与后一种跃迁相对应的盖尔茨别尔格带是非常弱的. 在 N_2 中跃迁 $X^1\Sigma \to A^3\Sigma_u$ 是被禁的(维尔卡尔德-开普兰带很弱).

则处于可见光区。当温度升高的时候，气体中就要出现处于高振动状态的激发分子，从这些振动状态跃迁到同样高的电子状态，需要比较少的能量。这样一来，当温度升高的时候，吸收的长波边界是向"红"的方向移动。当温度接近 $10000°K$ 的时候，又要出现一些处于高电子状态的分子，因而又可能产生从这些状态到更高电子状态的新的跃迁，就是这样在氮中就要产生第一正组和第二正组的吸收（$A^3\sum_u \to B^3\Pi_g$ 和 $B^3\Pi_g \to C^3\Pi_u$ 跃迁；见表5.6 和图 5.14）。

以 NO 分子为例，我们来研究在高温下光被分子的吸收。在空气中，一氧化氮是在温度近于 $2000-10000°K$ 时生成的，并具有相当大的浓度，大约有百分之几（见第三章 §4）。就如以后将要看到的，在某些条件下，光被 NO 分子的吸收对于热空气的光学性质来说将起着重要的作用。在文献[21]中对分子 NO 的吸收曾经进行了计算，我们基本上是模仿它的作法。

在 NO 的自电子基态的吸收中，有三个重要的带组：$\gamma(X^2\Pi \to A^2\sum^+$ 跃迁$)$，$\beta(X^2\Pi \to B^2\Pi)$，$\delta(X^2\Pi \to C^3\sum)$。前两个组的长波边界对应于 ~ 45000 厘米$^{-1}$，第三个对应于 ~ 52000 厘米$^{-1}$（见表 5.6）。当温度 $T \sim 3000-10000°K$ 时，在光的吸收中起基本作用的是 β 组，因为根据富朗柯-康顿定则，γ 和 δ 组的可几跃迁是在振动数无大的变化时发生的，即吸收的基本上是近于 $45000-52000$ 厘米$^{-1}$ 的高频率，这些频率处在远紫外区，在上述温度下它们并不怎么重要。相反地，在 β 组中，从下边的高振动状态 $v'' \sim 12$ 到上边的基态 $v' \sim 0$ 的跃迁是可几的，这种跃迁给出具有频率 ~ 25000 厘米$^{-1}$ 的近紫外区和可见光区中的吸收。

当气体的密度很大和温度很高的时候，分子的谱线要强烈地加宽，甚致有可能重叠。这时光谱几乎变成是连续的。

针对 NO 的 β 组，我们来比较谱线的宽度和它们之间的平均距离。为了估计，我们取温度 $T = 8000°K$，气体的密度等于空气的标准密度。

在温度为 $8000°K$ 的时候，频率 ~ 25000 厘米$^{-1}$ 的谱线的多普勒宽度大约是 0.3 厘米$^{-1}$. 如果假定，**每一次气体动力论的碰撞都能改变振动或转动的状态**，那么由于碰撞所引起的加宽是比较大的，大约是

$$\frac{\Delta \nu}{c} = \frac{N \sigma_\kappa \bar{v}}{2 \pi c} \approx \frac{3 \times 10^{19} \times 5 \times 10^{-15} \times 1.5 \times 10^6}{2 \pi \times 3 \times 10^{10}} \approx 1.2 \text{ 厘米}^{-1}.$$

我们在 15000 厘米$^{-1}$ 到 45000 厘米$^{-1}$ 的频率范围内，来估计 NO 分子 β 组内的谱线间的平均距离. 为了吸收 15000 厘米$^{-1}$ 的最低能量的量子，分子必须被激发到 $45000 - 15000 = 30000$ 厘米$^{-1}$ 的能量，即激发到 $v'' \approx 20$ 的振动能级. 考察势能曲线简图，并注意到富朗柯-康顿定则，便可以断定，自每一个下边的振动能级大约到达五个上边的状态的跃迁是可几的，即所考察的范围大致包含了 $20 \times 5 = 100$ 个带. 当温度 $T = 8000°K$ 时，到 2—3kT 的转动激发是重要的，这相当于 7500 厘米$^{-1}$，即下边状态的大致 $J'' \approx \sqrt{2.5 \, kT/hcBe} \approx 80$ 的转动能级参与跃迁. 每一个转动能级都给出两条线：$J' = J'' + 1$ 和 $J' = J'' - 1$（当 $J'' \gtrsim 10$ 时，$J' = J''$ 的 Q 分支通常是比较弱的），即带中共有 160 条转动线. 它们当中的每一条，由于多重分裂要变为两条，而由于 Λ 二重性还要再次分裂为两条. 因此，在所考察的频率范围 30000 厘米$^{-1}$ 之内，大致有 $100 \times 160 \times 2 \times 2 = 64000$ 条线. 它们之间的平均距离近似于 0.5 厘米$^{-1}$；由于线的宽度 ~ 1 厘米$^{-1}$，所以这些线重叠得很厉害，光谱实际上几乎是连续的.

在粗糙的近似下，来估计吸收系数. 当分子平均的振动激发近于 kT 的时候，即当 $T = 8000°K$ 时近于 5000 厘米$^{-1}$ 的时候，到上边电子状态的一些低振动能级的跃迁是最可几的. 作为估计，我们假定，光基本上是在跃迁到上边电子状态的 $v' = 0$ 的能级时被吸收. 那时，量子 $h\nu$ 只是被激发到能量为 $E_0 - h\nu$ 的分子所吸收，此处 E_0 是上边电子状态的能量. 根据玻耳兹曼定律，这种分子的数目正比于因子 $\exp\left(-\frac{E_0 - h\nu}{kT}\right)$. 若用微分振子强度来表示吸收截面，就可以将吸收系数表示为(5.82)的形式

$$\varkappa_v = \frac{\pi e^2}{mc} N \frac{df}{dv},$$

此处 N 是 1 厘米^{3}中的 NO 分子数. 当注意到, 根据富朗柯-康顿定则, 吸收超过能量 E_0 的量子的几率是很小的, 便可以认为, 全部的吸收"面积" $\int_0^\infty (df/dv) dv$ 其主要部分是包含在从 0 到 E_0/h 的频率范围内, 而 v 从 E_0/h 变到 ∞ 的区域对积分的贡献是很小的. 注意到 $\varkappa_v \sim \dfrac{df}{dv} \sim \exp\left(-\dfrac{E_0 - hv}{kT}\right)$, 由条件 (5.106), 或者同样地, 由积分 $\int_0^{E_0/h} (df/dv) dv$ 应等于振子强度 f 的条件, 便可以求出其比例系数. 这样一来, 我们得到

$$\frac{df}{dv} = f \frac{h}{kT} \exp\left(-\frac{E_0 - hv}{kT}\right)$$

和

$$\varkappa_v = \frac{\pi e^2}{mc} f N \frac{h}{kT} e^{-\frac{E_0 - hv}{kT}}. \qquad (5.107)$$

代替 1 厘米^{3}中的 NO 分子数, 我们引进它们在空气中的浓度 $c_{NO} = N\rho_0/N_0\rho$, 这里 N_0 是标准条件下 1 厘米^3 的空气所含分子数, 而 ρ/ρ_0 则是空气密度与标准密度 ($\rho_0 = 1.27 \times 10^{-3}$ 克/厘米^3) 的比值. 再把光的频率变换为波数 $1/\lambda = v/c$. 我们得到

$$\varkappa_\lambda = \frac{3.4 \times 10^7}{T^\circ} f \cdot c_{NO} \frac{\rho}{\rho_0} e^{-\frac{1.44}{T^\circ}\left(\frac{1}{\lambda_{00}} - \frac{1}{\lambda}\right)} \text{ 厘米}^{-1}. \qquad (5.108)$$

这里 $1/\lambda_{00} = E_0/hc$ (对于 NO 的 β 组来说, 这个量等于 45440 厘米$^{-1}$). 在公式 (5.108) 中, $1/\lambda_{00}$ 和 $1/\lambda$ 是以 1 厘米$^{-1}$ 为单位的. 因而, 当已知振子强度的时候, 便可以估计出吸收系数. 当认为 NO 之 β 组的 $f_\beta \approx 0.006$ 时 (见 §20), 在 $\rho/\rho_0 = 1$, $T = 8000°K$ ($c_{NO} = 0.036$) 的情况下, 对 $\lambda = 6500$Å 的红光, 我们求得 $\varkappa_{NO} \approx 4.1 \times 10^{-3}$ 厘米$^{-1}$ (按一个分子来计算的有效截面 $\sigma_{NO} = \varkappa_{NO}/N_{NO} = 4.3 \times 10^{-21}$ 厘米^2).

从势曲线的位置和对富朗柯-康顿定则的满足等方面来看, 氧

分子 O_2 的主要吸收组（苏曼-隆哥组）中的跃迁完全与 NO 之 β 组中的跃迁相类似，因此，要估计高温下 O_2 的吸收系数，也可以应用公式(5.107)和(5.108)，当然，应将 O_2 的一些常数代入它们之中。

§20. 高温时的分子吸收系数的精确计算

为了进行比较精确的计算（见文献[8,21,28]），必须从关于谱线的吸收系数的严格公式出发，并要考虑到振动跃迁的实际几率。和从前一样，我们将认为，谱线被加宽得如此厉害，以致它们几乎（或明显地）重叠。

在讨论中，对于某一确定的电子跃迁 $A \rightarrow B$，我们引进频率 ν 的平均吸收系数，就是将真实的系数在一个 ν 到 $\nu + \Delta\nu$ 的小的谱间隔内进行平均，就象在§12中所做过的那样。为此，需要将单独一条线的吸收系数(5.105)按频率积分（这时所得到的是一条线的"面积"），再将积分按包括在 ν 到 $\nu + \Delta\nu$ 频率间隔内的所有的线来求和。所得到的结果就等于 $\bar{\chi}_\nu \Delta\nu$。和推导公式(5.106)时一样做完这些之后，我们便可以求得关于某一确定电子跃迁的频率 ν 的平均吸收系数：

$$\bar{\chi}_{\nu AB} = \frac{\pi e^2}{mc} \frac{f_{AB}}{\Delta\nu} \sum_{\text{各带}} q_{v''v'} \sum_{J''} N_{Av''J''} . \quad (5.109)$$

按 J'' 和按各带的求和，扩展到那样一些初始转动能级和那样一些带，它们所给出的谱线都落在所考察的谱段 $\Delta\nu$ 之内。在温度 T 之下，处于 $Av''J''$ 状态中的分子数，可按玻耳兹曼公式来计算，这要将处于该振动和该转动状态下的分子的能量代到它的里面（见文献[29]）：

$$N_{Av''J''} = N_A \frac{e^{-\frac{hc\omega_A v'}{kT}}}{Z_{vA}} \frac{(2J''+1)e^{-\frac{hcB_A J''(J''+1)}{kT}}}{Z_{rA}} . \quad (5.110)$$

此处 N_A 是处于电子状态 A 中的分子数；而

$$Z_{vA} = \left(1 - e^{-\frac{hc\omega_A}{kT}}\right)^{-1} \approx \frac{kT}{hc\omega_A} \text{和} Z_{rA} = \frac{kT}{hcB_A}$$

分别是低电子状态中的振动和转动的统计和.

带基本上被一些转动数较大的,即 $J'' \gg 1$ 的谱线所布满,而对于它们来说,根据公式(5.90)和(5.91),可以近似地认为其波数就等于

$$\frac{1}{\lambda} = \frac{1}{\lambda_{v''v'}} + (B_B - B_A)J''^2. \qquad (5.111)$$

频率间隔 $\Delta\nu$ 是被 $v''v'$ 带内的那样一些谱线所布满,这些谱线所对应的转动数是从 J'' 变到 $J'' + \Delta J''$,这里 $\Delta J''$ 是由(5.111)的微分来决定的:

$$\frac{\Delta\nu}{c} = \Delta\left(\frac{1}{\lambda}\right) = (B_B - B_A)2J''\Delta J''. \qquad (5.112)$$

当假定 $J'' \gg 1$,$\Delta J'' \ll J''$ (间隔 $\Delta\nu$ 足够小)的时候,可以认为在公式(5.109)中的按 J'' 的求和内所有各项的 $\Delta J''$ 都是相同的. 与 J'' 相比较将 1 略去,按公式 (5.111)将 J''^2 代入公式(5.110)的指数的幂次中,再用表达式(5.112)来代替公式(5.109)中的 $\Delta\nu$. 为了得到与近似公式(5.107)相应的最终表达式,我们在公式(5.109)中分出一个因子,这时我们得到

$$\bar{\chi}_{\nu_{AB}} = \frac{\pi e^2}{mc} f_{BA} N_A \frac{h}{kT} e^{-\frac{(E_B - E_A) - h\nu}{kT}} \varphi, \qquad (5.113)$$

此处无量纲因子 φ 等于

$$\varphi = \frac{kT}{hc\,|B_B - B_A|}\,\frac{1}{Z_{vA}Z_{rA}}e^{-\frac{hc}{kT}\left(\frac{1}{\lambda} - \frac{1}{\lambda_{00}}\right)} \times$$

$$\times \sum_{\substack{各带}} \exp\left\{-\left[\omega_A v'' + \frac{B_B}{B_B - B_A}\left(\frac{1}{\lambda} - \frac{1}{\lambda_{v''v'}}\right)\right]\right\}. \qquad (5.114)$$

这里 $\dfrac{1}{\lambda_{00}} = \dfrac{1}{hc}(E_B - E_A)$ 仍然是与无振动和无转动时的电子跃迁相对应的波数(E_B 和 E_A 是考虑了零振动能量的电子状态的能量 $E = U_e + hc\omega/2$),$1/\lambda_{v''v'}$ 是与无转动时的跃迁 $Av'' \longrightarrow Bv'$ 相对应的波数. 如果 $B_B > B_A$,那么带在"红的"方面有个边缘,并向"紫的"方面伸展;而如果 $B_B < B_A$,那么情况刚好相反(见公式

(5.111)). 因此,当 $B_B > B_A$ 时,在式(5.114)的按带的求和应包括 $\lambda_{v''v'} > \lambda$ 的一些带(正如在NO之 γ 组的情况中那样),而当 $B_B < B_A$ 时,则应包括 $\lambda_{v''v'} < \lambda$ 的一些带(正如在NO之 β 组或 O_2 之苏曼-隆哥组的情况中那样)。这种情况在图5.24和5.25中得到了很好的说明,在那里我们列出了在文献[21]中所计算的因子 φ 中的和的数值,这些值与光的波长有关,而且是针对NO的 γ 组和 β 组来计算的。这两条曲线都具有"栅栏"的特点,并且每一个新齿都是出现在当有一个新的带参与吸收的时候。在 γ 组的情况下,当 λ 减小的时候,吸收是跳跃式地增加,而在 β 组的情况下,则是当 λ 增加的时候,是跳跃式地增加。

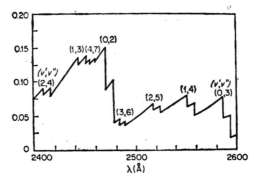

图 5.24　用相对单位表示的 NO 分子 γ 组中的谱吸收系数（$T = 8000°K$. $\lambda = 2480$ Å 时的吸收突变对应于振动跃迁 0—2 参与了吸收。）

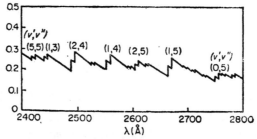

图 5.25　用相对单位表示的 NO 分子 β 组中的谱吸收系数（$T = 8000°K$.）

如果令考虑各种振动跃迁几率的因子 φ 等于 1，则比较精确的公式(5.113)就化为近似公式(5.107)(由于公式(5.107)是属于自基态的跃迁，那么这时 $E_A=0, N_A=N$)。计算表明，系数 φ 与 1 的差别不很大，所以公式(5.107)可以用来作粗糙的估计.

我们看出，借助于分子的光谱学数据、能级图、振动和转动的常数以及势能曲线，就可以从理论上计算出分子吸收的系数，其精度只差一个常数因子——振子强度 f，而这个因子应由实验来确定. 在图5.26—5.28中，我们列出了几个温度下的因子φ_λ的计算结

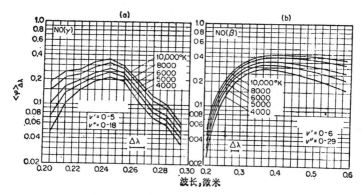

图 5.26　NO之 γ 组和 β 组的 φ 因子

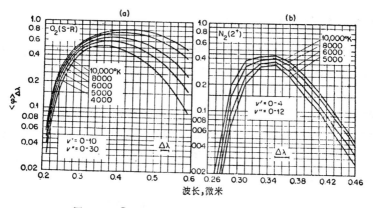

图 5.27　O_2 之苏曼-隆哥组和 N_2 之 2$^+$组的 φ 因子

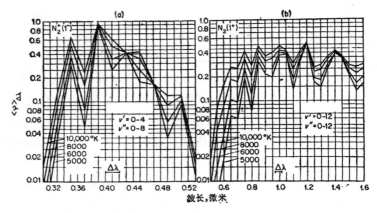

图 5.28 N_2^+ 之 1^- 组和 N_2 之 1^+ 组的 φ 因子

果[1]，这些计算是针对几个较重要的吸收组进行的，这些组决定着热空气的吸收性质，它们是：NO 的 γ 组和 β 组，O_2 的苏曼-隆哥组，N_2 的 1^+ 组和 2^+ 组，以及 N_2^+（电离化的氮 分子）的 1^- 组；这些组的 $1/\lambda_{00}$ 的值被列在表 5.6 中。在下一节，我们要列出这些组的振子强度的表。图 5.26—5.28 取自文献[8]。

4. 空   气

§ 21. 热空气的光学性质

对于那样一些在实际上很重要的课题——比如说研究在强爆炸的火球中所发生的各种现象（见第九章），计算弹道火箭和人造卫星进入大气时的辐射加热，等等——来说，热空气对光的吸收和辐射的问题具有头等重要的意义。对于头一个课题来说，存在一个很宽的温度范围，它从普通温度到几十万度，甚至上百万度。对于第二个课题来说，最感兴趣的温度是～5000—20000°K，它们是

---

1) φ_λ 通过在一个小的间隔 $\Delta\lambda$ 内进行平均的办法而被展平，为了 与实验资料进行比较，这样做是必要的，此间的 $\Delta\lambda$ 是由仪器（单色仪）来确定的。

在以近于几千米/秒或 10 千米/秒的速度在 大气中 运动着的物体前的激波中所能达到的温度．所遇到的密度范围也 是 很 宽 的，从～10 ρ_0(在沿具有标准密度 ρ_0 的空气而传播的激波中)，到很小的～10^{-3}—$10^{-4}\rho_0$，而在火球中心区域和高空 甚至具有更小的密度．

众所周知，冷空气对于可见光是透明的．吸收开始于光谱的紫外区，且与氧分子的苏曼-隆哥带组相联系．实际上，当 $\lambda \approx$ 1860 Å 时，吸收才能达到明显的数值．具有标准密度的冷空气其吸收系数与波长关系的实验曲线被画在第九章§2的 图 9.3 上．

当温度超过 15000—20000°K 的时候，分子几乎完全离解为原子，而原子也都明显地电离，那时光在连续谱中的吸收是由原子和离子的光电吸收及离子场中的韧致吸收相加组成的．这些机制在本章的第 1 部分曾被仔细地研究过，在那里曾给出了以类氢近似为基础的关于计算吸收系数和辐射 平均自 由 程 的 一 些 估 计 公式．在§8的表5.2中，曾列出了在多次电离范围内，即当温度大约高于 50000°K 时空气的辐射平均自由程的 计算结果．当温度低于～15000°K 时，所有的前面所考察过的机制都要 参与吸收，并且各成分的相对作用要强烈地依赖于光的频率和热力学条件：温度与密度．属于连续和准连续吸收部分的有：在热空气中所存在的 N_2, O_2, N_2^+, NO, NO_2 等分子中的 分子 跃迁；O_2, N_2, NO, O, N, O^- 等粒子的光电吸收；O^+, N^+, NO^+, O_2^+, N_2^+ 等离子场中的自由-自由跃迁，还可能有中性原子和中性分子场中的自由-自由跃迁．

为了具体地计算吸收系数，当然，必须知道所有上述空气成份的浓度，以及自由电子的浓度(见第三章)．

在美国的 AVCO 实验室里，曾利用激波管对热 空气 的 光学性质进行了实验研究．在 文献 [8,31,32, 32 a, 43—46] 和评论 [28,30,47]中，介绍了实验和计算的结 果(还可以参 看文献[33,48])．

Л. M.比别尔曼和他同事们的一系列工作都是针对计算热空

气的吸收系数和辐射本领的. 关于这些工作的概述可在论文[56]中找到, 在那里曾研究了在大气中以高超声速运动的物体的辐射受热问题. 在该论文中对有关书刊进行了广泛的介绍. 杂志[64]的一期也是用来研究空气中光吸收之问题的.

在激波管中对空气的光学性质所进行的实验研究, 其主要的成果就是确定了一些最重要的分子跃迁的振子强度.

在实验上, 曾测量了热空气柱在不同温度和密度下的辐射的谱强度. 在入射激波中研究了近于 $3000—5000°K$ 的温度, 在反射激波中研究了 $\sim8000°K$ 的温度. 利用已知的关于厚度为 d 的热气层之辐射能流的公式(见第二章 §7 的公式(2.38)), 便可以将所测量的强度换算为吸收系数. 即, 在 1 秒内自 1 厘米^2 气层表面在与表面垂直的单位立体角中输出去的波长间隔 $d\lambda$ 之内的辐射能量, 等于

$$I_\lambda d\lambda = I_{\lambda p} d\lambda (1 - e^{-\varkappa'_\lambda d}), \qquad (5.115)$$

此处 $I_{\lambda p}$ 是绝对黑体的相应量,

$$I_{\lambda p} = \frac{2hc^2}{\lambda^5} \frac{1}{e^{\frac{hc}{kT\lambda}} - 1},$$

而 $\varkappa'_\lambda = \varkappa_\lambda(1 - e^{-hc/kT\lambda})$ 是用强迫发射修正过的吸收系数. 如果气层是光学薄的, 那么在它之中的自身吸收就可以忽略(甚至在线的中心): $\varkappa'_\lambda d \ll 1$. 在这种情况下, 辐射强度是由发射本领来决定的:

$$I_\lambda = \frac{J_\lambda d}{4\pi} = I_{\lambda p} \varkappa'_\lambda d.$$

将所测量的按单位厚度气层计的辐射强度除以绝对黑体的强度, 便直接得到被修正过的吸收系数 $\varkappa'_\lambda$. 苏曼-隆哥带组的振子强度, 是通过研究纯氧中的辐射强度而确定的, 这些研究是在入射的激波中所能得到的比较低的 $\sim3000—4000°K$ 的温度下进行的.

在这种温度下电离度很小,氧的负离子也很少,所以实际上所有的吸收都与分子的跃迁相联系. 利用这些实验资料,根据公式 (5.113) 和 (5.114),并应用所算得的系数 φ_λ,曾求出振子强度 $f_{苏-隆}=0.028\pm0.008$. 在波长从 3300 到 4700 Å 的范围内,它与 λ, T, ρ 无关.

关于 NO 和 N_2 振子强度的数据, 是通过对不同温度和密度下的空气之辐射光谱的分析而得到的.

这些量是通过研究那样一些光谱、温度和密度的范围而依次得到的, 在这些范围内所有的未知机制(除了所要研究的那个而外)所起的作用都是很小的; 一些已知机制的吸收已从所测量的量中消除掉了.

就这样,曾求得了所有重要带组的振子强度[1],它们被汇集在表 5.8 中.

表 5.8

一些重要带组的振子强度

组	O_2 (苏-隆)	NO_β	NO_γ	$N_2(2^+)$	$N_2^+(1^-)$	$N_2(1^+)$
f	0.028	0.006	0.001	0.09	0.18	0.025
误 差	±0.008	±0.002	±0.0005	±0.03	±0.07	±0.008
λ 的范围 Å	3300—4700	3500—5000	2500—2700	2900—3300	3300—4500	10,460

在图 5.29 上画出 $T=8000°K, \rho=0.83\rho_0$ 时的实验的和理论计算的辐射强度.

为了便于计算空气的吸收系数,我们列出在分子吸收和第一次电离范围内的即 $T\leqslant20000°K$ 时的关于计算各种单独成分的数

---

1) 对于 $N_2(1^+)$ 组来说, f 强烈地依赖于 λ,这是由于核间距离随着 λ 的变化而急剧变化的结果.

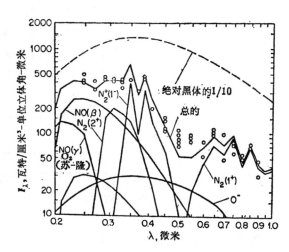

图 5.29 厚度 $d \approx 1$ 厘米之空气层的辐射的谱强度 I_λ 瓦特/厘米³·单位立体角·微米 ($T = 8000°\mathrm{K}$, $\rho = 0.83 \rho_0$ (ρ_0 是标准密度)。标出了实验点和对应于不同发射机制的计算曲线。 虚线给出了量 $0.1 I_{\lambda_p}$ (绝对黑体辐射强度的 1/10)。比值 $I_\lambda / I_{\lambda_p}$ 直接给出 $\varkappa'_\lambda$ (厘米)$^{-1}$,因为 $d \approx 1$ 厘米。图形取自文献[8]。)

值公式.

$$\varkappa_{i分子} = \frac{10^5 c_i \dfrac{\rho}{\rho_0}}{T^°} e^{\frac{h\nu}{kT}} \times \begin{cases} 9.5 \varphi_{\text{苏-隆}}\, e^{-\frac{71000}{T}}, & \mathrm{O_2} \text{ 的苏曼-隆哥组,} \\[4pt] 2.04 \varphi_\beta\, e^{-\frac{65300}{T}}, & \mathrm{NO} \text{ 的 } \beta \text{ 组,} \\[4pt] 0.34 \varphi_\gamma\, e^{-\frac{63500}{T}}, & \mathrm{NO} \text{ 的 } \gamma \text{ 组,} \\[4pt] 30.6 \varphi_{2^+}\, e^{-\frac{127500}{T}}, & \mathrm{N_2} \text{ 的 } 2^+ \text{ 组,} \\[4pt] 8.5 \varphi_{1^+}\, e^{-\frac{84900}{T}}, & \mathrm{N_2} \text{ 的 } 1^+ \text{ 组,} \\[4pt] 61.2 \varphi_{1^-}\, e^{-\frac{36800}{T}}, & \mathrm{N_2^+} \text{ 的 } 1^- \text{ 组,} \end{cases}$$

$$\varkappa_{0^-} = 2.67 \times 10^{19} c_{0^-} \frac{\rho}{\rho_0} \sigma_{0^-}.$$

$$\varkappa_{i(\text{克拉梅尔斯})} = \frac{2.56 \times 10^{12} c_i \dfrac{\rho}{\rho_0} e^{\frac{h\nu}{kT}}}{T^{\circ 2} x^3} \times \begin{cases} e^{-\frac{140000}{T}} & O_2, \\ e^{-\frac{181000}{T}} & N_2, \\ e^{-\frac{158000}{T}} & O, \\ e^{-\frac{169000}{T}} & N, \\ e^{-\frac{108000}{T}} & NO, \end{cases}$$

$$\left(x = \frac{h\nu}{kT'} = \frac{1.44}{\lambda T} \right)$$

$$\varkappa_{NO_2} = 2.67 \times 10^{19} c_{NO_2} \frac{\rho}{\rho_0} \sigma_{NO_2}$$

(T 用 $^\circ K$, λ 用厘米, $\varkappa$ 用厘米$^{-1}$).

所有粒子的浓度 c_i, 在这些公式中都被定义为是粒子数与冷空气中原有分子数的比值. 在这些分子吸收系数的公式中, 曾代入了取自表 5.8 的振子强度. 克拉梅尔斯吸收公式中的等效电荷被取为 1[1].

当已知氧原子和自由电子的浓度时, 便可以根据沙赫公式计算出氧的负离子的浓度. 在§5 的图 5.5 中给出了负离子 O^- 的吸收有效截面.

有一些实验资料证明了氮的负离子 N^- 的存在(文献[57]). 光被这些离子的吸收曾在文献[58]中进行了研究. 当已知吸收系数的所有成份之后, 便可以计算出任何温度和密度之下的总的吸收系数和发射本领. 在图 5.30 和 5.31 上画出了用这种方法所得到的几组温度和密度值之下的辐射能量(这些数据是取自文献[28]). 在图上还标出了各种单独吸收成份的贡献.

在文献[32]中曾研究了电子在中性原子场中的自由-自由吸收问题. 为此, 曾测量了 $T' = 8000^\circ K$, $\rho/\rho_0 = 0.85$ 时的在 $\lambda \sim$ 20000-40000 Å 的谱的红外区域内的发射本领, 根据计算在这个区域里所有其它机制的作用都应该是很小的. 人们发现, 吸收系数

---

1) 比别尔曼和诺尔曼的修正因子(见§7)没有被考虑.

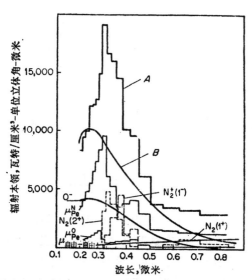

图 5.30 当 $T=12000°K$, $\rho=\rho_0$(标准密度)时,空气的发射强度
(标出了不同机制的贡献。μ_{pe} 是自由-束缚跃迁;A 是总的辐射,B 是
绝对黑体辐射的 $1/10$。）

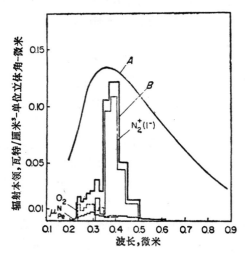

图 5.31 当 $T=8000°K$, $\rho=10^{-3}\rho_0$ 时,空气的发射强度

(A是绝对黑体辐射强度的 10^{-5} 倍, B是总辐射, μ_{Pe}^N 是自由-束缚跃迁.)

可近似地由一般的关于轫致吸收的公式来描写，其等效电荷的平方，对于原子 O 来说是等于 $Z^2 = 0.04$，而对于 N 来说是等于 $Z^2 = 0.02$。根据这些数据来判断，在光谱的可见光和紫外光区域内，中性原子场中的自由-自由吸收不应该起重要的作用。

И. Ш. 莫杰里曾测量了两个温度值的激波内的空气对 $\lambda = 6500\text{Å}$ 的红光的吸收系数（文献 [34]）。在莫杰里的实验中，爆震波从炸药中传向炸药与空气的交界处。用照相的方法测量了激波阵面之表面在垂直于表面的方向上的发光强度随着时间的变化。如果 d 是至时刻 t 时激波所席卷的空气层的厚度，那么波阵面表面的发光强度就由公式(5.115)所确定。当热空气层变成为光学厚的，即 $\varkappa_\lambda' d \gg 1$ 的时候，波阵面就像绝对黑体一样地发光，而 $I_\nu \approx I_{\nu p}$。拍摄发光增强的曲线 $I_\nu(d)$ 的像片，便可以测得吸收系数。波阵面后的温度是根据那一阶段的波阵面的亮度而独立地确定的，在这一阶段 $\varkappa_\lambda' d \gg 1$，波阵面已和绝对黑体一样地发光。И. Ш. 莫杰里曾得到两个温度下的吸收系数的值，$T = 10900°K$，$\varkappa_\lambda = 3.7$ 厘米$^{-1}$；$T = 7480°K$，$\varkappa_\lambda = 1.66$ 厘米$^{-1}$（$\lambda = 6500\text{Å}$，$\rho/\rho_0 \approx 10$）。头一个值与前面所列公式的计算结果符合得很好。

N_2 的 1^+ 组的吸收和克拉梅尔斯机制起着主要的作用。至于第二点，那么实验值要比理论值大很多[1]。

前面所讨论过的所有吸收成份的共同特点就是它们都具有急剧的、玻耳兹曼式的温度关系，并且都具有很大的活化能（见第 356—357 页的公式汇编）。在近于 3000—4000°K 的不太高的温度下，在光谱的可见光区域内所有的吸收系数都是很小的，例如，当 $T = 4000°K$ 和 $\rho/\rho_0 = 1$ 时，$\varkappa \sim 10^{-6}$ 厘米$^{-1}$。

在这样低的温度下，在吸收中起主要作用的是二氧化氮的分子吸收，虽然二氧化氮在空气中的含量并不太大（见表 5.9）[2]，但它在光谱的可见光区域和紫外光区域都强烈地吸收光。NO_2 的分

---

1) 关于产生这种不一致的原因，还没能得出一个确定的见解。

2) NO_2 的浓度是在文献[39]中计算的。

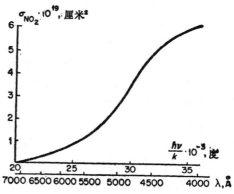

图 5.32 未激发的 NO₂ 分子吸收光的平均有效截面.

表 5.9

热空气中二氧化氮的平衡浓度, $C_{NO_2} \times 10^4$

$T, °K$	ρ/ρ_0 10	5	1	$T, °K$	ρ/ρ_0 10	5	1
2000	1.11	0.79	0.35	3500	2.91	1.92	0.79
2600	2.02	1.42	0.63	4000	2.86	1.90	0.67
3000	2.24	1.58	0.69	5000	2.11	1.29	0.25

说明:　　$c_{NO_2} = \dfrac{NO_2 \text{ 的分子数}}{\text{空气中的原有分子数}}$.

子带形成了一个很复杂的实际上带有一些重叠线的组. 在图5.32 上,根据文献[35]的资料,画出了 NO₂ 冷分子的吸收有 效 截 面 的 关系曲线. 在波长从 $\lambda = 4000$ Å 到 $\lambda = 7000$ Å 的范围内, 截面是 单调地从 $\sigma = 6.5 \times 10^{-19}$ 厘米² 下降到 $\sigma \approx 10^{-20}$ 厘米². 根 据 测 量(文献[36]),在红外区域内吸收截面是很小的: 当 $\lambda = 10000 -$ 20000 Å 时,$\sigma < 4.5 \times 10^{-23}$ 厘米².

在近紫外区域内,当 $\lambda = 3020$ Å 时,截 面 要 经 过 一个极小值 (文献[37]);这同图 5.32 的曲线一起证明了,吸 收 的 最大值位于 光谱的蓝色区域 $\lambda \sim 4000$ Å.

应当预料到,当温度近于 2000—4000°K 时,吸收光谱要 显著 地向红的方向移动,而 NO_2 的有效截面在光谱的整个可见光区域 内都大约等于几乘以 10^{-19} 厘米^2(关于这一点,详细情况请见论文 [38];以及第九章§7)。例如,当空气中 NO_2 分子的浓度近于 10^{-4} 时,在标准密度下所给出的吸收系数大约是 10^{-3} 厘米$^{-1}$。

在文献 [59] 中,曾研究了温度在 1400—2100°K 时的二氧化 氮的辐射强度(二氧化氮与氩混合物在激波管中加热)。曾得到了 在光谱的可见光区域内的辐射强度的绝对值。

最后,我们指出,关于热空气光学性质的问题还远没有解决, 在这一领域内的研究还在继续深入。

5. 在聚焦的激光束作用下气体的击穿和加热

§22 击穿

激光的发明和激光技术的不断改进,为研究强辐射流 与 物质 相互作用时所发生的各种现象提供了广泛的可能性。其中就包括 在几年前发现在激光束作用下气体 的 击 穿 和 形成"火花"的 现 象。

实验(文献[65—72])表明,在强度足够大的光流的作用下,在 平常对给定的辐射是透明的气体中要产生击穿,即要产生自由 电 子[1]。为要产生击穿,需要很大的辐射能流,甚至对于高功率的现 代光学振荡器(其品质因数是可调的)来说,这样的能流只有通过 用透镜将激光束聚焦的方法才能成功地得到(图 5.33)。 击穿的 阈,一般是非常鲜明的,它通常是由光波的电场 强度 来 表 征 的。 作为例子,在图 5.34 中我们标出了在文献[65]中所测得的在不同 压力下在氩和氦中引起击穿的阈场的值。

在这些实验中,品质因数可调的红宝石激光器所给出的 脉 冲 其持续时间为 3×10^{-8} 秒, 其最大(峰值)功率达~30 兆瓦(脉冲

---

1) 对于微波频率范围之辐射作用下的高频击穿现象,人们已经熟知,并进行了充 分的研究[60]。

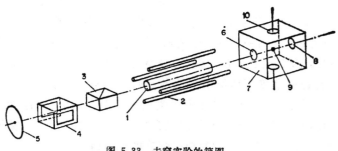

图 5.33 击穿实验的简图

（1——红宝石，2——泵用氙气灯，3——偏振仪，4——凯尔室，
5——镜 子，6——透 镜，7——装有气体的容器，8——出射孔，
9——焦 点，10——搜集电极．）

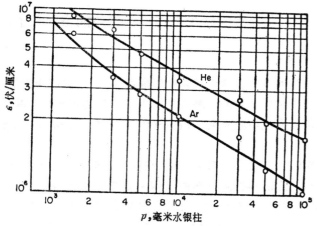

图 5.34 在氩和氦中击穿场与压力的关系

的能量达 1 焦耳）．光束被透镜聚焦于半径约为 $r_0 = 10^{-2}$ 厘米的
一个小圆点上．对聚焦点半径的估计，第一个根据是未聚 焦 的激
光束的发散角，第二个根据是置于焦点处的金箔被光束烧穿的圆
孔的线度．已知激光的功率和焦点处的小圆点的面积，便 可 以 计
算出按面积平均的光波的辐射能流和电场[1]．这样得 到 的 场 值 画

1）例如，当功率为 30 兆瓦和小圆点半径为 10^{-2} 厘米时，能流大约是 10^{18} 尔格/厘
米^{2}秒，而场约为 0.6×10^7 伏/厘米．

在图 5.34 上.

一般是利用与火花中的闪烁相类似的光的闪烁来证实击穿的产生. 有的时候,也还通过安装两个电极从击穿区域中抽出电荷的方法来确认击穿事实的存在,当然这两个电极上要加上一个小的电压. 除了氩和氦以外,还研究了标准条件下的空气中的击穿. 其阈场也具有 10^7 伏/厘米的量级.

可以认为,当辐射能流或光波的电场足够强大的时候,在辐射的作用下可以直接从原子中击出电子. 其相应的量子力学问题,曾由 Л. B. 凯尔戴斯所解决(文献[73]),他求得了击出电子的几率的普遍表达式. 在低频的范围内,这一表达式转化为关于在静电场作用下的隧道效应的几率的已知公式,而在足够高的(特别是光学的)频率的情况下,它则描述了多量子的光电效应,那时电离的发生乃是由于同时吸收了 n 个量子的结果,而这 n 个量子的能量 $nh\nu$ 超过了电离势 I. 多量子光电效应的几率乃正比于辐射能流的 n 次方或 $\mathscr{E}^{2n}$,此处 $\mathscr{E}$ 是电场强度. 对于象 Ar, He, N_2, O_2 等这样一些具有高电离势的原子和分子来说,这种效应所需要的量子数目是很大的: 例如,在红宝石激光的 $h\nu = 1.8$ 电子伏的情况下,对于氩来说,$I = 15.8$ 电子伏,其 $n = 9$; 而对氦来说,$I = 24.6$ 电子伏,其 $n = 14$. 因此,击出电子的几率非常强烈地依赖于场. 估计表明,为在激光脉冲的时间内能直接从原子中击出电子,其场必须是很强大的($\sim 10^8$ 伏/厘米). 这样的电场几乎要比现在在实验上所能达到的平均电场大一个数量级,因此在电场比较弱($\sim 10^6$—10^7 伏/厘米)的时候,击穿的发生不是依靠直接从原子中击出电子,而是电子雪崩发展的结果.

为使雪崩能开始发展,必须要求在激光脉冲一开始就要在气体中出现一些初始的"点火"电子. 看来,对光的多量子的吸收多半是由具有低电离势的一些杂质的原子开始的,这种吸收就是形成点火电子的源泉. 还应当说明,在聚焦小圆的点面积上,场的分布是不均匀的. 存在一些具有局部性场的很小的区域,而这些局部性的场要比按面积平均的场超过很多．第一批电子就是在这些小的区域内产生的，它们就是雪崩开始的萌芽．

（在焦点上场分布的非均匀性与未聚焦的激光束的多相性和发散性有关，同时也是由于透镜存在象差的结果．对于后一种效应，在 Я. Б. 泽尔道维奇和 Н. Ф. 皮里别茨基的文献[83] 中曾进行了仔细的研究．）

我们来看一看，电子雪崩是怎样发展起来的．

电子在与中性原子碰撞的时候要吸收光量子（见§8a)，并用这种办法来获得足以用来电离的能量．发生一次电离，其结果就是代替一个"快"电子而要出现两个"慢"电子，而这两个电子又要在辐射的作用下再重新获得能量，将原子电离，如此等等．

在强光流的作用下，在吸收的同时还要发生对同样大小和同样方向之量子的强迫发射，但最后的效果是正的——平均来看电子是从辐射方面得到能量，并因而被加速．

电子能量的增长速度，可借助关于有效吸收的公式(5.57b)来进行估计，该公式恰好描写了量子的真实吸收和强迫发射的综合效果．将辐射能流表示为

$$G = \frac{c}{8\pi}\overline{(\mathscr{E}^2 + H^2)} = \frac{c\overline{\mathscr{E}^2}}{4\pi} \text{尔格}/\text{厘米}^2 \cdot \text{秒},$$

此处 $\overline{\mathscr{E}^2}$ 是光波电场平方的平均．

在单位时间单位体积内所吸收的辐射能量是 $G\varkappa_{\nu H}$，而按一个电子计算的则是 $G\varkappa_{\nu H}/N_e$．这个量就是电子能量的平均增长速度：

$$\frac{dE}{dt} = \frac{e^2 G}{\pi m c \nu^2} \nu_{\text{有效}} = \frac{e^2 \overline{\mathscr{E}^2}}{m\omega^2} \nu_{\text{有效}}{}^{1)}. \tag{5.116}$$

----

1) 它可以用下述方式解释．在光波周期电场的作用下，在电子的直线运动上要叠加一些振动．振动的冲量 $p = e\mathscr{E}/\omega$，其平均能量 $\overline{p^2}/2m = e^2\overline{\mathscr{E}^2}/2m\omega^2$．在与原子碰撞时，电子速度的方向要明显地改变，而在数量级上等于振动能量的一个能量值就要被加到紊乱运动的能量上去．在 1 秒内电子经受了 $\nu_{\text{有效}}$ 次碰撞，因而紊乱运动能量的增加速度就等于式(5.116)．

为获得等于 1 个量子 $h\nu$ 的能量,电子平均地应经受 $h\nu\pi mcv^2/e^2G$ 次与原子的碰撞. 例如, 当能流 $G=10^{18}$ 尔格/厘米$^2\cdot$秒, 场 $\sqrt{\mathscr{E}^2}=0.6\times10^7$ 伏/厘米, $h\nu=1.8$ 电子伏时, 这个次数等于 200. 而为了得到等于电离势 I 的能量,在没有能耗的情况下其碰撞次数必须增大至 $I/h\nu$ 倍,例如在氦中这是 2700 次. 在大气压力下, 能量 $E\approx10$ 电子伏的电子在氦中的碰撞频率是 $\nu_{\text{有效}}\approx2\times10^{12}$ 1/秒, 所以所需要的时间就等于 $2700/\nu_{\text{有效}}=1.3\times10^{-9}$ 秒. 在激光脉冲作用的时间 3×10^{-8} 秒内, 共繁殖了 $3\times10^{-8}/1.3\times10^{-9}=23$ 代的电子,即每一个"点火"电子平均来说都变出了 $2^{23}\approx10^7$ 个电子[1]. 雪崩的发展对于光流的强度和气体的密度是非常敏感的. 例如,当光流或压力增加至两倍(场增加至 1.4 倍)时,能量的积累速度和雪崩中繁殖的代数都要增加至两倍,即在同样持续时间的脉冲结束时每一个"点火"电子所生成的不是 10^7 个而是 10^{14} 个新的电子. 用这种非常的敏感性可以解释:为什么对于气体的击穿来说在实验上会发现鲜明的阈值的存在,且无论是按激光脉冲的功率来说,还是按气体的压力来说,都是如此.

上述的关于在光波作用下电子能量之获得的一些简单的设想,只是给出了主要过程的轮廓. 事实上,电子雪崩的发展其过程是相当复杂的. 对原子的激发起重要的作用的是这样一些电子,这些电子的能量虽然对电离来说尚不足够大但对激发来说已足够大. 在场不是很强的时候,激发要阻止雪崩的发展,因为在激发过程中电子要失去已经获得的能量,并应重新开始获得能量. 当场很强(大于 10^7 或几倍于 10^7 伏/厘米)时, 原子的激发相反地会促进雪崩的发展,因为被激发的原子在辐射的作用下会很快地电离(或是因为同时或是因为先后吸收了少数几个量子). 在像氦这样的轻气体中,因与原子的弹性碰撞而造成的电子能量的损失,

---

1) 雪崩中的电子数随时间增加的规律是 $N_e=N_{e_0}\exp(t/\theta)$,其中 $\theta\ln 2$ 是电子数增加一倍时所需要的时间.

起相当大的作用[1]. 在某些条件下（当聚焦点的 范围很 小或气体密度很低时），电子有可能从焦点范围内扩散出去.

在雪崩的发展受到电子能量损失的阻止——这种损失用于对原子的激发——的条件下,(5.116)型的电子能量积累的简单公式甚至在考虑了能量损失的负项的情况下也不能用来描写复杂的过程,而必须考察电子按能量分布之函数的动力论的方程. 这项工作曾在本书作者们的文献[62]中进行过,在那里在某些假设之下曾计算出关于击穿的阈场,它们与以氩和氦所做实验的结果（文献[65]）符合得很好. 还有一些理论工作（文献[73—76]）及评论（文献[86]）也是用来研究气体在激光束之焦点处的击穿问题的.

§ 23. 在初期击穿之后气体对激光束的吸收和气体的加热

如果焦点处的辐射能流显著地超过了击穿的阈值,那么气体要强烈地电离,而所生成的等离子体实际上就完全地吸收了光束,现在的吸收已是由电子在离子场中的自由-自由跃迁所引起,同时气体要被加热到很高的温度. 例如,在文献[71]的几个实验中所进行的对焦点区域内的伦琴辐射强度的测量表明,辐射的亮度温度和颜色温度——它们表 征了电子 温度——大 约 是 $600000°K$. 在这些实验中,曾研究了大气空气中的击穿问题,所使用的红宝石激光的脉冲能量为 2.5 焦耳,持续时间为 4×10^{-8} 秒,而聚焦小圆点的半径 $r_0 = 10^{-2}$ 厘米（在同样持续时间和同样半径的情况下,击

---

1) 在每一次碰撞时,电子要平均地损失自己能量的 $2m/M$ 部份（此处 M 是原子的质量）. 因此,当考虑弹性损失时,公式(5.116)就变为下述形式: $\dfrac{dE}{dt} = \nu_{\text{有效}} \left[\dfrac{e^2 \overline{\mathscr{E}^2}}{m \omega^2} - \dfrac{2mE}{M} \right].$

平均地来说,电子不可能获得超过 $E_m = \dfrac{M}{2m} \dfrac{e^2 \overline{\mathscr{E}^2}}{m \omega^2}$ 的能量. 例如,对于氢来说,当场为 6×10^6 伏/厘米时, $E_m = 33$ 电子伏. 实际上,在表式右端关于弹性损失的项里,代替 E 应该出现电子平均能量和原子（离子）平均能量之间的差值,但在该情况下原子气体是冷气体.

穿的阈值所对应的能量近于 1 焦耳）。

我们来看一看,吸收光束的过程是怎样进行的,并来估计出气体被加热到的温度（这一工作曾由本书一位作者（文献 [77]）进行过）。我们假定,在辐射能流最大的焦点处,也就是在光路最窄的地方（图 5.35）,发生了击穿,并达到了高电离度和高温度。光在近于量子自由程 l_ν 的一个层内被吸收,并把气体加热。量子吸收的长度（即自由程——译者）,可借助公式 (5.21) 进行估计,但这样做时,要预先把系数 $\varkappa_\nu$ 乘以量 $1-e^{-h\nu/kT} \approx h\nu/kT$（$h\nu = 1.8$ 电子伏 $\ll kT$）,以便考虑强迫发射。在标准密度的空气中,当温度为 10^5—$10^6 {}^\circ$K 时,自由程等于 $(2$—$7) \times 10^{-3}$ 厘米（电离度或离子电荷 $Z = 2.7$—6.6）。

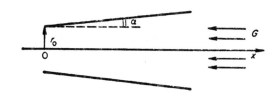

图 5.35　焦点区域内的光路简图

这个过程的一个最显著的、物理上也是很清楚的、实验上曾被观察到的特性（文献[69,71]）,就是光束吸收的区域迎着光流而移动。

在上述几个实验中所测得的速度大约等于 100 千米/秒[1]。吸收区域移动的原因并不难理解。在高度电离的介质中光量子要被强烈地吸收。当某一时刻在吸收层前边的气体的电离度由于某种原因刚一达到足够大的量值的时候,这一新的气层就变为是不透明的,并且也开始强烈地吸收光束。这样一来,沿着光路迎着光束就传播一个"吸收和加热的波"。这一效应妨碍在最早发生击穿的

---

1) 可借助对过程的摄影侦察来测量速度,也可以根据光谱线的多普勒位移来做到这一点。

地方——焦点处的很小范围内放出脉冲的全部能量，因而限制了那里气体的加热。

可以提出三种不同的、相互独立的导致产生吸收波的机制。

1）如果焦点处的辐射能流显著地超过了击穿的阈值，那么该流在向着透镜方面扩展的某一段光路内是超阈的。在这一部分光路内也要发生击穿，但要比最窄的地方来得迟缓，光路的截面越大，即光流越小，迟缓得也就越厉害。这就是说，迎着光束有一个"击穿波"在运动。

2）吸收层中的热气体要膨胀，并向所有的方向也包括向顺着光路迎着光束的方向发出一个激波。激波扫过的气体要被加热和被电离，所以气体中的吸收光的和释放能量的区域就要跟随在激波阵面之后而向前移动。这个流体动力学的机制与炸药中的爆震有很多相似之处。

爆震式机制在莱姆斯颠和沙阿维奇的论文[78]中就被提出，但在这篇文献中关于加热温度的一些论断是根本错误的。对于这篇文献的批评，请见文献[77]。

3）吸收层之前的气体由于吸收了来自高热气体区域（来自吸收波阵面之后）的热辐射而被电离并获得吸收光的能力。这种机构被叫做"辐射机制"。

这些机制中每一种机制的效能是由它所给出的吸收波的移动速度来表征的，并且实际的波是以所有可能速度中的最大速度来运动的[1]。

在某种意义上可把吸收波看成是流体动力学的间断（见第一章）。在随波运动的坐标系中，过程是准定态的。实际上，在波通过近于自己宽度 Δx 的距离所需要的时间 Δt 之内，光流和波速 $D = \Delta x / \Delta t$ 还都来不及发生强烈的变化。（$\Delta x \approx l, \lesssim 10^{-2}$ 厘米；$D \approx 100$ 千米/秒；$\Delta t \lesssim 10^{-9}$ 秒。）

1）估计表明，吸收层之前的与电子热传导和电子扩散有关的加热和电离所起的作用是很小的。

我们来建立能量的平衡，暂时不考虑加热时气体进入运动的情况。在 dt 时间内落到 1 厘米²波面上的能量是 Gdt，此处 G 是辐射能流、这部分能量就用来加热在这段时间内被波所扫过的质量 $\rho_0 D\ dt$（ρ_0 是气体的初始密度）。因而,在完全吸收光流之后气体所具有的比内能 $\varepsilon(T)$ 就由下述方程所决定:

$$\rho_0 D\varepsilon(T)=G. \tag{5.117}$$

这个关系简单表示能量守恒定律，而并不涉及具体的波的传播机制。

当要进行比较详细的考察时，就应该从气体穿过波时所应遵守的普遍的质量、冲量和能量守恒定律出发,完全像我们在推导激波阵面上的关系时所做过的一样（见第一章）。最终我们就会得到关于吸收波的“激波绝热曲线”[1]方程，它将波阵面之后的气体的压力、密度与初始密度和落到波上的能流 G 联系起来。吸收波的激波绝热曲线被简略地画在图 5.36 上。

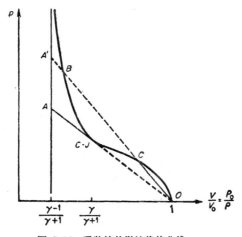

图 5.36 吸收波的激波绝热曲线

1）尽管有共同点，但它还是不同于在其中也要发生能量释放的炸药的激波绝热曲线，因为在炸药中按每克来计算的能量释放是个常量，而在吸收光时按每克来计算的能量释放是 $G/\rho_0 D$，它与波速有关。

在考虑压缩功和气体动能变化的时候,(5.117)型的能量平衡方程的变化是不大的. 这种变化就归结为在方程中 G 被某一个稍为不同的量 $G\beta$ 代替,并且系数 β 的值被限制在一个极窄的范围之内: $1 < \beta \leqslant \dfrac{2\gamma}{\gamma+1}$,此处 γ 是气体的绝热指数. 对于空气来说,当温度为 $10^5 — 10^6 \, °\mathrm{K}$ 时, $\gamma \approx 1.33$,而 $1 < \beta < 1.14$,即基本的能量方程(5.117)总是足够精确地成立. 这个方程联系了吸收波的速度和加热的温度,就是不知道吸收波的传播机制,也可以根据实验上所测得的速度用它来估计出温度.

就像对于激波一样,波速 D 也是由在图 5.36 所示的 p, V $\left(V = \dfrac{1}{\rho}\right)$ 图上从初态点 O 到波后气体的终态点所画出的直线的斜率来确定. 从图 5.36 看出,在某一个确定的辐射能流 G 之下,存在一个与终态点 $C\text{-}J$ 相适应的波的最小可能的传播速度. 这一点就是所谓的容哥点,在该点波相对于波后热物质的运动速度乃精确地与当地声速相符. 容哥点的物理意义及在炸药爆震中实现相应状态的原因,曾由本书的一位作者(文献[81]),以及诺日曼与杰林哥各自独立地作了解释. 在书[82]中可以比较详细地了解到有关爆震理论的各种问题.

当其它电离(点火)机制的效能与激波电离的效能相比较为很小时,所实现的正是这种流体动力学的(爆震式的)状态. 这时气体要被激波压缩和加热至状态 A,然后,由于吸收光而获得附加能量,再沿着直线 $AC\text{-}J$ 膨胀, 到能量释放结束的时刻它达到恰普曼-容哥点.吸收波的最小速度等于

$$D = \left[2\,(\gamma^2-1)\,\frac{G}{\rho_0} \right]^{1/3}. \tag{5.118}$$

在这种状态中,加热能量具有最大的可能值,它等于

$$\varepsilon = \frac{\gamma}{(\gamma^2-1)(\gamma+1)}\,D^2 = \frac{2^{2/3}\gamma}{(\gamma^2-1)^{1/3}(\gamma+1)}\left(\frac{G}{\rho_0}\right)^{2/3}. \tag{5.119}$$

如果有某一个电离机制,比如说击穿机制,在给定的辐射能流

G 之下,所给出的波的传播速度超过了"正常爆震"速度(5.118),那么在光路中就不能形成激波. 吸收光流的气体从初态 O 到达终态 C 是通过沿直线 OC 的连续加热和压缩而达到的,并且在该情况下压力和密度的升高不再是产生波的原因,而是波产生的结果. 这时波相对波后气体以超声速传播[1]. 举一个数值的例子:当值 $G = 2 \times 10^{18}$ 尔格/厘米^2·秒, $\rho_0 = 1.3 \times 10^{-3}$ 克/厘米^3, $\gamma = 1.33$——这些值与实验(文献[71])相对应——时,按照公式(5.118)和(5.119)我们得到 $D = 133$ 千米/秒, $\varepsilon = 1.35 \times 10^{14}$ 尔格/克,在平衡的情况下与此相对应的温度是 $T = 910000°$K(实验值是 $D = 110$ 千米/秒, $T = 600000°$K). 如果考虑到用于气体傍侧膨胀的能耗——由于这种能耗"作用"流 G 大约要减小一倍,那么我们所得到的值是 $D = 105$ 千米/秒, $\varepsilon = 8.5 \times 10^{13}$ 尔格/克, $T = 720000°$K,它们很接近于实验值.

就如文献[77]所指出的,"击穿"波的速度可用下式估计

$$D = \frac{r_0}{t_c \, \mathrm{tg}\alpha},$$

此处 r_0 是光路在焦点处的最小半径,α 是光路的张角(见图5.35),而 t_c 是从激光脉冲的某一个有效起点开始算起的、在焦点处开始击穿的时刻. 例如,对于文献[77]的几个实验来说,$r_0 = 10^{-2}$ 厘米,$\mathrm{tg}\alpha = 0.1$, $t_c \approx 10^{-8}$ 秒,"击穿"波的速度 $D \approx 100$ 千米/秒,接近于爆震的速度.

在文献[69]的几个实验中,曾利用了短聚焦透镜,它所给出的 $r_0 = 4 \times 10^{-3}$ 厘米,$\mathrm{tg}\alpha = 1$;而 t_c 则等于 7×10^{-9} 秒,这时击穿波的速度是 6 千米/秒,但爆震的速度却大于 100 千米/秒,即在这几个实验中击穿机制显然不起作用. 在很强的、短的激光脉冲和长聚焦透镜(小角度 α)的情况下,击穿机制才是主导的并决定了吸收波的运动. 这种机制在文献[72]的几个实验中起主要的作用.

---

1) 具有激波电离但其速度超过爆震波速度的流体动力学的状态($O \rightarrow A' \rightarrow B$)是不存在的. 这时波后的运动是亚声速的,波后热气体的膨胀会立刻将波削弱,并将它转变为"正常爆震"状态.

对于辐射状态，那怕进行稍微精确一点的考察就会遇到很大的困难.对这种状态的速度所进行的近似计算(文献[77])，导出了一些相当冗繁的公式，这里我们就不再写出它们．只是指出，辐射状态的速度非常接近于爆震的速度，并且这两个速度大体上以同样的方式依赖于激光的功率，所以在理论的精确度范围内就不再出现这两种机制中那一种更有可能的问题．实际上这意味着，在击穿机制的效能是很小的情况下，实际的波是以大体上和其余两种状态的速度相同的速度来运动的．

在激光脉冲结束之后，气体中要留下一个高度受热的光路(当波速为 100 千米/秒和脉冲持续时间为 3×10^{-8} 秒时，这种光路的长度为 3 毫米). 气体要膨胀,其以后的过程就与强爆炸过程相类似.

我们指出 H. Г. 贝索夫和 O. H. 克罗黑的文献[79]，以及文献[80]，在这两个文献中对于要把氢加热到热核的温度所必须的激光功率给出了预先的估计.

在本书一位作者的评论性文章 [86]中，比较详细地考察了在激光光束作用下气体的击穿和加热问题，在那里还列出了大量文献的索引.

第六章　气体中弛豫过程的速度

1. 分 子 气 体

§ 1. 热力学平衡的建立

气体的状态依赖于各种成份(原子、分子、离子和电子)的浓度,以及内能按自由度的分布. 在一般情形下,气体的内能是由粒子的平动能,分子的转动能和振动能,原子、分子、离子的化学能、电离能和电子激发能的相加而得到. 在完全热力学平衡的条件下,状态完全由气体混合物的组分和任意两个宏观参量,比如密度和比内能的值所确定.

每一种自由度[1]的激发和热力学平衡的建立,都需要一定的时间,所谓弛豫时间就是这种时间的尺度. 对于各种不同自由度的激发来说,其弛豫时间往往是差别很大的,因此可能存在那样一些条件,在这些条件下不是在所有的而只是在一部分自由度中建立了热力学平衡. 在粒子的平动自由度中建立平衡是最快的. 如果在初始时刻存在原子或分子的任意一种速度分布,那么一些质量相近的粒子在经过不太多次的弹性碰撞之后,这些粒子的速度分布就将成为麦克斯韦分布. 麦克斯韦分布的建立,是由粒子交换冲量和动能的结果所引起,并且当质量差别不甚大的粒子碰撞的时候,它们所交换的冲量和能量平均来说和碰撞粒子本身所具有的冲量和能量具有同样的量级. 因此,在给定种类或不同种类但质量相近的粒子中建立麦克斯韦分布所需要的弛豫时间,就和气体动力论碰撞之间的平均时间具有同一量级:

$$\tau_{平动} \sim \tau_{碰撞} = \frac{l}{\bar{v}} = \frac{1}{n\bar{v}\sigma_{碰撞}}, \qquad (6.1)$$

此处 l 是平均的气体动力论的自由程, $\bar{v}$ 是粒子的平均速度, n

---

1) 为了简便起见,我们将把离解、化学变化、电离也说成是"自由度".

是 1 厘米^3 中的粒子数，而 $\sigma_{碰撞}$ 是气体动力论 的有效 截面．例如，在标准条件下的空气中；$l \approx 6 \times 10^{-6}$ 厘米，$\tau_{平动} \sim 10^{-10}$ 秒．

气体动力论的时间与气体的一些宏观参量比如说密度和能量发生显著变化所需要的时间相比较，一般来说是很短的．因此，照例可以在每一时刻写出气体的"平动"温度，这是表征粒子平动的平均动能的一个量[1]．在不完全热力学平衡的情况下，当说到一些热力学平衡的自由度时，那是指在这些自由度中能量的（和气体混合物中相应组分之浓度的）分布与气体的"平动"温度处于平衡．

而相应于非平衡自由度的一些量却可以是任意的；它们依赖于很多因素，其中包括依赖于气体所参与过程的从前的"历史"．

这样一些条件，在快速进行的气体动力学过程中或在宏观参量发生激烈变化的区域内，例如在超声波中或在激波的阵面内，都可以遇到，因那时作为现象的时间尺度[2]与相应的弛豫时间相当，或者甚至很小于后者．在这种情况下，能量的分布和相应粒子浓度的分布，不再象热力学平衡时那样，只简单地取决于气体的温度、密度和基本组分，而且还取决于能够导致在所指那些自由度中建立平衡的物理-化学过程的动力论．

在某些情况下，在确定的自由度内建立热力学平衡所需要的弛豫时间是如此之大，以致系统的非平衡状态是极为稳定的，是定常的．通常这种情形发生在本来能够产生化学变化但这种变化又由于为使反应能够进行所必需的活化能很大而实际上没有产生的混合气体之中．可燃性混合物$2H_2 + O_2$可作为一个典型的例

1）应该指出，当粒子按平动运动速度之方向的分布为各向同性的时候，气体的压力是由处于 1 厘米^3 中的粒子所具有的平动运动的能量来决定：$p = 2 E_动 / 3$，这完全不依赖于粒子按速度绝对值的分布如何，即不依赖于麦克斯韦分布和"温度"是否存在．

2）在激波中，这是气体经受急剧压缩的时间．

子，在严格的热力学平衡情况下，在低温下它本应完全变成水．我们把这些情况说成是亚稳平衡．

就象上面已经指出的，在各种不同的自由度中建立平衡所需要的弛豫时间往往是差别很大的．如果在给定的温度和密度之下，从比较快的弛豫过程过渡到比较慢的，那么通常可以确立这样一个顺序：平动自由度，分子的转动，分子的振动，离解和化学反应，电离和电子的激发．

由于弛豫时间的极不相同，每一种弛豫过程都可以从其余的弛豫过程中划分出来单独地加以研究，并预先假定，在那些容易被激发的自由度内在每一时刻都存在着平衡，而那些比较缓慢的弛豫过程在所考察的时间间隔内根本没有进行．

所有的弛豫过程，不管它们的性质怎样，都具有一些共同的特点．即都是渐近地按指数规律趋近于本自由度内的热力学平衡状态．如果用任意一个参量比方说粒子数 N（例如，其振动被激发的分子数或在有化学变化情况下的某一种类的分子数）来描写所指定的自由度的"状态"，那么当气体的温度和密度（以及组分）为一定时，我们可以写出

$$\frac{dN}{dt} = \frac{N_p - N}{\tau},\qquad(6.2)$$

此处 N_p 是平衡粒子数，而 τ 是一个具有时间量纲的量，它表征趋近于平衡的速度．由方程(6.2)的解

$$N = N_{初始}e^{-\frac{t}{\tau}} + N_p(1 - e^{-\frac{t}{\tau}})\qquad(6.3)$$

看出，τ 就是该过程的弛豫时间．一般来说，物理-化学过程的动力论并非总能用(6.2)型的线性方程来描写．但是在趋近于平衡的阶段，那时 $|N_p - N| \ll N_p$，方程(6.2)作为一级近似是正确的，如果在如下类型的普遍的动力论方程

$$\frac{dN}{dt} = f(N, T, \rho, \cdots)\qquad(6.4)$$

中，把其右端的函数用相对于平衡点 $(N_p - N)/N_p$ 的小偏离所展

开的级数来表示的话．

必须说明，由方程(6.2)所定义的时间τ,就是在普遍的动力论方程 (6.4) 的情况下,也总是表征建立平衡的时间尺度(在以后各节我们将用一系列的具体例子来证实这一点)．

物理-化学弛豫过程的动力论研究有着两个方面．这就是,第一,关于引起这种或那种自由度激发的一些基本过程的速度问题,即关于粒子的相应的非弹性碰撞的有效截面问题,正是由于这种碰撞才产生了激发过程．一般来说，这些截面就决定了弛豫特征时间 τ. 第二，则是在考虑到系统的宏观参量随着时间而变化和过程对宏观参量变化的反作用的一些具体条件下,来研究弛豫过程动力论本身的问题．在这章我们仅限于研究所指出的第一个方面(第二个方面将在第七章和第八章进行研究)．并且总是假定,在气体中温度、密度和那些与所考察过程无关的粒子的浓度始终保持不变．

§ 2. 分子转动的激发

分子转动量子的能量一般是很小的．当除以玻耳兹曼常数以后，它们具有几度的量级，例如，对于氧是 $2.1°K$，对于氮是 $2.9°K$. 因此，就是在 $T \approx 300°K$ 的室温之下，而更不要说在高温，分子转动的量子效应也是显示不出来的．只是氢和氘的分子才是某种例外，它们具有很小的转动惯量和比较大的转动量子——85.4和43°K．

由于分子转动的"经典性"，在碰撞的时候平动能量和转动能量的交换是很强烈的．事实上,碰撞的时间,即互碰的分子发生相互作用的时间,近于 $a/\bar{v}$,这里 a 是分子的线度,而 $\bar{v}$ 是平均热运动速度．如果转动能量近于 kT,那么碰撞的时间就与转动的周期相当[1]．因而，分子的碰撞可以看作是两个缓慢转动着的"哑铃"的碰撞，并且当粒子接近的时候不太大的非对称性就足以使它们得到显著的转动矩．

一些实验资料证实转动的激发是很容易的．除了 H_2 和 D_2

而外，分子的转动能量在经过十几次的气体动力论的碰撞之后就达到了自己的平衡的经典值 kT（对双原子分子而言）。转动的弛豫时间在实验上主要是通过对超声波的色散和吸收的研究而来测量的（关于这种方法，见第八章§3,4）。它们在定性上与郝尔尼哥和格林（文献[1—3]）根据光的反射对弱激波阵面的厚度所进行的测量相符（关于这种方法，见第四章§5）。关于转动弛豫时间的和在分子的转动自由度内建立热力学平衡所必须的碰撞次数的一些数据，均被列在表6.1中。带有很多原著索引的一些比较详细的资料，可在 Л. B. 列斯柯夫与 Φ. А. 沙维恩（文献[4]）和 C. A. 罗谢夫与 А. И. 奥西波夫（文献[5]）所写的两篇评论性文章及

表 6.1

分子的转动弛豫

分　子	温　度 °K	在大气压力下的弛豫时间, 秒	碰撞次数	方　法	文　献
H_2	300	2.1×10^{-8}	300	超声波	[6]
H_2	300	2.1×10^{-8}	300	激波	[1]
D_2	288	1.5×10^{-8}	160	超声波	[7]
N_2	300	1.2×10^{-9}	9	超声波	[8]
N_2	300		20	激波	[2,3]
O_2	314	2.2×10^{-9}	12	超声波	[9]
O_2	300		20	激波	[3]
NH_3	293	8.1×10^{-10}	10	超声波	[10]
CO_2	305	2.3×10^{-9}	16	超声波	[11]

E. B. 司徒包琴柯、C. A. 罗谢夫和 A. C. 奥西波夫所著的书[77]中找到。

除了在温度不太高时的氢之外，实际上总可以认为，在转动自

---

1) 转动能量 $kT \sim M v^2 a^2$, 此处 ω 是转动的圆频率, M 是分子的质量。转动周期

$$t = \frac{2\pi}{\omega} \sim a \sqrt{\frac{M}{kT}} \sim \frac{a}{v}.$$

由度内建立平衡和在平动自由度内是一样地快，即转动总是具有"平动的"温度．

§3. 分子振动能量弛豫的动力论方程

一些非常重要的双原子分子的振动量子的能量，在除以玻耳兹曼常数之后具有一千或几千度的量级，例如，对于氧 $h\nu/k=2230°K$，对于氮则是 $3340°K$．根据关于气体振动能量的公式 (3.19)，振动自由度对气体的比热作出显著的贡献还是在 kT 比 $h\nu$ 小好几倍的温度之下就已经开始．譬如，当 $h\nu/kT=4$ 时，按一个振动计算的能量就已经占其经典值 kT 的 7.25%，而当 $h\nu/kT=3$ 时，则占 15%；对于空气来说这是近于 $1000°K$ 的温度．这样一来，与分子的转动不同，当振动具有完全的量子特性的时候，关于振动弛豫的问题实际上就发生了．相反地，在 $kT\gg h\nu$ 的"远"经典区域，比如说，当温度近于 $10000—20000°K$ 时，问题在很大程度上就失去了其现实意义，因那时分子基本上都已离解为原子．在 $kT\gg h\nu$ 的"远"经典区域，为了激发振动，就和激发分子的转动一样，并不需要很多次的碰撞．但在近于一千或几千度的温度之下，即当关于振动弛豫的问题有其现实意义时，弛豫的时间是很长的；为了激发振动，就如理论和实验所指出的，需要几千次和几十万次的碰撞．

我们来建立关于振动激发的动力论方程．为了简单起见，我们来考察由一种双原子分子所组成的气体．令 $T<h\nu/k$，因此实质上激发的只是分子的第一个振动能级[1]（对于空气来说，这是 $1000—2000°K$ 的温度）．如果 n_0，n_1，$n=n_0+n_1$ 分别是1厘米^{3}中的未激发的、激发的和总的分子的数目，$\tau_{碰}$ 是由公式 (6.1) 所定义的气体的动力论碰撞之间的平均时间，而 p_{01} 和 p_{10} 分别是碰撞时振动被激发的几率和激发分子退激的几率，那么动力论方程就可以写成如下形式：

---

1) 如果分子是多原子的，那么我们仅限于那些最低频率的振动被激发的情况．

$$\frac{dn_1}{dt} = \frac{1}{\tau_{\text{碰}}}(p_{01}n_0 - p_{10}n_1). \tag{6.5}$$

根据细致平衡原理,按照玻耳兹曼定律,有

$$\frac{p_{01}}{p_{10}} = \frac{n_{1p}}{n_{0p}} = e^{-\frac{h\nu}{kT}} \tag{6.6}$$

(脚标 p 总是用来标记平衡值).

因为当 $kT \ll h\nu$ 时,$n_{1p} \ll n_{0p} \approx n$,我们近似地得到

$$\frac{dn_1}{dt} = \frac{n_{1p} - n_1}{\tau}, \tag{6.7}$$

此处弛豫时间

$$\tau = \frac{\tau_{\text{碰}}}{p_{10}} \tag{6.8}$$

正 比 于 为 使 分 子 退 激 所 必 须 的 碰 撞 次 数 $1/p_{10}$. 将 方 程 (6.7) 乘 以 $h\nu$,我 们 就 得 到 了 关 于 单 位 体 积 内 的 振 动 能 量 $E = h\nu n_1$($E_p(T) = h\nu n_{1p}(T)$)的弛豫方程:

$$\frac{dE}{dt} = \frac{E_p(T) - E}{\tau}. \tag{6.9}$$

就如所看到的, 对于振动激发的过程来说, 动力论方程 (6.7),(6.9)在任何偏离平衡的情况下都具有(6.2)的形式.

现在来考察不很低的 $kT \gtrsim h\nu$ 的一些温度,那时在气 体 中 要 出现各种处于极不相同振动状态的分子. 在这种普遍情况下, 应 当针对具有 l 个振动量子的分子数 n_l($l = 0, 1, 2, \cdots$)写出其动力 论方程组. 但是关于总振动能量之弛豫的 (6.9)型的方程还同样 保持效力,并且其弛豫时间由与(6.8)稍有不同的公式来决定.

由量子力学知道[1],如果振动是简谐的,那么振子自身能量的 改变量只能是一个振动量子,并且从具有 $l-1$ 个量子的状态到具

有 l 个量子的状态的跃迁几率 $p_{l-1, l}$ 和从第 l 个能级到第 $l-1$ 个能级的跃迁几率 $p_{l, l-1}$ 两者都正比于 l。这样一来,如果把分子看成是简谐振子——这对于不算太高的振动状态 即 对于与 $h\nu/k$ 相比较不算太高的温度来说乃是正确的,那么可以写出

$$p_{l-1, l} = lp_{01}; \quad p_{l, l-1} = lp_{10}; \quad l = 1, 2, 3, \cdots \qquad (6.10)$$

考虑到从第 $(l-1)$ 个和从第 $(l+1)$ 个状态到第 l 个状态的跃迁而对具有 l 个量子之分子的数目写出的动力论方程取如下形式:

$$\frac{dn_l}{dt} = \frac{1}{\tau_{碰}} (p_{l-1, l} \, n_{l-1} + p_{l+1, l} \, n_{l+1} - p_{l, l-1} \, n_l - p_{l, l+1} \, n_l).$$

$$(6.11)$$

根据细致平衡原理,类似于(6.6)有,

$$\frac{p_{l-1, l}}{p_{l, l-1}} = \frac{n_{l, p}}{n_{l-1, p}} = e^{-\frac{h\nu}{kT}}. \qquad (6.12)$$

将方程(6.11)乘以 $h\nu l$。将(6.10)代入(6.11),按 l 求和,并注意到 $E = \sum h\nu l n_l$ 是 1 厘米^3 中的总振动能量,我们便得到

$$\frac{dE}{dt} = \frac{1}{\tau_{碰}} [p_{01} h\nu n - (p_{10} - p_{01}) E], \qquad (6.13)$$

此处 $n = \sum n_l$ 是 1 厘米^3 中的总的分子数。注意到 (6.6) 和量 $E_p = h\nu n (e^{h\nu/kT} - 1)^{-1}$ 是热力学平衡条件下的 1 厘米^3 中的振动能量(见公式(3.19)),便会得到动力论方程(6.9),其弛豫时间为

$$\tau = \frac{\tau_{碰}}{p_{10}(1 - e^{-\frac{h\nu}{kT}})}. \qquad (6.14)$$

为在振动自由度内建立平衡所必须的平均碰撞次数,等于

$$Z = \frac{1}{p_{10}(1 - e^{-\frac{h\nu}{kT}})} = \frac{Z_1}{1 - e^{-\frac{h\nu}{kT}}}, \qquad (6.15)$$

---

1) 例如,可以参阅 Л. Д. 朗道和 Е. М. 栗弗席兹的书[12]。

式中 $Z_1=1/p_{10}$ 是为使具有一个振动量子的分子退激所必须的碰撞次数. 当 $h\nu\gg kT$ 时, $Z=Z_1$, 而公式(6.14)就变为(6.8). 在那种高温下, 那时在分子中振动量子的平均数很大, 即 $\bar{l}=kT/h\nu\gg 1$, 则有

$$Z=\bar{l}Z_1, \qquad \tau=\frac{\tau_{碰}\bar{l}}{p_{10}}=\frac{\tau_{碰}\bar{l}^2}{p_{\bar{l},\bar{l}_{-1}}}.$$

在关于处在第 l 个量子状态的分子的数目之变化的动力论方程(6.11)中, 只是注意了伴随着分子的平动自由度和振动自由度之间的能量交换的那些跃迁. 事实上, 当分子碰撞的时候还可以进行振动量子的交换, 并且发现这种交换的几率要比平动和振动的能量之间交换的几率大得多(文献[13]). 因此, 与气体中振动能量的总储量相适应的、分子按振动能级的玻耳兹曼分布建立得很快. 可以说, 在非平衡系统中首先建立的是"振动"温度, 然后才进行"振动"温度和"平动"温度之间的拉平(文献[14]).

§ 4. 振动激发的几率和弛豫时间

我们来考察一个最简单的情况, 就是原子 A 沿双原子分子 BG 的轴线的方向飞向分子的情况, 如图 6.1 所示. 如果互碰粒子 A 和 BC 之间没有化学亲和力, 那么当它们彼此接近的时候就要产生排斥力, 起先是原子 A 减速, 而后是它被分子 BG 所斥开.

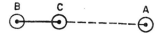

图 6.1 在遭受原子轰击时分子中振动激发的问题

在原子 G 上作用有强迫力, 这个力起初力图使它离开平衡位置, 并使它向原子 B 的方向移动. 如果接近是很缓慢的, 原子 G 也就缓慢地移动位置, 并在原子 A 和分子 BG 发生排斥和开始彼此远离之后, 它又缓慢地恢复到原来的位置. 这时将说, 碰撞是"绝热的", 并没有振动发生. 很显然, 其绝热性条件就在于, 必须要求原子和分子的相互作用时间(它有 a/v 的量级, 此处 a 是力的

作用半径，而 v 是相距无穷远时的粒子的相对速度），要比振动的周期大很多：$av/v \gg 1$。要不还可以把这个条件想像为是那样的：为使分子强烈地"摇动"，必须要求当将强迫力展开为傅立叶积分的时候其频率近于固有频率 v 的共振分量应是很大的，但为此又必须要求冲撞时间 a/v 接近于 $1/v$，确切一些是要求条件 $a\omega/v \sim 1$ 得到满足，此处 $\omega = 2\pi v$。

Л. Д. 朗道和 E. 杰列尔（文献[15]）曾利用对应原则估计了振动激发几率对碰撞速度的归根结底是对温度的依赖关系。为使准经典近似成立，必须要求粒子的波长与场的尺度相比较为很小：$aMv/h \gg 1$，此处 M 是碰撞粒子的约化质量。容易验证，这个条件肯定是满足的，如果除了绝热性条件 $av/v \gg 1$ 之外，相对运动的动能还很大于量子的能量，即 $Mv^2 \gg hv$ 的话。这就是说准经典的情况对应于绝热碰撞，即对应于很小的振动激发的几率。

碰撞时振动激发的几率要正比于粒子 A 和粒子 BG 之间相互作用能量之矩阵元的平方，而该能量乃是两个粒子间距离的函数 $U(x)$。在准经典近似中，矩阵元就转变为相互作用能量的傅立叶分量：

$$\int_{-\infty}^{\infty} U[x(t)] e^{i\omega t} dt. \tag{6.16}$$

将排斥规律取为 $U = $ 常数 $e^{-x/a}$ 的形式，并为了简单起见而假定，常数 $= \mathscr{E} = Mv^2/2$，即原子可以"紧紧地"接近分子。积分运动方程

$$\frac{dx}{dt} = \sqrt{\frac{2}{M}(\mathscr{E} - U)}, \quad t = \int \frac{dx}{\sqrt{\frac{2}{M}[\mathscr{E} - U(x)]}},$$

便求得函数 $t(x), x(t)$，并由此得出关系 $U(t)$：

$$U(t) = 4\mathscr{E} \frac{e^{\frac{vt}{a}}}{(e^{\frac{vt}{a}} + 1)^2} = \frac{\mathscr{E}}{\mathrm{ch}^2 \frac{vt}{2a}}$$

($t = 0$ 是粒子最接近的时刻，$x = 0$）。

如果将它变为在复数平面 t 上沿一个封闭迴路积分的话，积分(6.16)可被计算。这个迴路包括实轴和直线 $I_{m}t = 2\pi a/v$，而该直线距实轴的距离就等于函数 $U(t)$ 最邻近实轴的极点所处的距离 $t_1 = i\pi a/v$ 的两倍。根据留数定理，积分等于

$$\int_{-\infty}^{\infty} U e^{i\omega t} dt = \frac{4\pi^2 M a^2 v}{\mathrm{sh}(2\pi^2 a v/v)} \approx 8\pi^2 M a^2 v \, \exp\left(-\frac{2\pi^2 a v}{v}\right),$$

并且在绝热性条件得到满足时指数规律是正确的。如果根据经典力学来解由粒子轰击而引起的振子激发的问题，那么朗道和杰列尔之结论的物理意义就变得特别明显。这样的推导曾在 E. B. 司徒包琴柯、C. A. 罗谢夫和 A. И. 奥西波夫所著的书 [77] 中进行过。在这里，我们来考察一个特别简单的特殊情况.我们假定原子 B 比原子 C 重很多，($m_B \gg m_C$)且飞来的原子 A 仅与原子 C 作用，因此在粒子 BC 和粒子 A 的质心系统中被摇动的仅是轻原子 C。

用 y 来表示原子 C 在平衡位置附近的位移（沿着碰撞线 x），我们来写出振子的运动方程：

$$m_C(\ddot{y} + \omega^2 y) = F(t), \quad \omega = 2\pi v.$$

在本情况下，力就简单地等于 $F = -\partial U/\partial x$，即当 $U = \mathscr{E} e^{-x/a}$ 时，$F = U/a$。

我们来计算振子的能量 $\varepsilon(t) = \frac{m_C}{2}(\dot{y}^2 + \omega^2 y^2)$。为此，要将运动方程乘以 $e^{i\omega t}$，并将它对 t 从 $-\infty$ 积分到 t。在左端进行分部积分，并注意到初始条件 $y(-\infty) = 0$，$\dot{y}(-\infty) = 0$，则我们得到

$$m_C(\dot{y} - i\omega y)e^{i\omega t} = \int_{-\infty}^{t} F(t)e^{i\omega t} dt.$$

这个量之模的平方再除以 $2m_C$，就给出能量 $\varepsilon(t)$。注意到 $F = U/a$，我们求得振子由于轰击而获得的能量：

$$\varepsilon = \varepsilon(\infty) = \frac{1}{2m_C a^2}\left|\int_{-\infty}^{\infty} U[x(t)]e^{i\omega t} dt\right|^2.$$

如果现在要转用量子的概念，那么就应该假定 $\varepsilon = hv p_{0,1}(v)$，此处 p_{01} 是碰撞时振子被激发的几率。向这里代入上面所求得的积分

值,我们便得到几率

$$p_{01}(v) = \frac{32\,\pi^4 M^2 a^2 v}{m_{\mathrm{C}} h} e^{-\frac{4\pi^2 av}{v}}.$$

它随着绝热性因子 av/v 的增加而指数地减小。

当分子中两个原子的质量比为任意值的时候,问题要稍微复杂一些, 但全部计算的结果只是在 $p_{01}(v)$ 的公式中出现一个 $m_B/(m_B+m_C)$ 因子(见文献[77])。

作为粒子相对速度 v 之函数的几率,应借助麦克斯韦分布即借助与 $\exp(-Mv^2/2\,kT)$ 成正比的函数按相对速度进行平均。这时就要出现按速度的积分,而在被积函数中就要含有指数因子 $\exp(-4\pi^2 av/v - Mv^2/2\,kT)$。 在积分中起主要作用的速度是 $v^* = (4\pi^2 avkT/M)^{1/3}$,在这种速度下指数的幂次具有最小的绝对值。振动的激发和退激主要是由具有这种速度的碰撞所引起的。积分和跃迁几率 p_{01} 与 p_{10} 皆正比于指数因子的最大值[1]:

$$p_{10} \sim p_{01} \sim \exp\left(-\frac{4\pi^2 av}{v^*} - \frac{Mv^{*2}}{2\,kT}\right) = \exp\left(-\frac{3}{2}\,\frac{Mv^{*2}}{kT}\right) =$$
$$= \exp\left[-\left(\frac{54\,\pi^4 a^2 v^2 M}{kT}\right)^{1/3}\right]. \qquad (6.17)$$

将常数值代入(6.17)的指数幂次以及实验都表明,当温度不特别高时,幂次是很大于 1 的[2]。 这意味着,对于那些对振动的激发和退激有着主要贡献的碰撞来说,绝热性条件是满足的,而碰撞粒子的动能也是很大于 kT 的。

对决定弛豫时间的退激几率 p_{10} 所进行的一系列的量子力学的计算(切内尔,文献[17];斯瓦尔兹和盖尔兹费里德,文献[18]),在绝热的极限下也导出了含有指数因子(6.17)的公式。 在文献

1) 指出那一点是很有趣的, 热核反应速度也以类似方式按规律 exp (−常数 $T^{-1/3}$) 而依赖于温度。发生这种情况的原因是, 因库仑力而相互排斥的原子核彼此接近的几率也按规律 exp[−常数·v^{-1}] 而依赖于接近时的相对速度, 而后这个规律也要借助麦克斯韦分布按原子核的速度取平均。

2) 例如,在氧中,当 $T = 1000°\mathrm{K}$ 时,幂次大约等于 10(根据资料[16];见下面)。

[18]中讨论了极普遍的碰撞情况，并对退激前的碰撞次数得到了如下的公式：

$$z_1 = \frac{1}{p_{10}} = \pi^2 \sqrt{\frac{3}{2\pi}} \left(\frac{h\nu}{\varepsilon_0}\right)^2 \left(\frac{kT}{\varepsilon_0}\right)^{\frac{1}{6}} e^{-\frac{h\nu}{2kT} - \frac{\varepsilon_1}{kT}} e^{-\frac{2}{3}\left(\frac{\varepsilon_0}{kT}\right)^{\frac{1}{3}}},$$

(6.18)

这里 $\varepsilon_0 = 16\pi^4 a^2 \nu^2 M$。最后一个指数因子正好与指数 (6.17) 相符，并且当温度不特别高时由于幂次的量值很大，它描述了碰撞次数依赖于温度的基本关系。因子 $\exp(-\varepsilon_1/kT)$ 考虑了由于粒子的加速而引起的促进跃迁的某种作用，这种加速是当粒子受远程吸引力的作用而彼此接近时产生的，而这种力又是由能量为 ε_1 的"势阱"来描写的；该 ε_1 一般约为十分之几电子伏。公式 (6.18) 在较晚的盖尔兹费里德的文献[18a]中稍做修正而更准确。

就如从上述理论所得到的，振动弛豫的时间是按下述规律依赖于温度的

$$\tau = Z\tau_{\text{碰}} = \tau_{\text{碰}} A \exp(bT^{-\frac{1}{3}}),$$

(6.19)

其中 b＝常数，而 A 是缓慢变化的、温度的函数。这样一来，$\ln\tau$ 对 $T^{-1/3}$ 的依赖关系曲线就应该几乎是一条直线。

在实验上对振动弛豫时间的测量分两种情况：当温度为室温和受热不太强烈的时候，是用超声波的吸收和色散的方法来进行的；而当温度的范围比较宽时则是利用激波管对激波阵面中平衡之建立加以研究而进行的。波雷柯曼曾利用激波管对氧和氮的弛豫进行了仔细的研究（文献[16]）。他的结果被列在表 6.2 内。在表中还列出了在斯瓦尔兹和盖尔兹费里德的工作[18]中所计算的氧的理论值。就如所看到的，理论和实验之间符合得并不坏。

曾对各种不同气体测得了许多实验值，它们多少还是令人满意地落在 $\ln\tau$ 或 $\ln Z$ 依赖于 $T^{-1/3}$ 的理论直线上。这可从图 6.2 看出，该图取自文献[5]。与直线的偏差，部分地可由公式 (6.19) 中指数之前的因子 A 对温度的依赖来加以解释。

在同样的温度下，氧的振动弛豫时间要比氮的小，这是因为氮的固有频率为氧的频率的一倍半，这就使得氮的振动更难激发。因

表 6.2
波雷柯曼所测量的氧和氮的振动弛豫（文献[16]）
斯瓦尔兹和盖尔兹费里德的理论值（文献[18]）

T, °K	p_{10}（实验）[1]	p_{10}（理论）	碰撞次数 Z （实验）	τ 以秒作单位，它是针对 $n = 2.67 \times 10^{19} \frac{1}{\text{厘米}^3}$ 而测量的
		氧		
288	4×10^{-8} [2]	1×10^{-8}	2.5×10^7	
900	1.1×10^{-5}	3×10^{-6}	1×10^5	96×10^{-7}
1200	2.4×10^{-5}	1.3×10^{-5}	5×10^4	41×10^{-7}
1800	9.8×10^{-5}	8.6×10^{-5}	1.4×10^4	9.5×10^{-7}
2400	3.7×10^{-4}	5.5×10^{-4}	4.5×10^3	2.7×10^{-7}
3000	1.2×10^{-3}	1.5×10^{-3}	1.6×10^3	0.83×10^{-7}
		氮		
600	3×10^{-8}	3.3×10^7 [3]		
3000	3.1×10^{-5}	4.6×10^4		2.1×10^{-6}
4000	9.7×10^{-5}	1.8×10^4		0.67×10^{-6}
5000	2.5×10^{-4}	0.8×10^4		0.27×10^{-6}

1) 当根据实验的时间 τ 来计算 p_{10} 时，曾利用了气体的动力论截面 $\sigma_{O_2} = 3.6 \times 10^{-15}$ 厘米^2，$\sigma_{N_2} = 4.1 \times 10^{-15}$ 厘米^2.

2) 这一点是用超声波的方法而得到的（文献[19]）.

3) 这一点是康特罗维兹通过对喷嘴流的研究而得到的（文献[20]）.

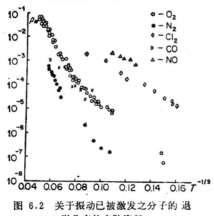

图 6.2　关于振动已被激发之分子的退激几率的实验资料

此，空气中的振动弛豫具有两个周期：首先达到平衡的是氧，然后才是氮. 应该指出，在激发 O_2 的振动状态方面，N_2 与 O_2 分子碰撞的有效性为 O_2—O_2 碰撞的 $1/2.5$. 一般来说，有些分子很能激发振动；例如，分子 H_2O 激发 O_2 的振动要比用分子 O_2 本身来激发快 50—100 倍. 因此当测量振动弛豫的时候，气体中所含杂质的高度净化乃是很重要的．

关于各种气体振动弛豫时间的一些文献资料的详细汇编，以及大量有关实验和理论工作的索引，都可以在文献[4,5]中找到．我们指出以下几篇研究振动激发的文献，它们是：关于 O_2 的文献[58,59]，关于 NO 的文献[60]，关于 GO 的文献[61]，关于 CO_2 的文献[62,63]．同时还指出关于研究混合气体中振动弛豫的评论文章[64]和文献[65,66]．

在书[77]中对振动弛豫的理论进行了详细的叙述；该书中有最详尽的文献索引，其中包括近年的理论和实验工作．

§ 5. 双原子分子离解的动力论方程和弛豫时间

双原子分子的离解一般发生在当具有足够能量的粒子按下述模式相碰的时候：

$$A_2 + M \rightleftharpoons A + A + M, \qquad (6.20)$$

此处 M 是任意一种粒子[1]．在单一种类的双原子气体中，粒子 M 既可以是分子 A_2，也可以是原子 A．其逆过程是通过三体碰撞而导致原子的复合，并且第三粒子 M 要拿走这时所放出来的结合能的一部份．

当考虑到粒子 M 既可以是分子也可以是原子时，关于过程(6.20)的动力论方程具有如下形式

$$\frac{dA_2}{dt} = -\frac{1}{2}\frac{dA}{dt} = -k_d A_2^2 + k_r A^2 \cdot A_2 - k_d' A_2 \cdot A + k_r' A^3. \qquad (6.21)$$

为了简单起见，在这里 1 厘米^{3}中的粒子数是用它们的符号来表示的．反应的速度常数只依赖于温度，并且彼此间是由细致平衡原理来联系的：

1）被激发得足够强的分子直接分裂为原子即 $A_2 \rightleftharpoons A + A$ 的几率是非常小的，如同没有第三粒子参与时原子结合为分子的逆过程的几率非常小一样，而在有第三粒子参与的情况下，结合时释放能量的一部分可能传给它．光致离解和伴有光量子发射的复合这两种几率同样是很小的．

$$\frac{k_d}{k_r} = \frac{k'_d}{k'_r} = \frac{(A)^2}{(A_2)} = K(T), \qquad (6.22)$$

此处放在括号内的是给定的气体温度和密度之下的粒子数的平衡值，$K(T)$是平衡常数，它与压力平衡常数 $K_p(T)$ 相差一个因子 $(kT)^{-1}: K(T) = K_p(T)/kT^{1)}$。平衡常数决定了给定温度和密度之下的平衡离解度 α。按照公式(3.26)，

$$\frac{\alpha^2}{1-\alpha} = \frac{K(T)}{4N} = \frac{1}{4N} \frac{M_A \nu}{4 I_{A_2}} \sqrt{\frac{M_A}{\pi kT}} \frac{g_A^2}{g_{A_2}} e^{-\frac{U}{kT}}, \quad (6.23)$$

其中 N 是 1 厘米³中的原有分子数，M_A 是原子质量（其余的符号见第三章§3）。

与振动弛豫不同，关于分子离解的动力论方程在一般情况下是非线性的。但是当与平衡的偏差不大时，按照§1中所作的总的提示，它也可以被化为关于粒子数 A 或 A₂ 的线性化的公式(6.2)，并且弛豫时间 τ 由下述表达式来决定：

$$\frac{1}{\tau} = 4\alpha(2-\alpha)N^2 \left(k_r + k'_r \frac{2\alpha}{1-\alpha} \right). \qquad (6.24)$$

如计算所表明的，时间 τ 所表征的不仅仅是逐渐趋近于平衡的后期阶段，而且一般来说它还表征了离解的整个动力论，甚至包括当动力论过程还是由非线性方程 (6.21) 来描写的那样的阶段，因此就是在任意初始条件的一般情况下，τ 在数量级上也等于建立平衡离解所需要的时间。在平衡离解很弱和很强的两种极限情况下，公式(6.24)得到简化。当 $\alpha \ll 1$ 时，原子很少，由分子袭击所引起的分子离解起主要的作用，再考虑到式 (6.22)，(6.23)，得

$$\frac{1}{\tau} = 8\alpha N^2 k_r = \frac{2}{\alpha}Nk_d. \qquad (6.25)$$

当 $1-\alpha \ll 1$ 时，甚至就是在初始时刻没有原子的情况下，其基本时间也是被后期阶段所占有，那时分子很少，而所剩下的分子也都因原子的袭击而被分裂。在这种情况下，

---

1) 参看公式(3.24)。——译者注

$$\frac{1}{\tau} = \frac{8\,\alpha^2}{1-\alpha} N^2 k_r' = 2\,N k_d'. \qquad (6.26)$$

这样一来，关于建立平衡的时间问题就归结为离解或复合反应的速度问题。由于这两个速度彼此间由细致平衡原理式(6.22)所联系，所以由理论或实验上知道它们当中的一个就已足够了。

§6. 原子复合的速度和双原子分子离解的速度

当假定在有第三粒子参加的情况下原子的每一次气体动力论的碰撞都能导致复合的时候，对原子复合为双原子分子的复合速度的粗糙估计可从一些最基本的想法而得到。在1厘米^{3}1秒之内A种原子相互碰撞的次数等于 $A \cdot \bar{v} \cdot \sigma \cdot A$，此处 $\bar{v} = (8\,kT/M_A\pi)^{1/2}$ 是平均热运动速度，而 σ 则是气体动力论的截面。在碰撞的时刻，"在邻近"即在接近分子线度 r 的距离内出现第三粒子的几率近似地等于体积为一个分子体积的体积元内的平均粒子数：$(4\pi r^3/3)N$，此处 N 是1厘米^{3}中的粒子数。这样一来，在1厘米^{3}中1秒内三体碰撞的次数就等于 $A \cdot \bar{v} \cdot \sigma \cdot A$ $(4\pi r^3/3)N$。为了普遍性，还要引进一个数值系数 β，它等于在发生三体碰撞的条件下产生复合的几率，于是关于复合的速度常数，我们得到如下表达式：

$$k_r = \beta \bar{v} \sigma \frac{4\pi r^3}{3}. \qquad (6.27)$$

对于氮原子，$\bar{v} = 3.9 \times 10^3 \sqrt{T^\circ}$ 厘米/秒，$\sigma \approx 10^{-15}$厘米^2。假设 $r = 3.4 \times 10^{-8}$厘米 和 $\beta = 1$，得到 $k_r = 2.2 \times 10^{14} \sqrt{T^\circ}$ 厘米^6/克分子$^2 \cdot$秒（一个克分子中含有 6×10^{23}个原子）。当 $T = 300°K$ 时，$k_r = 3.8 \times 10^{15} \cdot$厘米^6/克分子$^2 \cdot$秒。

氮原子的复合通常是用实验来研究的，其方法就是根据余辉发光[1]来测量氮的分子数随时间的变化。这样，曾求得了以氮分

---

1) 氮的余辉发光现象如下。在氮原子复合的时候，分子 N_2 是处于激发态 $^5\Sigma_g^+$。后来的、同其它分子或原子的碰撞使部份分子退激，它们跃迁到比较低的状态 $B^3\Pi_g$，然后再发射出 N_2 的第一正组的量子($B^3\Pi_g \to A^3\Sigma_g^+$)，而这些量子可在实验上被记录。根据辉光强度的变化，便可以判断复合的动力论。

子作为第三粒子的复合速度常数．在从 297 到 442°K 的温度范围内，它几乎与温度无关，并 等 于 $k_r = 5.8 \times 10^{15}$ 厘米^6/克分子^2·秒（文献[21]），这与上述的估计符合得很好．一些相近的结果曾由另外一些作者所得到（文献[22,23]）．

在文献[70]中借助对非平衡辐射的测量曾研究了激波管中的氮的离解和复合．曾求得 $T = 6400°K$ 时的复合速度常数等于 $k_{r_N} = 6.5 \times 10^{15}$·厘米^6/克分子^2·秒，这是当氮原子作为第三粒子的时候，而如果是氮分子起第三粒子的作用，则它要减小为 1/13．

一般说来，当温度不是特别高（$T \sim 300—1000°K$）的时 候，复合的速度常数一般具有 $10^{14}—10^{16}$·厘米^6/克分子^2·秒的量级，这证明了三体碰撞时复合的几率 β 是相当大的．复合速度比较弱地依赖于温度，一般来说当温度增加的时候它表现出有某种减小的趋势．这是可以理解的，如果考虑到碰撞粒子相互作用的时间越长即它们的速度越小或温度越低则三体碰撞时的复合 几率 也就 越大，因此几率 β 反比于温度．例如，如果 $\beta \sim 1/T$，那么 $k_r \sim \bar{v}\beta \sim 1/T^{1/2}$，与维格纳的理论计算一致（文献[24]）．

原子复合的速度依赖于第三粒子的种类；例如，在氮原子复合时氮原子作为第三粒子就要比氮分子有 效 13 倍（当 $T = 6400°K$ 时）．在文献[25]中对激波管中碘的离解的动力 论所进 行 的研究（分子 J_2 的浓度是根据光吸收来测量的）表明，当 $T = 1300°K$ 时，以碘分子作为碘原子复合时的第三粒子要比以氩原子作为第三粒子有效 35 倍．在与氩的三体碰撞中碘的复合速度当 $T = 1300°K$ 时是 $k_r = 4.5 \times 10^{14}$ 厘米^6/克分子^2·秒（文献[25]）；当 $T = 298°K$ 时是 $k_r = 2.9 \times 10^{15}$ 厘米^6/克分子^2·秒（文献[26]）．

当与另外一个粒子碰撞时，分子的离解只是在那种情况下才有可能发生，即如果两个碰撞粒子的相对运动的能量超过了离解能量的话．在 1 秒之内某一确定分子与另外一种粒 子（这种粒子在 1 厘米^3 中的数目等于 N）碰撞的总的次数 是 $\nu = N\bar{v}'\sigma$，此处 $\bar{v}' = (8kT/\pi\mu)^{1/2}$ 是粒子相对运动的平均速度；μ 是折合质量[1]．当

---

[1] 在估计复合速度时，为了简单，$\bar{v}'$ 用 $\bar{v}$ 来代替，即 μ 用原子质量 M_A 来 代替．

速度的分布达到麦克斯韦分布时，其相对运动的动能超过离解能量 U 的那些分子的碰撞次数占总的碰撞次数的份额为 $\left(\dfrac{U}{kT}+1\right) \times e^{-U/kT}$（通常 $U/kT \gg 1$，因此 $(U/kT)+1 \approx U/kT$）。一般假定，在离解方面有效力的只是粒子动能的一部份，该部份与相对速度在两个碰撞粒子的连心线方向上的分量相对应（如果是把两个碰撞粒子都看成是刚性球的话）。在这个假设之下，"具有足够能量的"碰撞份额不再是 $(U/kT)\exp(-U/kT)$，而是简单地等于 $\exp(-U/kT)$。

自然会想到，可以用来破坏分子之结合的不仅仅是碰撞粒子的平动运动的动能，而且还有它们的一些内部自由度的能量：振动的，转动的。可以证明（见文献[27]），当计及内部自由度的能量之后，碰撞粒子的总能量超过离解能的那些碰撞所占份额，等于[1]

$$\frac{1}{S!}\left(\frac{U}{kT}\right)^S e^{-\frac{U}{kT}},$$

此处每一个振动自由度都对指数 S 贡献一个 1，而每一个转动自由度都贡献一个 ½（在 S 为半整数的情况下，代替阶乘 $S!$ 要用嘎玛函数：$\Gamma(S+1)$）。

目前，关于由粒子轰击而引起的分子离解的理论，还远没有完善，因此当与离解的速度常数的实验值进行比较的时候，经常还是利用所指出的如下类型的公式：

$$k_d = P\bar{v}'\sigma \frac{1}{S!}\left(\frac{U}{kT}\right)^S e^{-\frac{U}{kT}}. \tag{6.28}$$

数 S 表征了内部自由度参与离解的程度，而因子 P 则是当对离解来说具有足够能量储备的粒子发生碰撞的时候实际产生离解的几率，S 和 P 都被看成是应该由实验来确定的参数。

按照现代的概念，在离解过程中起主要作用的是分子的振动能量。E. B. 司徒包琴柯和 A. И. 奥西波夫（文献[28]）曾经证明，

1）在推导这个公式的时候，曾认为分子按所有内部自由度之能量状态的分布都是与平动温度 T 相适应的玻耳兹曼分布。

未激发的分子其离解的几率是非常小的，甚至就是在碰撞粒子的平动能量超过了结合能 U 的情况下也是如此．进行离解的主要是那些分子，它们处于很高的、其能量已接近于 离解能 量的振动能级．这时粒子的平动运动能量可与平均热运动能量相差不大．

如果假定，分子按振动状态的分布是玻耳兹曼的，那么对于离解的速度来说，其指数 S 具有相应数值的(6.28)型的公式仍然有效．

E. B. 司徒包琴柯和 A. И. 奥西波夫(文献[29])指出，这样的假定并不总是正确的．由于离解引起的分子从高的振动能级上的"消除"，有时会强烈地破坏分子按高振动状态的玻耳兹曼的分布．在这种情况下，离解动力论应该同高振动能级上的激发动力论一起来讨论．过程是那样进行的，由于碰撞的结果一些分子要"升到"上部的能级，然后它们再 由那里过渡到离解的状态．原子在有第三粒子参加进行复合的时候，离解能量主要是变成所形成分子的振动能量．关于这些过程的理论在 评 论性文 章[76]和书[77]中有所阐述．

在实验上对激波管中激波阵面之后的氧的离解进行了大体上的研究(关于这方面的文献有马特琼斯[30]，拜伦[31]，H. A. 戈聂拉罗夫和 C. A. 罗谢夫[32]，卡马克[67]， 林柯[68]等人的；而关于一些文献资料的评论以及另外一些文献 的 索引，请参阅文 献[4, 5, 77])．

马特琼斯所进行的研究是相当仔细的．他用干涉仪的方法确定了在密聚跃变之后的非平衡区域内的密度的变化，并将它与理论计算进行了比较，而后者乃是根据(6.28)型的 关于离解 速度的公式来实现的(见第四章和第七章)．在振动自由度内建立平衡至少要比发生离解快一个量级[1]，因此振动弛豫的效应不会妨碍对于离解速度的研究．人们曾研 究 了 2000—4000°K 的温 度范围．在马特琼斯的几个实验中离解度是不大的，$\alpha \sim 0.05$—0.1，由

---

1) 所指的乃是一些不算特别高的振动状态，而绝大多数分子都是处于这种状态．

此可见在离解中起主要作用的是 O_2—O_2 的碰撞[1]。在计算中取 $S=3$，这时碰撞效率等于 $P_{O_2-O_2}=0.073$，而离解的速度常数：

$$k_{d_{O_2-O_2}}=5.4\times10^{10}T^{\circ\frac{1}{2}}\left(\frac{59380}{T^\circ}\right)^3 e^{-\frac{59380}{T^\circ}} \text{ 厘米}^3/\text{克分子·秒}.$$

$$(6.29)$$

所进行的 $S=0$ 的计算，给出了不正确的过大的 P 值（它大于1）。这就说明，在离解中起重要作用的是分子的内部自由度的能量。已知 O_2 离解的平衡常数：

$$K(T)=1.85\times10^3 T^{\circ-\frac{1}{2}} e^{-\frac{59380}{T^\circ}} \text{克分子/厘米}^3, \qquad (6.30)$$

便可以求得以分子 O_2 作为第三粒子时的复合速度：

$$k_r=6.1\times10^{21}T^{\circ-2}\text{厘米}^6/\text{克分子·秒}[2]. \qquad (6.31)$$

在 $T=3500°K$ 和密度为标准密度时，其弛豫时间 $\tau=0.95\times10^{-6}$ 秒 ($\alpha=0.084$)。这个结果非常接近于格林卡和瓦尔斯切尔（文献[34]）用激波管对氧的离解所测得的弛豫时间。对于标准密度来说，他们的时间等于

$T,°K$	3100	3300	3400	3850
$\tau\cdot10^{-6}$ 秒	2	0.8	0.5	0.06

在文献[35,36,25]中曾研究了溴和碘的离解速度（也是在激波管中，Br_2，I_2 的分子浓度是根据对外源光的吸收而测量的）。在文献[35]中，在 $2000°K$ 以下的温度范围内，对以氩原子作为轰击粒子的溴分子的离解速度，曾得到了如下的结果：$S=2$，$P_{Br_2-Ar}=0.12$。在 E. E. 尼基金的理论性文献[37]中得到了与这些结果满

---

[1] 有一个关于 O_2 离解的二级反应同反应 $O_2+O_2=2O+O_2$ 竞争，它要生成中间性的臭氧：$O_2+O_2=O+O_3,O_3+M=O+O_2+M$（与此相应，也可以进行逆的、复合反应）。在高温下这个过程所起的作用不大（其中包括在马特琼斯的几个实验中）。但是在低温和小离解度的情况下，氧的复合主要是通过生成臭氧来进行的，因为发生碰撞 $O+O+M$ 要比碰撞 $O+O_2+M\to O_3+M$ 稀少得多。关于有臭氧参加的反应速度常数，请见文献[33]。

[2] 这个公式只是在所研究的 $T\approx2000$—$4000°K$ 的温度范围内才是正确的。若把它推广到室温，便会给出过高的复合速度的值。

意的符合．关于分子离解的一些工作的评论请参阅文献［5］．我们要指出文献［69］，在它的里面用激波管研究了氢的离解．关于 O_2 和 N_2 的离解速度以及空气中的一些其它弛豫过程的速度请参阅文献［53］．在前面不止一次引证过的书［77］中，对分子离解的理论和这种过程的动力论问题进行了比较详细的叙述．在那里还引证了许多实验资料和一些新近工作的索引．

§7. 化学反应和活化络合物法

从能量效应的角度来看，化学变化分为两种类型：需要一定能量的吸热反应，和伴有热量析释放放热反应．上面所考察的分子的离解和原子复合为分子就可作为这两种类型反应的例子．显然，为使吸热反应能够进行，必须要求碰撞的分子要具有某个最低限度的能量储备，即所谓的活化能 E，因此这种反应的速度就正比于玻耳兹曼因子 $e^{-E/kT}$，并随着温度的升高而迅速地增大．在离解过程中分子的结合能 U 就是活化能．但是实验表明，对于大多数的放热反应来说，也需要一个活化能，并且其相应反应的速度是随着温度按指数规律 $e^{-E/kT}$ 而增大，这个规律叫作阿里牛斯定律．原子复合为分子在这方面是不典型的，因为它是在未经活化的情况下发生的，并因此它就和其他许多有自由原子参加的反应一样在低温下就很容易进行．

为使化学变化的基元动作能够产生，比如说，当分子 XY 与分子 WZ 碰撞时能够交换原子：

$$XY + WZ \rightarrow XW + YZ, \qquad (6.32)$$

就必须要求试剂的分子要紧密地靠近．不管这个过程在能量上是否有利，即不管交换的结果是放出还是吸收能量，当粒子紧密靠近时照例要产生排斥力，为了克服这种力就需要一定的能量．可以说，为了发生变化就要克服一个势垒．这种状况可由简图 6.3 加以解释，在该图上画有四原子 XYZW 系统的势能对"分解坐标"的依赖关系曲线，而所谓"分解坐标"乃是用来描述原子在空间的相互配置的．为了确切起见，我们假定式(6.32)的正过程是放热的．

系统的初态和终态之间的
能量差就等于反应所放出
的能量 Q . 由图6.3看
出，逆过程的活化能 E_2
要比正过程的活化能 E_1
超过一个反应能量 Q . 相
应地，逆的吸热反应的速
度要比正的放热反应的速
度更强烈地依赖于温度.

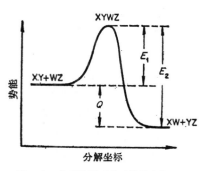

图 6.3　关于化学反应时的势垒问题

当既考虑正的反应也考虑逆的反应时，过程(6.32)的动力论
方程可以写成如下形式：

$$\frac{d\,XY}{dt}=k_1 XY\cdot WZ-k_2 XW\cdot YZ^{1)}. \qquad (6.33)$$

两个仅依赖于温度的反应速度常数，和往常一样是由细致平
衡原理来联系的：

$$\frac{k_2}{k_1}=\frac{(XY)(WZ)}{(XW)(YZ)}=K(T). \qquad (6.34)$$

利用碰撞理论的概念，对于反应速度常数可以写出与离解速
度的表达式相类似的表达式. 这样一来，如果为了简单而认为，在
克服势垒 E 时只是碰撞粒子的沿着它们连心线方向的平动能量的
分量才有效力，而其余的分量以及分子的一些内部自由度在这方
面是没有效力的，那么我们便得到

$$k_1 = P\sigma\bar{v}'e^{-\frac{E}{kT}}, \qquad (6.35)$$

此处，和从前一样，P 是由具有足够能量的碰撞所引起的实际上产
生化学变化的几率（P 有时被称之为方位因子(стерический фак-
тор)）.

实验表明，有很多反应特别是那些有复杂分子参加的反应进

---

1) 有两个分子(原子)参加其基元动作的反应叫做双分子反应，它们与单分子反
应不同，在后者当中一个复杂的分子要分解为几个比较简单的分子或原子，例如，XY→
X+Y.

行得特别慢，即要比根据具有足够能量的碰撞的次数所可能预想的要慢得多；几率 P 往往是很小的，甚至约为 10^{-8}.

在很多情况下，借助所谓活化或过渡络合物法[1]，可成功地得到对反应速度的比较准确的估计，这种方法我们下面就要讲到. 由参与反应基元动作的那些原子所组成的系统的势能依赖于原子相互间的配置. 如果原子的坐标改变得足够缓慢(而实际上总是如此)，那么系统的电子状态就以连续的方式改变，而势能也就只依赖于原子核的坐标(这相应于分子理论中的绝热近似). 在原子核坐标的配置空间中势能是一个连续的曲面. 在原子处于初态和终态的配置时势能取极小值. 例如，对反应(6.32)来说，当原子被结合在分子 XY＋WZ 和 XW＋YZ 之中并且这些分子彼此间相距的距离很大时，能量要取极小值.

为使反应得以进行，描写系统在配置空间中运动的点就要通过将曲面上的两个极小值分开的一个极大值，即要克服一个势垒. 一般来说，从初态到终态存在着各种路径. 实际上实现的只是那样一条最有利的反应路径，它对应于最小的能量极大值；能量曲面在这条路径附近具有"马鞍形"的特点. 在图 6.3 上简要地画出了能量曲面沿着"鞍底"的截面，并且其反应路径与分解坐标相对应.

势垒的峰顶对应于反应粒子的极紧密的靠近. 在它的附近，在线性线度 δ 近于分子线度的区域内，原子形成了某种类似于分子的东西. 这种状态叫做活化的络合物. 但是活化络合物与分子之间存在着原则的差别，分子处于具有极小势能的稳定状态；而络合物则处于具有最大势能的不稳定的平衡状态，此处势能都被看成是分解坐标的函数. 描写系统状态的点沿着反应路径以近于原子相对运动之速度的速度，即以近于热运动的平均速度 $\bar{v}$ 而运动. 它在峰顶附近停留的时间，即活化络合物的寿命，近于 $\tau = \delta / \bar{v}$. 当 $\delta \approx 10^{-8}$ 厘米和 $\bar{v} \approx 10^4$ 厘米/秒时，$\tau \approx 10^{-12}$ 秒. 络合物

---

1) 对于这种方法的详细叙述和它在计算一系列反应之速度方面的应用，都可以在书[38]中找到，也可以参看文献[27].

的寿命与反应的特征时间（气体混合物达到化学平衡的时间）相比较是很短的．这就是下述理论基本假设的依据，这个理论假定，被看作是某种分子的络合物（它们基本上具有普通的热力学性质）与试剂处于化学的平衡，并且络合物的浓度能够"跟踪"试剂浓度的变化[1].

如果认为所生成的每一个络合物都要朝着反应产物的方向分解，那么在1厘米^{3}1秒之内所发生的反应动作的次数就等于络合物分解的次数，即等于1厘米^{3}内的络合物的数目除以它们的寿命．当用化学符号A, B, M来表示试剂A和B及络合物M在1厘米^{3}中的数目（例如，对于反应(6.32)来说，A和B就是XY和WZ，而M≡XYWZ）的时候，我们就得到在1厘米^{3}1秒之内正反应动作的次数等于$k_1·A·B=M/\tau$，由此得到正反应的速度常数是$k_1=(M/AB)(1/\tau)$.

根据质量作用定律（见第三章§3），参与反应A+B→M的粒子其数目之比在平衡状态下就等于粒子的统计和之比（由于用A, B, M来表示1厘米^{3}中的粒子数，那么出现在平动统计和之中的体积V就应等于1厘米^3）．从统计和中分出与粒子的零级能量相对应的型为$\exp(-\varepsilon/kT)$的因子，并注意$\varepsilon_M-(\varepsilon_A+\varepsilon_B)=E$等于活化能，我们便得到

$$\frac{M}{AB}=\left(\frac{Z_M}{Z_A Z_B}\right)\exp\left(-\frac{E}{kT}\right).$$

统计和Z_A, Z_B用普通的方法来计算，至于说络合物的统计和，那么这里必须指出如下之点．络合物和普通分子一样，对于原子配置的所有可能变化来说它都是稳定的，但这要除掉沿反应路径方向的变化．因此，如果考察络合物的一些正常振动，那么与分解坐标相应的那一正常振动的频率就具有虚数值．如果假定势垒的峰顶是足够平的，那么沿着分解坐标的运动便可以看成是以平均速度$\bar{v}_x=(kT/2\pi m^*)^{1/2}$运动的平动运动，此间$m^*$是络

----

1) 事实上，为建立类似平衡所需要的弛豫时间近于络合物的寿命，即它是很短的．

合物的等效质量. 在与络合物沿分解坐标所占据的"体积"等价的间隔 δ 之内，质量为 m^* 的粒子之一维平动运动的统计和等于 $Z_{-维平}=(2\pi m^* kT/h^2)^{1/2}\delta$. (与公式(3.12)比较)在计算络合物的统计和 Z_M 时，其中一个正常振动的统计和应以这个平动和来代替. 这样一来，反应的速度常数就等于

$$k_1 = \frac{M}{AB}\frac{1}{\tau} = \frac{Z_M}{Z_A Z_B}e^{-\frac{E}{kT}}\frac{\bar{v}_*}{\delta} =$$

$$= \frac{Z_M^*}{Z_A Z_B}e^{-\frac{E}{kT}} = \left(\frac{2\pi m^* kT}{h^2}\right)^{\frac{1}{2}}\delta\left(\frac{kT}{2\pi m^*}\right)^{\frac{1}{2}}\frac{1}{\delta},$$

此处 Z_M^* 是表示除掉一个正常振动所对应的因子而外的络合物的统计和[1]. 由这个公式看出，未确定量 δ 和 m^* 可以消掉. 再引进所谓转换系数 (трансмиссионный коэффициент)$\varkappa$，它表征络合物向着反应产物的方向分解的几率(而不是向着原有粒子的方向，$\varkappa$ 一般近似于 1)，则我们最终地得到反应速度常数

$$k_1 = \varkappa\frac{kT}{h}\cdot\frac{Z_M^*}{Z_A Z_B}e^{-\frac{E}{kT}}. \tag{6.36}$$

带有频率量纲的因子 kT/h, 对于所有的反应都是适用的. 它在式(6.36)中的出现，我们还可以作如下的推想. 我们将把络合物沿着反应路径的自由度看成是一个其频率为 ν 的正常振动. 对于它来说，其统计和就等于 $kT/h\nu$(当 $h\nu < kT$ 的时候)，所以 $Z_M = Z_M^* kT/h\nu$. 但每一次振动，实际上都导致络合物的分解，因此寿命 τ 就等于振动的周期 $1/\nu$, 由此我们就得到 $(kT/h\nu)(1/\tau) = kT/h$, 即公式(6.36).

将各统计和的具体表达式代入 (6.36)，并将所得公式与式(6.35)比较，就可以显式得到方位因子 P 的数值.

首先，我们纯粹形式地来研究没有第三粒子参加的、由两个原子结合为分子的这种想象的反应. 这时 Z_A 和 Z_B 纯粹是平动和，而 Z_M^* 则是由平动和与转动和两者所组成(双原子络合物的振

---

1) 如果给定络合物的"分子常数"的话，它可用普通方法计算.

动已被除外）。将 $Z_{A,B} = \left(\dfrac{2\pi m_{A,B} kT}{h^2} \right)^{3/2}$，$Z_M^* = [2\pi \, (m_A + m_B)$

$\times kT/h^2]^{3/2} \cdot (8\pi^2 IkT/h^2)$ 代入式 (6.36)，并注意到络合物的转动

惯量 $I = \dfrac{d_{12}^2 m_A m_B}{m_A + m_B}$，$d_{12}$ 是原子的平均直径 $d_{12} = (d_A + d_B)/2$，

我们便正好得到碰撞理论的公式 (6.35)，如果是把方位因子 P 和转换系数 $\varkappa$ 视为相同的话（碰撞的有效截面 $\sigma = \pi d_{12}^2$）。

在普遍的情况下，为了估计，将试剂和络合物的统计和都写成由几个统计和乘积的形式是方便的，积中的每一个因子都对应于一个自由度，并且属于不同粒子但属于相同自由度的那些和也就不再加以区别。例如，在 A 和 B 如果都为双原子分子的情况下，$Z_A \sim Z_B \sim Z_平^3 Z_转^2 Z_振$。假定络合物是非线性的，则有 $Z_M^* \sim Z_平^3 Z_转^3 Z_振^5$（在 4 原子的络合物中，有 6 个振动自由度，而其中一个已被消去）。这样一来，在数量级上得

$$k_1 \sim \varkappa \frac{kT}{h} \frac{Z_平^3 \, Z_转^3 \, Z_振^5}{Z_平^6 \, Z_转^4 \, Z_振^2} e^{-\frac{U}{kT}}.$$

与两个原子结合为分子的反应相类似，因子

$$\frac{kT}{h} \frac{Z_平^3 Z_转^2}{Z_平^6} \approx \frac{kT}{h} \frac{Z_转}{Z_平^3} \approx \pi d_{12}^2 \cdot \bar{v}'$$

大致给出了出现在 (6.35) 中的碰撞次数，因此方位因子在数量级上就等于

$$P \sim \varkappa \frac{Z_振^3}{Z_转^3}.$$

在室温下 $Z_振$ 具有 1 的量级。$Z_转$ 近似于 10—100，分子越轻它越小。由此可见，方位因子可以是很小的量，10^{-3}—10^{-6}。

在 §10 中我们将利用活化络合物法来估计加热空气中二氧化氮的生成速度，这对于解释在强爆炸中所观察到的某些光学现象来说是很重要的。

§8. 氮的氧化反应

当空气被加热到几千度的时候，在它之中就要进行下述化学

反应：

$$\frac{1}{2}N_2 + \frac{1}{2}O_2 + 21.4 \text{千卡/克分子} = NO, \qquad (6.37)$$

反应结果生成相当数量的一氧化氮 NO。当温度为3000—10000°K 而空气的密度近于标准密度时，一氧化氮的平衡浓度可达百分之几（见第三章，表3.1）。有一定数量的一氧化氮要被氧化为二氧化氮 NO_2，它的平衡浓度在上述的条件下约为 $10^{-4} = 10^{-2}\%$。氮的氧化物在热空气对于光的辐射和吸收方面起着重要的作用。在温度为 2000—4000°K 的范围内，二氧化氮在这方面的作用是特别大的，那时空气在可见光谱部份内的光学性质实际上完全由分子 NO_2 所决定。当用强激波加热空气时，比如当爆炸时，空气的温度和密度都要经受十分迅速的变化，因此，当估计氮的氧化物的浓度时，关于它们的生成和分解的动力论问题就具有十分重要的意义。

正如第八、第九章将要指出的那样，在强爆炸时所观察到某些特有的光学效应是由动力论的一些特性所决定的。在这节我们将只考察氮的氧化的动力论，而在下一节我们再来考察一氧化氮氧化为二氧化氮的动力论。

氮的氧化反应需要很大的活化能，因此实际上它只是在足够高的近于 2000°K 以上的温度才能进行。在 Я. Б. 泽尔道维奇、П. Я. 莎道富尼柯夫和 Д. A. 富拉克-卡缅涅茨基的文献[39]中，曾从实验和理论上对这种反应进行了仔细的研究。

在实验上是用在其内点燃氢氧混合物的爆炸性的炸弹来研究一氧化氮的生成和分解的反应的。用这种办法所得到的高温可达 2000°K 左右。在 H_2 和 O_2 的混合物中加进氮和不同浓度的一氧化氮。当加入量很小的时候，氧和氮化合组成一氧化氮；而当加入量很大的时候，事先加入的一氧化氮就要分解。爆炸之后来测定一氧化氮的剩余量，并通过理论与实验的比较来求出其生成和分解反应的速度。氧和氢化合过程的本身对于一氧化氮的生成和分解几乎没有影响，它只是作为获得高温的一个手段。

如果假设反应是按双分子机制进行的，即当 N_2 和 O_2 两个分子碰撞的时候形成两个 NO 分子，那么反应的速度常数可以写成由碰撞理论所得到的那种简单的表达式（见公式(6.35)）：$k' = P\bar{v}\sigma e^{-E/kT}$. 实验上曾求得指数之前的因子的值，它等于 $1.1 \times 10^3 O_2^{-\frac{1}{2}}$，此处用 O_2 来表示 1 厘米^{3}中的氧分子数。作为一个例子，如果将 $O_2 = 10^{18}$分子/厘米^{3}代入这里，我们就得到指数之前的因子等于 1.1×10^{-6}厘米^3/秒。当 $T = 2500°$K时，$\bar{v} \approx 2 \times 10^5$厘米/秒，$\sigma \approx 10^{-15}$厘米^2，对于变化几率 P 我们就得到一个令人怀疑的大值 $P \approx 5000$. 这样一来，关于反应的双分子机制的假设便导出了一个物理上没有意义的结果；实验表明，事实上反应进行得还要快得多。H. H. 谢明诺夫曾提出氮的氧化反应是按链式机制进行的假设，在这种机制中自由原子 O 和 N 起着积极的作用：

$$O + N_2 \underset{k_3}{\overset{k_1}{\rightleftharpoons}} NO + N - 75.5 \text{ 千卡/克分子}, \qquad (6.38)$$

$$N + O_2 \underset{k_4}{\overset{k_2}{\rightleftharpoons}} NO + O + 32.5 \text{ 千卡/克分子}. \qquad (6.39)$$

在这里，反应热对应于分子 N_2 和 NO 的离解能，相应为 9.74 电子伏 = 225 千卡/克分子和 6.5 电子伏 = 150 千卡/克分子[1]。

作为整体过程的速度由第一个、吸热反应所决定，该反应所需要的活化能不低于 75.5 千卡/克分子。只要置换 $O + N_2 \longrightarrow NO + N$ 释放出一个原子 N，它马上就与氧分子 O_2 反应，使失去的原子 O 又重新得到补偿。因此原子 O 的浓度在反应过程中是保持不变的，并与分子 O_2 处于平衡，因这种平衡的建立比氮的氧化反应进行得要快[2]。

---

1) 在文献[39]中曾采用了老的 N_2 和 NO 的离解能的值：7.38 电子伏和 5.3 电子伏。但是，就如下面所要引证的计算（以及一些最新的实验（文献[40]））所表明的那样，新的离解能的值与链式机制的假设不矛盾。在以后的叙述中，所有的常数的数值都对应新的离解能。

2) 由于氧原子与分子 O_2 处于平衡，所以 O_2 离解的机制对于氮的氧化反应的进程没有影响。

按公式(6.38),(6.39)所做的标记来表示速度常数,我们写出总的动力论方程:

$$\frac{d\mathrm{NO}}{dt}=k_1\cdot\mathrm{O}\cdot\mathrm{N_2}+k_2\cdot\mathrm{N}\cdot\mathrm{O_2}-k_3\cdot\mathrm{N}\cdot\mathrm{NO}-k_4\cdot\mathrm{O}\cdot\mathrm{NO}, \quad (6.40)$$

$$\frac{d\mathrm{O}}{dt}=-\frac{d\mathrm{N}}{dt}=-k_1\cdot\mathrm{O}\cdot\mathrm{N_2}+k_2\cdot\mathrm{N}\cdot\mathrm{O_2}+k_3\cdot\mathrm{N}\cdot\mathrm{NO}-k_4\cdot\mathrm{O}\cdot\mathrm{NO}.$$
$$(6.41)$$

由于 O 的浓度不变,令式(6.41)的右端等于零,并通过 O 来表示 N 的浓度,再将所得的表达式代入(6.40). 我们得到

$$\frac{d\mathrm{NO}}{dt}=2\frac{\mathrm{O}}{k_2\cdot\mathrm{O_2}+k_3\cdot\mathrm{NO}}(k_1\cdot k_2\cdot\mathrm{N_2}\cdot\mathrm{O_2}-k_3\cdot k_4\cdot\mathrm{NO^2}). \quad (6.42)$$

我们再作一些变换. 常数 k_3 和 k_2 决定了原子与分子的放热反应的速度,两者大致是同一个量级. 由于在浓度上有 $\mathrm{NO}\ll\mathrm{O_2}$,(6.42) 分母中的 $k_3\cdot\mathrm{NO}$ 这一项便可以略去. 再将原子 O 的浓度用 $\mathrm{O_2}\rightleftharpoons 2\,\mathrm{O}$ 的平衡常数 C_0 来表示:

$$\mathrm{O}=C_0\sqrt{\mathrm{O_2}}=6.6\times 10^{12}e^{-\frac{61000}{RT}}\sqrt{\mathrm{O_2}}. \quad (6.43)$$

在这里,以后也是这样,所有平衡常数的以及反应速度常数的数值相应于以分子/厘米^{3}为单位的浓度量度. 能量的单位是卡/克分子. 气体常数 $R=2$ 卡/克分子·度. 各个速度常数之间是通过细致平衡原理来联系的,即是[1]:

$$C_1=\frac{(\mathrm{NO})(\mathrm{N})}{(\mathrm{N_2})(\mathrm{O})}=\frac{k_1}{k_3}=\frac{32}{9}e^{-\frac{75500}{RT}};$$

$$C_2=\frac{(\mathrm{NO})(\mathrm{O})}{(\mathrm{O_2})(\mathrm{N})}=\frac{k_2}{k_4}=6\cdot e^{\frac{32500}{RT}}.$$

由此得到恒等式:

$$C_1C_2=\frac{k_1k_2}{k_3k_4}=\frac{(\mathrm{NO})^2}{(\mathrm{N_2})(\mathrm{O_2})}=C^2=\frac{64}{3}e^{-\frac{43000}{RT}}. \quad (6.44)$$

从(6.42)的括号中提出 k_3k_4,并利用等式(6.44),则我们最终地

---

1) 平衡常数 C_1, C_2, C 中的指数前的因子是用一种近似方法计算的,该近似法认为 N 和 O 的质量相等,而当考虑到各种不同的对称性和项的多重性之后又认为 $\mathrm{N_2}$,$\mathrm{O_2}$,NO 的转动惯量和频率相等. 这一近似是足够精确的.

得到氮的氧化的动力论方程：

$$\frac{d\,NO}{dt}=k'\cdot N_2\cdot O_2-k\cdot NO^2=k\{(NO)^2-NO^2\}, \qquad (6.45)$$

此处速度常数等于

$$k'=\frac{2\,C_0 k_1}{\sqrt{O_2}}, \quad k=\frac{k'}{C^2}=\frac{2\,C_0 k_1}{C^2\sqrt{O_2}}. \qquad (6.46)$$

在这里，(NO) 是 NO 与给定浓度 N_2 和 O_2 处于平衡时的值。

方程（6.45）与一般的双分子反应的方程不同，它的速度常数仅依赖于一种试剂——氧的浓度。

关于一氧化氮生成速度的表达式 $k'\cdot N_2\cdot O_2=2C_0 k_1 N_2\cdot\sqrt{O_2}$ 的物理意义是很简单的：$C_0\sqrt{O_2}$ 是原子氧的浓度，$k_1 C_0\sqrt{O_2}\cdot N_2$ 是第一个链式反应的速度；但由于放热第二个反应"瞬间地"跟着第一个反应发生，所以对过程起"操纵"作用的是第一个反应，它的每一个基元动作都要导致产生两个 NO 分子。

从速度常数 k_1 中分出因子 $e^{-E_1/RT}$，并注意到按（6.43）$C_0\sim e^{-61000/RT}$，便可以看出，生成一氧化氮之反应的活化能 $E'(k'\sim e^{-E'/RT})$ 是由生成一个氧原子所需要的能量——61 千卡/克分子[1]，和氧原子与氮分子反应的活化能 E_1 两者相加所组成。

在文献[39]所记述的几个实验中，一氧化氮是利用含有氧和氮之成份的可燃性混合气体的爆炸而得到的。所生成的一氧化氮的数量是在爆炸产物冷却以后测量的。根据对冷却过程中的反应动力论的理论研究，曾推导出在所研究的 2000—3000 °K 温度范围内生成一氧化氮的活化能 $E'=125\pm10$ 千卡/克分子和速度常数的绝对值，并且发现其活化能的上限值 $E'=125+10=135$ 千卡/克分子更是可能的。由此，对第一个链式反应 $O+N_2\longrightarrow NO+N$ 的活化能，我们得到值 $E_1=135-61=74$ 千卡/克分子，它与反应所吸收的热量相符。这意味着，逆反应 $N+NO\longrightarrow$

1）这个量对近于 2000——5000°K 的温度来说是有效的；它稍微不同于在绝对零度时生成一个氧原子所需要的能量——58.5 千卡/克分子。

$O + N_2$ 实际上是在无活化（或活化能很小）的情况下进行的，这对于自由原子与分子间的放热反应是典型的. 由实验资料所得到的速度常数的绝对值等于

$$k' = \frac{1.1 \times 10^3}{\sqrt{O_2}} e^{-\frac{135000}{RT}},$$

$$k = \frac{53}{\sqrt{O_2}} e^{-\frac{92000}{RT}} \text{厘米}^3/\text{秒}(O_2 \text{以} 1/\text{厘米}^3\text{为单位}). \quad (6.47)$$

第一个链式反应的速度常数是 $k_1 = 8.3 \times 10^{-11} e^{-74000/RT}$. 将这个量与碰撞理论的公式(6.35)比较，就给出方位因子 $P = 0.086$（如果取有效直径 $d_{12} = 3.75 \times 10^{-8}$ 厘米等于由粘性的数据所确定的分子 N_2 的直径的话). P 的这样一个数值是完全合理的.

关于一氧化氮之生成的动力论的后来的研究，是由格林卡等人（文献[40]）利用激波管进行的，在管中的含有氮和氧的气体混合物被激波加热到 2000—3000°K 的温度. 他们曾求出活化能 $E' = 135 \pm 5$ 千卡/克分子（$E_1 = 74 \pm 5$ 千卡/克分子），这与文献[39] 的数据符合得很好，并证实了第一个链式反应的活化能 E_1 与反应热是一致的. 速度常数的绝对值也接近于前一个文献的数据.

由公式(6.47)看出，一氧化氮分解的活化能也是很大的，$E = E' - 43 = 92$ 千卡/克分子，因此在低温之下一氧化氮的分解是很慢的. 由于这一点，当原先被加热的空气迅速冷却的时候，其中在高温时所生成的一氧化氮在冷却之后还要保持相当长的一段时间，因此使得一氧化氮的浓度大大超过平衡值，而这种平衡值在低温之下本来是很小的（这种效应被称之为"淬火"效应，在第八章§5我们还要回头来讨论它）. 从动力论方程(6.45)和公式(6.44)，(6.47)看出，建立一氧化氮平衡浓度的弛豫时间等于[1]：

---

1) 按照弛豫时间的定义(6.2)，当 NO 与(NO)的差别不大时，$\{(NO)^2 - NO^2\} \approx 2(NO) \cdot \{(NO) - NO\}$，由此便得到(6.48). 时间 τ 不仅表征了趋近于平衡的阶段，而且也表征了整个建立平衡的过程，甚至如果在初始时刻一氧化氮并不存在.

$$\tau = \frac{1}{2\,k(\text{NO})} = \frac{0.95 \times 10^{-2}\sqrt{O_2}}{(\text{NO})}e^{\frac{92000}{\tilde{k}T}} =$$

$$= \frac{2.06 \times 10^{-3}}{\sqrt{N_2}}e^{\frac{113500}{kT}}\text{ 秒.} \qquad (6.48)$$

它随着温度的增加迅速地减小. 针对标准密度的空气（$N_2 = 2.1 \times 10^{19}$分子/厘米^3），我们列出几个数值：

T,°K	1000	1700	2000	2300	2600	3000	4000
τ,秒	2.2×10^{12}	140	1	5.3×10^{-3}	1.4×10^{-8}	7.8×10^{-5}	7.2×10^{-7}

§9. 高温下二氧化氮的生成速度

由一氧化氮生成二氧化氮的反应

$$2\,\text{NO} + O_2 = 2NO_2 + 25.6\text{ 千卡/克分子} \qquad (6.49)$$

是放热的，因而温度越低其平衡越移向一氧化氮被氧化的方向. 这个反应在工业上被广泛地利用，在温度低于 1000°K 时实验上对它进行了很好地研究. 这个反应具有很小的、实际上不明显的活化能，因而易在普通温度下进行. 反应的动力论方程具有如下的形式：

$$\frac{d\text{NO}_2}{dt} = 2\{k_1'\text{NO}^2O_2 - k_2'\text{NO}_2^2\} = 2k_2'\{(\text{NO}_2)^2 - \text{NO}_2^2\}. \qquad (6.50)$$

反应的速度常数描述了反应动作的次数；因子 2 考虑了那一事实：每一个动作都要产生或者消灭两个 NO_2 分子. 为建立二氧化氮与一氧化氮和氧的化学平衡所需要的弛豫时间等于

$$\tau' = \frac{1}{4\,k_2'(\text{NO}_2)} = \frac{C^2}{4\,k_1'(\text{NO}_2)}, \qquad (6.51)$$

此处 $C^2 = (\text{NO}_2)^2/\text{NO}^2 \cdot O_2$ 是二氧化氮与实际的一氧化氮的和氧的数量之间的平衡常数，而后两者可以是不平衡的[1]. 平衡常数可用统计的方法来计算. 将所有参量的数值代入之后，它等于[2]

---

1) 我们指出，时间 τ' 只是在 $(\text{NO}_2) \ll \text{NO}$ 的条件之下，即是当温度足够高的时候，才能表征弛豫. 在相反的情况下，就必须同时考察 NO 浓度的变化.

2) 就如本书一位作者（文献[41]）所指出的，在普遍流行的手册[42]中所列的平衡常数取自错误的文献[43]，它被提高了 2.42 倍.

$$C = \frac{(NO_2)}{NO \cdot O_2^{\frac{1}{2}}} =$$

$$= \frac{1.25 \times 10^{-11}}{T^{\circ\frac{3}{4}}} \cdot \frac{(1-e^{-\frac{2740}{T}})(1-e^{-\frac{2270}{T}})^{\frac{1}{2}} e^{\frac{6460}{T}}}{(1+e^{-\frac{174}{T}})(1-e^{-\frac{916}{T}})(1-e^{-\frac{1960}{T}})(1-e^{-\frac{2310}{T}})},$$

$$(6.52)$$

这里温度都是以度来表示的，而 C 的量纲所对应的浓度都是用 1 厘米^3 中的粒子数来度量的。

在文献[38]中速度常数 k_1' 是用活化络合物法来计算的，并得到了与包戴斯丁的实验资料[44]符合得很好的结果，包氏曾在 353 到 845°K 的温度范围内研究了反应速度。通过比较证实了反应的活化能是不存在的。在文献[38]中所导出的速度常数 k_1' 的公式，可以用来估计在实验上还未曾研究过的那种高温之下的速度和弛豫时间。针对几个温度和密度的数值，计算了在热空气中生成二氧化氮的弛豫时间，其结果被列在表 6.3 中（这时平衡浓度（NO$_2$）是根据一氧化氮和氧的浓度的平衡值（NO）和（O$_2$）来计算的）。

表 6.3

在空气中建立二氧化氮的平衡浓度所需要的弛豫时间，以秒为单位

（τ' 是三分子反应，τ'' 是双分子反应）

T、°K	$\rho/\rho_{标准}=10$		$\rho/\rho_{标准}=5$		$\rho/\rho_{标准}=1$	
	τ'	τ''	τ'	τ''	τ'	τ''
1600			8×10^{-3}	0.35	0.09	0.69
1800			3.5×10^{-3}	3.9×10^{-2}	0.04	0.09
2000	6.75×10^{-4}	3.1×10^{-3}	1.95×10^{-3}	4.5×10^{-3}	2.2×10^{-2}	0.01
2300	$1.42 \cdot 10^{-4}$	$2.7 \cdot 10^{-4}$	$4 \cdot 10^{-4}$	$4.0 \cdot 10^{-4}$	$4.5 \cdot 10^{-3}$	$0.9 \cdot 10^{-3}$
2600	$4.75 \cdot 10^{-5}$	$4.4 \cdot 10^{-5}$	$1.35 \cdot 10^{-4}$	$6.3 \cdot 10^{-5}$	$1.5 \cdot 10^{-3}$	$1.4 \cdot 10^{-4}$
3000	$1.75 \cdot 10^{-5}$	$6.6 \cdot 10^{-6}$	$4.75 \cdot 10^{-5}$	$9.4 \cdot 10^{-6}$	$5.5 \cdot 10^{-4}$	$2.1 \cdot 10^{-5}$
4000	2.5×10^{-8}	2.8×10^{-7}	7.5×10^{-8}	4.0×10^{-7}	$1.05 \cdot 10^{-6}$	1.0×10^{-6}

当温度很高，特别是当气体密度很小的时候，另外一个生成二氧化氮的机制

$$NO + O_2 + 45 \text{千卡/克分子} = NO_2 + O, \qquad (6.53)$$

要与三分子反应(6.49)竞争.

尽管这个反应是吸热的,但与反应式(6.49)相比较它具有那样一种优势:它不是通过分子的三体而是两体碰撞来实现的.这种优势在高温之下应被显示出来,因那时的条件对于活化是有利的.反应式(6.53)在实验上未曾研究过;关于它的速度的理论估计是由本书的一位作者在文献[41]中给出的.

反应式(6.53)的动力论方程可以写成如下形式:

$$\frac{d\,NO_2}{dt} = k''_1 \cdot NO \cdot O_2 - k''_2 NO_2 \cdot O = k''_2 \cdot O\{(NO_2) - NO_2\}. \quad (6.54)$$

弛豫时间:

$$\tau'' = \frac{1}{k''_2 \cdot O}. \qquad (6.55)$$

利用活化络合物法来估计速度常数,这种方法的本质曾在§7中阐述过. 值得注意的是,这个估计可作为该方法具体应用的一个例子. 为方便起见,我们将考察逆反应 $NO_2 + O \longrightarrow NO_3^* \longrightarrow NO + O_2$,此处的星号表示络合物. 按普遍公式(6.36),速度常数 k''_2 等于

$$k''_2 = \varkappa \frac{kT}{h} \frac{Z^*_{NO_3}}{Z_{NO_2} \cdot Z_O}.$$

计算原子 O 和分子 NO_2 的统计和是不困难的,因为分子 NO_2 的一些光谱学的常数都是已知的. 至于说络合物,那么这里有许多未知量,为了估计,它们应以合理的方式选取.

络合物 NO_3^* 的质量是分子 NO_2 之质量的 1.39 倍. 假定它的线度稍微超过分子 NO_2 的线度,便可以认为络合物的平均转动惯量为分子 NO_2 的平均转动惯量的 1.5 倍. 本来可以根据分子 NO_3 的固有频率来判断出络合物的频率,但可惜前者是不知道的. 可以相信,三个最高的频率要小于分子 NO_2 的三个频率; $h\nu_{NO_2}/k = 960, 1960, 2310°K$, 因为络合物中的结合是比较弱的. 容易验证,当温度为 2000—4000°K 时速度常数对于络合物频率

的选择是很不敏感的，只要这种选择是在合理的间隔范围内．为了计算，我们给出下述五个频率：$h\nu^*/k=600,800,900,1500,2000°K$（第六个已从 Z^* 中消去）．络合物是非对称的，所以对称因子 $\sigma=1$．电子状态的统计权重 $g^*\geqslant2$，因为络合物中含有一个不成对的电子．我们设 $g^*=2$．放热反应 $NO_2+O\longrightarrow NO+O_2$ 的活化能看来是极小的，一般来说当试剂中有一种试剂是自由原子时情况都是这样．作为估计，我们令 $E=10$ 千卡/克分子；这在最坏的情况下，当温度为 $2000—4000°K$ 时，可使反应速度缩减至二分之一到三分之一．

将这些数值以及另外一些已知常数代入统计和的表达式中，并取转换系数 $\varkappa$ 等于 1，我们就得到速度常数

$$k_2''=\frac{1.16\times10^{-12}}{\sqrt{T°}}\frac{\prod\limits_{i=1}^{5}Z_{振i}^*}{\prod\limits_{i=1}^{3}Z_{振NO_2i}}e^{-\frac{5030}{T}}厘米^3/秒, \qquad (6.56)$$

此处振动统计和等于 $Z_振=(1-e^{h\nu/kT})$．为了使得由碰撞理论（见公式 (6.35)）所得到的速度常数和根据公式 (6.56) 所得到的数值具有同样的量级，就应该认为方位因子 P 的量级为 2×10^{-4}．没有任何明显的根据选取如此之小的数值是相当困难的，所以在这种情况下碰撞理论实际上没有用处，而只能利用活化络合物法来估计反应的速度．

按照公式 (6.55)，(6.56) 所计算的关于空气的弛豫时间也被列在表 6.3 之内．

对弛豫时间所进行的比较表明，当空气的密度近于和小于标准密度而温度～$2000—3000°K$ 时，第二个反应进行得很快，因而它是主要的．

2. 电离和复合. 电子激发和退激

§ 10. 一些基本机制

原子（分子、离子）的一些高电子状态上的激发和电离之间有很多共同之处. 实质上, 电离是电子激发的那样一种极限情况, 那时结合于原子中的电子所获得的能量足以使它脱离原子并跃迁到连续谱上. 如果所需要的能量是足够用的话, 每一个能引起原子中电子激发的基本过程都可以导致电离.

所有的激发和电离的基本过程可以分为两种类型: 一种类型是原子（分子、离子）的激发和电离是由粒子的轰击所引起的, 而另一种类型则是光致过程. 在后一种类型的过程中光量子起了其中一个"粒子"的作用. 在第一种类型的过程中, 应将电子轰击所引起的电离和激发与重粒子的非弹性碰撞加以区别, 因为两种非弹性碰撞的几率相差很大. 按照这样的分类, 一些基本的电离反应可以写成如下的符号形式 (A, B 是重粒子, e 是电子, $h\nu$ 是光量子):

$$A + e = A^+ + e + e, \tag{6.57}$$
$$A + B = A^+ + B + e, \tag{6.58}$$
$$A + h\nu = A^+ + e. \tag{6.59}$$

自右向左进行的逆过程将导致电子和离子的复合: 前两个是有电子或重粒子作为第三者参加的三体碰撞的复合; 最后一个反应则是光复合或电子的光俘获.

过程(6.57)—(6.59)中的每一个都对应着一个激发过程 (激发原子用星号表示):

$$A + e = A^* + e, \tag{6.60}$$
$$A + B = A^* + B, \tag{6.61}$$
$$A + h\nu = A^*. \tag{6.62}$$

前两个的逆过程是由所谓第二类轰击所引起的激发原子的退激, 而第三个的逆过程则是激发原子的发光.

不仅处于基态的原子可以电离，而且激发原子也可以电离，所以在(6.57)—(6.59)的反应系列中还应加进如下类型的反应：

$$A^* + e = A^+ + e + e, \tag{6.63}$$

$$A^* + B = A^+ + B + e, \tag{6.64}$$

$$A^* + h\nu = A^+ + e. \tag{6.65}$$

这也适用于激发过程，在反应式(6.60)—(6.62)的系列中，应加进下述提高激发程度的反应：

$$A^* + e = A^{**} + e, \tag{6.66}$$

$$A^* + B = A^{**} + B, \tag{6.67}$$

$$A^* + h\nu = A^{**}. \tag{6.68}$$

尽管激发原子的数目通常大大小于处于基态的原子的数目，但是激发原子的电离在释放电子方面的作用并不算小，因为小能量的粒子相应地参与了它们的电离。事实上，能够电离未激发原子的那些粒子的数目乃正比于 $\exp(-I/kT)$，其中 I 是电离势。但电离被激发到能级 E^* 的原子所要进行的基元动作的次数也正比于 $e^{-E^*/kT} \cdot e^{-(I-E^*)/kT} = e^{-I/kT}$，这是因为第一个因子正比于激发原子的数目，而第二个则正比于能够电离激发原子的那些粒子的数目。（在不太稠密的气体中，一般是在 $kT \ll I$ 时就已发生电离，所以 $I/kT \gg 1$，而玻耳兹曼因子 $e^{-I/kT}$ 也就极为重要。）激发原子和未激发原子的电离作用何者重要，在平衡激发的条件下主要地是由当两者受到具有超阈能量的粒子轰击时所具有的电离有效截面来决定的。

一般来说，所有上述三种类型的过程在气体中是同时进行的。但往往是其中一种过程占有优势。当能量近于原子的激发能或电离势的时候，即近于几个或十几个电子伏的时候，重粒子的非弹性轰击的有效截面要比非弹性电子轰击的有效截面小几个数量级。此外，当能量相当的时候，重粒子的速度大约要比电子的速度小一百倍（其倍数就等于质量的平方根之比）。因此，在热气体中式(6.58)，(6.61)类型的过程，只是在自由电子实际上不存在的时候才有意义。当电离度近于 10^{-5}—10^{-4} 及更高的时候，第一种类型的过程(6.57),(6.60)的速度要大于有重粒子参加的过程的速度，并且后者的作用小得可以忽略．就实质而言，由原子或分子的轰击所引起的电离其重要性仅在于它能产生少量的初始的"点火"电子，而这种情况发生在当气体被"瞬时"加热的时候．例如，当强激波经过时有时就会发生这种情况．在某些情况下，被"瞬时"加热之气体中的初始电离乃是依靠足够强大的辐射流或是来自早些时候被加热的区域的外来快电子来产生的，因而第二种类型的过程的这种"点火"作用甚至会下降到零．

第一种类型和第三种类型过程的作用何者重要，乃以比较复杂的方式依赖于一些宏观条件．在1秒1厘米³内由电子轰击所引起的电离基元动作的次数正比于电子的密度，而光致电离基元动作的次数却正比于辐射的密度．

如果热气体所占据的区域线度与量子的自由程相比较足够大，因此辐射的密度相当大且近于平衡值时，那么辐射的密度与气体的密度无关，它仅由温度所决定．因而，在足够稀薄的气体中电子轰击所致电离的速度是很小的，而光致电离才起着主要的作用．对于激发过程，以及逆的过程——复合和退激来说，情况也是一样；光复合要胜过三体碰撞的复合，激发原子的发光要胜过由第二类轰击所引起的退激．例如，在星体的光球中所观察到的正是这种情况．

如果热气体所占据的区域是有限而透明的（"光学薄的"），那么气体中所辐射出的量子就会无延误地跑出加热体积，因而气体中的辐射密度也就小于平衡值．在这些条件下，甚至当电子密度很小的时候，电子轰击所致电离的速度也要大于光致电离的速度，然而逆的、复合过程的速度之间的关系却仍和原来一样，即光复合仍占优势．

在足够稠密的电离气体中光致电离和光复合所起的作用与过程(6.57)和(6.63)相比较是次一等的．

在实际的条件下，电离和复合的过程多半是按比简单模式(6.57)—(6.59)所描绘的更为复杂的路径进行的．要发生所谓的分级电离。在这种电离中，原子首先比如说因受电子轰击而被激发，然后，或是因受其后的电子轰击马上电离，或是再经过几级先把激发程度提高。逆的、三体碰撞的复合过程往往也是以复杂的方式进行：电子先是被离子俘获至原子的激发能级，然后再发生原子的分级退激，并且这里还有两种竞争的退激机制在起作用，它们是：第二类电子轰击和能级间的自发辐射跃迁。

在其分子和原子所具有的电离势不超过离解能很多的这种分子气体中，电离还是在离解结束之前就早已开始，因此存在着那样的温度范围，在该范围内电子的浓度和分子的浓度同时都是相当大的。温度近于 $7000—15000°K$ 的空气就可以作为这样一个例子，从实际应用的观点来看这个温度范围是很重要的。在这种情况下，除上述几个电离过程而外，还存在一些比较复杂的过程，其中主要的是原子复合为同时又被电离了的分子（合并式电离（ассоциативная ионизация））。

从能量的观点来看，这个过程与其余过程相区别的有利之点就在于，它所消耗的能量要比电离势小那样一个量，该量就等于离解时所释放的能量。当温度比较低和电离度比较小的时候，下述反应对于空气的电离起着最重要的作用：

$$N+O+2.8 \text{电子伏} = NO^+ + e, \qquad (6.69)$$

它的进程要比用原子和分子来轰击 NO 所引起的那种简单的电离快几个数量级[1]。在分子气体中的电子与离子复合的过程中，起重要作用的是所谓的离解式复合(диссоциативная рекомбинация)。尤其是，在空气中要进行下列过程：

$$e+O_2^+ \longrightarrow O^* + O^* + 6.9 \text{电子伏},$$
$$e+N_2^+ \longrightarrow N^* + N^* + 5.8 \text{电子伏}, \qquad (6.70)$$
$$e+NO^+ \longrightarrow N^* + O^* + 2.8 \text{电子伏}.$$

离解式复合的结果要产生被激发的原子。所释放的电子结合能乃

[1) 在比较低的温度之下，空气中自由电子的主要供应者乃是分子 NO，它的电离势 $I_{NO}=9.25$ 电子伏，比空气的所有其他成份的电离势都低（$I_{O_2}=12.15$ 电子伏，$I_{N_2}=15.56$ 电子伏，$I_O=13.57$ 电子伏，$I_N=14.6$ 电子伏，$I_{Ar}=15.8$ 电子伏）。

消耗于分子的离解,而它的剩余部份则去激发原子,并部份地转变为动能.

如果气体中存在着具有电子亲合力的原子或分子(例如, H, O, O_2, Cl, Br, J 等),那么在比较低的温度之下就要产生负的离子,这对于自由电子的产生和消灭的动力论有着重要的影响. 除了 (6.57)—(6.59)类型的反应——它们之中的 A 和 A^+ 分别地用 A^- 和 A 来代替——之外, 还要进行比较复杂的在能量上有利的(6.69)类型的反应. 例如,在空气中这就是下述放热反应:

$$N + O^- = NO + e + 4 \text{ 电子伏},$$

$$O + O^- = O_2 + e + 3.6 \text{ 电子伏}.$$

在文献[73]中载有一整套反应,并指明了它们能量的释放值,这些反应都是在热空气中进行的,并能导致自由电子的产生和消灭以及电荷的交换.

§ 11. 由电子轰击所引起的未激发原子的电离

我们来考察由同种原子组成的气体第一次电离的过程,并事先假设所有原子都是在基态被电离的,而复合时电子也要被俘获至基态能级(反应(6.57)). 碰撞电离的有效截面依赖于碰撞粒子的相对速度. 由于当原子温度和电子温度相当的时候原子的速度总是比电子的速度小很多,所以相对运动的速度就与电子的速度相一致;而表征相对运动动能的约化质量也就和电子的质量相一致.

如果 N_a 和 N_e 是 1 厘米^3 中的原子数和电子数, $f_e(v)dv$ 是与电子温度 T_e[1]相适应的电子按速度的麦克斯韦分布函数 $\left(\int_0^\infty f_e(v)dv = 1\right)$,而 $\sigma_e(v)$ 是电子轰击所致电离的有效截面,那么在 1 厘米^3 中 1 秒内所发生的电离基元动作的次数就等于

$$Z^e_{\text{电离}} = N_a N_e \int_{v_k}^\infty \sigma_e(v) v f_e(v)\, dv = N_a N_e \alpha_e, \quad (6.71)$$

---

1) 由于电子和原子的质量差很大,所以在发生弹性碰撞时电子和重粒子之间的能量交换进行得是相当缓慢的. 故一般来说电子的温度可以不同于重粒子的平动温度(见本章第 3 部分).

此处积分是按那种电子的速度进行的，这种电子的能量超过了电离势：$m_e v_k^2 / 2 = I$。

用 β_e 来表示复合的速度常数，我们写出反应(6.57)的动力论方程：

$$\frac{dN_e}{dt} = \alpha_e N_a N_e - \beta_e N_+ N_e^2,\qquad (6.72)$$

并且离子数 N_+ 就等于电子数 N_e。速度常数 α_e 和 β_e 彼此间由细致平衡原理来联系：

$$\beta_e = \frac{\alpha_e}{K(T_e)},\qquad (6.73)$$

此处平衡常数由沙赫公式(3.44)来确定：

$$K(T_e) = \frac{(N_e)(N_+)}{(N_a)} = \frac{g_+}{g_a} \frac{2(2\pi m_e k T e)^{\frac{3}{2}}}{h^3} e^{-\frac{I}{kT}} =$$

$$= 4.85 \times 10^{15} \frac{g_+}{g_a} T^{\circ \frac{3}{2}} e^{-\frac{I}{kT}} 1/\text{厘米}^3.\qquad (6.73')$$

在 1 厘米^3 中 1 秒内复合的次数有时被写成 $Z_{复合} = b_e N_+ N_e$ 的形式。量 $b_e = \beta_e N_e$ 被叫做复合系数。b_e 的量纲是厘米^3/秒，就和电离的速度常数 α_e 是一样的。

如果电子(和离子)的浓度比平衡值小很多，复合便不起作用，而电子轰击所致电离的发展则带有电子雪崩的特点；如果认为电子温度与时间无关，电子浓度就要随着时间而指数地增加 $N_e = N_e^0 \exp(t/\tau_e)$，这里 N_e^0 是"初始"电子数，而雪崩增长的时间尺度近似地(当 $N_a \approx$ 常数时)等于

$$\tau_e = \frac{1}{\alpha_e N_a}^{1)}.\qquad (6.74)$$

---

1) 应该指出，其时间尺度为 τ_e 的、电子雪崩增长的简单的指数规律只是在 $T_e = $ 常数的条件下才是正确的。在实际的条件下，电子温度本身可以依赖于时间。问题在于，在 $kT_e \ll I$ 时，电子的热能要有很大一部份消耗于电离：粗糙地说，每产生一个新的电子就需要消耗 I/kT_e 个电子的热能。如果没有能够补充电子气体用于电离之能耗的外源的话，电子的温度要随着时间而下降，$\alpha_e \sim \exp(-I/kT_e)$ 也要急剧地减小，而雪崩的发展就会逐渐地衰减。在激波的阵面中，电子的能耗是由原子(离子)供给电子的能流来补充的。关于这一点的详细情况，请见第七章的§10。

容易相信那一点，量 τ_e 也表征了通过第一个机制 (6.57) 趋近电离平衡时所需要的特征时间. 更确切一些，当 $|(N_e) - N_e| \ll (N_e)$ 时，按普遍定义 (6.2) 所确定的弛豫时间要比 τ_e 小一倍.

电离有效截面 σ_e 依赖电子速度或电子能量的典型关系曲线画在图 6.4 上.

在电离阈值 $\varepsilon_e = I$ 之后截面是增长的，在电子能量超过阈值几倍的时候达到最大值，而后则缓慢地下降. 在最大值点，截面一般近于 10^{-16} 厘米^2. 在不特别稠密的气体中，电离一般在温度比电离势

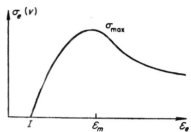

图 6.4　电子轰击所致电离的有效截面
对电子能量的依赖关系

小很多即在 $I/kT_e \gg 1$ 的时候就已开始. 例如，在原子氢中，当 $N_a = 10^{19}$ 1/厘米^3（这所对应的未离解的分子氢在室温下的压力等于 135 毫米水银柱）和 $T = 10000°\mathrm{K}$ 时，其平衡电离度就等于 6.25×10^{-3}；而这时 $I/kT = 15.7$.

只是那些电子所具有的能量对于电离来说才是充分的，它们处于麦克斯韦速度分布的尾部，但它们的数目指数地减少（正比于 $\exp(-m_e v^2/2kT_e) \ll 1$）. 因此，在积分 (6.71) 中起主要作用的是那些电子，它们的能量仅比电离势超过一个不大的量，这个量近于 $kT_e (kT_e \ll I)$. 理论和实验都表明，在阈值附近有效截面线性地依赖于电子的能量 ε_e:

$$\sigma_e(v) \approx C(\varepsilon_e - I), \quad C = 常数. \tag{6.75}$$

将这个量代入表示式 (6.71)，并进行积分，我们便求得从原子基态能级电离的速度常数：

$$\alpha_e = \int_{v_k}^{\infty} \sigma_e(v) v f_e(v) dv = \sigma_e \cdot \bar{v}_e \left(\frac{I}{kT_e} + 2 \right) e^{-\frac{I}{kT_e}}, \tag{6.76}$$

此处

$$\bar{v}_e = \left(\frac{8kT_e}{\pi m_e}\right)^{\frac{1}{2}} = 6.21 \times 10^5 \sqrt{T_e^\circ} = 6.7 \times 10^7 \sqrt{T_{\text{电子伏}}} \text{厘米/秒}$$

是电子的平均热运动速度，而 σ_e 是有效截面 $\sigma_e(v)$ 的某一个平均值，它正好对应于电子的能量 $\varepsilon_e = I + kT_e$；$\sigma_e = CkT_e$.

伴有电子被俘获至原子基态能级的复合的速度常数，按照式(6.73)和(6.76)，等于

$$\beta_e = \frac{g_a}{g_+}\left(\frac{I}{kT_e} + 2\right)\frac{h^3\sigma_e}{2\pi^2 m_e^2 kT} =$$

$$= 1.1 \times 10^{-14} C \frac{g_a}{g_+}\left(\frac{I}{kT_e} + 2\right) \text{厘米}^6/\text{秒}. \quad (6.77)$$

在不特别稠密的气体中，那时 $I/kT_e \gg 1$，$\beta_e \sim T_e^{-1}$，特征时间 τ_e 在小电离度的范围内是按下述规律而依赖于温度的：

$$\tau_e \sim \exp(I/kT_e).$$

在表 6.4 中收集了某些原子和分子的电子轰击所致电离截面

表 6.4

电 子 轰 击 所 致 电 离

原子，分子	I, 电子伏	$C \times 10^{17}$ 厘米^2/电子伏	适用范围，电子伏	ε_{max} 电子伏	$\sigma_{\varepsilon max} \times 10^{16}$, 厘米^2	文 献
H_2	15.4	0.59	16—25	70	1.1	[46]
He	24.5	0.13	24.5—35	100	0.34	[46]
N	14.6	0.59	15—30	~100	~2.1	[47]
N_2	15.6	0.85	16—30	110	3.1	[46]
O	13.6	0.60	14—25	~80	~1.5	[48]
O_2	12.1	0.68	13—40	110		[46]
NO	9.3	0.82	10—20	~100	3.25	[49]
Ar	15.8	2.0	15—25	100	3.7	[46]
		1.7	15—18			
Ne	21.5	0.16	21.5—40	~160	0.85	[46]
Hg	10.4	7.9	10.5—13	42	5.4	[46]
Hg		2.7	10.5—28			

的实验资料(其符号含意见图 6.4)[1].当电子能量超过电离势 1 电子伏时，常数 C 的数值与有效截面的数值(以厘米[2]为单位)是一致的;即当温度 $T_e = 1$ 电子伏 $= 11600°K$ (这个温度恰好是第一次电离范围内的特征温度)时，它与平均截面 σ_e 是一致的. 就如从表 6.4 所看出的，σ_e 具有 10^{-17} 厘米[2]的量级.

为了得到数量级的概念，我们来考察一个具体的例子：$T_e = 13000°K$ 和 $N_a = 1.7 \times 10^{18}$ 厘米$^{-3}$(这样的密度所对应的正常温度下的压力是 50 毫米水银柱)时的氩气. 在上述条件下，其平衡电离度等于 0.14；$\sigma_e = 2.24 \times 10^{-17}$ 厘米[2]；$\bar{v}_e = 7.1 \times 10^7$ 厘米/秒；速度常数；$\alpha_e = 2 \times 10^{-14}$ 厘米[3]/秒；$\beta_e = 5.9 \times 10^{-31}$ 厘米[6]/秒；特征时间 $\tau_e = 2.9 \times 10^{-5}$ 秒. 在温度 $T_e = 16000°K$ 和同样的密度之下，时间 τ_e 大约要减小至 1/15 倍：$\tau_e = 2 \times 10^{-6}$ 秒.

§12. 由电子轰击所引起的原子从基态的激发. 退激作用

与上一节类似，为了简单，我们将认为，原子仅具有一个激发能级 E^*，因此原子的激发只是由于从基态的跃迁所引起. 我们写出激发动力论方程：

$$\frac{dN^*}{dt} = \alpha_e^* N_a N_e - \beta_e^* N^* N_e; \qquad (6.78)$$

α_e^* 是激发的速度常数，而 β_e^* 是退激的速度常数，它等于 $\beta_e^* = \bar{v}_e \cdot \sigma_{e2}$，此处 σ_{e2} 是按麦克斯韦分布平均了的第二类电子轰击的有效截面. 激发的速度常数通过激发的有效截面 $\sigma_e^*(v)$ 用一个和 α_e 的表达式完全相同的积分(见 (6.76))来表示，其差别仅在于现在的积分下限应取速度 v^*，它对应于激发的阈值 $m_e v^{*2}/2 = E^*$. 截面 $\sigma_e^*(v)$ 对于速度或能量的依赖关系(所谓激发函数)和图 6.4 上所画的电离曲线具有同样的特点. 同样地，在阈值附近它也可以近似地用直线逼近：$\sigma_e^*(v) = C^*(\varepsilon - E^*)$[2]. 因此

---

1) 在莫耶西和巴尔郝坡的书[45]中有对文献数据的详细评述和分析. 同时我们还推荐 B. Л. 格拉诺夫斯基的书[46]和 C. 布拉温的书[78].
2) 这对于很多 (但不是所有) 原子来说乃是可能的；在任何情况下逼近所给出的误差都是不大的. 我们指出，正离子的激发截面在阈值附近当 $\varepsilon \longrightarrow E^*$ 时并不等于零 (文献[83]).

$$\alpha_e^* = \int_{v^*}^{\infty} \sigma_e^*(v) v f_e(v) dv = \sigma_e^* \bar{v}_e \left(\frac{E^*}{kT_e} + 2 \right) e^{-\frac{E^*}{kT_e}}, \quad (6.79)$$

此间 σ_e^* 所对应的电子能量是 $E^* + kT_e$。

根据细致平衡原理，并注意到

$$\frac{(N^*)}{(N_a)} = \left(\frac{g^*}{g_a} \right) e^{-\frac{E^*}{kT_e}} \quad (6.80)$$

（g^* 和 g_a 分别是激发态和基态的统计权重），便可以将速度常数 α_e^* 和 β_e^* 或激发的有效截面和退激的有效截面联系起来:

$$\sigma_{e2} = \sigma_e^* \frac{g_a}{g^*} \left(\frac{E^*}{kT_e} + 2 \right); \quad \beta_e^* = \bar{v}_e \sigma_{e2}. \quad (6.81)$$

与电子轰击所致激发相适应的特征时间是

$$\tau_e^* = \frac{1}{\beta^* N_e} = \frac{1}{\bar{v}_e \sigma_{e2} N_e}, \quad (6.82)$$

它与在 $T_e =$ 常数的条件下（见 414 页的脚注）建立玻耳兹曼分布 (6.80) 所需要的弛豫时间相符合。

关于激发截面的一些文献的数据已收集在书[45, 46, 78]中。某一些结果列在表 6.5 内。平均的激发截面 σ_e^* 具有 10^{-17} 厘米^2 的量级。第二类轰击的截面 σ_{e2} 也具有同样的量级（公式 (6.81) 括号内的因子近似于 10，但统计权重之比 g_a/g^* 通常 $\sim 1 - 10^{-1}$）。

作为例子，我们来估计 $T_e = 13000°$K, $N_a = 1.71 \times 10^{18}$ 厘米$^{-3}$ 时的氩中的弛豫时间。截面 $\sigma_e^* = 10^{-17}$ 厘米^2, $\sigma_{e2} \sim 10^{-17}$ 厘米^2。如果取电子的平衡浓度 $(N_e) = 2.4 \times 10^{17}$ 厘米$^{-3}$, 我们便得到 $\tau_e^* \approx 6 \times 10^{-9}$ 秒。这个时间比电离的时间 τ_e 小很多。将电子轰击所致电离的和电子轰击所致激发的特征时间作一比较那是很有意思的。根据公式 (6.74) 和 (6.82)，得

$$\frac{\tau_e}{\tau_e^*} = \frac{\bar{v}_e \sigma_{e2} N_e e^{\frac{I}{kT}}}{\bar{v}_e \sigma_e \left(\frac{I}{kT} + 2 \right) N_a} \approx \frac{1}{10} \frac{N_e}{N_a} e^{\frac{I}{kT}}, \quad \text{当} \frac{I}{kT} \sim 10 \text{时}.$$

在接近平衡和电离度不大即 $N_e/N_a \approx (6 \times 10^{21}/N_a)^{1/2} T_{电子伏}^{3/4} \times$

表 6.5

电 子 轰 击 所 致 激 发

原　子	能　级	势能 E^*, 电子伏	总截面 σ_e^* 的插值，厘米²	出处[1]
H	$2p$	10.1	$25 \times 10^{-18}(\varepsilon - 10)$ 厘米²	[83]
He	$2s^3S^b$	19.7-	$\left.\begin{array}{l}\end{array}\right\}4.6 \times 10^{-18}(\varepsilon \text{ 电子伏} - 20)$ 厘米²	[46]
	$2s_1S$	20.6		
Ne	$3s^3P_2$	16.6	$\left.\begin{array}{l}\end{array}\right\}1.5 \times 10^{-18}(\varepsilon \text{ 电子伏} - 16)$ 厘米²	[46]
		18.5		
Ar	$4s^3P_2$	11.5	$7 \times 10^{-18}(\varepsilon \text{ 电子伏} - 11.5)$ 厘米²	[50]
Hg	$6p^3P_1$	4.87	当 $\varepsilon = 6.5$ 电子伏时最大截面 $\sigma^*_{max} =$ 1.7×10^{-16} 厘米²	[46]
H_2		8.7	$7.6 \times 10^{-18}(\varepsilon - 8.7)$ 厘米²	[78]

1) 带有索引[46]的资料是取自 B. Л. 格拉诺夫斯基的书中所列的表。一些 原有文献的索引也可以在他的书中找到。

$\times \exp(-I/2kT_e)$ 的条件下，当气体具有普通密度时，建立关于激发的玻耳兹曼分布总是比建立电离平衡来得要快。在所考察的氩的例子中，当 $N_a = 1.7 \times 10^{18}$ 厘米$^{-3}$，$T_e = 13000°$K 时，$\tau_e/\tau_e^* \approx 5000$。只是在电离过程开始的初期两个时间才可以比较，因那时电子的数目要比平衡时的数目少得多。

§ 13. 由电子轰击所引起的激发原子的电离

我们根据经典力学来考察原子的电离，并预先假定：自由电子和原子的碰撞，更确切一些，和原子中光学电子的"碰撞"，与束缚电子沿轨道转动的速度相比较进行得很快，因此光学电子在承受轰击能量时其表现就和自由电子一样。这种假设首先是汤姆逊在 1912 年做出的（在文献 [79, 80] 中曾利用关于电离截面的经典公式来研究氢的等离子体中的电离和复合的基本过程；在文献[81]中曾利用了玻恩近似）。

从力学教程[82]知道，如果一个动能为 ε 的电子从另一个电子旁边飞过，那么将 $\Delta\varepsilon$ 到 $\Delta\varepsilon + d\Delta\varepsilon$ 的能量转移 给 电 子——"靶

子"的这种转移微分截面等于 $d\sigma = \dfrac{\pi e^4}{\varepsilon} \dfrac{d\Delta\varepsilon}{(\Delta\varepsilon)^2}$.

而转移的能量超过 $E(E \leqslant \Delta\varepsilon \leqslant \varepsilon)$ 的这种转移截面等于

$$\sigma = \frac{\pi e^4}{\varepsilon}\left(\frac{1}{E} - \frac{1}{\varepsilon}\right).$$

我们假设，当束缚电子因受轰击而获得超过结合能的能量时，电离总会发生，这样一来，如果 E 是电子在原子中的结合能，那么 σ 就是电离截面。注意到 $e^2 = 2I_H a_0$，此处 I_H 是氢原子的电离势，而 a_0 是玻尔半径，我们将电离截面写成如下形式：

$$\sigma = 4\pi a_0^2 \frac{I_H^2(\varepsilon - E)}{E\varepsilon^2}. \tag{6.83}$$

这个公式在定性上正确地描写了图 6.4 上所画的未激发原子的电离截面对能量的依赖关系 $\sigma(\varepsilon)$，并在数量级上给出了截面的正确数值（在该情况下 $E \equiv I$）。在阈值附近，当 $\varepsilon \approx E \equiv I$ 时，公式 (6.83) 导致线性关系 (6.75) $\sigma \approx C(\varepsilon - I)$，并且其斜率常数等于

$$C = \frac{4\pi a_0^2}{I_H}\left(\frac{I_H}{I}\right)^3 = 2.6 \times 10^{-17}\left(\frac{I_H}{I}\right)^3 \text{厘米}^2/\text{电子伏}.$$

对于大多数的原子和分子来说，按经典公式所计算的常数 C 和阈值附近的截面要比实验值超过几倍（见表 6.4；对于氩得到了正确的量值）。

对于从氢原子的第 n 个能级的电离来说，公式 (6.83) 导出了一个关于 n 的相似关系。对氢原子有 $E_n = I_H/n^2$ 和

$$\sigma_n(\varepsilon) = 4\pi a_0^2 I_H n^4 \frac{(n^2\varepsilon - I_H)}{(n^2\varepsilon)^2} = n^4\sigma_1(n^2\varepsilon).$$

有趣的是，根据玻恩近似所得到的量子力学公式，在激发的氢原子电离的情况下，也导出了类似的但与上述相似关系稍有差别的关系 $\sigma_n(\varepsilon) = n^3\sigma_1(n^2\varepsilon)$（文献 [81]）。（不过，根据经典理论来考察激发原子的电离还是比较有效的.）

我们来计算激发原子的电离速度。如果 N_n 是 1 厘米^{3}中的

处于第 n 个量子状态的原子数,而 $f(\varepsilon)d\varepsilon$ 是归一化的、电子的麦克斯韦分布函数,那么在 1 厘米^3 中 1 秒内这种原子电离的基元动作的次数等于

$$Z_{\text{电离}n}=N_n N_e \int_{E_n}^{\infty} \sigma(\varepsilon)v_e f(\varepsilon)d\varepsilon = \alpha_n N_n N_e. \quad (6.84)$$

代入截面(6.83),我们便求得电离的速度常数

$$\alpha_n = 4\pi a_0^2 \bar{v}_e \left(\frac{I_{\text{H}}}{kT}\right)^2 \psi_n; \quad (6.85)$$

$$\bar{v}_e = \left(\frac{8kT}{\pi m}\right)^{1/2},$$

$$\psi_n = \int_{x_n}^{\infty} \left(\frac{1}{x_n}-\frac{1}{x'}\right)e^{-x'}dx' = \frac{e^{-x_n}}{x_n}-E_1(x_n),$$

$$x_n = E_n/kT.$$

(我们指出,在这个公式中数 n 暂时只是性的脚标,因此公式(6.85)可以被应用到处于任何状态的任何原子.)

在 $x_n \gg 1$ 的条件下,我们近似地有

$$E_1(x) \approx \frac{e^{-x}}{x}\left(1-\frac{1}{x}\right), \quad \psi_n \approx \frac{e^{-x_n}}{x_n^2},$$

即当 $E_n \gg kT$ 时

$$\alpha_n \approx 4\pi a_0^2 \bar{v}_e \left(\frac{I_{\text{H}}}{E_n}\right)^2 e^{-\frac{E_n}{kT}} = 2.2\times 10^{-10}\sqrt{T^\circ}\left(\frac{I_{\text{H}}}{E_n}\right)^2 e^{-\frac{E_n}{kT}}\text{厘米}^3/\text{秒}$$

$$(6.86)$$

(如果 $E_n = I$,我们就得到公式(6.76),在那里与 $I/kT \gg 1$ 相比较将 2 略去.)

为了将激发原子和未激发原子的电离速度作一比较,必须要对激发原子的数目作某些假设. 我们假设,气体的状态近于热力学上的平衡态,而按激发态的分布为玻耳兹曼分布. 此外,我们将考察氢原子. 那时

$$E_n = I_{\text{H}}/n^2, \quad N_n = n^2 e^{-(x_1-x_n)}N_1$$

而

$$\frac{Z_{\text{电离}n}}{Z_{\text{电离}1}} = \frac{\alpha_n N_n}{\alpha_1 N_1} = n^2 e^{-(x_1-x_n)}\frac{\psi_n}{\psi_1}.$$

量 x_1 总可以被认为是很大的：$x_1 \gg 1$. 如果 x_n 也很大（低的能级, 低的温度）, 那么

$$\frac{Z_{\text{电离}n}}{Z_{\text{电离}1}} \approx n^2 \left(\frac{x_1}{x_n}\right)^2 \approx n^6 \gg 1.$$

对于那些其结合能 $E_n \sim kT$, $x_n \sim 1$ 的上部能级来说, 可以近似地认为 $\psi_n \approx \frac{2}{5} \frac{e^{-x_n}}{x_n}$（文献[80]）. 这时

$$\alpha_n \approx 4\pi a_0^2 \bar{v}_e \frac{2}{5} \left(\frac{I_{\text{H}}}{kT}\right) n^2 e^{-\frac{E_n}{kT}} \approx \frac{1.4 \times 10^{-4} n^2}{\sqrt{T^\circ}} e^{-\frac{E_n}{kT}}$$

$$\text{厘米}^3/\text{秒}(E_n \sim kT). \tag{6.86'}$$

电离的速度之比

$$\frac{Z_{\text{电离}n}}{Z_{\text{电离}1}} \approx \frac{2}{5} \frac{x_1^2}{x_n} n^2 = \frac{2}{5} \left(\frac{I_{\text{H}}}{kT}\right) n^4 \gg 1.$$

这就是说, 在按能级分布为玻耳兹曼分布的情况下, 由电子轰击来电离原子主要是从一些上部能级电离的, 并且激发程度越高, 激发态在这种电离中的作用也就越大. 在严重不平衡的条件下, 在对未激发原子和激发原子电离的相对作用做出结论时必须要相当谨慎, 因为这时与平衡的分布相比, 一些上部能级的分布数可以是严重缺少的.（关于电子轰击所致电离的问题, 在后面第七章当研究在激波中气体的电离的时候, 我们还要回过头来讨论.）

我们来求出电子作为第三粒子的三体碰撞时的电子被离子俘获至原子激发能级的俘获速度.

在 1 厘米^{3}中 1 秒内至第 n 个能级之俘获的基元动作的次数是 $Z_{\text{复合}n} = \beta_n N_n^2 N_+$. 根据细致平衡原理, 在热力学平衡时 $Z_{\text{复合}n} = Z_{\text{电离}n}$, 所以

$$\beta_n = \alpha_n \frac{(N_n)}{(N_e)(N_+)}.$$

沙赫公式同玻耳兹曼定律一起给出

$$\frac{(N_e)(N_+)}{(N_n)} = \frac{2g_+}{g_n} \left(\frac{2\pi mkT}{h^2}\right)^{3/2} e^{-\frac{E_n}{kT}}. \tag{6.87}$$

$\dfrac{I}{kT}+2$ 就要出现一个接近于它 的量 $\dfrac{I}{kT}+1$. 这样一来,在线性逼近的情况下

$$\alpha_a = \sigma_a \bar{v}'\left(\frac{I}{kT}+1\right)e^{-\frac{I}{kT}},$$

$$\bar{v}' = \left(\frac{8}{\pi}\frac{kT}{\mu}\right)^{\frac{1}{2}},$$

并且 σ_a 对应于能量 $\varepsilon' \approx I+kT$. 用类似的方式也可以描写 激发 的动力论.

遗憾的是,与电子轰击的情况不同,要对过程的速度作任何定量的估计都是极其困难的. 对电子轰击和原子轰击所致电离的速度常数所进行的比较表明 $\alpha_e/\alpha_a = (\bar{v}_e/\bar{v}'_a)(\sigma_e/\sigma_a)$. 当温度差不多的 时 候,$\bar{v}_e/\bar{v}'_a \approx \sqrt{m_a/m_e} \sim 100$. 至于说截面 σ_a,那么它们要比 σ_e 小好几个数量级. 关于由其能量约为十个电子伏 的原子所引起的电离或激发的截面,并没有什么实验资料;但看来它们的量级大概是 10^{-20}—10^{-22} 厘米^2.

为使碰撞是非弹性的,就必须要求轰击是足够强烈的,换言之,粒子接近的速度应该近似于原子中外层电子的运动速度. 在其能量近于电离势或激发能即约为几个或十个电子伏的电子轰击的情况下,上述条件是满足的,非弹性截面也是很大的. 在重粒子相撞时,仅当其能量大概要比上述数值大到 $\sqrt{m_a/m_e} \sim 100$ 倍,也即是当能量约为千电子伏的时候,这两个速度才是相当的. 确实如此,这时电离或激发的有效截面就和电子轰击的同类截面差不多. 而当能量近于 10 电子伏时,粒子接近的速度是很小的,轰击就是"绝热的". 这种情况完全类似于在 §4 中 所考察过的分子中振动激发的情况. 同样道理,为使碰撞时能量的非弹性转移能以显著的几率进行,必须要求绝热因子 $a\nu/v$ 是一个 不大的、近似于 1 的量. 在这里不再把 ν 理解为分子的振动频率,而把它理解为电子沿自己轨道转动的频率($a\nu$ 接近于电子在原子中的速度,因为 a 近于原子的线度). 使得在实验上还可以对电离 进行 测量

（$Z=1$对应于中性原子）。很显然，在相同的温度下来作这样的比较那是没有意义的，因为产生第二次电离的温度要比产生第一次电离的温度为高，而产生第三次电离的温度还要更高，依此类推。就如在第三章所阐明的，原子和离子一般是在使条件 $I_Z/kT\sim$ 5—10 得到满足的温度下被电离的。

因此在常比值 $I_Z/kT=$ 常数的情形下来比较电离的速度才是有意义的。考虑到这时 $\bar{v}_e\sim\sqrt{T}\sim Z$，根据公式(6.86)（$E_n\longrightarrow I_Z=I_H Z^2$），我们得到自基态能级的第 Z 次电离的速度常数是：$\alpha_Z=\alpha_1/Z^3$。这就是说，离子的电离要比中性原子的电离相对来说进行得要慢一些。在物理上，这首先与离子的几何线度较小有关。

§14. 原子激发态之间的轰击跃迁

关于电子轰击所致激发之截面的一些实验资料都是属于自基态之跃迁的（见§12）。在研究加热的等离子体时，有的时候必须要估计出一些比较高的能级之间的轰击跃迁的几率。为了估计跃迁的截面，可以利用由量子力学的变形波方法（метод искаженных волн）(文献[83])所给出的某些结果。在文献[86]中列出了允许跃迁所要用到的关于原子被电子轰击所激发之截面的简化了的公式。将这一公式表示为和电离截面的经典表示式相类似的形式是方便的：

$$\sigma_{nn'}=4\pi a_0^2\frac{I_H(\mathcal{E}-E_{nn'})}{E_{nn'}\mathcal{E}^2}3f_{nn'} \qquad (6.89)$$

这里 $E_{nn'}$ 是 $n\to n'(n'>n)$ 之跃迁的能量；$f_{nn'}$ 是相应的关于吸收的振子强度。在跃迁截面的量子力学的公式中含有两个矩阵元的乘积，其中一个是描写当电子在原子场中散射的时候量子 $h\nu=E_{nn'}$ 的韧致辐射，而另一个是描写这个量子被原子的吸收。这后一个矩阵元是通过振子强度来表示的。这样一来，由电子轰击所引起的原子的激发就可以那样来解释，仿佛先是电子发射出韧致的量子(тормозной квант)，而后原子再吸收这个量子，这就导致了激发.

如果运用公式(6.89)来描写由能量不大但超阈值的电子的轰击所引起的原子自基态的激发,那么就会发现:与实验的截面相比较该公式所给出的结果有些偏高.对于氢来说,它大约将截面提高到 3—3.5 倍,对于其它一些原子(氦,钠)来说,提高要小一些.应当说明,在文献[84]中原子中的束缚电子在电子轰击作用下的跃迁是根据经典力学来考察的(考虑了束缚电子的轨道运动),并在数量级上得到了与量子力学的计算相符合的结果[1].

我们借助公式(6.89)来估计氢的等离子体中的跃迁几率(这曾在文献[79]中进行过).

在 1 厘米³ 中 1 秒内由电子轰击所引起的 $n \to n'$ 激发的基元动作的次数等于

$$Z_{激发nn'} = N_n N_e \int_{E_{nn'}}^{\infty} \sigma_{nn'}(\varepsilon) v_e f(\varepsilon) d\varepsilon = \alpha_{nn'} N_n N_e.$$

$$(6.90)$$

对于速度常数,我们得到与式(6.85)完全类似的表达式:

$$\alpha_{nn'} = 4\pi a_0^2 \bar{v}_e \left(\frac{I_\Pi}{kT}\right)^2 \psi_{nn'} 3 f_{nn'}, \qquad (6.91)$$

$$\psi_{nn'} = \frac{e^{-x_{nn'}}}{x_{nn'}} - E_1(x_{nn'}), \quad x_{nn'} = \frac{E_{nn'}}{kT}.$$

在 1 厘米³ 中 1 秒内逆的 $n' \to n$ 退激过程的次数是 $Z_{退激n'n} = \beta_{n'n} N_{n'} N e$. 根据细致平衡原理

$$\beta_{n'n} = \alpha_{nn'} \frac{n^2}{n'^2} e^{x_{nn'}} = 4\pi a_0^2 \bar{v}_e \left(\frac{I_\Pi}{kT}\right)^2 3 f_{nn'} \frac{n^2}{n'^2} x_{nn'} \psi_{nn'}.$$

$$(6.92)$$

如果向这些公式中按公式(5.78)代入振子强度,跃迁能量 $E_{nn'} = I_B(1/n^2 - 1/n'^2)$,以及几个常数的值,则我们得到以下公式:

---

1) 在文献[85]中,自由电子与束缚电子的碰撞也是根据经典理论来考察的.

$$\alpha_{nn'} = \frac{2 \times 10^{-4}}{\sqrt{T^{\circ}}} \frac{1}{n^5 n'^3 \left(\frac{1}{n^2} - \frac{1}{n'^2}\right)^4} \left[e^{-x_{nn'}} - x_{nn'} E_1(x_{nn'})\right] \cdot$$

$$\cdot \text{厘米}^3/\text{秒}, \tag{6.91'}$$

$$\beta_{n'n} = \frac{2 \times 10^{-4}}{\sqrt{T^{\circ}}} \frac{1}{n^3 n'^5 \left(\frac{1}{n^2} - \frac{1}{n'^2}\right)^4} \left[1 - x_{nn'} e^{x_{nn'}} E_1(x_{nn'})\right] \cdot$$

$$\cdot \text{厘米}^3/\text{秒}. \tag{6.92'}$$

容易看出,从状态 n' 到状态 $n'-1, n'-2$, 等等的退激跃迁的几率要比序列 $1, 2^{-4}, 3^{-4}$ 减小得为快. 到所有下边能级之跃迁的总几率与到最邻近能级之跃迁的几率两者的比值被限制在 1 和 $1 + 2^{-4} + 3^{-4} + \cdots = \pi^4/90 = 1.08$ 之间. 对于 $n \to n+1, n \to n+2, \cdots$ 的激发几率来说也有同样的情况. 这样一来,当在电子轰击作用下在原子中发生不连续跃迁的时候,一些相邻能级之间的跃迁是最可几的,而"跨越"能级的跃迁其几率是很小的.

我们在 $n \gg 1$ 的一些上部状态的范围内来考察相邻能级之间的跃迁. 如果能级间的距离 ΔE 小于 kT $\left(\text{因为}\Delta E \approx \frac{2 I_H}{n^3} = \frac{2 E_n}{n}, \right.$ 所以发生这种情况的条件是 $\left. E_n < nkT/2\right)$, 那么公式 $(6.91')$, $(6.92')$ 之方括号中的表达式就与 1 的差别不大. 而在 $x_{nn'} \to 0$ 的极限之下,它们都严格地变为 1.

由此得到,在状态的这种范围内,相邻能级之间的伴有对原子激发和伴有对原子退激的("向上的"和"向下的")这两种跃迁的几率彼此非常接近,并近似地相等:

$$N_e \alpha_{n,n+1} \approx N_e \beta_{n,n-1} \approx \frac{8}{\sqrt{3}} N e \bar{v}_e a_0^2 n^4 \frac{I_H}{kT}$$

$$= \frac{1.25 \times 10^{-5} n^4}{\sqrt{T^{\circ}}} N_e \text{秒}^{-1} \tag{6.93}$$

(跃迁的平均截面大致要比与第 n 个能级相对应的圆周轨道所具有的面积 $\pi a_0^2 n^4$ 大到 $I_H/kT \gg 1$ 倍).

我们来比较由电子轰击所引起的原子被激发的几率和原子被电离的几率。如果原子处于基态而温度又不很高，并因此有 $I/kT\gg1$，那么显然电离的基元动作要比激发的基元动作发生得稀少，这不过是由于只有少数电子才具有电离所必须的能量。

但是，甚至就是在大多数电子所具有的能量对于电离来说是足够大的情况下，也就是当与结合能 $E_n\sim kT$ 的原子碰撞的时候，电离也要比不连续跃迁发生得稀少，并且其结合能越小（n 越大），至相邻状态的不连续跃迁的几率相对来说也就越大。这是从表达式(6.86)和(6.93)的比较中看出的。当然，电离几率的绝对值是要随着 n 的增大而增加的（但要比不连续跃迁的几率增加得缓慢）。

§15. 由重粒子轰击所引起的电离和激发

关于这些过程的描述方式与前几节所考察过的电子轰击所致电离和激发的情况完全类似。这样，未激发原子电离的动力论方程就具有如下形式：

$$\frac{dN_e}{dt}=\alpha_a N_a^2-\beta_a N_+ N_e N_a{}^{1)},$$

并且按照细致平衡原理，$\beta_a=\alpha_a/K(T)$。特征时间

$$\tau_a=\frac{(N_e)}{2\alpha_a N_a^2}=\frac{1}{2\beta_a N_a(N_e)}.$$

电离的速度常数 α_a 的表达式和 α_e 的公式一样。只是应当注意，电离的有效截面 $\sigma_a(v')$ 要依赖于碰撞原子的相对速度，并要向关于相对速度的麦克斯韦分布函数中引进一个约化质量 μ，在同种原子的情况下它等于 $\mu=\dfrac{m_a}{2}$。如果和以前一样，仍用一个关于相对运动之动能 $\varepsilon'=\mu v'^2/2$ 的线性关系来逼近阈值附近的截面，那么我们就得到一个类似于式(6.75)的关于 α_a 的公式。而如果再直接从积分号下提出截面的某一个平均值 σ_a，那么代替因子

---

1) 按照定义，复合系数等于 $b_a=\beta_a N_a$。

$\dfrac{I}{kT}+2$ 就要出现一个接近于它的量 $\dfrac{I}{kT}+1$. 这样一来,在线性逼近的情况下

$$\alpha_a = \sigma_a \bar{v}' \left(\frac{I}{kT} + 1 \right) e^{-\frac{I}{kT}},$$

$$\bar{v}' = \left(\frac{8\,kT}{\pi\mu} \right)^{\frac{1}{2}},$$

并且 σ_a 对应于能量 $\varepsilon' \approx I + kT$. 用类似的方式也可以描写激发的动力论.

遗憾的是,与电子轰击的情况不同,要对过程的速度作任何定量的估计都是极其困难的. 对电子轰击和原子轰击所致电离的速度常数所进行的比较表明 $\alpha_e / \alpha_a = (\bar{v}_e / \bar{v}'_a)(\sigma_e / \sigma_a)$. 当温度差不多的时候, $\bar{v}_e / \bar{v}'_a \approx \sqrt{m_a/m_e} \sim 100$. 至于说截面 σ_a, 那么它们要比 σ_e 小好几个数量级. 关于由其能量约为十个电子伏的原子所引起的电离或激发的截面,并没有什么实验资料;但看来它们的量级大概是 10^{-20}—10^{-22} 厘米^2.

为使碰撞是非弹性的,就必须要求轰击是足够强烈的,换言之,粒子接近的速度应该近似于原子中外层电子的运动速度. 在其能量近于电离势或激发能即约为几个或十个电子伏的电子轰击的情况下,上述条件是满足的,非弹性截面也是很大的. 在重粒子相撞时,仅当其能量大概要比上述数值大到 $\sqrt{m_a/m_e} \sim 100$ 倍,也即是当能量约为千电子伏的时候,这两个速度才是相当的. 确实如此,这时电离或激发的有效截面就和电子轰击的同类截面差不多. 而当能量近于 10 电子伏时,粒子接近的速度是很小的,轰击就是"绝热的". 这种情况完全类似于在§4 中所考察过的分子中振动激发的情况. 同样道理,为使碰撞时能量的非弹性转移能以显著的几率进行,必须要求绝热因子 $a\nu/v$ 是一个不大的、近似于 1 的量. 在这里不再把 ν 理解为分子的振动频率,而把它理解为电子沿自己轨道转动的频率($a\nu$ 接近于电子在原子中的速度,因为 a 近于原子的线度). 使得在实验上还可以对电离进行测量

的这种最低的相对运动的能量 $\varepsilon'^{[1)}$ 大约是 30--40 电子伏。曾求得了由氩原子和氩离子所引起的氩电离的截面，当 $\varepsilon' = 35$ 电子伏时，$\sigma_a \sim 3 \times 10^{-18}$ 厘米^2（文献[51]）；由氦原子所引起的氦电离的截面，当 $\varepsilon' = 35$ 电子伏时，$\sigma_a \sim 2 \times 10^{-19}$ 厘米^2（文献[52]）；由钾离子引起的氩电离的截面，当 $\varepsilon' \sim 45$ 电子伏时，$\sigma_a \sim 2 \times 10^{-19}$ 厘米^2 [2]。

绝热性条件 $av/v \gg 1$ 在量子力学上的相似条件是 $\dfrac{av}{v} \longrightarrow \dfrac{ah\nu}{h\nu} = \dfrac{a \Delta E}{h\nu} \gg 1$，此处 ΔE 是碰撞时能量的非弹性变化。这个条件的来源是这样的。过程的几率是由相互作用的矩阵元来决定，而在矩阵元中含有粒子的初态和终态的波函数的乘积。平动运动的波函数是由平面波 $e^{i\mathbf{P}r/\hbar}$ [3] 来描写；初态和终态平面波的乘积 就在积分号下矩阵元的表达式中给出了振荡因子 $e^{i\Delta\mathbf{P}r/\hbar}$，此处 $\Delta \mathbf{P}$ 是碰撞时飞行粒子之冲量的改变。如果这个因子在相互作用能量很大的区域内，即在与原子线度 a 相近的距离 r 之内没有振荡的话，积分便具有显著的量值。这样一来，过程的大几率条件就在于，要求 $\Delta p \cdot a/\hbar \lesssim 1$。冲量的改变 Δp 近似于 $\Delta E/v$，此处 ΔE 是粒子动能的改变，即能量的非弹性转移。由此，便得到大几率的条件是 $a \Delta E/\hbar v \lesssim 1$；小几率的条件是 $a \Delta E/\hbar v \gg 1$。

特别是，由这个条件得到当能量的非弹性变化 ΔE 很小的时候（即在所谓共振的情况下），过程的截面应该是很大的。在实际上，由激发的原子或分子所引起的原子电离的截面就是很大，因那时击出电子所要消耗的不是平动运动的动能，而是一些内部自由度的能量。比如，下述类型之过程的截面就是这样：

---

1) 在实验上一般是让快速粒子流来穿透由"不动的"原子所组成的气体。按照飞来粒子的能量所计算的电离阈，这时应比电离势大一倍。这与那一点相对应，约化质量比原子质量小至½，而在给定相对速度之下 $\varepsilon' = \varepsilon/2$，$\varepsilon_\text{阈} = 2 \varepsilon'_\text{阈} = 2I$。

2) 在文献[54]中，从理论上计算了非弹性碰撞 Ar-Ar 和 He-He 的有效截面，并与实验资料[51,52]进行了对照。在文献[75]中载有其能量近于和超过几百电子伏的离子和原子冲撞时的电离截面的有关资料。

3) $\hbar = h/2\pi$。

$$A + B^* \longrightarrow A^+ + e + B,$$

（此处粒子 B 的激发能 E^* 接近于粒子 A 的电离势），它们在数量级上都接近于气体动力论的截面。因此，由重粒子特别是由分子所引起的电离过程最可能是二级或多级过程；这些过程开始先激发其中一个粒子，然后再由被激发粒子的轰击来引起电离（所谓第二类轰击的电离），或者相反地从被激发的粒子中击出电子。关于这些过程的某些数据可以在书 [45，46] 中找到。

关于对重粒子所引起的电离和激发过程的速度的估计问题，仅是在考察被"瞬时"加热之气体的电离的最初阶段才会出现，因那时电子的浓度暂时还很小，甚至要小于 10^{-4}—10^{-5}，即暂时还没有形成电子雪崩。

为了估计产生"点火"电子和形成电子雪崩所需要时间的下限，我们来考察下述的一个想像的过程。将气体"瞬时"地加热至高温 T，并让所释放出的电子也瞬时地获得和原子一样的温度 T。在过程开始的初期，那时电离还明显地小于平衡值，复合可以忽略不计。因此在开始时 $dN_e/dt = \alpha_a N_a^2$ 和 $N_e = \alpha_a N_a^2 t$。在电子轰击所致电离的速度与原子轰击所致电离的速度可以进行比较的时刻之前，也就是在电子雪崩形成的时刻之前，电子的数目一直是随着时间线性地增加。这个时刻 t_1 要由条件 $\alpha_e N_a N_e = \alpha_a N_a^2$ 来决定。向这里代入 $N_e = \alpha_a N_a^2 t_1$，并注意到按公式（6.74）有 $\alpha_e N_a = \tau_e^{-1}$，我们便得到 $t_1 = \tau_e$。换言之，所必须的最短时间 t_1 就等于雪崩发展的特征时间。

关于雪崩发展的实际"诱导"时间可以是很长的，它不是由要产生足够数量的自由电子那一条件来决定，而是由要将电子气体加热到对于产生显著电离来说是足够高的温度这一条件来决定。这个时间由于原子（离子）和电子间的能量交换的缓慢性而受到了限制，因为它们的很多能量要消耗于非弹性的碰撞：电离和激发。关于离子和电子间的能量交换，请见 §20。

将原子"瞬时"地加热到高温而后又开始电离，这样的条件在激波中是存在的。第七章的 §10 和 §11 就是用来讨论激波阵面中的电离的动力论和激波阵面之后的电离平衡之建立的.

§16. 光致电离和光复合

光致电离和光复合的过程已在第五章计算光的吸收和辐射的系数时考察过，因此这里我们不得不重复该章中的某些讨论和推导.

为简单起见，先假定所有原子都处于基态，而复合时电子又都被俘获至基态能级. 如果 N_a 是 1 厘米^3 中的原子数，$U_\nu d\nu$ 是 1 厘米^3 中的属于谱区间 ν 到 $\nu + d\nu$ 之间的辐射能量，而 $\sigma_{\nu 1}(\nu)$ 是原子的自基态能级的光致电离的有效截面，那么在 1 厘米^3 中 1 秒内光致电离的基元动作的次数就等于

$$Z^\nu_{电离} = N_a \int_{\nu_1}^{\infty} \frac{U_\nu}{h\nu} d\nu \cdot c \cdot \sigma_{\nu 1}(\nu) = \alpha_\nu N_a, \qquad (6.94)$$

并且只是 $h\nu > h\nu_1 = I$ 的量子才参与吸收；α_ν 是光致电离的速度常数.

用 $\sigma_{c 1}(v)$ 来表示具有速度 v 的电子被俘获至原子基态能级的有效截面. 这时，在 1 厘米^3 中 1 秒内光复合的基元动作次数就是

$$Z^\nu_{复合} = b_\nu N_+ N_e =$$

$$= N_+ N_e \int_0^\infty f_e(v) dv \cdot v \cdot \sigma_{c 1}(v) \left[1 + \frac{c^3 U_\nu}{8\pi h\nu^3} \right].$$

$$(6.95)$$

在积分号下的因子里所出现的项 $c^3 U_\nu / 8\pi h\nu^3$ 考虑了与量子的强迫发射过程相对应的强迫复合过程. 被发射之量子的能量与电子的速度是由光电效应方程来联系的：

$$h\nu = \frac{m_e v^2}{2} + I.$$

公式(6.95)中的积分就是光复合系数 $b\nu$.

根据细致平衡原理，在完全热力学平衡的条件下，$Z^v_{复合}$和$Z^v_{电离}$之积分表达式中的微分应是彼此相等的.

将量$f_e(v)$取为电子的麦克斯韦分布函数，将量U_v取为普朗克函数，并利用沙赫方程(6.73′)和光电效应方程，我们就得到光致电离的和光复合的有效截面之间的关系：

$$\sigma_{c1}(v) = \frac{g_1}{g_+} \frac{h^2 \nu^2}{m_e^2 v^2 c^2} \sigma_{\nu 1}(\nu).$$

原子自第n个激发能级的光致电离截面和被俘获至第n个能级的光俘获截面之间有类似的关系：

$$\sigma_{cn}(v) = \frac{g_n}{g_+} \frac{h^2 \nu^2}{m_e^2 v^2 c^2} \sigma_{\nu n}(\nu). \qquad (6.95')$$

这里g_n是原子第n个状态的统计权重. 频率ν和电子速度v彼此间也由光电效应方程相联系：

$$h\nu = \frac{m_e v^2}{2} + \varepsilon_n = \frac{m_e v^2}{2} + I - w_n, \qquad (6.95'')$$

其中ε_n是电子在第n个状态中的结合能，而w_n是原子第n个能级的激发能.

关于光致过程的动力论方程具有如下形式

$$\frac{dN_e}{dt} = Z^v_{电离} - Z^v_{复合} = \alpha_\nu N_a - b_\nu N_+ N_e.$$

光致过程的弛豫时间：

$$\tau_\nu = \frac{1}{b_\nu (N_+)} = \frac{(N_e)}{\alpha_\nu N_a}.$$

假定辐射密度接近于平衡值，我们来估计光致电离的速度常数. 与轰击电离的截面在电离阈处等于零的情况不同，光致电离的截面在阈处不等于零，相反地，在很多情况下当$h\nu = I = h\nu_1$时它取最大值. 比如，对类氢原子$\sigma_{\nu 1} = \sigma_{\nu}^0 (\nu_1/\nu)^3$，此处$\sigma_{\nu}^0 = 7.9 \times 10^{-18}$厘米^2，如果"核"电荷等于1的话(见公式(5.34)). 如果像通常所遇到的那样$I/kT \gg 1$，那么引起电离的量子就处于光谱的维恩区域，在那里$U_v \sim \exp(-h\nu/kT)$. 从(6.94)的积分号下提出截面的某一个平均值，在很大的精度上可以认为这个值就等于

电离阈处的截面,积分之后我们得到

$$\alpha_v = \frac{8\pi}{c^2} \frac{I^2}{h^2} \frac{kT}{h} \sigma_{v1}^0 e^{-\frac{I}{kT}} =$$

$$= 3.95 \times 10^{23} T_{\text{电子伏}} I^2_{\text{电子伏}} \sigma_{v1}^0 e^{-\frac{I}{kT}} \text{秒}^{-1}. \tag{6.96}$$

复合系数 b_v 或者根据细致平衡原理由 $b_v = \alpha_v (N_a)/(N_+)(N_e)$ 求得,或者通过计算积分 (6.95) 直接求得.应该指出,当 $I \gg kT$ 时,强迫复合的作用是很小的:积分 (6.95) 括号中的因子近似地等于 $1 + e^{-hv/kT} \approx 1$,因为 $hv > I \gg kT$.关于复合系数(当 $I/kT \gg 1$ 时),我们得到

$$b_v = \overline{v_e \sigma_{c1}(v)} = \bar{v}_e \sigma_{c1},$$

$$\sigma_{c1} = \frac{g_1}{2 g_+} \frac{I^2}{m_e c^2 kT} \sigma_{v1}^0 = \frac{g_1}{g_+} \frac{I^2_{\text{电子伏}}}{T_{\text{电子伏}}} \sigma_{v1}^0 \times 10^{-6} \text{ 厘米}^2,$$

$$\tag{6.97}$$

此处 σ_{c1} 是俘获至基态能级的平均的光俘获截面 ($\bar{v}_e$ 是电子的平均热运动速度).

平均的光俘获截面反比于电子的温度.关于某些原子的在温度等于 1 电子伏时的光致电离和光俘获的有效截面 (σ_{v1}^0; $\sigma_{c1} = \sigma_{c1}^c/T_{\text{电子伏}}$)已列在表 6.6 中.至于说离子的截面,如果将它们看成是类氢系统的话,那么 $\sigma_{v1}^0 \sim Z^{-2}$,而 $\sigma_{c1}^0 \sim I_z^2 Z^{-2}$.一般来说,离子的电离势随着电荷而增长的方式是:$I_z \sim Z \div Z^2$,由此得 $\sigma_{c1}^0 \sim Z^0 \div Z^2$.

我们来说明将电子俘获至激发能级这种复合的作用.在普遍情况下其复合系数等于(与公式(6.97)比较)

$$b_v = \sum_n \overline{v \sigma_{cn}(v)}, \tag{6.98}$$

此处求和是按所有能级 n 来进行的,而平均则是按电子的麦克斯韦分布来取的.$\sigma_{cn}(v)$ 由公式 (6.95') 来表示.对于类氢原子来说,$\sigma_{vn} \sim 1/n^5$,$g_n = 2n^2$,所以 $\sigma_{cn} \sim 1/n^3$,并且 v 和 v 由公式 (6.95'') 相联系,那里的 $\varepsilon_n = I/n^2$.一般来说,当按 n 求和时就要产生一个关于原子的实际能级的数目问题,而这个数目是应该考虑的(见第三章§6),但在本情况下按 n 的求和收敛得很快,所以

表 6·6

原子自基态能级的光致电离的有效截面和电
子被俘获至基态能级的光俘获的有效截面

原子	I, 电子伏	g_1	g_+	$\sigma_{\nu 1}^0 \times 10^{18}$ 厘米^2	截面 $\sigma_{\nu 1}$ 在阈后的行为	$\sigma_{c1}^0 \times 10^{21}$ 厘米^2·电子伏
H	13.54	2	1	7.9	按~ν^{-3}下降	2.9
Li	5.37	2	1	3.7	··········	0.21
C	11.24	9	6	10	当 $h\nu = I + 10$ 电子伏 时，下降到一半	1.9
N	14.6	4	9	7.5	缓慢地下降	0.7
O	13.57	9	4	3	在 $h\nu \sim I + 15$ 电子伏 之前近乎不变	1.24
F	17.46	6	9	2	在 $h\nu \sim I + 15$ 电子伏 之前近乎不变	0.41
Na	5.09	2	1	0.31	比 ν^{-3}下降得要快	0.016
Ca	6.25	1	2	25	按 ν^{-3}下降	0.51

有效截面 $\sigma_{\nu 1}^0$ 和关于截面在阈后之行为的资料是取自书 [55]。量 σ_{c1}^0 是按公式 (6.97) 计算的。

求和可近似地扩展到 $n = \infty$。

按公式 (6.98) 对复合系数所进行的计算表明，对于类氢原子它可以表示为如下形式：

$$b_{\nu} = b_{\nu 1}\varphi\left(\frac{I}{kT}\right),$$

$$b_{\nu 1} = 2.07 \times 10^{-11} Z^2 T^{\circ -1/2}$$

$$= 2 \times 10^{-13} Z^2 T_{电子伏}^{-1/2} \text{ 厘米}^3/\text{秒}, \qquad (6.99)$$

此处 $b_{\nu 1}$ 是 $I/kT \gg 1$ 时相应于俘获至基态的系数 (它由公式 (6.97) 决定)；$\varphi(I/kT)$ 是一个变化非常缓慢的函数，它是由按 n 的求和而得到的。这个函数在斯皮特切尔的书 [56] 中被制成表格。例如，当 $I/kT = 5$ 时，$\varphi = 1.69$；当 $I/kT = 10$ 时，$\varphi = 2.02$；当 $I/kT = 100$ 时，$\varphi = 3.2$。近似地有 (文献 [86])

$$b_{\nu} \approx 2.7 \times 10^{-13} Z^2 T_{电子伏}^{-3/4} \text{ 厘米}^3/\text{秒}. \qquad (6.100)$$

这样一来，在第一次电离范围内所遇到的通常条件下，亦即是当 $I/kT \sim 10$ 的时候，至所有激发能级的俘获对复合所作的贡献大体上和至基态能级的俘获是一样的。

鉴于有细致平衡原理，在原子按激发态的分布为玻耳兹曼分布和辐射为平衡辐射的条件下，对于光致电离来说也有同样的情况。也就是说，在光致电离中激发原子电离的作用和未激发原子电离的作用两者是相当的，所以我们对光致电离和光复合的速度所作的估计大致上都给压低了一倍。

我们来比较由电子轰击和光量子所引起的未激发原子电离的速度(预先假定辐射密度是平衡的)。按照公式 (6.94)，(6.96)，(6.71)，(6.76)，我们求得

$$\frac{Z^e_{电离}}{Z^\nu_{电离}} = \frac{\alpha_e N_e}{\alpha_\nu} = \frac{1.7 \times 10^{-16} N_e}{I_{电子伏}\sqrt{T_{电子伏}}} \frac{C \ 厘米^2 \cdot 电子伏^{-1}}{\sigma^0_{\nu 1} \ 厘米^2}.$$

很显然，两个逆过程的速度也处于这样的比例。数值 C 和 $\sigma^0_{\nu 1}$ 属于同一个量级($\sim 5 \times 10^{-18}$，见表 6.4 和表 6.6)，电离势 $I \approx 10$ 电子伏，对于第一次电离的典型温度是 $T \approx 1$ 电子伏 $= 11600°K$。这就给出

$$\frac{Z^e_{电离}}{Z^\nu_{电离}} = \frac{Z^e_{复合}}{Z^\nu_{复合}} \sim 10^{-17} N_e,$$

即是当 $N_e > 10^{17}$ 厘米$^{-3}$时，电子的过程占有优势，而当 $N_e < 10^{17}$ 厘米$^{-3}$时，光致过程占有优势(我们强调指出，这仅对于原子自基态的电离和电子被俘获至原子基态能级的俘获才是对的)。

关于由辐射所引起的第一激发态的激发和退激的问题再说上几句。处于第一激发态的原子对于自发发光而言的寿命乃具有 $v^*_\nu \sim 10^{-8}$ 秒的量级，而原子在这种能级上的对电子轰击退激而言的寿命，根据§12中所说，当电子温度 $T_e \sim 1$ 电子伏时，其量级是 $\tau^*_e \sim 10^9/N_e$ 秒，即是：当电子浓度 $N_e > 10^{17}$ 厘米$^{-3}$时，电子轰击可以"熄灭"辐射；相反地，当 $N_e < 10^{17}$ 厘米$^{-3}$时，光致过程则占有优势(这和原子自基态能级的电离及电子被俘获至基态能级的俘获是一样的)。

电子和光量子还都能将原子激发至距基态能级较近的一些激发能级，在近于热力学平衡的条件下，在这种激发的两个速度之间

存在着和上述相同的关系．我们指出，能够把原子激发的共振辐射的吸收截面是很大的，而共振辐射多半是平衡的（对于共振辐射来说介质是不透明的）．因此，时间 $\tau_s^* \sim 10^{-8}$ 秒就表征了由光致过程来建立原子第一激发能级的玻耳兹曼分布所需的弛豫时间．关于自一些高激发态的自发辐射跃迁的几率，请见第五章§13．

§17．三体碰撞时的电子-离子的复合（初级理论）

在特别稀薄的等离子体中，电子和离子的复合主要地是由伴有光量子发射的二体碰撞所引起．而在稠密的等离子体中，则是电子作为第三粒子的三体碰撞的复合占有优势（第三粒子也可以是中性原子，但这种过程只是在电离度非常小即小于 10^{-7}—10^{-10} 的时候才起作用）．可以对有电子作为第三粒子参加的复合的速度作出最简单的估计，如果将古老的汤姆逊理论（文献〔45〕）——该理论属于有中性原子参加的复合——推广到现在的情况的话．这里的讨论完全类似于本章§6中的讨论，在那里曾对三体碰撞时原子复合为分子的速度进行了估计．

我们预先假定，如果电子是以那样一个瞄准距离 r 从（具有电荷 Z）的离子身边飞过，该 r 使得指向离子的库仑引力的势能 Ze^2/r 大于电子的平均动能 $\frac{3}{2}kT$，那么电子就可以被离子俘获至封闭轨道并进而实现复合．因此，其瞄准距离就不应超过 Zr_0，此处 $r_0 = e^2 / \frac{3}{2}kT$ 是电荷 $Z=1$ 的粒子发生库仑相互作用的有效半径．

在 1 厘米^{3}中 1 秒内产生这种碰撞的次数等于 $N_e \bar{v}_e \pi r_0^2 Z^2 N_+$．但为了使俘获能够发生，还必须要求电子在从离子身边飞过时也即是在近于 Zr_0 的路程内要与另外一个电子发生相互作用，以便使得俘获时所放出的势能能够传递给这后一个电子．发生这种事件的几率大约等于 $Zr_0 \pi r_0^2 N_e$．这样一来，在 1 厘米^{3}中 1 秒内复合的基元动作的次数是

$$Z_{复合} = N_e \bar{v}_e \pi r_0^2 Z^2 N_+ Z r_0 \pi r_0^2 N_e = \beta N_e^2 N_+ = b N_e N_+. \quad (6.101)$$

由此我们得到复合系数

$$b = \bar{v}_e \pi^2 r_0^5 Z^3 N_e = \frac{2^6 \pi \sqrt{2\pi}}{3^5} \frac{e^{10} Z^3}{m^{1/2}(kT)^{9/2}} N_e. \quad (6.102)$$

电子和质子的库仑相互作用半径 $r_0 = \dfrac{e^2}{\frac{3}{2} kT}$ ——(我们将考察氢),非

常接近于结合能为 $E_n{}^* \approx kT$ 的电子的圆周轨道的半径: $r_n{}^* = a_0 n^{*2} = a_0 I_H / kT = \dfrac{e^2}{2kT}$. 因此,如果将 §14 中所导出的电子的俘

获系数 $\beta_n N_e$ 按所有的 n 从 1 到 $n^* = \sqrt{I_H / E_n{}^*} = \sqrt{I_H / kT}$ 求

和(当 $I_H / kT \gg 1$, $n^* \gg 1$ 时,求和可用积分来代替),显然应该得到

同样一个复合系数. 实际上,这时所得到的公式确实与表达式

(6.102)精确地相符在. 黑诺夫和黑尔斯别尔格的文献 [80]中就

是通过至不连续能级的俘获几率来对复合系数进行这种计算的.

这种计算同样也具有很大的直观性,虽然不很严格.

特别好的是,在某些假设的范围内算是严格的、且在 Л. П. 皮

塔耶夫斯基的文献[88]中和 A. B. 古列维奇与 Л. П. 皮塔耶夫斯

基的文献[89]中得到发展的理论(关于这种理论我们将在下一节

谈到),导出了如下公式,

$$b = \frac{4\pi\sqrt{2\pi}}{9} \frac{e^{10} Z^3}{m^{1/2}(kT)^{9/2}} N_e \ln\Lambda_1, \quad (6.103)$$

它与初等公式(6.102)仅差一个量级为 1 的数值系数 $\dfrac{27}{16}\ln\Lambda_1$. 这

里 $\ln\Lambda_1$ 是某个具有特殊形式的库仑对数,它可以近似地被认为等

于 1. 根据公式(6.103),当 $\ln\Lambda_1 = 1$ 时,复合系数在数值上等

于

$$b = \frac{8.75 \times 10^{-27} Z^3}{T_{电子伏}^{9/2}} N_e = \frac{5.2 \times 10^{-23} Z^3}{T_{千度}^{9/2}} N_e \text{ 厘米}^3/\text{秒}. \quad (6.104)$$

这个公式的使用范围(对于氢来说, $Z = 1$)仅限于相当低的温度

$kT \ll I_日$，在这种温度下俘获发生在很高的能级 $n^* = \sqrt{\dfrac{I_日}{kT}}$ $\gg 1$. 看来，这种温度要低于 $3000°K$ ($n^* \geqslant 7$).

我们来比较由公式（6.104）所得到的三体碰撞的复合系数 b 和由公式（6.100）所得到的伴有至所有能级之俘获的光复合系数 b_ν. 后者在下述条件下占有优势

$$N_e < \frac{3.1 \times 10^{13} T_{电子伏}^{3.75}}{Z} = \frac{3.2 \times 10^9 T_{平度}^{3.75}}{Z} \text{（厘米）}^{-3}. \quad (6.105)$$

就如我们所看出的，在低温和不是过分小的密度之下，总是三体碰撞的复合起主要的作用。

在比较高的（从 $3000°$ 到 $10000°K$ 的）温度之下，电子被俘获至一些低的能级，为了估计这时的三体碰撞的复合系数，在文献[80]中曾构造几个近似公式（应该说明，在温度的这种范围内，公式（6.104）给出了偏高的复合系数的值，但这种偏高甚至在 $T = 10000°K$ 时也不会超过 5—10 倍）。

在该文献中列出了便于使用的总的复合系数 $b + b_\nu$ 对于 N_e 和 T 依赖关系的图表。在那里还介绍了对氢中的复合进行实验研究的一些结果，并得到了理论与实验的令人满意的符合。

§18. 关于三体碰撞复合的比较严格的理论

我们更仔细地考察，在低温的氢的等离子体中三体碰撞复合的过程是怎样进行的。我们假定，气体中的条件在本质上是不平衡的；电离度高于平衡值，或者同样地，温度低于该电离度所对应的温度，所以在等离子体中所进行的乃是占有优势的复合。前面曾经指出，三体碰撞时俘获电子的几率是随着轨道半径的增大和能级之结合能的减小而迅速地增加，所以电子主要是被俘获至一些上部的能级。就如第五章§13中所表明的那样，自上部能级的自发辐射跃迁的几率随着量子数 n 的增加和结合能 E_n 的减小急剧地减小（按 $1/n^5 \sim E_n^{5/2}$ 而减小）。

我们假定电子的密度是足够大的，以致使得自上部能级的辐射跃迁的几率远小于轰击跃迁的几率．相反的情形在低温之下实际上是不存在的；如果密度如此之小，以致 使得自 上 部 能级的辐射跃迁比轰击跃迁进行得还快，那么根本上就是光复合占有优势，而电子主要地也不是被俘获至上部能级而是被俘获至下部能级．

　　因而，由于俘获所形成的高度激发的原子其状态在电子轰击作用下要发生变化．这时向最邻近状态的跃迁是最可几的，并且在能级间的距离 ΔE_n 小于 kT 的这种范围内伴有激发和伴有退激的（"向上的"和"向下的"）两种跃迁，根据细致平衡原理，几乎是等几率的（在结合能 $E_n < \frac{1}{2} nkT$ 或 $E_n < I_H (kT/2I_H)^{2/3}$ 的范围内 $\Delta E_n < kT$，这是由关系 $\Delta E_n \approx |dE_n/dn| = 2I_H/n^3 = 2E_n/n = 2I_H (E_n/I_H)^{3/2}$ 而得到的）．这样一来，在能级的这种 范围内，原子的能量在每一次碰撞时都要改变一个小的部分，并且向着两个方向的"迈进"大体上是等几率的．这是典型的"扩散"图象．可以说，进行着"在原子中束缚电子沿着能量轴的扩散"．

　　"向上的"和"向下的"两种跃迁几率的关系，在 $E_n \gg kT$，$\Delta E > kT$ 的低能级的范围内要发生改变， 在 那里退激的几率要大于激发的几率．此外，在低能级的范围内辐射跃迁也是极可几的，它们也能促进退激．在"扩散"模型的框子内，这意味着，在低能级范围内存在有"向下流动"，因而"扩散"流的方向是"向下的"——所形成的高度激发的原子力图要进入基态，实质上复合的意义就在于此．我们强调指出，扩散流的方向是由气体的状态来决定的．如果条件是那样的，即电离低于平衡值，那么激发的基元动作就占有优势，而流的方向是"向上的"．实质上，在经受轰击时原子在不是 特别高的能级上被电离的几率是不大的，它要小于不连续跃迁的几率，因此在这种范围内电离可以忽略不计．

　　随着能级序数 n 而增加的电离几率在 n 很大 的 范围内是很大的，但在那里俘获的几率同时也是很大的．这便导致了这样一点：在结合能很小（近于和小于 kT）的 范围内，在能级分布和自由电子密度之间要建立起沙赫-玻耳兹曼平衡 (6.87). 在"扩散"模型的框架内，这意味着，**在结合能很小的范围内粒子的"来源"是这样的**：在这一范围内它"自动地"维持了给定的粒子密度. 很显然，沿着能量轴的"扩散"流——这时它是由于在大能量的范围内存在着"向下流动"所引起的——就决定了带着激发原子"向下"的速度和形成基态原子的速度，即实质上决定了复合的速度.

所说的复合过程的图象在 Л. П. 皮塔耶夫斯基的文献[88]中被赋予数学的形式，在那里沿着能量轴的扩散是根据纯粹经典的福克尔-普朗克方程来讨论的，而他所假设的条件是，其能级的不连续性表现得较弱的一些上部能级起着主要的作用.

为有更大的直观性和更清楚地揭示所作近似的与"扩散系数"的物理意义，在这里我们将从量子的动力论方程组出发而过渡到经典去. 设 N_n 是 1 厘米^3 中的处于第 n 个能级的原子数(能级的填充数或能级分布数). 针对它们，我们来建立只考虑最邻近能级间之不连续跃迁的动力论方程，并且为了方便我们将过程成对地分为正的和逆的两类。

$$\frac{dN_n}{dt} = N_e \{ [\beta_{n+1,n} N_{n+1} - \alpha_{n,n+1} N_n] -$$

$$- [\beta_{n,n-1} N_n - \alpha_{n-1,n} N_{n-1}] \}. \tag{6.106}$$

我们来考察 $n \gg 1$ 的量子数很大的范围(并假设 $I_{\text{п}}/kT \gg 1$). 在这个范围内，不连续数 n 和 N_n 可以当作连续数来对待，而序数 n 的函数也可以微分(应注意到，"微分元"$dn = 1$). 在 (6.106)中作考虑到二级小项的展开，我们就得到

$$\frac{\partial N_n}{\partial t} = -\frac{\partial j_n}{\partial n}; j_n = -\alpha_{n-1,n} N_e \left[\frac{\partial N_n}{\partial n} + \left(\frac{\beta_{n,n-1}}{\alpha_{n-1,n}} - 1 \right) N_n \right]. \tag{6.107}$$

我们借助细致平衡原理来变换两个几率之比，并限于考察这样的能级范围，其能级间的距离要小于 kT：

$$\frac{\beta_{n,n-1}}{\alpha_{n-1,n}} = \frac{(N_{n-1})}{(N_n)} = \frac{(n-1)^2}{n^2} e^{\frac{\Delta E}{kT}} \approx 1 - \frac{2}{n} + \frac{\Delta E}{kT}.$$

现在

$$\frac{\partial N_n}{\partial t} = -\frac{\partial j_n}{\partial n}; \ j_n = -(\alpha_{n-1,n} N_e) \left[\frac{\partial N_n}{\partial n} + \left(\frac{\Delta E}{kT} - \frac{2}{n} \right) N_n \right].$$

$$(6.108)$$

这个方程是存在体积力时的扩散方程的典型形式. 量 $D_n = (\alpha_{n-1,n} \times N_e)$ 起着扩散系数的作用,它的量纲是秒$^{-1}$(因为"坐标"n是无量纲的). 从激发原子按 n 的分布函数 N_n 很容易过渡到按结合能的分布函数 $\varphi(E)$. 很显然, $N_n = \varphi(E) \left| \frac{dE}{dn} \right| = \varphi(E) \Delta E$ 和

$$\frac{\partial}{\partial n} = -\left| \frac{dE}{dn} \right| \frac{\partial}{\partial E} = -\Delta E \frac{\partial}{\partial E}.$$

变换方程(6.108),并略去高级小项,我们得到

$$\frac{\partial \varphi}{\partial t} = -\frac{\partial j}{\partial E}; \ j = -D \frac{\partial \varphi}{\partial E} + D \left(\frac{1}{kT} - \frac{5}{2E} \right) \varphi, \quad (6.109)$$

$$D = \alpha N_e (\Delta E)^2, \quad \alpha \equiv \alpha_{n-1,n}.$$

沿着能量轴的扩散系数 D 具有尔格^2/秒的量纲(ΔE 相当于"自由程",$\frac{1}{2}\alpha N_e$ 是伴有"向上"和"向下"之跃迁的各次碰撞之间的平均时间). 如果再进一步,在方程(6.109)中从原子按结合能的分布函数 $\varphi(E)$ 过渡到束缚电子在坐标和冲量的相空间中的分布函数,那么我们就会得到在文献[88,89]中被作为出发点的那种形状的福克尔-普朗克方程.

在文献[89]中扩散系数 D 是根据纯经典的理论计算的,令它等于单位时间内的束缚电子的能量变化之平方的平均值,而这种变化是在与自由电子碰撞时产生的:

$$D_{经典} = \frac{1}{2} \left\langle \frac{\partial (\delta E)^2}{\partial t} \right\rangle = \frac{2\sqrt{2\pi}}{3} \frac{e^4 E N_e \ln \Lambda_1}{(mkT)^{1/2}}. \quad (6.110)$$

非常好的是,用量子力学的跃迁几率 $\alpha_{n-1,n} N_e$ 来表示的扩散系数 $D = \alpha N_e (\Delta E)^2$(此处 $\alpha_{n-1,n}$ 是由 §14 的公式给出),在 $\Delta E \ll kT$ 的

条件下导出了和经典理论完全相同的文字表达式，但要比 $D_{经典}$ 超过 $8\sqrt{3}/\pi\ln\Lambda_1\approx4.4$ 倍(当 $\ln\Lambda_1=1$ 时)．应该认为，在能级分布很密的范围内经典值要比近似的量子力学的值更正确一些[1]．

我们假定，由于电子被离子俘获所形成的高度激发的原子其退激和达到基态与电子密度和温度的变化速度相比较，即实质上是与复合的速度相比较，进行得是很快的．那时，在激发的原子中间就要建立起准定常的按照能量的分布，而这种分布能够"跟上"电子密度和温度的缓慢的变化．换句话说，当在给定的 N_e 和 T 之下来考察复合的时候，如果流是不变的话，我们可以寻求方程(6.108)或方程(6.109)的定态解．在这种情况下，甚至没有必要求得分布函数的显式，而就足以将流确定，因为量 $j_n 1/厘米^3\cdot秒$ 乃是形成基态原子的速度，也就是 1 厘米^{3}中1 秒内的复合基元动作的次数 $Z_{复合}=bN_eN_+$．

令(6.108)中的 $j_n=$ 常数，并考虑到 $\Delta E=2 I_H/n^3$ 和 $E_n=I_H/n^2$，将所得到的关于函数 $N(n)\equiv N_n$ 的线性方程积分，则我们得到

$$N_n=-\frac{j_n}{N_e}n^2 e^{\frac{E_n}{kT}}\int_{n_0}^n\frac{e^{-\frac{E_n}{kT}}dn}{n^2\alpha_{n-1,n}},$$

这里 n_0 是积分常数．如前面曾经指出的，在低能级的范围内存在有"向下流动"，所以那里的能级分布数是很小的，而 $N_n\approx0$．因此，可选取一个小的近似于 1 的数作为 n_0．就如计算所表明的那样，在小 n 的范围内积分很快地收敛，因此实际上它与 n_0 的具体选择无关．

现在我们来利用在大 n 范围内的第二个边界条件，这个条件就在于，在这个范围内要建立起沙赫-玻耳兹曼平衡(6.87)．因而

$$当 n\to\infty 时，N_n\to n^2 e^{\frac{E_n}{kT}}\left(\frac{h^2}{2\pi mkT}\right)^{3/2}N_eN_+． \tag{6.111}$$

---

[1] 在这里适当地提醒一下，对于一些下部能级来说，与实验相比较量子力学的跃迁几率是被过份抬高了的．

由此,我们就得到流的表达式:

$$-j_n = \left(\frac{h^2}{2\pi mkT}\right)^{3/2} \left[\int_{n_0 \sim 1} \frac{e^{-\frac{E_n}{kT}}dn}{n^2 \alpha_{n-1,n}}\right]^{-1} N_e^2 N_+ = bN_e N_+$$

(6.112)

和复合系数 b.

如果按照公式 $\alpha_{n-1,n} = D/(\Delta E)^2$ 从 $\alpha_{n-1,n}$ 过渡 到 扩 散系数 D,并代入 $\Delta E = 2I_{\text{H}}/n^3$,再以 经典值 D (6.110)计算出 积分 (6.112),则我们就会得到关于复合系数的公式(6.103)[1].

在与 Л. П. 皮塔耶夫斯基的 第一篇论文 [88] 几乎是同时发表的贝特斯、凯恩斯顿和马克-威尔特的文献[90]中,复合是在极为普遍的假设之下被讨论的。在文献[90]中关于复合过程之进程的一些基本思想 实际上 是和文献 [88] 中的一样,但作者们是从 ((6.106)型的)关于不连续状态之填充数的动力论方程组出发的,他们考虑了所有的过程:由电子轰击所引起的电子俘获和电离,向远能级的不连续跃迁,光俘获和自发辐射跃迁。为了限制方程数,曾利用了上部状态之分布的平衡性条件。方程组也是属于定态的情况($dN_n/dt = 0$,当 $n \neq 1$ 时),它曾用数值求解,其密度和温度的范围是很广的,其 中 包 括那样的高温,在这种温度下俘获发生在低的能级。复合的速度被定义为 $-dN_+/dt = dN_1/dt$. 而复合系数的一些计算结果[2] 则 被列成了表格。

作者们建议将这个总的复杂的过程 称为 "轰击-辐射式复合" 的过程。在小密度的极限下,它就变为光复合,而当密度很大时它则变为我们前面所说的三体碰撞的复合。在这后 一 种极 限 的 情况下,其数值计算的结果与公式 (6.104) 所给出的 符合得并不算

---

1) 在文献[88,89]中正是这样做的,只是在那里作者们从一开始就使用了原子能量 $E = -E_n$,而没有使用量子数 n. 我们指出,在文献[88]中曾用所说的方法计算了有中性原子作为第三粒子参加的复合的系数。这时所得到的量值大约比 汤姆逊理论的结果(文献[45])超过 5 倍。

2) 它们也被记载在文献[83]中。

坏.

在文献[90]和文献[83]中都阐明了在什么样的条件下才准许利用激发原子按能级之分布的准稳定性的近似. 事实上,为了利用这种近似,必须要求激发原子的数目要很少于未激发原子的和自由电子的数目. 关于复合的系数还可以参看文献[94].

在某些情况下,不仅必须知道复合的速度,而且还必须知道在复合时所释放的势能之未来的去向. 就如从前述所知道的,这种能量的一部分要在因复合所形成的激发原子被轰击退激的时候转移给电子气体,因而被转变成了热量. 如果气体对辐射是透明的,那么其另一部分能量就由于存在自发辐射跃迁而用于发光,即实质上被气体所失掉. 而如果气体是不完全透明的,那么这部分能量就要参与后来的极其复杂的与光的吸收和辐射有关的变化(尤其是,与共振辐射之扩散有关的变化),但归根结底,由于原子的轰击退激也要部分地转变为热量,此外再部分地以辐射的形式跑到气体体积的范围之外. 关于由于复合所形成的高度激发的原子的退激速度问题和势能的变化问题,都曾在 H. M. 库兹涅佐夫和本书一位作者的文献[91]中由于研究向真空膨胀之气体中的复合的动力论而被考察过. 关于向真空飞散时的复合的动力论将在第八章§9中谈到. 在那里,我们还要引证上述考察的某些结果.

§19. 空气中的电离和复合

当温度很高的时候,分子气体要离解,因此它之中的电离和复合就大体上和在原子气体中一样地进行. 当温度比较低的时候,那时分子的浓度相当大,情况就要发生很大的变化,与分子的参加有关的一些过程就要突出到首要的地位. 例如,在空气中当温度大致低于$10000°K$的时候,其基本的电离机制乃是反应(6.69)$N+O+2.8$电子伏$=NO^+ + e$,因它所需要的活化能是最小的. 在这种类型的反应中,击出电子所消耗的乃是当原子结合为分子时所放出的结合能,因此对于它们来说只需从热能的储备中补充

一小部份能量。型如 A +
B $\rightleftharpoons$ AB$^+$ + e 的 反 应 是
可以进行的，如果以方程
的右端和左端所表示的两
个系统的势能曲线是相交
的话，就象图 6.5 上所简
略表明的那样。设原子
系统所具有的能量储备
（比如说，相对运动的动
能）等于 $\Delta E = E_2 - E_1$，即
它们的总能量对应于水平
直线 E_2。按照富朗柯-康
顿定则（见第五章§16），

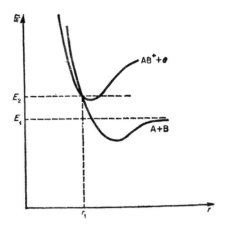

图 6.5　用来解释合并式电离和离解式
复合之反应的势能曲线的简图

当原子接近到使势能曲线发生相交的距离 r_1 的时刻，系统 A + B
可以不改变总的能量就过渡到与第二条势能曲线相对应的另外一
个状态：AB$^+$ + e。这种过程的有效截面（当存在必需的超过活化
能的能量时）可被表示为极直观的形式（文献[83]）：

$$\sigma = \gamma \cdot \pi r_1^2 (1 - e^{-\frac{r_1}{v\tau}}),$$

此处 τ 是分子络合物的 对到电子 被击出的状态 之跃迁而言的寿
命，而这一络合物是在原子接近到距离 r_1 的时刻形成的；v 是原子
接近的速度，即 r_1/v 是原子相互作用的或络合物存在的特征时间，
比值 $r_1/v\tau$ 就表征了在这一时间之内的跃迁几率；γ 是 原 子 系 统
A + B 刚好处在与相交的势能曲线相对应之状态的几率；该几率被
定义为是这种状态的统计权重与所有可能状态的统计权重之和的
比值。如果 $r_1/v\tau \gg 1$，那么截面 $\sigma \approx \gamma \pi r_1^2$；相反地，如果几率变得
很小 $r_1/v\tau \ll 1$，那么 $\sigma = \gamma \pi r_1^2 \left(\dfrac{r_1}{v\tau} \right)$。这些想法曾被林绍基和蒂勒
（文献[73]）用来估计反应(6.69)的截面和速度，同时他们还吸收
了根据用激波管对空气的电离速度所进行的测量而得到的一些实
验资料[72]，以便能够确定未知量 τ。就如从分子 NO 的势能曲线

简图所得到的那样，$r_1 \approx 10^{-8}$ 厘米；量 γ 估计是 0.1. 时间 τ 等于 $\tau \approx 6 \times 10^{-13}$ 秒. 与此相应·过程的截面是 $\sigma \approx 1.5 \times 10^{-16}$ 厘米^2（当速度 $v = 3 \times 10^5$ 厘米/秒，$T = 5000°K$ 时）. 结果，关于反应 (6.69) 的速度常数，我们得到量

$$k_{\text{电离}N,O} \approx \frac{5 \times 10^{-11}}{\sqrt{T°}} e^{-\frac{32500}{T°}} \text{厘米}^3/\text{秒}. \qquad (6.113)$$

反应的平衡常数在很宽的温度范围内可用下述公式逼近

$$K = (1.4 \times 10^{-8} T + 1.2 \times 10^{-12} T^2 + 1.4 \times 10^{-16} T^3) e^{-\frac{32500}{T}},$$

借助它便可以估计出逆反应——离解式复合[1]的速度常数. 对于低温

$$b_{\text{离·复}NO^+} \approx \frac{k_{\text{电离}N,O}}{K} \approx 3 \times 10^{-3} T°^{-3/2} \text{厘米}^3/\text{秒}. \qquad (6.114)$$

这个量与 NO^+ 在室温和 $2000°K$ 时的离解式复合的实验资料相符合.

在高温之下，与反应 (6.69) 同时还有两个类似的反应进行：

$$N + N + 5.8 \text{电子伏} \longrightarrow N_2^+ + e,$$
$$O + O + 6.5 \text{电子伏} \longrightarrow O_2^+ + e.$$

对于它们，在文献[73]中也导出了速度常数，但不象对反应 (6.69) 那样用直接的方法，而是借助平衡常数由各相应的离解式复合反应的速度来进行的. 后者由近似于 b_{NO^+} 的表达式所决定.

林绍基和蒂勒的工作乃是基本的研究[73]，在它的里面可以找到很多关于空气中之电离过程的速度的资料，以及对于实验的评论和有关书刊的介绍. 关于空气中有荷电粒子参加的各种反应的详细目录以及根据不同文献资料所搜集的它们的速度常数都被载在文献[93]中.

在电离层的 E 层和 F 层中（在海拔 100 千米以上的高空），离解式复合的过程起着最重要的作用. 关于离解式复合的系数

---

1) 关于这种过程的理论，请见文献[83].

$b_{离.复}$ 的一些实验资料在 Γ. С. 依万诺夫-赫鲁德奈的评论[71]中有详细的通报. $b_{离.复}$ 随着温度的升高大致是按 $1/T^{1/2} \div 1/T^{3/2}$ 而减小(根据不同的资料). 对于离子 N_2^+ 来说,当 $T=300°K$ 时,$b_{离.复} \approx 10^{-6}$ 厘米^3/秒,这对应于很大的有效截面 $\sigma \approx 10^{-13}$ 厘米^2. 对于离子 O_2^+ 和 NO^+ 来说,$b_{离.复}$ 则要稍小一些.

在冷空气(电离层)中进行复合的时候,下述类型的重新荷电反应起着重要的作用

$$O^+ + O_2 \longrightarrow O + O_2^+ + 1.6 \text{ 电子伏}.$$

原子的离子 O^+ 是在大气的上层因受太阳紫外辐射的作用而形成的,它们的复合是缓慢的,但在其后能够产生 O_2^+ 之离解式复合[1]的这种重新荷电的过程却是十分快的. 一些伴有能量释放的重新荷电反应其速度常数估计是(文献[93])

$$k_{重新} \approx 1.3 \times 10^{-12} T^{°1/2} \text{ 厘米}^3/\text{秒}.$$

在密度比较大的冷空气中(在低于 $\sim$80 千米的电离层的 D 层中),复合过程基本上是通过产生氧的负离子而进行的. 先是电子主要通过三体碰撞 $O_2 + e + M \longrightarrow O_2^- + M$ 而粘附于氧的分子,然后是离子 O_2^- 与离子 N_2^+ 或 O_2^+ 通过两体或三体碰撞实现中性化. 关于冷空气中之复合的最新资料,以及关于在电离层中所进行的许多其他非弹性过程的最新资料,都可以在达里加尔诺的评论性文章[74]和 А. Д. 达尼罗夫与 Γ. С. 依万诺夫-赫鲁德奈的评论性文章[92]中找到.

3. 等 离 子 体

§ 20. 等离子体中的弛豫

在原子的或分子的气体中,建立麦克斯韦速度分布所需要的弛豫时间是由粒子各次碰撞之间的时间,也即是由气体动力论的截面来表征的,后者有 10^{-15} 厘米^2 的量级. 气体动力论的截面大

---

1) 请参阅公式(6.70).——译者注

致等于 $\sigma \approx \pi a^2$，此处半径 a 近似于原子之间或分子之间的相互作用力的作用半径，也即是近于粒子的线度。等离子体中的荷电粒子——电子和离子之间的相互作用力则具有另外的特点。因为库仑力随着距离按 $1/r^2$ 下降得很慢，所以也就不存在什么长度的特征尺度。因而，关于荷电粒子间的"碰撞"问题和相应的弛豫时间问题就应作特别的研究。

等离子体可被看成是电子和离子这两种气体的混合物，它们的粒子质量 m_e 和 m 差别很大。由于电子和离子质量极不相同，电子和离子间的能量交换就是困难的，因为电子和离子"碰撞"时所交换的能量仅是约占它们动能的 $m_e/m \ll 1$ 的一小部分。这就是说，电子和离子的平均动能，即电子和离子的温度，可以在比较长的时间之内是彼此很不相同的。所指出的两个因素：库仑力长程作用的特点和电子质量与离子质量的极大差别，就决定了等离子体的独特的特性。

我们首先来考察质量属于同一个量级的一些荷电粒子之间的相互作用。因碰撞时它们所交换的能量可与粒子的原有能量相比较，所以只需几次碰撞就可以建立起麦克斯韦速度分布，即建立起温度。如果将"碰撞"理解为粒子间的那样一种相互作用，在这种作用下速度和能量都要发生显著的变化，也就是粒子要偏转一个很大的角度（近于 $90°$），那么在荷电粒子的情况下"碰撞"发生在当它们接近到那样一个距离的时候，在这个距离之下动能和势能（库仑能）相当。显然，这一特征距离 r_0 是由条件 $\dfrac{Z^2 e^2}{r_0} \approx \dfrac{3}{2} kT$ 来决定的，此间 Z 是粒子的电荷。这样一来，量

$$\sigma \approx \pi r_0^2 \approx \frac{4}{9} \pi \frac{Z^4 e^4}{(kT)^2}, \tag{6.115}$$

就可作为"碰撞"有效截面的一个度量。

实际上情况要稍微复杂一些，因为在库仑相互作用定律之下，一些具有大的瞄准距离的"远程"碰撞（见图 6.6）将对粒子速度的改变起着很大的作用。

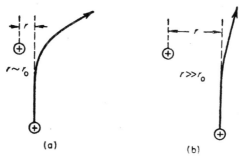

图 6.6 从同号离子身边飞过时离子的轨迹：
a）$r \sim r_0$ 是强相互作用；
b）$r \gg r_0$ 是弱相互作用

"远程"碰撞比"近程"的发生得要经常．由于力是按照缓慢的库仑规律而下降的，所以一些"远程"碰撞的总的效应是很大的，尽管每一次这样的碰撞所引起的速度改变是很小的．我们来估计这个效应．当一个粒子从另一个粒子身边以瞄准距离 r 飞过时，作用于它身上的力在数量级上等于 $F \sim \dfrac{Z^2 e^2}{r^2}$．力的作用时间是 $t \sim r/v$，此处 v 是粒子的速度．在飞过时速度的改变约为 $\Delta v \sim Ft/m \sim Z^2 e^2 / mvr$．由于速度的改变 Δv 既可以是正的也可以是负的，那么自然地用速度改变的平方 $(\Delta v)^2 \sim Z^4 e^4 / m^2 v^2 r^2$ 来表征相互作用．

这种改变的几率正比于圆环的面积 $2\pi r dr$．这样一来，对于粒子流 Nv 来说，量 $(\Delta v)^2$ 的改变速度就近似于

$$\frac{d(\Delta v)^2}{dt} \sim Nv \int (\Delta v)^2 \cdot 2\pi r dr \sim \frac{NvZ^4 e^4 \cdot 2\pi}{m^2 v^2} \int \frac{dr}{r},$$

此处 N 是 1 厘米^3 中的粒子数．应该选取粒子所能接近的最小距离 $r_0 \approx 2 Z^2 e^2 / mv^2 \approx \dfrac{2}{3} \dfrac{Z^2 e^2}{kT}$ 作为积分的下限．在上限，当 $r \to \infty$ 时，积分对数地发散．但在电中性的气体中，一些很远程的相互作用因有正电荷和负电荷的共同作用而被屏蔽．很显然，德拜半径 d（见第三章 §11）就是这个可以被取作积分上限的屏蔽半径，

注意到关于这个量的公式(3.78),我们求得

$$\int \frac{dr}{r} \approx \int_{r_0}^{d} \frac{dr}{r} = \ln \frac{d}{r_0} = \ln A,$$

$$A = \frac{3(kT)^{\frac{3}{2}}}{2(4\pi)^{1/2}Z^3 e^3 N^{1/2}}.$$

(6.116)

如果将弛豫时间 τ 规定为是那样一个时间, 在它的间隔内 $(\Delta v)^2$ 改变了一个近似于 v^2 的量,并近似地用 $\bar{v}$ 来代替 v,用 $3kT$ 来代替 mv^2,则我们得到

$$\frac{1}{\tau} \approx \frac{1}{v^2} \frac{d(\Delta v)^2}{dt} \approx N\bar{v} \frac{2}{9} \pi \frac{Z^4 e^4}{(kT)^2} \ln\Lambda.$$

比较严格的考察(文献[56])导致了在这个公式中要出现一个附加的数值因子,也即是,如果 $\bar{v} = (8kT/\pi m)^{\frac{1}{2}}$ 是平均热运动速度,那么

$$\frac{1}{\tau} = N\bar{v} \cdot 1.1 \pi \frac{Z^4 e^4}{(kT)^2} \ln\Lambda = \frac{8.8 \times 10^{-2} N Z^4}{A^{1/2} T^{\circ 3/2}} \ln\Lambda \text{ 秒}^{-1},$$

(6.117)

此处 A 是粒子的原子量. 尤其是,对于电子的彼此碰撞来说

$$\frac{1}{\tau_{ee}} = \frac{3.8 \cdot N_e \ln\Lambda}{T^{\circ 3/2}} \text{秒}^{-1}.$$

(6.118)

借助碰撞频率与气体的动力论截面之间的通常关系 $\frac{1}{\tau} = N\bar{v}\sigma$,对于粒子的"库仑碰撞",也可以引进有效截面的约定的概念

$$\sigma = 0.69 \pi \frac{Z^4 e^4}{(kT)^2} \ln\Lambda = \frac{6 \times 10^{-6} Z^4}{T^{\circ 2}} \ln\Lambda =$$

$$\frac{4.4 \times 10^{-14} Z^4}{T^2_{\text{电子伏}}} \ln\Lambda \text{ 厘米}^2.$$

(6.119)

就如我们看出的,它与没有考虑"远程碰撞"的初等公式(6.115)相差一个大约等于 $\ln\Lambda$ 的因子. 如从表 6.7[1]所得到的,$\ln\Lambda$ 的数量级为 10.

---

1) 表中的数据取自文献[56]. 它们与公式(6.116)相比较要稍微细致一些.

表 6.7

$\ln \Lambda$, 当 $Z=1$ 时

$T,°K$ \ N,厘米$^{-3}$	10^{12}	10^{15}	10^{18}	10^{21}
10^3	5.97			
10^4	9.43	5.97		
10^5	12.8	9.43	5.97	
10^6	15.9	12.4	8.96	5.97

有效截面很弱地、对数地依赖于密度,并与温度的平方成反比.当温度 $T \sim 250000°K$[1] 的时候,它与普通的气体动力论截面 $\sigma \sim 10^{-15}$ 厘米^2 相当.

荷电粒子的有效截面 σ 和自由程 $l=1/N\sigma$ 与质量无关,即对温度相同的电子和离子来说它们都是一样的(当 $Z=1$ 时).至于弛豫时间,因与速度有关,所以它正比于质量的平方根 $\tau \sim 1/\bar{v} \sim m^{1/2}$,即电子的弛豫时间要比离子的弛豫时间小至 $1/100$ (当温度相同的时候).

例如,在 $T=20000°K$ 和 $N_e=10^{18}$ 1/厘米^3 的电子气体中,$\sigma \approx 6 \times 10^{-14}$ 厘米^2,而 $\tau = 2 \times 10^{-13}$ 秒.在由氢核(质子)组成的气体中,在同样温度和密度之下,弛豫时间要增大至 43 倍,$\tau \approx 8.6 \times 10^{-12}$ 秒.从这些估计看出,在每一种气体中建立温度都是很快的,因此关于建立平动温度的弛豫问题实际上几乎在任何时候都是不存在的.

要在电子气体和离子气体之间建立热力学平衡,也就是将电子的温度和离子的温度互相拉平,则完全是另一回事.在许多物理过程中,离子气体和电子气体的温度要出现差别,而这种差别当

---

1) 必须指出,当温度和能量如此之高以致使得半径 r_0 小于(复杂)离子的半径而截面 (6.119) 小于"气体动力论的"截面的时候,"离子"的碰撞频率和自由程是由这后一个截面(而不是由"库仑截面")来决定的.这时应注意到,离子的电荷越大,它们的半径就越小.

系统趋向热力学平衡时应随着时间的流逝而消除．例如，在沿等离子体传播的激波里，在密聚跃变中被加热的只是离子，而电子仍然是冷的，只是在密聚跃变之后的一个比较长的时间之内能量才能逐渐地由离子转移给电子，它们的温度也才能被拉平（见第七章§12）．我们来估计离子和电子之间交换能量和将它们的温度拉平所需的弛豫时间．

"有效截面"不依赖于荷电粒子的质量，它实际上表征了在发生相互作用时粒子从它们原来的运动方向上发生强烈偏转的几率．可以说能量交换的效应乃是偏转的一种后果．当粒子的质量相当的时候，大的偏转同时要伴有大的能量转移，由于这一点截面 σ 也就决定了在同种粒子碰撞时的能量交换的速度．当质量极不相同的粒子（电子和离子）相互作用时，一次碰撞所交换的能量按照冲量和能量的守恒定律不可能超过量级为 m_e/m 的一小部分．因此，为了能产生显著的能量转移，就必须要求粒子要经受大约是 m/m_e 次，也就是很多次的"冲撞"．

当重复关于电子和离子"碰撞"的"有效截面"的推导时，我们要注意应将碰撞粒子的动能了解为是它们相对运动的动能．如果电子的温度不比离子的温度低很多，那么相对速度总是与电子的速度相一致．约化质量也与电子的质量相一致，所以相对运动的平均能量就由电子的温度来表征．此外，在有效截面的表达式中，其中有一个 Z^2 因子是属于一种粒子的，而第二个则是属于另外一种粒子的．由于电子的 $Z=1$，所以现在代替 Z^4 在截面中要出现因子 Z^2．这就是说，电子与离子"碰撞"的"有效截面"近似于 $\sigma'\sim \pi Z^2 e^4 \ln\Lambda/(kT_e)^2$，"冲撞"之间的时间 $\tau'\sim 1/N\bar{v}_e\sigma'$，而交换的特征时间：

$$\tau_{ei}\sim \frac{m}{m_e}\tau'\sim \frac{m}{m_e}\frac{1}{N\bar{v}_e\sigma'} \quad ^{1)}.$$

比较严格的考察（文献[56]）使这个公式中出现了一个近似于

---

1) 在电子与多次电离的离子相互作用的情况下，当能量是足够大的时候，在451页的脚注中所作的注释仍然有效．

1 的数值系数. 在代入常数值之后，关于交换时间的表达式就取如下形式：

$$\tau_{ei} = \frac{250 \, A \cdot T_e^{\circ \frac{3}{2}}}{N \, Z^2 \ln \Lambda} = \frac{3.15 \times 10^8 A T_{\text{电子伏}}^{3/2}}{N \, Z^2 \ln \Lambda} \text{秒}, \qquad (6.120)$$

其中 A 是离子的原子量，而 N 则是 1 厘米³ 中的离子数. 例如，当 $N = 10^{18}$ 厘米$^{-3}$, $T_e = 20000°$K, $Z = 1$, $A = 16$（氧原子）的时候，$\tau_{ei} \approx 2.8 \times 10^{-9}$ 秒. 当电子和离子的温度差别不大的时候，其中一种气体的温度的变化速度自然要用式 (6.2) 型的通常的弛豫方程的形式来表示：

$$\frac{dT_e}{dt} = \frac{T - T_e}{\tau_{ei}}. \qquad (6.121)$$

但是人们发现，关于温度拉平的动力论方程(6.121)在大的温差之下也是正确的. 方程(6.121)连同交换时间(6.120)（仅差一个不重要的近似于 1 的数值系数）一起，曾由 Л. Д. 朗道在 1936 年首先导出(文献[57])，他是通过对荷电粒子气体的动力论方程的严格考察而得到的，当然这些粒子是按库仑定律相互作用的.

我们指出，在弱电离气体的情况下，方程 (6.121) 仍然有效，如果考虑到与中性原子的交换而令 $1/\tau_{ei} = 1/\tau_{e离子} + 1/\tau_{e中性}$ 的话. $\tau_{e离子}$ 用原先的公式 (6.120) 表示. 至于说 $\tau_{e中性}$，那么根据一些基本的思考可以写出

$$\frac{1}{\tau_{e中性}} \approx N_{中性} \bar{v}_e \cdot \sigma_{e弹} \cdot 2 \frac{m_e}{m}, \qquad (6.122)$$

此处 $\sigma_{e弹}$ 是电子与原子弹性碰撞的平均截面. 严格的计算（文献[50]）导出了相近的结果. 一般来说，当 $T_e \sim 1$ 电子伏时，与中性原子的交换只是在电离度小于 $\sim 10^{-3}$ 时才起主要的作用.

附　录

常用常数；单位间关系；公式[1]

基本常数

光速	$c = 2.998 \cdot 10^{10}$ 厘米/秒
普朗克常数	$h = 6.625 \cdot 10^{-27}$ 尔格·秒
	$\hbar = h/2\pi = 1.054 \cdot 10^{-27}$ 尔格·秒
电子电荷	$e = 4.802 \cdot 10^{-10}$ 静电单位
电子质量	$m_e = 9.109 \cdot 10^{-28}$ 克
质子质量	$m_p = 1.672 \cdot 10^{-24}$ 克
单位原子量的质量	$M_0 = 1.660 \cdot 10^{-24}$ 克
玻耳兹曼常数	$k = 1.380 \cdot 10^{-16}$ 尔格/度
普适气体常数	$R = 8.314 \cdot 10^7$ 尔格/度·克分子
	$= 1.986$ 卡/度·克分子
阿伏伽德罗数	$N_0 = 6.023 \cdot 10^{23}$/克分子
洛喜密脱数	$n_0 = 2.687 \cdot 10^{19}$/厘米^3

单位间关系

1 电子伏的能量	$E_0 = 1.602 \cdot 10^{-12}$ 尔格
与 1 电子伏相当的温度	$= E_0/k = 11,610°$ K
与 1 电子伏相当的频率	$= E_0/h = 2.418 \cdot 10^{14}$/秒

---

1) 这些常数值取自 C. W. Allen, Astrophysical Quantities. (Athlone Press) Oxford Univ.Press, New York, 第二版, 1963(中译本：C. W. 艾伦, 物理量和天体物理量, 上海人民出版社, 1976)。

　　本附录中的一些常数和数值, 与正文中使用的那些常数和数值在 最 后一位有效数字上可能稍微不同, 正文根据的是艾伦这本书的第一版(1955 年)中给出的常数。

与 1 电子伏相当的波长 $=hc/E_0=1.240\cdot10^{-4}$ 厘米 $=$

                                   12,400 Å

与 1 电子伏相当的波数 $=E_0/hc=8067/$厘米

在光谱学中经常用波数来代替频率.

波数 $1/\lambda=1/$厘米, 与此相当的:

波长 $\lambda=10^8$Å

频率 $\nu=2.998\cdot10^{10}/$秒

温度 $T=h\nu/k=1.439°$K

量子能量 $h\nu=1.240\cdot10^{-4}$ 电子伏 $=1.986\cdot10^{-16}$尔格

1 卡 $=4.185\cdot10^7$尔格

1 千卡 $=10^3$ 卡

每分子 1 电子伏能量相当的热量为 23.05 千卡/克分子

1 伏特 $=1/300$ 静电电势单位

原子常数和常数间关系

玻尔半径 $a_0=\dfrac{h^2}{4\pi^2me^2}=\dfrac{\hbar^2}{me^2}=0.529\cdot10^{-8}$ 厘米

氢原子的电离势

$$I_H=\frac{e^2}{2a_0}=\frac{2\pi^2e^4m}{h^2}=\frac{e^4m}{2\hbar^2}=13.60 \text{ 电子伏}$$

里德伯常数 $R_y=\dfrac{I_H}{h}=\dfrac{2\pi^2e^4m}{h^3}=3.290\cdot10^{15}/$秒

在第一玻尔轨道中的电子速率

$$v_0=\frac{2\pi e^2}{h}=\frac{e^2}{\hbar}=2.187\cdot10^8 \text{ 厘米/秒}$$

经典电子半径 $r_0=\dfrac{e^2}{mc^2}=2.818\cdot10^{-13}$ 厘米

康普顿波长 $\lambda_0=\dfrac{h}{mc}=2.426\cdot10^{-10}$ 厘米

$$\lambdabar_0=\frac{\lambda_0}{2\pi}=\frac{\hbar}{mc}=3.862\cdot10^{-11} \text{ 厘米}$$

电子的静止质量能

$$mc^2 = 511 \text{ 千电子伏} = 8.185 \cdot 10^{-7} \text{ 尔格}$$

1/精细结构数 = "137", $\quad \dfrac{\hbar c}{e^2} = \dfrac{hc}{2\pi e^2} = 137.0$

长度比 $\quad\quad\quad a_0 = "137" \lambda_0 = "137"^2 r_0$

能量比 $\quad\quad\quad mc^2 = 2 I_H "137"^2$

汤姆孙散射截面 $\quad \varphi_0 = \dfrac{8}{3}\pi r_0^2 = 6.65 \cdot 10^{-25} \text{厘米}^2$

质量比(质子/电子) $m_p/m_e = 1836$

质子的电场(在第一玻尔半径距离处)

$$\dfrac{e^2}{a_0^2} = 1.714 \cdot 10^7 \text{ 静电单位}$$

$$= 5.14 \cdot 10^9 \text{ 伏特/厘米}$$

具有单位振子强度的光谱线面积

$$\dfrac{\pi e^2}{mc} = 0.0265 \text{ 厘米}^2/\text{秒}$$

原子的单位散射截面

$$\pi a_0^2 = 0.880 \cdot 10^{-16} \text{厘米}^2$$

公式

绝对黑体表面的辐射能流

$$S = \sigma T^4 = 5.67 \cdot 10^{-5} T^4_{\text{度}}$$

$$= 1.03 \cdot 10^{12} T^4_{\text{电子伏}} \text{尔格/厘米}^2 \cdot \text{秒}$$

$$(\sigma = \text{斯提芬-玻耳兹曼常数})$$

平衡辐射能密度

$$U_p = \dfrac{4\,\sigma T^4}{c} = 7.57 \cdot 10^{-15} T^4_{\text{度}}$$

$$= 1.36 \cdot 10^2 T^4_{\text{电子伏}} \text{尔格/厘米}^3$$

平衡辐射能的谱密度

$$U_{\nu p} d\nu = \dfrac{8\pi h \nu^3}{c^3} \dfrac{1}{e^{h\nu/k_T}-1}\, d\nu \text{ 尔格/厘米}^3$$

（在 $h\nu = 2.822\ kT$ 的频率下取最大值）

光谱平衡辐射强度

$$I_{\nu p}d\nu = \frac{cU_{\nu p}d\nu}{4}$$

$$= \frac{2\,h\nu^3}{c^2}\frac{d\nu}{e^{h\nu/kT}-1}\ \text{尔格／厘米}^2 \cdot \text{秒} \cdot \text{单位立体角}$$

沙赫方程

$$\frac{N_e N_+}{N_a} = A\frac{g_+}{g_a}T^{3/2}e^{-I/kT}$$

其中

$$A = 2\left(\frac{2\,\pi mk}{h^2}\right)^{3/2} = 4.85 \cdot 10^{15}/\text{厘米}^3 \cdot \text{度}^{3/2}$$

$$= 6.06 \cdot 10^{21}/\text{厘米}^3 \cdot \text{电子伏}^{3/2}$$

（N 以 1／厘米^{3}为单位）

归一化的麦克斯韦分布函数

$$f(v)dv = 4\,\pi\left(\frac{m}{2\pi kT}\right)^{3/2}\exp\left(-\frac{mv^2}{2kT}\right)v^2dv$$

$$f(\varepsilon)d\varepsilon = \frac{2}{\pi^{1/2}}\frac{\varepsilon^{1/2}}{(kT)^{3/2}}e^{-\varepsilon/kT}d\varepsilon$$

电子速度

$$v_e = 5.93 \cdot 10^7 \varepsilon_{\text{电子伏}}^{1/2}\text{厘米／秒}$$

原子量为 A 的粒子的速度

$$v = 1.38 \cdot 10^6(\varepsilon_{\text{电子伏}}/A)^{1/2}\text{厘米／秒}$$

电子平均热速度

$$\bar{v}_e = \left(\frac{8\,kT}{\pi m}\right)^{1/2} = 6.21 \cdot 10^5 T_{\text{度}}^{1/2}$$

$$= 6.7 \cdot 10^7 T_{\text{电子伏}}^{1/2}\text{厘米／秒}$$

粒子平均热速度

$$\bar{v} = 1.45 \cdot 10^5\left(\frac{T_{\text{度}}}{A}\right)^{1/2}$$

$$= 1.56 \cdot 10^6\left(\frac{T_{\text{电子伏}}}{A}\right)^{1/2}\text{厘米／秒}$$

经典阻尼常数

$$\gamma = \frac{8\pi^2 e^2 \nu^2}{3 mc^2} = 2.47 \cdot 10^{-22}\nu^2 / 秒$$

$$= \frac{0.222 \cdot 10^{16}}{\lambda_{\text{Å}}^2} / 秒$$

用 $P_c =$ 在 0°C 和 1 毫米水银柱压力下一个电子通过每厘米距离的平均碰撞次数表示散射截面 σ

$$\sigma = 2.83 \cdot 10^{-17} P_c \text{ 厘米}^2$$

比能

$$1 \text{电子伏/分子} = \frac{9.65 \cdot 10^{11}}{M} \text{尔格/克}$$

其中

$$M = 分子量$$

参 考 文 献

第 一 章

[1] Л. Д. Ландау, Е. М. Лифшиц, Механика сплошных сред, Гостехиздат, 1954.

[2] Я. Б. Зельдович, Теория ударных волн и введение в газодинамику, Изд-во АН СССР, 1946.

[3] N. Kotchine, Rendiconti del Circolo Mat. de Palermo 50, 1926.
А. В. Розе, Н. А. Кибель, Н. Е. Кочин, Теоретическая гидромеханика, ч. II, ОНТИ, 1937.

[4] Л. И. Седов, ДАН СССР 42, № 1 (1946); Прикл. матем. и мех. 10, вып. 2 (1946).

[5] Л. И. Седов, Методы подобия и размерности в механике, изд. 4-е, Гостехиздат, 1957.

[6] G. Taylor, Proc. Roy. Soc. 201, 175 (1950).

[7] Г. Г. Черный, ДАН СССР 112, 213 (1957).

[8] H. Coldstine, J. Neumann, Comm. Pure and Appl. Math. 8, N 2, 327 (1955).

[9] H. J. Brode, J. Appl. Physics 26, N 6, 766 (1955).

[10] Д. Е. Охоцимский, И. Л. Кондрашева, З. П. Власова, Р. К. Казакова, Тр. Матем. ин-та АН СССР 50, 1957.

[11] Л. Д. Ландау, Прикл. матем. и мех. 9, вып. 4, 286 (1945).

[12] М. А. Садовский, Сб. Физика взрыва, Изд-во АН СССР, № 1, 1952.

[13] А. С. Компанеец, ДАН СССР 130, 1001 (1960).

[14] Г. Курант и К. Фридрихс, Сверхзвуковое течение и ударные волны, ИЛ, 1950.

[15] К. П. Станюкович, Неустановившиеся движения сплошной среды, Гостехиздат, 1955.

[16] В. С. Имшенник, ДАН СССР, 131, 1287 (1960),

[17] P. Molmud, Phys. Fluids 3, 362 (1960).

[18] И. В. Немчинов, ПМТФ, № 1, 17 (1961); № 5, 18 (1964).

[19] И. В. Немчинов, Прикл. матем. и мех. 29, вып. 1, 134 (1965).

第 二 章

[1] В. А. Амбарцумян, Э. Р. Мустель, А. Б. Северный, В. В. Соболев, Теоретическая астрофизика, Гостехиздат, 1952.

[2] А. Упзольд, Физика звездных атмосфер, ИЛ, 1949.

[3] Э. Р. Мустель, Звездные атмосферы, Физматгиз, 1960.

[4] Л. Ландау и Е. Лифшиц, Статистическая физика, Гостехиздат, 1951.

[5] Ю. П. Райзер, ЖЭТФ 32, 1528 (1957).

[6] Л. Д. Ландау и Е. М. Лифшиц, Теория поля, Физматгиз, 1960.

[7] С. З. Беленький, Тр. Физ. ин-та АН СССР, 10, 15 (1958).

[8] В. С. Имшенник, Ю. И. Морозов, ПМТФ, № 3, 3 (1963).
[9] L. W. Davis, Proc. IEEE **51**, N 1 (1963).
[10] E. T. Jaynes F. W. Cummings, Proc. IEEE **51**, N 1 (1963).
[11] P. L. Kapitza, P. A. M. Dirac Proc. Cambr. Phil. Soc. **29**, 297 (1933).
[12] L. S. Bartell, H. B. Thompson, R. R. Roskos Phys. Rev. Lett. **14**, 851 (1965).
[13] Л. В. Келдыш, ЖЭТФ **47**, 1945 (1964).
[14] V. Weisskopf, E. Wigher, Zs. f. Phys. **65**, 18 (1930).
[15] Я. Б. Зельдович, ДАН СССР **163**, 1359 (1965).

第 三 章

[1] Л. Ландау, Е, Лифшиц, Статистическая физика, Гостехиздат, 1951.
[2] И. Н. Годнев, Вычисление термодинамических функций по молекулярным данным, Гостехиздат, 1956.
[3] Таблицы термодинамических функций воздуха для температур от 6000°К до 12000°К и давлений от 0,001 до 1000 *атм*, под ред. А. С. Предводителева, Изд-во АН СССР, 1957; Таблицы термодинамических функций воздуха для температур от 12000°К до 20000°К и давлений от 0,001 до 1000 *атм*, под ред. А. С. Предводителева, Изд-во АНСССР, 1959.
[4] В. В. Селиванов, И. Я. Шляпинтох, ЖФХ **32**, 670 (1958).
[5] Е. В. Ступоченко, И. П. Стаханов, Е. В. Самуйлов, А. С. Плешанов, И. Б. Рождественский, Сб. Физическая газодинамика, Изд-во АН СССР, 1959, стр. 3.
[6] Я. Б. Зельдович, ЖФХ **11**, 685 (1938).
[7] Atomic Energy Levels. Circular of the National Bureau of Standards, v. I, II, III, Washington, 1949—1957.
[8] Д. Кэй, Л. Лэби, Справочник физика-экспериментатора, ИЛ, 1949.
[9] E. Fermi, Nuovo Cimento **11**, 157 (1934).
[10] G. Ecker, Weizel, Ann. d. Phys. **17**, 126 (1956); Seaton, Proc. Roy. Soc. A208, 408 (1951); Ehler, Weisaler, JOSA 45, 1035 (1955); E. Vitensee, Z. Astrophys. **28**, 81 (1951).
[11] Б. Л. Тиман, ЖЭТФ **27**, 708 (1954).
[12] H. Margenau, M. Lewis, Rev. Mod. Phys. **31**, 594 (1959).
[13] Л. П. Кудрин, ЖЭТФ **40**, 1134 (1961).
[14] S. W. Benson, Y. H. Buss, H. Byers, IAS Paper, N 95, 14 (1959).
[15] Ю. П. Райзер, ЖЭТФ **36**, 1583 (1959).
[16] Я. Б. Зельдович, Ю. П. Райзер, УФН **63**, 613 (1957).
[17] Я. В. Зельдович, Теория ударных волн и введение в газодинамику, Изд-во АН СССР, 1946.
[18] D. R. Davies, Proc. Phys. Soc. **61**, 2, 105 (1948).
[19] И. Б. Рождественский, Сб. Физическая газодинамика, Изд-во АН СССР, 1959.
[20] Н. Ф. Горбань, Сб. Физическая газодинамика, Изд. АН СССР, 1959.

[21] В. А. Прокофьев, Ученые записки МГУ, вып. 172, Механика, 1954, стр. **79**.

[22] E. L. Resler, S. C. Lin, A. Kantrowitz, J. Appl. Phys. **23**, 1390 (1952); Сб. переводов, Механика, № 5, 1953.

[23] A. P. Sabol, Nat. Advis. Counc. Aeronaut. Thech. Notes, N 3091, 29 (1953).

[24] С. Р. Холев, Изв. высш. учебн. зав., Физика **4**, 28 (1959).

[25] R. H. Christian, F. L. Yarger, J. Chem. Phys. **23**, 2042 (1955).

[26] И. Ш. Модель, ЖЭТФ **32**, 714 (1957).

[27] R. G. Sachs, Phys, Rev. **69**, 514 (1946).

[28] В. А. Цукерман, М. А. Манакова, ЖТФ **27**, 391 (1957).

[29] П. Гамбош, Статистическая теория атома и ее применения, ИЛ, 1951.

[30] Л. Ландау, Е. Лифшиц, Квацтовая механика, ч. 1, Гостехиздат; 1948.

[31] R. Latter, Phys. Rev. **99**, 1854 (1955).

[32] M. Brachman, Phys. Rev. **84**, 1263 (1951).

[33] H. A. Bethe, R. E. Marshak, Astrophys. J. **91**, 239 (1940); Feynman, Metropolis, Teller, Phys. Rev. **75**, 1561 (1949); J. J. Gilvarry, Phys. Rev **96**, 934, 944 (1954); J. J. Gilvarry, G. H. Peebles, Phys. Rev **99**, 550 (1955).

[34] А. И. Ларкин, ЖЭТФ **38**, 1896 (1960); А. А. Веденов, А. И. Ларкин, ЖЭТФ **36**, 1138 (1959).

[35] Н. М. Кузнецов Термодинамические функции и ударные адиабаты воздуха при высоких температурах, Изд-во «Машиностроение», 1965.

第 四 章

[1] С. С. Пеннер, Ф. Харшбарджер, В. Вэли, Вопросы ракетн. техн., № 6 (1958); № 1 (1959).

[2] С. А. Лосев, А. И. Осипов, УФН **74**, 3, 393 (1961).

[3] Физические измерения в газовой динамике и при горении. Перевод 9-го тома серии «Аэродинамика больших скоростей и реактивная техника», ИЛ, 1957.

[4] Ударные трубы, Сб. переводов статей под ред. Х. А. Рахматуллина и С. С. Семенова, ИЛ, 1962.

[5] Р. А. Стрелоу, А. Кохен, Вопросы ракетн. техн., № 9 (1959).

[6] R. G. Fowler, W. R. Atkinson, W. D. Compton, R. J. Lee, Phys. Rev. 88, 137 (1952); R. G. Fowler, W. R Atkinson, L. W. Marks, Phys. Rev. **87**, 966 (1952).

[7] A. C. Kolb, Phys. Rev. **107**, 345, 1197 (1957).

[8] W. Wiese, H. F. Berg, H. R. Griem, Phys. Rev. **120**, 1079 (1960).

[9] С. Р. Холев, Д. С. Полтавченко, ДАН СССР **131**, 1096 (1960).

[10] С. Р Холев, Л. И. Крестникова, Изв. высш учебн. зав., Физика **1**, 29 (1960).

[11] R. M. Patrick, Phys. Fluids **2**, 599 (1959)

[12] V. Josephson, J. Appl. Phys. **29**, 30 (1958).

[13] Р. В. Цимер, Вопросы ракетн. техн., № 4, 44 (1960).

[14] Движущаяся плазма. Сб. переводов, ИЛ, 1961.

[15] Оптическая пирометрия плазмы, Сб. переводов, ИЛ, 1960.

[16] В. Лохте-Хольтгревен, УФН **72**, № 3 (1960).

[17] Ю. Н. Рябинин, Газы при больших плотностях и температурах, Физматгиз, 1959.

[18] «Основные результаты экспериментов на ударных трубах» под ред. Ферри, ИЛ, 1963.

[19] Е. В. Ступоченко, С. А. Лосев, А. И. Осипов, Релаксационные процессы в ударных волнах, Изд-во «Наука», 1966.

第 五 章

[1] Л. Д. Ландау, Е. М. Лифшиц, Теория поля, Физматгиз, 1960.

[2] Л. Д. Ландау. Е. М. Лифшиц, Квантовая механика, ч. I, Гостехиздат, 1948.

[3] В. Гайтлер, Квантовая теория излучения, ИЛ, 1956.

[4] D. Menzel, C. Pekeris, Monthly Notices **96**, 77 (1935).

[5] Г. Бете, Э. Солпитер, Квантовая механика атомов с одним и двумя электронами, Физматгиз, 1960.

[6] В. А. Амбарцумян, Э. Р. Мустель, А. Б. Северный, В. В. Соболев, Теоретическая астрофизика, Гостехиздат, 1952.

[7] Д. К. Бейтс, Сб. Современные проблемы астрофизики и физики Солнца, ИЛ, 1950.

[8] J. C. Keck, J. C. Camm, B. Kivel, T. Wentink, Annals of Physics **7**, 1 (1959).

[9] L. M. Branscomb, B. S. Burch, S. J. Smith, S. Geltman, Phys. Rev. **3**, 504 (1958).

[10] А. Унзольд, Физика, звездных атмосфер, ИЛ, 1949. Есть 2-е изд.: A. Unsold, Physik die Sternatmosphären, 1955.

[11] A. Unsold, Ann. Phys. **33**, 607 (1938).

[12] E. Vitensee, Zs. Astrophys. **28**, 91 (1951); H. Schirmer, Zs. angew. Phys. **6**, 3 (1954).

[13] A. Burgess, M. J. Seaton, Rev. Mod. Phys. **30**, 992 (1958). Mon. Not. Roy. Astron. Soc. **120**, 121 (1960); **118**, 504 (1958).

[14] Л. М. Биберман, Г. Э. Норман, Оптика и спектроскопия **8**, 433 (1960).

[15] Л. М. Биберман, Г. Э. Норман, К. Н. Ульянов, Оптика и спектроскопия **10**, 565 (1961).

[16] S. Chandrasekhar, F. H. Breen, Astrophys. J. **103**, 41 (1946); **104**, 430 (1946).

[17] Л. М. Биберман, В. Е. Романов, Оптика и спектроскопия **3**, 646 (1957).

[18] Ю. П. Райзер, ЖЭТФ **37**, 1079 (1959).

[19] Р. Беккер, Теория электричества **2**, изд. 2-е, Электронная теория,

Гостехиздат, 1941.

[20] а) Г. Герцберг, Спектры и строение двухатомных молекул, ИЛ, 1949. См. также;

б) А. Г. Гейдон, Энергии диссоциации и спектры двухатомных молекул, ИЛ, 1949;

в) В. Н. Кодратьев, Структура атомов и молекул, Физматгиз, 1959.

[21] B. Kivel, H. Mayer, H. Bethe, Ann. of Physics 2, 57 (1957).

[22] W. R. Jarmain, P. A. Fraser, R. W. Nicholls, Astrophys. J. 118, 228 (1953); 119, 286 (1954); 122, 55 (1955); W. R. Jarmain, R. W. Nicholls, Canad. J. Phys. 32, 201 (1954); R. G. Tuner, R. W. Nicholls, Canad. J. Phys. 32, 468 (1954); P. A Fraser, Canad. J. Phys. 32, 515 (1954); R. W. Nicholls, Canad. J. Phys 32, 722 (1954); R. W. Nicholls, W. Jarmain, Proc. Phys. Soc A69, 253 (1956).

[23] Л. М. Биберман, И. Т. Якубов, Оптика и спектроскопия 8, 294 (1960).

[24] С. А. Лосев, Научн. докл. высшей школы, Физ.-матем. науки, № 5, 197, 1958.

[25] D. Weber, S. S. Penner, J. Chem. Phys. 26, 860 (1957).

[26] R. Ditchburn, D. Heddle, Proc. Roy. Soc. A220, 61 (1953); A226, 509 (1954).

[27] Л. М. Биберман, С. П. Еркович, В. Н. Сошников, Оптика и спектроскопия 7, 562 (1959).

[27a] В. Н. Сошников, УФН 74, 61 (1961).

[28] R. E. Meyerott, Comb. and Propuls. 3 ACARD, Colloc., 431. 1958. Перевод: Вопросы ракетн. техн., № 11 (1959).

[29] Л. Ландау, Е. Лифшиц, Статистическая физика, Гостехиздат, 1951.

[30] J. Logan, Jet Propulsion 28, 795 (1958). Перевод: Вопросы ракетн. техн., № 7, 18 (1959).

[31] J. Keck: J. Camm, B. Kivel, J. Chem. Phys. 28, 723 (1958).

[32] T. Wentink, W Planet, P. Hammerling, B Kivel, J. Appl. Phys. 29, 742 (1958).

[32a] B. H. Armstrong, R. E. Meyerott, Phys. Fluids 3, 138 (1960).

[33] С. А. Лосев, И. А. Генералов, Л. Б. Теребенина, Оптика и спектроскопия 8, 570 (1960).

[34] И. Ш. Модель, ЖЭТФ 32, 714 (1957).

[35] J. K. Dixon, J. Chem. Phys. 8, 157 (1940).

[36] L. Harris, G. W. King, J. Chem. Phys. 2, 51 (1934).

[37] C. R. Lambrey, C. R. Acad. Sci. 188, 251 (1922).

[38] Ю. П. Райзер, ЖЭТФ 34, 483 (1958).

[39] Ю. П. Райзер, ЖФХ 33, 700 (1959).

[40] S. Penner, Quantitative Molecular Spectroscopy and Gas Emissivities, London, 1959.

[41] М. А. Ельяшевич, Атомная и молекулярная спектроскопия, Физматгиз, 1962.

[42] А. П. Дронов, А. Г. Свиридов, Н. Н Соболев, Оптика и спектроско-

ния 12, 677, 1962.

[43] B. Kivel, P. Hammerling, J. D. Teare, Planet and Space Sci. 3, 132, 1961.

[44] B Kivel, J. Aero Space Sci. 28, 96 (1961).

[45] R. A. Allen, J. C. Camm, J. Keck, J Quantit. Spectrosc. and Radiat. Transfer 1, № 3—4, 269, 1961 (1962).

[46] D. B. Olfe, J. Quantit Spectrosc. and Radiat Transfer 1, 3—4, 169, 1961 (1962).

[47] S. S. Penner, Fundam. date obtained shock-tube experim. Oxf., Lond., N. Y., Paris Pergamon Press 221, 261, 1961.
Перевод: Основцые результаты экспериментов на ударных трубах, ИЛ, 1963.

[48] Ф. С. Файзуллов, Н. Н. Соболев, Е. М. Кудрявцев, ДАН СССР 127, 541, 1959.

[49] Л. М. Биберман, В. С. Воробьев, Г. Э. Норман, Оптика и спектроскопия 14, № 3, 330 (1963).

[50] S. S. Penner, M. Thomas, AIAA Journ.
Перевод: Ракети. техн. и космонавтика 2, № 9, 69 (1964).

[51] Л. М. Биберман и А. Н. Лагарьков, Оптика и спектроскопия 16, № 2, 320 (1964).

[52] В. С. Воробьев и Г. Э. Норман, Оптика и спектроскония 17, № 2, 180 (1964).

[53] Атомные и молекулярные процессы под ред. Бейтса, Изд-во «Мир», 1964.

[54] И. И. Собельман, Введение в теорию атомных спектров, Физматгиз, 1963.

[55] Л. М. Биберман и Г. Э. Норман, J. Quant. Spectrosc. Radiat. Transfer 3, 221 (1963).

[56] Л. М. Биберман, В. С. Воробьев, Г. Э. Норман, И. Т. Якубов, Космические исследования 2, вып. 3, 441 (1964).

[57] R. A. Allen, A. Textoris, J. Chem. Phys. 40, 3445 (1964).

[58] Г. Э. Норман, Оптика и спектроскопия 17, 176 (1964).

[59] B. P. Levitt, Trans. Faraday Soc. 58, N 9, 1789 (1962).

[60] С. Брауп, Элементарные процессы в плазме газового разряда, Госатомиздат, 1961.

[61] Ю. П. Райзер, ПМТФ, № 5, 149, 1964.

[62] Я. Б. Зельдович, Ю. П. Райзер, ЖЭТФ 47, 1150 (1964).

[63] В. Л. Гинзбург, Распространение электромагнитных волн в плазме, Физматгиз, 1960.

[64] Journ. of Quantit. Spectr. and Rad. Trans. 5, N 1 (1965).
Известия 2-й Междунар. конференции по непрозрачности.

[65] R. G. Meyerand, A. F. Haught, Phys. Rev. Let. 11, 401 (1963).

[66] E. K. Damon, R. G. Tomlinson, Appl. Opt. 2, 546 (1963).

[67] R. W. Minck, J. Appl. Phys. 35, 252 (1964).

[68] R. G. Meyerand, A F Haught, Phys. Rev. Let. 13, 7 (1964).

[69] S. A. Ramsden, W. E. Davies, Phys. Rev. Let. 13, 227 (1964).

[70] С. Л. Мандельштам, П. П. Пашинин, А. В. Прохиндеев, А. М. Прохоров, Н. К. Суходрев, ЖЭТФ 47, 2003 (1964).

[71] С. Л. Мандельштам, П. П. Пашинин, А. М. Прохоров, Ю. П Райзер, Н. К. Суходрев, ЖЭТФ 49, 127 (1965).

[72] Р. В. Амбарцумян, Н. Г. Басов, В. А. Бойко, В. С. Зуев, О. Н. Крохин, П. Г. Крюков, Ю. В. Сенатский, Ю. Ю. Стойлов, ЖЭТФ 48, 1583 (1965).

[73] Л. В. Келдыш, ЖЭТФ 47, 1945 (1964).

[74] Г. А. Аскарьян, М. С. Рабинович, ЖЭТФ 48, 290 (1965).

[75] J. R. Wright, Proc. Phys. Soc. 84, N 537, 41, 1964.

[76] Д. Д. Рютов, ЖЭТФ 47, 2194 (1964).

[77] Ю. П. Райзер, ЖЭТФ 48, 1508 (1965).

[78] S. A. Ramsden, P. Savic, Nature, N 4951, 1217 (1964).

[79] Н. Г. Басов, О. Н. Крохин, ЖЭТФ 46, 171 (1964).

[80] J. M. Dawson, Phys. Fluids 7, 981 (1964).

[81] Я. Б. Зельдович, ЖЭТФ, 10, 542 (1940).

[82] Я. Б. Зельдович, А. С. Компанеец, Теория детонации, Гостехиздат, 1955.

[83] Б. Я. Зельдович, Н. Ф. Пилипецкий, Изв. вузов, Радиофизика 9, № 1 (1966).

[84] А. В. Иванова, Оптика и спектроскопия 16, 925 (1964).

[85] А. В. Иванова, С. А. Солодченкова, Оптика и спектроскопия 20, № 3, 399 (1966).

[86] Ю. П. Райзер, УФН 87, № 1, 29 (1965).

[87] Н. М Кузнецов, Термодинамические функции и ударные адиабаты воздуха при высоких температурах, Изд-во «Машиностроение», 1965.

[88] T. Ohmura, H. Ohmura, Astrophys J. 131, 8 (1960).

第 六 章

[1] D. F. Hornig, J. Phys. Chem. 61, 856 (1957).

[2] E. F. Greene, G. R. Cowan, D. F. Hornig, J. Chem. Phys. 19, 427 (1951).

[3] E. F. Greene, G. R. Cowan, D. F. Hornig, J. Chem. Phys. 21, 617 (1953).

[4] Л. В. Лесков, Ф. А. Савин, УФН 72, 741 (1961).

[5] С. А. Лосев, А. И. Осипов, УФН 74, 393 (1961).

[6] I. Zartmann, J. Acoust. Soc. Amer. 21, 171 (1949).

[7] A. von Itterbeek, R. Vermaelen, Physica 9, 345 (1943).

[8] A. J. Zmuda, J. Acoust. Soc. Amer. 23, 472 (1951).

[9] J. V. Connor, J. Acoust. Soc. Amer. 30, 298 (1958).

[10] S. Petralia, Nuovo Cimento 10, 817 (1953).

[11] J. C. Hubbard, J. Acoust. Soc. Amer. 14, 474 (1952).

[12] Л. Ландау, Е. Лифшиц, Квантовая механика, 1, Гостехиздат, 1948.

[13] R. Schwartz, Z. Slawsky, K Herzfeld, J Chem Phys 20, 1591

(1952).

[14] А. И. Осинов, ДАН СССР **130**, 523 (1960).

[15] Л. Ландау, Е. Теллер, Phys. Zs. d. Sowjetunion **10**, 34 (1936).

[16] V. H. Blackman, J. Fluid Mech. **1**, 61 (1956).

[17] Zener, Phys. Rev. **37**, 556 (1931); **38**, 277 (1931).

[18] R. Schwartz, K. Herzfeld, J. Chem. Phys. **22**, 767 (1954).

[18a] K. Herzfeld, Proc. 3 Internat. Congr. Acoust. Stuttgart, v. **1, 503,** 1959.

[19] H. Knötzel, L. Knötzel, Ann. d. Phys. **2**, 393 (1948).

[20] A. Kantrowitz, A. W. Huber, J. Chem. Phys. **15**, 275 (1947).

[21] J. T. Herron, J. L. Franklin, P. Bardt, V. H. Bibeler, J. Chem. Phys. **29**, 230 (1958).

[22] P. Narteck, R. R. Reeves, G. Manella, J. Chem. Phys. **29**, 608 (1958); **32**, 632 (1960).

[23] T. Wentink, J. O. Sullivan, K. L. Wray, J. Chem. Phys. **29**, 231 (1958).

[24] E. P. Wigner, J. Chem. Phys. **5**, 720 (1937); 7, 646 (1939).

[25] D. Britton, N. Davidson, W. Gehman, G. Schott, J. Chem. Phys. **25**, 804 (1956).

[26] D. L. Bunker, N. Davidson, J. Amer. Chem. Soc. **80**, 5085 (1958).

[27] Р. Фаулер, Э. Гуггенгейм, Статистическая термодинамика, ИЛ, 1949.

[28] Е. В. Ступоченко, А. И. Осипов, ЖФХ **32**, 1673 (1958).

[29] Е. В. Ступоченко, А. И. Осипов, ЖФХ **33**, 1526 (1959).

[30] O. Matthews, Phys. Fluids **2**, 170 (1959).
Перевод: Вопросы ракетн. техн., № 11, 65 (1959).

[31] S. R. Byron, J. Chem. Phys. **30**, № 6, 1380 (1959).

[32] Н. А. Генералов, С. А. Лосев, ПМТФ, № 2, 64 (1960).

[33] W. G. Zinman, ARS J. **30**, 233 (1960).
Перевод: Вопросы ракетн. техн., № 12, 55 (1960).

[34] H. S. Glick, W. H. Wurster, J. Chem. Phys. **27**, 1224 (1957).

[35] H. B. Palmer, D. F. Hornig, J. Chem. Phys. **26**, 98 (1957).

[36] D. Britton, N. Davidson, J. Chem. Phys. **25**, 810 (1956).

[37] Е. Е. Никитин, ДАН СССР **119**, 526 (1958).

[38] С. Глесстон, К. Ледлер, Г. Эйринг, Теория абсолютных скоростей реакций, ИЛ, 1948.

[39] Я. Б. Зельдович, П. Я. Садовников, Д. А. Франк-Каменецкий, Окисление азота при горении, Изд-во АН СССР, 1947.

[40] H. S. Glick, J. J. Klein, W. Squire, J. Chem. Phys. **27**, 850 (1957).

[41] Ю. П. Райзер, ЖФХ **33**, 700 (1959).

[42] Д. Кэй, Л. Лаби, Справочник физика-экспериментатора, ИЛ, 1949.

[43] H. Zeise, Z. Electrochem. **42**, 785 (1936).

[44] M. Bodenstein, Ramstetter, Zs. Phys. Chem. **100**, 106 (1922); M. Bodenstein, Linder, Zs. Phys. Chem. **100**, 82 (1922).

[45] Г. Месси, Е. Бархоп, Электронные и ионные столкновения, ИЛ, 1958.

[46] В. Л. Грановский, Электрический ток в газе, т. I, Гостехиздат, 1952.

[47] M. J. Seaton, Phys. Rev. **113**, 814 (1959).

[48] W. L. Fite, R. T. Brackmann, Phys. Rev. **113, 815** (1959).

[49] Tate, Smith, Phys. Rev. **39**, 270 (1932).

[50] H. Petschek, S. Byron, Annals of Physics **1**, 270 (1957). Перевод: «Ударные трубы». Сб. переводов, ИЛ, 1962.

[51] A. Rostagni, Nuovo Cimento **13**, 389 (1936); Wayland, Phys. Rev. **52, 31** (1937).

[52] A. Rostagni, Nuovo Cimento **11**, 621 (1934).

[53] K. Wray, J. D. Teare, P. Hammerling, B. Kivel, 8th Sympos. Internat. Combustion, Pasadena, 1960, 84.

[54] P. Rosen, Phys. Rev. **109**, 348, 351 (1958).

[55] В. А. Амбарцумян, Э. Р. Мустель, А. Б. Северный, В. В. Соболев, Теоретическая астрофизика, Гостехиздат, 1952.

[56] Л. Спитцер, Физика полностью ионизованного газа, ИЛ, 1957.

[57] Л. Д. Лапдау, ЖЭТФ **7**, 203 (1937).

[58] Н. А. Генералов, Вест. МГУ, физ. астр., № **2**, 51 (1962).

[59] M. Camac, J. Chem. Phys. **34**, 448 (1961).

[60] W. Poth, J. Chem. Phys. **34**, 991 (1961).

[61] D. L. Matthews, J. Chem. Phys. **34**, 639 (1961).

[62] N. H. Johannesen, H. K. Zienkiewicz, P. A. Blythe, J. H. Gerrard, J. Fluid Mech. **13**, 213 (1962).

[63] L. R. Hurle, A. G. Gaydon, Nature, N 4702, 184 (1959).

[64] W. C. Griffith, Fundam. date obtained shock-tube experim. Oxf., Lond., N. Y., Paris Pergamon Press **242**, 1961. Перевод: «Основные результаты экспериментов на ударных трубах», ИЛ, 1963.

[65] L. M. Valley, S. Legvold. Rhys. Fluids **3**, 831 (1960). Перевод: Вопросы ракетн. техн., № **3**, 28 (1961).

[66] А. И. Осипов, Вест. МГУ, физ. астр., № **4**, 96 (1960).

[67] M. Camac, J. Chem. Phys. **34**, 460 (1961).

[68] J. P. Rink, H. T. Knight, R. E. Duff, J. Chem. Phys. **34**, 1942 (1961). Перевод: Вопросы ракетн. техн., № **4**, 58 (1962).

[69] R. W. Patch, J. Chem. Phys. **36**, 1919 (1962).

[70] R. A. Allen, J. C. Keck, J. C. Camm, Phys. Fluids **5**, 284 (1962).

[71] Г. С. Иванов-Холодный, Геомагнетизм и аэрономия **2**, 377 (1962).

[72] S. C. Lin, R. A. Neal, W. I. Fyfe, Phys. Fluids **5**, 1633 (1962). Перевод: Вопросы ракетн. техн., № **4**, 63 (1964).

[73] S. C. Lin, J. D. Teare, Phys. Fluids **6**, 355 (1963). Перевод: Вопросы ракетн. техн., № **5**, 16 (1964).

[74] А. Дальгарно, УФН **79**, вып. 1, 115 (1963).

[75] Н. Ф. Федоренко, УФН 68, вып. **3**, 481 (1959); ЖЭТФ 38, № **3** (1960).

[76] А. И. Осипов, Е. В. Ступоченко, УФН **79**, вып. 1, 81 (1963).

[77] Е. В. Ступоченко, С. А. Лосев. А. И. Осипов, Релаксационные

процессы в ударных волнах, Изд-во «Наука», 1966.

[78] С. Браун, Элементарные процессы в плазмегазового разряда, Госатомиздат, 1961.
[79] Г. С. Иванов-Холодный, Г. М. Никольский, Р. А. Гуляев, Астрон. журн. **37**, 799 (1960).
[80] E. Hinnov, J. G. Hirschberg, Phys. Rev. **125**, 795 (1962).
[81] Л. М. Биберман, Ю. Н. Торопкин, К. Н. Ульянов, ЖТФ **32**, 827 (1962).
[82] Л. Д. Ландау, Е. М. Лифшиц, Механика, Физматгиз, 1958.
[83] Атомные и молекулярные процессы под ред. Д. Бейтса, Изд-во «Мир», 1964.
[84] M. Gryzinski, Phys. Rev. **115**, 374 (1959).
[85] А. В. Гуревич, Геомагнетизм и аэроцомия **4**, 3, 1964.
[86] К. У. Аллен, Астрофизические величины, ИЛ, 1960.
[87] Г. Бете, Э. Солпитер, Квантовая механика атомов с одним и двумя электронами, Физматгиз, 1960.
[88] Л. П. Питаевский, ЖЭТФ **42**, 1326 (1962).
[89] А. В. Гуревич, Л. П. Питаевский, ЖЭТФ **46**, 1281, 1964.
[90] D. R. Bates, A. E. Kingston, R. W. P. McWhirter, Proc. Roy. Soc. **A267** 297 (1962); **A270**, 155 (1962) (см. также [83]).
[91] Н. М. Кузнецов, Ю. П. Райзер, ПМТФ № **4**, 10 (1965).
[92] А. Д. Данилов, Г. С. Иванов-Холодный, УФН **85**, 259 (1965).
[93] A. Q. Eschenroeder, J. W. Daiber, T. G. Golian, A. Hertzberg, High Temperat. Aspect. Hypersonic Flow, Pergamon Press, 1964, ch. 11.
[94] B. Makin, J. C. Keck, Phys. Rev. Lett. **11**, 281 (1963).